Martin Hermann
Numerische Mathematik
De Gruyter Studium

Weitere empfehlenswerte Titel

Numerische Mathematik. Band 1: Algebraische Probleme
Martin Hermann, 2019
ISBN 978-3-11-065665-7, e-ISBN (PDF) 978-3-11-065668-8,
e-ISBN (EPUB) 978-3-11-065680-0
Band 1 und Band 2: auch als Set erhältlich
Set-ISBN: 978-3-11-069224-2

Numerik gewöhnlicher Differentialgleichungen.
Band 1: Anfangswertprobleme und lineare Randwertprobleme
Martin Hermann, 2017
ISBN 978-3-11-050036-3, e-ISBN (PDF) 978-3-11-049888-2,
e-ISBN (EPUB) 978-3-11-049773-1

Numerik gewöhnlicher Differentialgleichungen.
Band 2: Nichtlineare Randwertprobleme
Martin Hermann, 2018
ISBN 978-3-11-051488-9, e-ISBN (PDF) 978-3-11-051558-9,
e-ISBN (EPUB) 978-3-11-051496-4

Numerische Mathematik 1. Eine algorithmisch orientierte Einführung
Peter Deuflhard, Andreas Hohmann, 2018
ISBN 978-3-11-061421-3, e-ISBN (PDF) 978-3-11-061432-9,
e-ISBN (EPUB) 978-3-11-061435-0

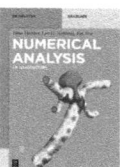

Numerical Analysis. An Introduction
Timo Heister, Leo G. Rebholz, Fei Xue, 2019
ISBN 978-3-11-057330-5, e-ISBN (PDF) 978-3-11-057332-9,
e-ISBN (EPUB) 978-3-11-057333-6

Martin Hermann

Numerische Mathematik

Band 2: Analytische Probleme

4. Auflage

DE GRUYTER

Mathematics Subject Classification 2010
65L10

Autor
Prof. Dr. Martin Hermann
Friedrich-Schiller-Universität Jena
Fakultät für Mathematik und Informatik
Ernst-Abbe-Platz 2
07743 Jena
martin.hermann@uni-jena.de

ISBN 978-3-11-065765-4
e-ISBN (PDF) 978-3-11-069037-8
e-ISBN (EPUB) 978-3-11-069715-5

Library of Congress Control Number: 2020936983

Bibliografische Information der Deutschen Nationalbibliothek
Die Deutsche Nationalbibliothek verzeichnet diese Publikation in der Deutschen Nationalbibliografie;
detaillierte bibliografische Daten sind im Internet über http://dnb.dnb.de abrufbar.

© 2020 Walter de Gruyter GmbH, Berlin/Boston
Umschlaggestaltung: Martin Hermann und Dieter Kaiser
Satz: WisSat Publishing + Consulting GmbH, Fürstenwalde/Spree
Druck und Bindung: CPI books GmbH, Leck

www.degruyter.com

π = 3.141 592 653 589 793 238 462 643 383 279 ...

3   1   4   1
Now I, even I,

5   9
would celebrate

2   6   5   3   5
In rhymes inapt, the great

8   9   7   9
Immortal Syracusan, rivaled nevermore,

3   2 3   8   4
Who in his wondrous love,

6   2   6
Passed on before,

4   3 3   8   3 2 7   9
Left men his guidance how to circles mensurate.

ORR, A. C.
Literary Digest, Vol. 32 (1906), p. 84

Vorwort zur ersten Auflage

Die Numerische Mathematik beschäftigt sich mit der Entwicklung, Analyse, Implementierung und Testung von numerischen Rechenverfahren, die für die Lösung mathematischer Problemstellungen auf einem Computer geeignet sind. Im Vordergrund steht dabei nicht die Diskussion von Existenz und Eindeutigkeit der entsprechenden Lösungen, sondern deren konkrete Berechnung in Form von Maschinenzahlen. Die Existenz mindestens einer Lösung wird deshalb stets als nachgewiesen vorausgesetzt. Im allgemeinen erhält man als Ergebnis einer numerischen Rechnung nur eine Approximation für die (unbekannte) exakte Lösung. Diese Näherung kann durch die Anhäufung der unvermeidbaren Rundungsfehler völlig verfälscht sein, da auf einem Computer nicht der Körper der reellen Zahlen, sondern nur eine endliche Zahlenmenge, die sogenannten Maschinenzahlen, zur Verfügung steht. Somit gehören zu einer numerischen Rechnung auch stets Fehlerabschätzungen. Unterschiedlich genaue Näherungen für ein und dieselbe exakte Lösung werden als qualitativ gleichwertig angesehen, wenn deren Fehler durch die Erhöhung des technischen Aufwandes beliebig klein gemacht werden können.

Durch die gegenwärtige Entwicklung extrem schneller Rechner mit großen Speichermedien und neuer leistungsfähiger mathematischer Methoden wird es zunehmend möglich, mathematische Problemstellungen einer Lösung zuzuführen, denen immer komplexere und realitätsnähere Modelle aus den konkreten Anwendungen zugrundeliegen. Heute ist man bereits in der Lage, durch numerische Simulationen auf dem Rechner ganze technische Abläufe vor der eigentlichen Fertigung zu verstehen und zu beherrschen. Dies trifft auch auf die sehr umfangreichen und extrem kostenaufwendigen Experimente in den Naturwissenschaften zu. An der Nahtstelle zwischen Numerischer Mathematik, Informatik sowie den Natur- und Ingenieurwissenschaften hat sich bereits eine neue Wissenschaftsdisziplin entwickelt, das Wissenschaftliche Rechnen (Scientific Computing). Wichtige Komponenten dieser neuen Disziplin müssen deshalb in der Ausbildung auf dem Gebiet der Numerischen Mathematik berücksichtigt werden.

Das vorliegende Lehrbuch über die Grundlagen der Numerischen Mathematik ist aus Manuskripten zu Vorlesungen und Seminaren, die der Verfasser seit etwa 15 Jahren an der Friedrich-Schiller-Universität Jena abgehalten hat, hervorgegangen. Es richtet sich an Studierende der Mathematik (einschließlich Lehramt für Gymnasien), Informatik und Physik. Die Themen wurden so ausgewählt, dass anhand dieses Buches der für die deutschen Universitäten typische Grundkurs „Numerische Mathematik" studiert werden kann. Dieser findet je nach Universitätsprofil und Studiengang im 2. bis 4. Semester statt. Die numerische Behandlung gewöhnlicher und partieller Differentialgleichungen bleibt deshalb unberücksichtigt. Der Text sollte in den Grundzügen schon mit geringen Vorkenntnissen der Linearen Algebra und Analysis verständlich sein.

https://doi.org/10.1515/9783110690378-202

Schwerpunktmäßig werden im Buch diejenigen numerischen Techniken betrachtet, die auf den heute üblichen Computern in Form von Software-Paketen implementiert vorliegen und in den Anwendungen tatsächlich auch zum Einsatz kommen. Eine häufig genutzte Bibliothek für numerische Software ist die *Netlib*, die im World Wide Web unter der URL bzw. E-mail Adresse http://www.netlib.org bzw. netlib@netlib.org zu erreichen ist. Um die Studenten schon sehr schnell mit der numerischen Software vertraut zu machen, wird an der Friedrich-Schiller-Universität Jena das Software-Paket MATLAB®1 im Grundkurs zur Numerischen Mathematik eingesetzt. Im vorliegenden Buch sind die angegebenen numerischen Algorithmen in einem einfachen Pseudocode formuliert, so dass ihre Implementierung in den Sprachelementen von MATLAB® einfach zu realisieren ist, darüber hinaus aber auch andere moderne Programmiersprachen Verwendung finden können. Es gehört zu den Zielen des Verfassers, neben den theoretischen Grundlagen auch die experimentelle Seite der Numerischen Mathematik zur Geltung zu bringen. Numerische Demonstrationen unter Verwendung moderner Multimedia-Techniken auf einem Computer zeigen dem Studierenden die vielfältigen Steuerungsmöglichkeiten der numerischen Algorithmen besonders einprägsam auf. Sie führen gleichzeitig in die experimentelle Numerik ein, die die Grundlage der neuen Wissenschaftsdisziplin Wissenschaftliches Rechnen ist.

Am Ende eines jeden Kapitels sind Aufgaben zur Übung der gewonnenen theoretischen und praktischen Fertigkeiten angegeben. Auch hier wird häufig der Bezug zur MATLAB® hergestellt. Für weitergehende interessante Übungsaufgaben, auch zur Vorbereitung auf die (leider oftmals nicht zu umgehenden) Prüfungen, sei auf die im gleichen Verlag erschienene zweibändige Aufgabensammlung von N. Herrmann [49] verwiesen.

Meinem Kollegen, Herrn Dr. Dieter Kaiser möchte ich für die Hilfe bei der Erstellung der Abbildungen meinen Dank aussprechen. Gleichfalls möchte ich allen meinen Übungsassistenten für gelegentliche wertvolle Hinweise sowie dem Verlag für die Unterstützung bei der Herausgabe des Lehrbuches danken.

Jena, im Juli 2000
Martin Hermann

---

1 MATLAB® ist eine registrierte Handelsmarke der Firma *The MathWorks Inc.*, Natick, MA, U.S.A.

Vorwort zur zweiten Auflage

Der Autor möchte zuerst seine Freude zum Ausdruck bringen, dass die erste Auflage der *Numerischen Mathematik* bei vielen Studenten und Hochschullehrern auf eine positive Resonanz gestoßen ist. Ihnen allen sei für ihre Bemerkungen und Kommentare ganz herzlich gedankt.

Die vorliegende zweite Auflage stellt eine wesentliche Überarbeitung und Erweiterung des ursprünglichen Textes dar. So sind jetzt wichtige numerische Verfahren auch als MATLAB®-Programme dargestellt. Hierdurch wird dem Leser ein Werkzeug in die Hand gegeben, mit dem er die Algorithmen direkt am Computer erproben und eigenständig numerische Experimente durchführen kann. Augenfällig ist auch das neu aufgenommene 9. Kapitel, das sich mit überbestimmten linearen Gleichungssystemen und deren Lösung mittels Kleinste-Quadrate-Techniken beschäftigt. Neu hinzugekommen sind des weiteren die Abschnitte *Singulärwertzerlegung einer beliebigen rechteckigen Matrix* (Abschnitt 2.5.2), *Transformationsmatrizen: Schnelle Givens-Transformationen* (Abschnitt 3.3.3) sowie *Trigonometrische Interpolation, DFT und FFT* (Abschnitt 6.7).

Schließlich wurde dem Text eine Liste von Monographien und Lehrbüchern hinzugefügt, anhand derer sich der Leser in der umfangreichen Literatur zur Numerischen Mathematik orientieren kann und die ihm eine Hilfe bei dem weiterführenden Studium sein soll.

Abschließend möchte ich die Gelegenheit nutzen, allen denjenigen herzlich zu danken, die zur Entstehung dieser zweiten Auflage beigetragen haben. An erster Stelle ist wieder Herr Dr. Dieter Kaiser zu nennen, der mir bei der Anfertigung und der Erprobung der MATLAB®-Programme sowie bei der Überarbeitung einiger Abbildungen geholfen hat. Herrn Dipl. Math. Thomas Milde sei für die Überlassung eines Manuskriptes zur trigonometrischen Interpolation sowie für das Korrekturlesen einiger Abschnitte des Textes gedankt. Mein Dank geht auch an Frau Margit Roth vom Oldenbourg Wissenschaftsverlag, die mein Projekt stets fachkundig begleitet hat.

Jena, im Januar 2006
Martin Hermann

https://doi.org/10.1515/9783110690378-203

Vorwort zur dritten Auflage

Seit dem Erscheinen der ersten Auflage vor genau zehn Jahren hat sich dieses Lehrbuch zu einem Standardtext der Numerischen Mathematik im deutschsprachigen Raum entwickelt. Es wird sowohl im Bachelor- als auch im Masterstudium mathematisch-naturwissenschaftlicher und technischer Fachrichtungen verwendet. Auch in der Ausbildung von Regelschul- und Gymnasiallehrern konnte es mit Erfolg eingesetzt werden. Ich freue mich, dass dieses Lehrbuch auf so große Resonanz unter den Studierenden und Lehrenden gestoßen ist.

Die nun vorliegende dritte Auflage stellt wieder eine Überarbeitung und Erweiterung der Vorgängerversion dar. Auf Wunsch einiger Rezensenten habe ich im Kapitel zur numerischen Behandlung nichtlinearer Gleichungssysteme einen Abschnitt über nichtlineare Ausgleichsprobleme neu aufgenommen. Im Mittelpunkt stehen hier das Gauß-Newton-Verfahren, allgemeine Abstiegsverfahren, die Trust-Region-Strategie und das Levenberg-Marquardt-Verfahren.

In den einzelnen Kapiteln sind weitere MATLAB®-Programme hinzugekommen und die bereits vorhandenen Codes wurden noch einmal überarbeitet. Ich habe des weiteren versucht, die biografischen Angaben von Wissenschaftlern, die heute zu den Pionieren der Numerischen Mathematik und des Wissenschaftlichen Rechnens zählen, zu ergänzen. Dieses Vorhaben hat sich jedoch bei einigen Personen als extrem schwierig herausgestellt, da trotz intensiver Recherche an Universitäten des In- uns Auslands keine Informationen über sie erhältlich waren, was ich sehr bedaure. In diesem Zusammenhang möchte ich den Herren Gerald De Mello, John Dennis, Mike Powell, Stefan Wild, Arieh Iserles, Hans Josef Pesch, Klaus Schittkowski, Garry Tee, Mike Osborne, Alexander Ramm, David Miller und Philip Wolfe danken, die mir wichtige Hinweise bei dieser Recherche gegeben haben.

Abschließend möchte ich die Gelegenheit nutzen, allen Studierenden und Kollegen herzlich zu danken, die mich auf Schreibfehler aufmerksam gemacht haben. Mein ganz besonderer Dank geht wieder an Herrn Dr. Dieter Kaiser, der mich bei der Anfertigung und der Erprobung der MATLAB®-Programme mit seinen hervorragenden Programmierkenntnissen unterstützt hat. Mein Dank geht auch an Frau Kathrin Mönch vom Oldenbourg Wissenschaftsverlag, die mein Projekt stets fachkundig begleitet hat.

Jena, im Juli 2011
Martin Hermann

https://doi.org/10.1515/9783110690378-204

Vorwort zur vierten Auflage

Das Erscheinen der dritten Auflage liegt nun schon wieder acht Jahre zurück. Mit der hier vorliegenden signifikanten Überarbeitung und Erweiterung ist der Text erstmals in zwei Bände aufgeteilt. Der zweite Band beschäftigt sich mit erprobten numerischen Verfahren zur Lösung analytischer Probleme. Im Mittelpunkt stehen dabei numerische Techniken für die ein- und zweidimensionale Interpolation, die Kleinste-Quadrate-Approximation sowie für die Berechnung der Ableitung und des bestimmten Integrals reeller Funktionen. Neu hinzugekommen ist ein Kapitel, das sich mit der numerischen Lösung von Anfangs- und Randwertproblemen gewöhnlicher Differentialgleichungen beschäftigt. Die Mehrzahl der im Buch vorgestellten Algorithmen sind als MATLAB®-Programme implementiert, die sich der Leser auch von der Webseite des Verlages herunterladen kann. Die bereits in der dritten Auflage enthaltenen Programme wurden alle überarbeitet und in ihrer Struktur vereinheitlicht. Schließlich wurden viele neue Beispiele aufgenommen, anhand derer sich der Leser mit der Arbeitsweise der numerischen Verfahren vertraut machen kann. Mit den MATLAB®-Programmen ist es möglich, eigene Experimente auf einem Rechner durchzuführen.

Wie bereits bei den vorangegangenen Auflagen hat mich Herr Dr. Dieter Kaiser auch bei der Arbeit an der vierten Auflage im Hinblick auf die Anfertigung und Erprobung der MATLAB®-Programme mit seinen hervorragenden Programmierkenntnissen unterstützt. Da er in meinen Lehrveranstaltungen zur Numerische Mathematik seit vielen Jahren als Übungsassistent tätig ist, konnte er mir viele Informationen und Hinweise geben, wie die Darstellung des Textes für die Studenten verbessert werden kann. Für sein großes Engagement möchte ich ihm meinen Dank aussprechen. Gleichfalls danken möchte ich auch Frau Nadja Schedensack vom Wissenschaftsverlag De Gruyter in Berlin für die freundliche Zusammenarbeit.

Jena, im April 2020
Martin Hermann

https://doi.org/10.1515/9783110690378-205

Inhalt

1 Interpolation und Polynom-Approximation

Eine der bekanntesten und häufig verwendeten Klassen von Funktionen, die die Zahlengerade in sich selbst abbilden, ist die Klasse der *algebraischen Polynome*. Ihre Bedeutung resultiert hauptsächlich aus der Tatsache, dass algebraische Polynome stetige Funktionen *gleichmäßig approximieren*, d. h., zu einer auf dem abgeschlossenen Intervall $[a, b]$ definierten und stetigen Funktion $f(x)$ existiert stets ein Polynom $P(x)$, das dieser Funktion beliebig *nahe* kommt (siehe die Abbildung 1.1). Die theoretische Grundlage hierzu bildet der Weierstraßsche[1] Approximationssatz.

Satz 1.1. *Ist die Funktion $f(x)$ auf dem Intervall $[a, b]$ definiert und stetig, dann existiert zu einer vorgegebenen Zahl $\varepsilon > 0$ ein Polynom $P(x)$ auf diesem Intervall, das der folgenden Beziehung genügt*

$$|f(x) - P(x)| < \varepsilon \quad \text{für alle } x \in [a, b].$$

Beweis. Siehe z. B. den Lehrtext von v. Mangoldt-Knopp [80]. □

Weitere günstige Eigenschaften der Polynome sind:
1. ihre Ableitungen und Integrale lassen sich einfach berechnen, und
2. diese stellen selbst wieder Polynome dar.

Im Folgenden wollen wir uns deshalb mit verschiedenen numerischen Techniken zur Approximation stetiger Funktionen durch Polynome beschäftigen.

1.1 Taylor-Polynome

Der Satz von Weierstraß ist für theoretische Aussagen von großer Bedeutung. Er lässt sich jedoch für numerische Untersuchungen nicht besonders effektiv umsetzen.

Anstelle der gleichmäßigen Approximation über das gesamte Intervall $[a, b]$ ist es oftmals zweckmäßiger, ein Polynom zu finden, das einige spezielle Bedingungen erfüllt (die der jeweiligen Problemstellung angepasst sind) und dennoch *nahe* bei der stetigen Funktion liegt. Wir wollen dies an einem Beispiel demonstrieren.

Beispiel 1.1. Es ist ein Polynom $P_3(x)$ vom Grad höchstens drei zu bestimmen, das die gegebene Funktion $f(x) = \sin(x)$ in der Nähe von $x = x_0 \equiv 0$ hinreichend genau annähert und welches zur Approximation von $\sin(0.1)$ verwendet werden kann.

---

[1] Karl Theodor Wilhelm Weierstraß (1815–1897), deutscher Mathematiker

https://doi.org/10.1515/9783110690378-001

$f(x) = \sin(4x) + x/2$, $\varepsilon = 0.8$; $P(x) = 3.319x^6 - 5.806x^4 + 2.822x^2 - 0.384$

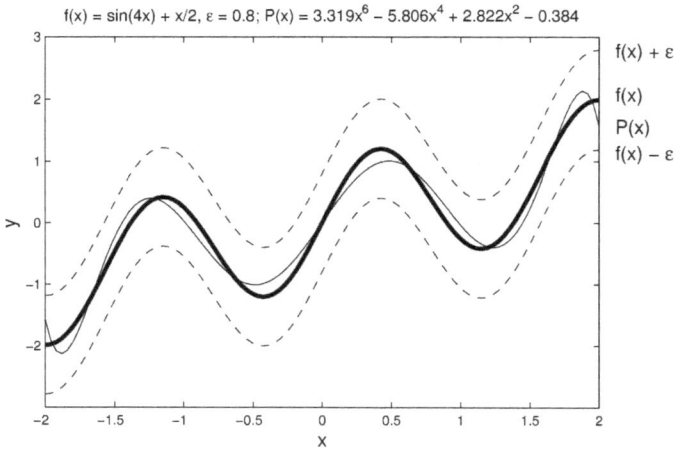

Abb. 1.1: Weierstraßscher Approximationssatz

Die Aufgabe ist noch recht ungenau formuliert, da sie keinen Hinweis enthält, wie man dieses Polynom tatsächlich finden kann. Vor allen Dingen muss aber die Aussage, eine Funktion nähert eine andere „hinreichend genau" an, mathematisch exakt formuliert werden. Eine sachgemäße Forderung an das oben gesuchte Polynom $P_3(x)$ ist offensichtlich die folgende: $P_3(x)$ stimmt an der Stelle $x = x_0$ mit der gegebenen Funktion $f(x)$ und möglichst vielen ihrer Ableitungen überein. Um dieses Polynom zu finden, verwenden wir den üblichen Ansatz

$$P_3(x) = a_0 + a_1 x + a_2 x^2 + a_3 x^3. \tag{1.1}$$

Die noch unbestimmten Koeffizienten $a_0, \ldots, a_3$ werden entsprechend der oben postulierten Forderung aus den Gleichungen

$$P_3(0) = f(0), \quad P_3'(0) = f'(0), \quad P_3''(0) = f''(0), \quad P_3'''(0) = f'''(0) \tag{1.2}$$

ermittelt. Man berechnet sukzessive:

$$
\begin{aligned}
P_3(x) &= a_0 + a_1 x + a_2 x^2 + a_3 x^3 &&\Longrightarrow P_3(0) = a_0, \\
P_3'(x) &= a_1 + 2a_2 x + 3a_3 x^2 &&\Longrightarrow P_3'(0) = a_1, \\
P_3''(x) &= 2a_2 + 6a_3 x &&\Longrightarrow P_3''(0) = 2a_2, \\
P_3'''(x) &= 6a_3 &&\Longrightarrow P_3'''(0) = 6a_3, \\
f(x) &= \sin(x) &&\Longrightarrow f(0) = 0, \\
f'(x) &= \cos(x) &&\Longrightarrow f'(0) = 1, \\
f''(x) &= -\sin(x) &&\Longrightarrow f'''(0) = 0, \\
f'''(x) &= -\cos(x) &&\Longrightarrow f'''(0) = -1.
\end{aligned}
$$

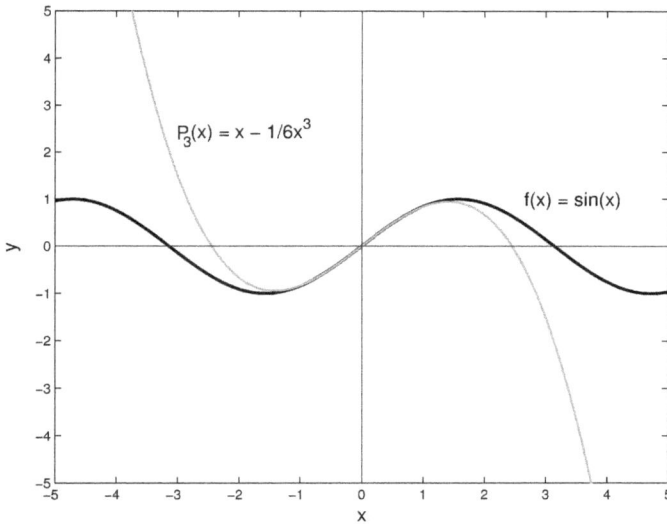

Abb. 1.2: Taylor-Approximation

Damit ergeben sich für die Koeffizienten des gesuchten Polynoms (1.1) die Werte

$$a_0 = 0, \quad a_1 = 1, \quad a_2 = 0 \quad \text{und} \quad a_3 = -\frac{1}{6}$$

und $P_3(x)$ hat die Gestalt

$$P_3(x) = x - \frac{x^3}{6}. \tag{1.3}$$

Die zu approximierende Funktion $f(x)$ als auch das zugehörige Polynom (1.3) sind in der Abbildung 1.2 dargestellt.

Man berechnet nun nach der Formel (1.3)

$$\sin(0.1) \approx P_3(0.1) = 0.09983333.$$

Für den zugehörigen Approximationsfehler gilt: $|\sin(0.1) - P_3(0.1)| \leq 10^{-7}$. Der Abbildung 1.2 kann man entnehmen, wie klein das Intervall um den Nullpunkt tatsächlich ist, in dem das berechnete Polynom (1.3) die gegebene Funktion $f(x)$ akzeptabel approximiert. □

Offensichtlich stimmt die Herangehensweise im Beispiel 1.1 genau damit überein, das Taylor[2]-Polynom 3. Grades für $f(x)$ an der Stelle $x = x_0$ zu bestimmen, d. h.,

$$P_3(x) = f(x_0) + f'(x_0)(x - x_0) + \frac{1}{2}f''(x_0)(x - x_0)^2 + \frac{1}{6}f'''(x_0)(x - x_0)^3.$$

---

2 Brook Taylor (1685–1731), britischer Mathematiker

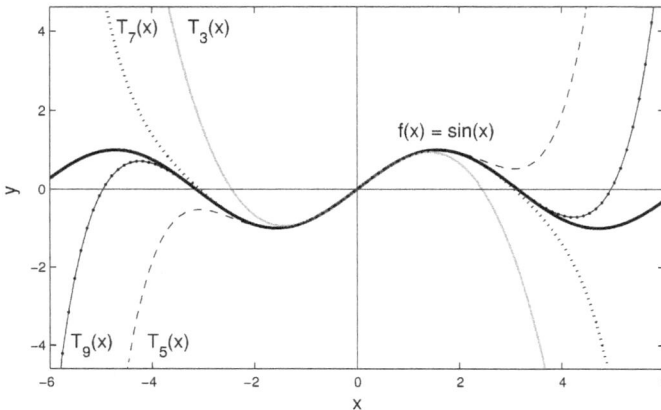

Abb. 1.3: Taylor-Approximation mit Polynomen aufsteigenden Grades

Das anhand des Beispiels 1.1 erhaltene Resultat trifft nicht nur auf die spezielle Funktion $f(x) = \sin(x)$ zu, sondern besitzt allgemeingültigen Charakter. Die zugehörige Aussage ist in der folgenden Bemerkung angegeben.

Bemerkung 1.1. Die Approximation mit Taylor-Polynomen vom Grad n,

$$P_n(x) = \sum_{k=0}^{n} \frac{f^{(k)}(x_0)}{k!}(x - x_0)^k, \tag{1.4}$$

ist nur sachgemäß, falls eine Funktion $f(x)$ in der unmittelbaren Umgebung der vorgegebenen Stelle $x = x_0$ angenähert werden soll. $\square$

Bei der sukzessiven Erhöhung des Polynomgrades n vergrößert sich das Intervall um die Stelle x_0 nur sehr langsam, auf dem die Polynome $P_n(x)$ die vorgegebene Funktion $f(x)$ hinreichend genau approximieren. Dieser Sachverhalt ist für das obige Beispiel in der Abbildung 1.3 noch einmal veranschaulicht.

Die Approximation mit Taylor-Polynomen $P_n(x)$ versagt selbst bei beliebig hohem Polynomgrad n, wenn man sich von der Stelle x_0 etwas weiter entfernt. Dies kann auch aus dem bekannten Restglied der Taylor-Reihe abgelesen werden (siehe z. B. [75]):

$$R_n(x) = \frac{f^{(n+1)}(\xi(x))}{(n + 1)!}(x - x_0)^{n+1}, \quad \xi(x) \in [x, x_0]. \tag{1.5}$$

Der für die Taylor-Approximation erforderliche Rechenaufwand steht in keinem Verhältnis zur erzielten Genauigkeit. Ein weiterer entscheidender Nachteil dieser Technik ist die Notwendigkeit, Ableitungen hoher Ordnung von $f(x)$ bilden zu müssen, was sich bei komplizierteren Funktionen oftmals nicht einfach realisieren lässt. Die Anwendbarkeit der Taylor-Polynome zur Approximation vorgegebener Funktionen ist deshalb in der Praxis ziemlich begrenzt. Für die meisten mathematischen Problemstellungen aus den

Naturwissenschaften und der Technik ist es sachgemäßer, nur solche Approximations-techniken zu verwenden, die auf Informationen über die Funktion $f(x)$ an mehreren Stellen $x_0, \ldots, x_n$ aus $[a, b]$ zurückgreifen. Dadurch wird es dann möglich, auch über ein größeres Intervall eine gute Übereinstimmung zwischen der Näherungsfunktion und der gegebenen Funktion zu erzielen. Im folgenden Abschnitt beginnen wir mit der Darstellung derartiger numerischer Verfahren.

1.2 Interpolation und Lagrange-Polynome

Zur Einführung wollen wir das folgende sehr einfache Problem betrachten (siehe die Abbildung 1.4). Es ist ein Polynom 1. Grades $P(x)$ zu bestimmen, das durch die zwei vorgegebenen und voneinander verschiedenen Punkte (x_0, y_0) und (x_1, y_1) verläuft, mit $y_0 = f(x_0)$, $y_1 = f(x_1)$.

Dieses Polynom stellen wir in der folgenden Form dar

$$P(x) = \frac{x - x_1}{x_0 - x_1} y_0 + \frac{x - x_0}{x_1 - x_0} y_1. \tag{1.6}$$

Es gilt

$$P(x_0) = 1 \cdot y_0 + 0 \cdot y_1 = y_0,$$
$$P(x_1) = 0 \cdot y_0 + 1 \cdot y_1 = y_1.$$

Damit besitzt das in der Formel (1.6) angegebene Polynom $P(x)$ tatsächlich die ge-forderte Eigenschaft. Die Ersetzung einer Funktion $f(x)$ durch das zugehörige Poly-nom (1.6) wird *lineare Interpolation* genannt und ist bereits aus der Schulmathematik im Umgang mit Zahlentafeln bekannt.

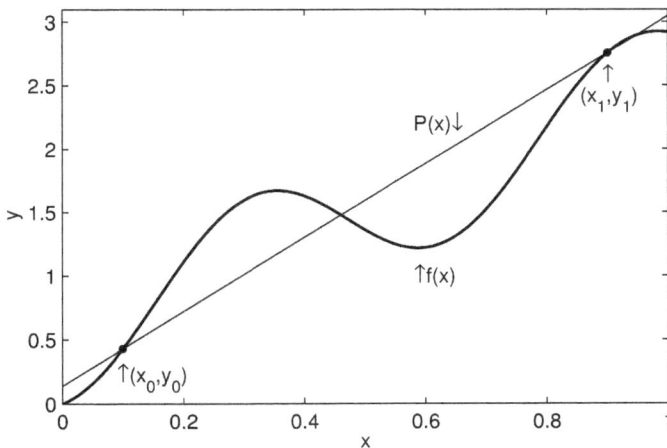

Abb. 1.4: Lineare Interpolation

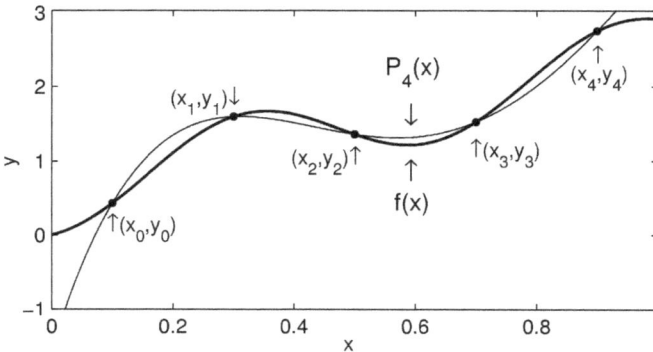

Abb. 1.5: Prinzip der numerischen Interpolation

Dieses Approximationskonzept kann nun wie folgt verallgemeinert werden:

ALLGEMEINES PRINZIP DER NUMERISCHE INTERPOLATION
Man bestimme ein Polynom $P_n(x)$ vom Grad höchstens n, das durch die $n + 1$ vorgegebenen Punkte $(x_0, y_0), (x_1, y_1), \ldots, (x_n, y_n)$ verläuft. Die Stellen $x_0, \ldots, x_n$ werden dabei als paarweise verschieden vorausgesetzt.

In der Abbildung 1.5 ist dieses allgemeine Interpolationsprinzip für $n = 4$ grafisch veranschaulicht.

Definition 1.1. Man nennt $x_0, x_1, \ldots, x_n$ die *Stützstellen* und

$$y_0 = f(x_0), \quad y_1 = f(x_1), \quad \ldots, \quad y_n = f(x_n)$$

die *Stützwerte* des Interpolationsproblems. ☐

Das lineare Interpolationspolynom (1.6), das durch die beiden Punkte $(x_0, f(x_0))$ und $(x_1, f(x_1))$ verläuft, wurde unter Verwendung der beiden Quotienten

$$L_0(x) \equiv \frac{x - x_1}{x_0 - x_1} \quad \text{und} \quad L_1(x) \equiv \frac{x - x_0}{x_1 - x_0}$$

konstruiert. Diese erfüllen

$$x = x_0: \quad L_0(x_0) = 1, \quad L_1(x_0) = 0,$$
$$x = x_1: \quad L_0(x_1) = 0, \quad L_1(x_1) = 1.$$

Im allgemeinen Fall hat man nun für jedes $k = 0, 1, \ldots, n$ jeweils einen Quotienten $L_{n,k}(x)$ zu bestimmen, der die folgende Eigenschaft besitzt

$$L_{n,k}(x_i) = 0 \quad \text{für } i \neq k \quad \text{und} \quad L_{n,k}(x_k) = 1 \quad \text{für } i = k. \tag{1.7}$$

Damit $L_{n,k}(x_i) = 0$ für jedes $i \neq k$ gilt, muss der Zähler von $L_{n,k}(x)$ den Term

$$(x - x_0)(x - x_1) \cdots (x - x_{k-1})(x - x_{k+1}) \cdots (x - x_n) \tag{1.8}$$

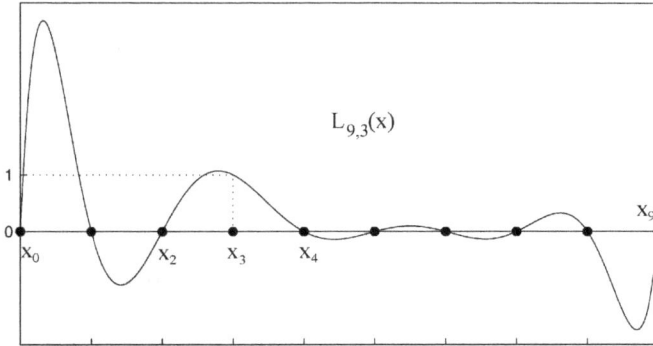

Abb. 1.6: Lagrange-Faktor $L_{9,3}(x)$: charakteristischer Verlauf

enthalten. Andererseits impliziert die Bedingung $L_{n,k}(x_k) = 1$, dass der Nenner von $L_{n,k}(x)$ für $x = x_k$ mit (1.8) übereinzustimmen hat. Damit ergibt sich der *Lagrange*[3]-*Faktor* $L_{n,k}(x)$ zu

$$L_{n,k}(x) = \frac{(x - x_0) \cdots (x - x_{k-1})(x - x_{k+1}) \cdots (x - x_n)}{(x_k - x_0) \cdots (x_k - x_{k-1})(x_k - x_{k+1}) \cdots (x_k - x_n)} = \prod_{\substack{i=0 \\ i \neq k}}^{n} \frac{x - x_i}{x_k - x_i}. \tag{1.9}$$

Die Lagrange-Faktoren sind selbst Polynome n-ten Grades. Sie haben das in der Abbildung 1.6 skizzierte Aussehen.

Mit Hilfe der Faktoren $L_{n,k}(x)$, $k = 0, \ldots, n$, lässt sich nun das gesuchte Polynom $P_n(x)$ recht einfach aufschreiben. Diese Darstellungsform des Interpolationspolynoms wird üblicherweise als *Lagrangesches Interpolationspolynom* bezeichnet. Es besitzt die im Satz 1.2 beschriebenen Eigenschaften.

Satz 1.2. *Es seien $n + 1$ paarweise verschiedene Stützstellen $x_0, x_1, \ldots, x_n$ sowie eine Funktion $f(x)$, deren Werte $y_0, y_1, \ldots, y_n$ an diesen Stellen bekannt sind, gegeben. Dann existiert ein eindeutig bestimmtes Polynom $P_n(x)$ von maximalem Grad n, das den $n + 1$ Interpolationsbedingungen*

$$P_n(x_k) = y_k, \quad k = 0, \ldots, n, \tag{1.10}$$

genügt. Dieses Polynom kann wie folgt dargestellt werden:

$$P_n(x) = L_{n,0}(x)y_0 + \cdots + L_{n,n}(x)y_n = \sum_{k=0}^{n} L_{n,k}(x)y_k \tag{1.11}$$

mit

$$L_{n,k}(x) = \prod_{\substack{i=0 \\ i \neq k}}^{n} \frac{x - x_i}{x_k - x_i}, \quad k = 0, 1, \ldots, n.$$

---

3 Joseph Louis Lagrange (1736–1813), französischer Mathematiker

Beweis.

1. Die Existenz eines solchen Polynoms wurde bereits durch die Konstruktion von (1.11) gezeigt.

2. Um die Eindeutigkeit zu zeigen, nehmen wir an, es gibt zwei Polynome $P_n(x)$ und $Q_n(x)$ mit $\deg(P_n) \leq n$ und $\deg(Q_n) \leq n$, die beide die Interpolationsbedingungen (1.10) erfüllen, d. h.,

$$P_n(x_k) = Q_n(x_k) = y_k, \quad k = 0, 1, \ldots, n.$$

Dann besitzt das Polynom $D(x) \equiv P_n(x) - Q_n(x)$ genau die $n + 1$ paarweise verschiedenen Nullstellen $x_0, \ldots, x_n$. Wegen $\deg(D) \leq n$ folgt nun aus dem Fundamentalsatz der Algebra, dass $D(x) \equiv 0$ gelten muss. Dies wiederum führt auf $P_n(x) = Q_n(x)$. $\qquad\square$

Bemerkung 1.2. Falls es zu keinen Missverständnissen führt, lassen wir ab jetzt den Index n bei $L_{n,k}(x)$ und $P_n(x)$ weg und schreiben kürzer $L_k(x)$ bzw. $P(x)$. $\qquad\square$

Sowohl aus theoretischer als auch aus praktischer Sicht ist die Frage von Interesse, welcher Fehler entsteht, wenn man eine Funktion $f(x)$ durch ihr Interpolationspolynom n-ten Grades $P(x)$ approximiert. Eine Antwort darauf kann dem Satz 1.3 entnommen werden.

Satz 1.3. *Gegeben seien auf dem Intervall $[a, b]$ genau $n + 1$ paarweise verschiedene Stützstellen $x_0, x_1, \ldots, x_n$. Weiter gelte $f \in \mathbb{C}^{n+1}[a, b]$. Dann existiert zu jedem $x \in [a, b]$ eine Zahl $\xi(x) \in (a, b)$, so dass*

$$f(x) - P(x) = \frac{f^{(n+1)}(\xi(x))}{(n + 1)!}(x - x_0) \cdots (x - x_n). \tag{1.12}$$

Hierbei ist $P(x)$ das durch die Gleichung (1.11) definierte Lagrangesche Interpolationspolynom.

Beweis.

1. Ist $x = x_k$, $k \in \{0, 1, \ldots, n\}$, dann gilt $f(x_k) = P(x_k)$. Mit beliebigem $\xi(x_k) \in (a, b)$ ist dann (1.12) erfüllt.

2. Es sei nun $x \neq x_k$, $k \in \{0, 1, \ldots, n\}$. Wir definieren für $t \in [a, b]$:

$$g(t) \equiv f(t) - P(t) - [f(x) - P(x)] \prod_{i=0}^{n} \frac{t - x_i}{x - x_i}. \tag{1.13}$$

Wegen $f \in \mathbb{C}^{(n+1)}[a, b]$, $P \in \mathbb{C}^{\infty}[a, b]$ und $x \neq x_k$ ist $g \in \mathbb{C}^{(n+1)}[a, b]$. Für $t = x_k$ folgt aus (1.13)

$$g(x_k) = f(x_k) - P(x_k) - [f(x) - P(x)] \prod_{i=0}^{n} \frac{x_k - x_i}{x - x_i} = 0 - [f(x) - P(x)] \cdot 0 = 0.$$

Für $t = x$ folgt weiter aus (1.13)

$$g(x) = f(x) - P(x) - [f(x) - P(x)] \prod_{i=0}^{n} \frac{x - x_i}{x - x_i} = f(x) - P(x) - [f(x) - P(x)] = 0.$$

Somit gilt

- $g \in \mathbb{C}^{(n+1)}[a, b]$ und
- g verschwindet an den $n + 2$ paarweise verschiedenen Stellen $x, x_0, x_1, \ldots, x_n$.

Der verallgemeinerte Satz von Rolle impliziert nun die Existenz eines $\xi \equiv \xi(x)$ aus (a, b), mit $g^{(n+1)}(\xi) = 0$. Berechnet man $g^{(n+1)}(t)$ an dieser Stelle ξ, so folgt

$$0 = g^{(n+1)}(\xi) = f^{(n+1)}(\xi) - P^{(n+1)}(\xi) - [f(x) - P(x)] \frac{d^{n+1}}{dt^{n+1}} \left(\prod_{i=0}^{n} \frac{t - x_i}{x - x_i} \right) \bigg|_{t=\xi}. \quad (1.14)$$

Aus $\deg(P) \leq n$ folgt $P^{(n+1)}(x) \equiv 0$. Da es sich bei der Funktion $\prod_{i=0}^{n} \frac{t - x_i}{x - x_i}$ um ein Polynom vom Grad $n + 1$ handelt, kann man

$$\prod_{i=0}^{n} \frac{t - x_i}{x - x_i} = \left(\frac{1}{\prod_{i=0}^{n}(x - x_i)} \right) t^{n+1} + \text{(T. n. O. in } t)$$

schreiben. Hieraus ergibt sich

$$\frac{d^{n+1}}{dt^{n+1}} \prod_{i=0}^{n} \frac{t - x_i}{x - x_i} = (n + 1)! \left(\prod_{i=0}^{n}(x - x_i) \right)^{-1}.$$

Die Formel (1.14) nimmt damit die Gestalt

$$0 = f^{(n+1)}(\xi) - 0 - [f(x) - P(x)](n + 1)! \left(\prod_{i=0}^{n}(x - x_i) \right)^{-1}$$

an. Stellt man die obige Gleichung nach $f(x)$ um, so resultiert schließlich die Behauptung. $\qquad \square$

Die Formel (1.12) ist sicher immer dann von Nutzen, wenn für die zu interpolierende Funktion $f(x)$ und deren Ableitungen obere Schranken angegeben werden können. Dies trifft i. allg. auf solche Funktionen zu, die in den üblichen Zahlentafeln tabelliert sind, wie trigonometrische oder logarithmische Funktionen.

Zum Abschluss dieses Abschnittes wollen wir die Fehlerabschätzung (1.12) an einigen Beispielen etwas genauer analysieren. Hierzu definieren wir die Schranken

$$\max_{\xi \in [a, b]} |f^{(m)}(\xi)| \leq M_m, \quad m = 1, 2, \ldots \quad (1.15)$$

1. *Lineare Interpolation* ($n = 1$). Es sei $[a, b] \equiv [x_0, x_1]$ und wir setzen $x_1 \equiv x_0 + h$. Im linearen Fall reduziert sich die Formel (1.12) auf

$$f(x) - P_1(x) = \frac{f''(\xi(x))}{2} (x - x_0)(x - x_1), \quad x_0 < \xi < x_1.$$

Der Betrag der quadratischen Funktion $l(x) \equiv (x - x_0)(x - x_1)$ nimmt seinen größten Wert auf dem Intervall $[x_0, x_1]$ im Mittelpunkt

$$\tilde{x} \equiv \frac{1}{2}(x_0 + x_1) = \frac{1}{2}(x_0 + x_0 + h) = x_0 + \frac{1}{2}h$$

an und es ist $l(\bar{x}) = -\frac{1}{4}h^2$. Folglich gilt

$$|f(x) - P_1(x)| \le \frac{1}{8}M_2 h^2, \quad x \in [x_0, x_1], \quad x_1 = x_0 + h, \qquad (1.16)$$

d. h., auf kleinen Intervallen der Länge h ist der Fehler für die lineare Interpolation von der Größenordnung $O(h^2)$.

2. *Quadratische Interpolation* ($n = 2$). Wir wollen äquidistante Stützstellen voraussetzen und diese ohne Beschränkung der Allgemeinheit (das Maximum hängt nicht von einer Translation ab!) wie folgt wählen: $x_0 \equiv -h, x_1 \equiv 0, x_2 \equiv h$. Jetzt ist für die kubische Funktion $l(x) \equiv (x - x_0)(x - x_1)(x - x_2) = x(x^2 - h^2)$ das Maximum des Betrages zu ermitteln. Die beiden Extrema von $l(x)$ lassen sich über $l'(x)$ berechnen zu $z_{1,2} = \pm\frac{h}{\sqrt{3}}$, so dass $\max_{[-h,h]}|l(x)| = \frac{2\sqrt{3}}{9}h^3$ gilt. Damit folgt schließlich die Abschätzung

$$|f(x) - P_2(x)| \le \frac{M_3}{9\sqrt{3}}h^3 \approx 0.064 M_3 h^3, \quad x \in [x_0, x_2], \qquad (1.17)$$

d. h., für kleine h ist der Fehler für die quadratische Interpolation $O(h^3)$.

3. *Interpolation n-ten Grades* (n allgemein). Die Güte der Approximation hängt wesentlich von der Verteilung der Stützstellen $x_0, \ldots, x_n$ über das Interpolationsintervall ab, da die Fehlerfunktion (1.12) weitgehend durch die Funktion $l(x) \equiv (x - x_0)(x - x_1) \cdots (x - x_n)$ dominiert wird. Sind die Stützstellen äquidistant verteilt und n nicht zu klein, dann oszilliert die Funktion $l(x)$ stark an den Rändern des Integrationsintervalls $[x_0, x_n]$. Folglich sind die Werte von $|l(x)|$ dort signifikant größer als in den mittleren Abschnitten. Der gesamte Interpolationsfehler (1.12) verhält sich in etwa gleich, da für eine kleine Schrittweite h und $x \in [x_0, x_n]$ die zugehörige Konstante $\xi(x)$ auf ein relativ kleines Intervall beschränkt bleibt und sich deshalb $f^{(n+1)}(\xi(x))$ nicht stark ändern kann. In der Abbildung 1.7 ist ein typischer Verlauf von $l(x)$ für $n = 9$ dargestellt.

Eine Verbesserung lässt sich nur durch eine andere Wahl der Stützstellen erreichen. Offensichtlich müssen sie an den Rändern des Integrationsintervalles dichter gelegt werden. In der Praxis verwendet man deshalb als Stützstellen oftmals die Nullstellen des n-ten Tschebyschow[4]-Polynoms $T_n(x)$ (siehe auch den Abschnitt 2.2), transformiert auf das Intervall $[a, b]$:

$$\tilde{x}_i \equiv \frac{a+b}{2} + \frac{b-a}{2}\cos\left(\frac{n-i}{n}\pi\right), \quad i = 0, 1, \ldots, n.$$

Die zugehörige Funktion $\tilde{l}(x)$ besitzt einen gleichmäßigeren oszillatorischen Verlauf als $l(x)$. Darüber hinaus lässt sich

$$\max_{x \in [a,b]} |\tilde{l}(x)| \le \max_{x \in [a,b]} |l(x)|$$

zeigen.

---

4 Pafnuti Lwowitsch Tschebyschow (1821–1895), russischer Mathematiker

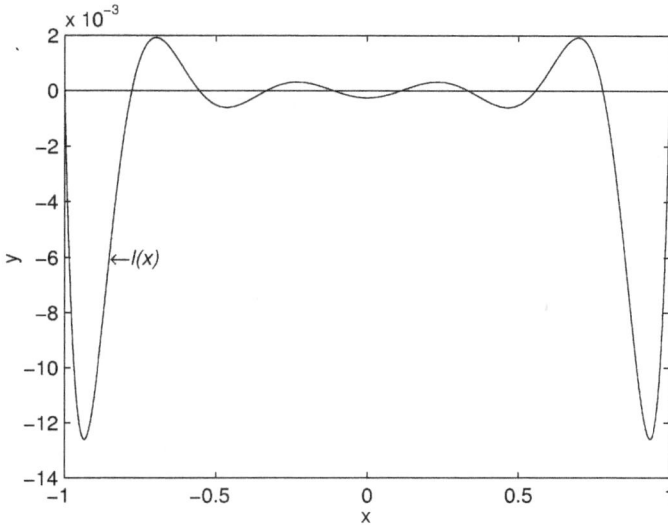

Abb. 1.7: Typischer Verlauf von $l(x)$ für $n = 9$

Die oben beschriebenen starken Schwingungen der Interpolationspolynome $P_n(x)$ an den Rändern des Interpolationsintervalls wurden bereits von Runge[5] beobachtet. Auf ihn geht auch das folgende klassische Beispiel zurück.

Beispiel 1.2. Gegeben sei die sogenannte *Runge-Funktion* [68]:

$$f(x) = \frac{1}{x^2 + 1}.$$

Für die im Intervall $[a, b] = [-5, 5]$ festgelegte Menge von äquidistanten Stützstellen $x_i = -5 + 10\frac{i}{n}$, $i = 0, \ldots, n$, wurden für $n = 5$ und $n = 10$ die zugehörigen Interpolationspolynome $P_n(x)$ bestimmt und in der Abbildung 1.8 grafisch dargestellt.

Es ist unschwer zu erkennen, dass die Interpolationspolynome mit wachsendem n einen zunehmenden maximalen Interpolationsfehler aufweisen. Dieses Verhalten wird in der Literatur oftmals auch unter dem Begriff *Runge-Phänomen* beschrieben. □

1.3 Vandermonde-Ansatz

Beim sogenannten Vandermonde[6]-Ansatz wird die Normalform eines Polynoms verwendet, d. h., es wird als Linearkombination der Basisfunktionen $1, x, x^2, \ldots, x^n$

---

5 Carl David Tolmé Runge (1856–1927), deutscher Mathematiker

6 Alexandre-Théophile Vandermonde (1735–1796), französischer Musiker, Mathematiker und Chemiker

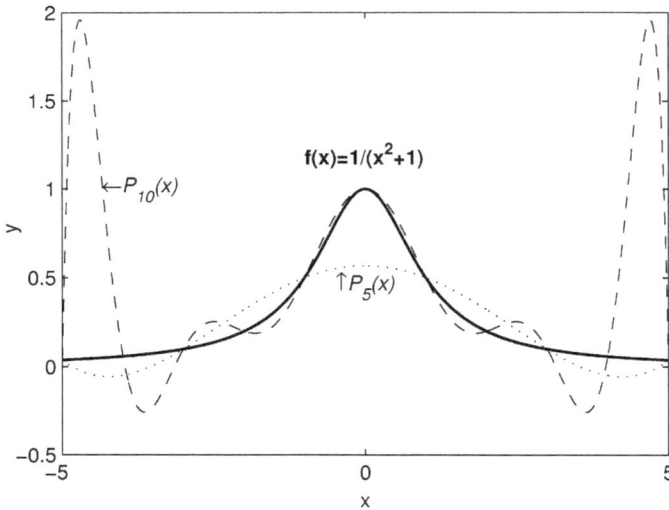

Abb. 1.8: Interpolation der Runge-Funktion

ausgedrückt:

$$P_n(x) = a_0 + a_1 x + a_2 x^2 + \cdots + a_n x^n. \tag{1.18}$$

Die Interpolationsbedingungen (1.10) führen damit auf die Gleichungen

$$a_0 + a_1 x_0 + a_2 x_0^2 + \cdots + a_n x_0^n = y_0,$$
$$a_0 + a_1 x_1 + a_2 x_1^2 + \cdots + a_n x_1^n = y_1,$$
$$\vdots \tag{1.19}$$
$$a_0 + a_1 x_n + a_2 x_n^2 + \cdots + a_n x_n^n = y_n.$$

Das System (1.19) lässt sich in der Matrix-Vektor-Darstellung $Aa = b$ schreiben, mit

$$A = \begin{bmatrix} 1 & x_0 & x_0^2 & \cdots & x_0^n \\ 1 & x_1 & x_1^2 & \cdots & x_1^n \\ \vdots & \vdots & \vdots & & \vdots \\ 1 & x_n & x_n^2 & \cdots & x_n^n \end{bmatrix}, \quad a = \begin{pmatrix} a_0 \\ a_1 \\ \vdots \\ a_n \end{pmatrix}, \quad b = \begin{pmatrix} y_0 \\ y_1 \\ \vdots \\ y_n \end{pmatrix}. \tag{1.20}$$

Bei der Systemmatrix $A \in \mathbb{R}^{(n+1)\times(n+1)}$ handelt es sich um eine sogenannte *Vandermondesche Matrix*. Für die zugehörige Determinante gilt

$$\det(A) = \prod_{n \geq i > j \geq 0} (x_i - x_j). \tag{1.21}$$

Sind die Stützstellen x_i paarweise verschieden, dann ist A offensichtlich nichtsingulär und das lineare Gleichungssystem besitzt eine eindeutige Lösung. Dies impliziert wiederum die Eindeutigkeit des Interpolationspolynoms $P_n(x)$, mit $\deg(P_n) \leq n$, das die Punkte $(x_0, y_0), \ldots, (x_n, y_n)$ interpoliert.

Das System (1.19) kann nun mit der Gauß-Elimination unter Verwendung der partiellen Pivotisierung (siehe den Abschnitt 2.3 im ersten Band dieses Textes) gelöst werden. Die Routine vandermonde.m (siehe das m-File 1.1) stellt eine Implementierung dieser Technik dar. Man beachte, dass aus programmiertechnischen Gründen eine Indexverschiebung vorgenommen wurde.

Falls $P_n(x)$ für beliebige Werte $x \in [a, b]$ berechnet werden soll, empfiehlt sich die Verwendung des Horner-Schemas (siehe das m-File 4.8 im ersten Band).

m-File 1.1: vandermonde.m

```
 1 function a=vandermonde(x,y)
 2 % function a=vandermonde(x,y)
 3 % Berechnet die Koeffizienten des Interpolationspolynoms
 4 % mittels Vandermonde-Amsatz
 5 %
 6 % x: Vektor der Stuetzstellen x(1) < x(2) ,..., x(n) < x(n)
 7 % y: Vektor der Stuetzwerte y(1),...,y(n)
 8 % a: Vektor der Koeffizienten des Interpolationspolynoms
 9 %
10 x=x(:); n=length(x); V=ones(n,n); y=y(:);
11 for i=2:n
12 % j-te Spalte von der Vandermonde-Matrix wird gebildet
13     V(:,i)=x.*V(:,i-1);
14 end
15 % falls Programm aus Band 1 verwendet werden soll:
16 % a=lingl(V,y,'part');
17 % alternativ:
18 a=V\y;
19 end
```

Den Vandermonde-Ansatz für das Interpolationspolynom wird man immer dann verwenden, wenn eine reine Interpolationsaufgabe zu realisieren ist. Die Lösung großer linearer Gleichungssysteme stellt heute kein Problem mehr dar. Zu Lebzeiten von Lagrange war es jedoch noch nicht möglich, selbst Systeme mit relativ kleiner Dimension zu behandeln. Deshalb war die Bestimmung des Interpolationspolynoms auf der Basis des Lagrange-Ansatz von herausragender Bedeutung, da hierdurch die Lösung linearer Gleichungssysteme vermieden wird. Bei der Konstruktion numerischer Verfahren zur Lösung bestimmter Integrale und zur Bestimmung von Ableitungen spielt der Lagrange-Ansatz auch heute noch eine große Rolle (siehe das Kapitel 4). Das trifft auch auf die numerischen Techniken zur Behandlung von Anfangswertproblemen gewöhnlicher Differentialgleichungen zu (siehe z. B. das Kapitel 5 sowie die Monografie [44]).

In der MATLAB kann man mit dem Befehl a=vander(v) eine Vandermondesche Matrix erzeugen, deren Spalten die Potenzen des Vektors v sind, d. h. $a_{ij} = v_i^{(n-j)}$. Setzt man nun zum Beispiel v=[1 2 3 4 5 6 7 8] und berechnet die Kondition der daraus resultierenden Vandermondesche Matrix mittels des Befehls kappa=cond(vander(v)), so ergibt sich kappa=9.5211e+008. Dies zeigt, dass bereits bei 8 Stützstellen ein schlecht konditioniertes Gleichungssystem (1.19) entstehen kann. Deshalb sollte man auch bei der Vandermonde-Interpolation den Polynomgrad nicht zu groß wählen. Eine echte Alternative dazu stellt die im Abschnitt 1.8 beschriebene kubische Spline-Interpolation dar.

1.4 Iterierte Interpolation

Oftmals ist es schwierig, die Genauigkeit eines numerisch bestimmten Interpolations-polynoms $P_n(x)$ mit der Fehlerabschätzung (1.12) quantitativ zu bewerten. Ist man an der expliziten Gestalt des Interpolationspolynoms eigentlich nicht interessiert, sondern möchte damit nur eine Approximation für den unbekannten Funktionswert $f(\bar{x})$ an einer vorgegebenen Stelle $\bar{x} \in [a, b]$ bestimmen, dann liegt die folgende Strategie nahe. Die Stützstellenmenge wird sukzessive um jeweils eine weitere Stützstelle vergrößert. Im aktuellen Schritt kann man dann mit einem Polynom interpolieren, dessen Grad um eins größer ist als im vorangegangenen Schritt. An der Stelle $x = \bar{x}$, an der die Approximation von $f(x)$ gesucht ist, berechnet man die Funktionswerte der im Grad anwachsenden Lagrangeschen Interpolationspolynome $P_j(x)$, $j = 0, 1, \ldots$ Dies wird solange durchgeführt, bis sich die Polynomwerte $P_j(\bar{x})$, $j \geq j_0$, im Rahmen der Maschi-nengenauigkeit nicht mehr unterscheiden. Die beschriebene Strategie besitzt jedoch einen wesentlichen Nachteil. Der Aufwand, der für die Konstruktion des Polynoms $P_j(x)$ erforderlich ist, kann nicht bei der Bestimmung des Polynoms $P_{j+1}(x)$ ausge-nutzt werden. Die Hinzunahme einer weiteren Stützstelle bedingt nämlich (siehe die Formel (1.9)), dass alle Lagrange-Faktoren neu berechnet werden müssen.

Es soll jetzt eine Modifikation der obigen Strategie hergeleitet werden, die bei der Berechnung von $P_j(\bar{x})$ auf die bereits vorliegenden Rechenergebnisse für die Polynom-werte $P_i(\bar{x})$, $i < j$, zurückgreift. Wir benötigen hierfür die folgende Definition.

Definition 1.2. Es sei $f(x)$ eine Funktion, die an den Stellen $x_0, x_1, \ldots, x_n$ definiert ist. Des Weiteren seien k paarweise verschiedene ganze Zahlen $m_1, m_2, \ldots, m_k$ gege-ben, mit $0 \leq m_i \leq n$, $i = 1, \ldots, k$. Das Lagrangesche Interpolationspolynom vom Grad höchstens gleich $k - 1$, das mit $f(x)$ in den Punkten $x_{m_1}, x_{m_2}, \ldots, x_{m_k}$ übereinstimmt, werde mit $P_{m_1, m_2, \ldots, m_k}(x)$ bezeichnet. $\qquad\square$

Das folgende Beispiel verdeutlicht die recht abstrakte Definition.

Beispiel 1.3. Gegeben seien die Funktion $f(x) = x^3$ sowie die Stützstellen $x_0 = 1$, $x_1 = 2$, $x_2 = 3$, $x_3 = 4$, $x_4 = 6$. Das Polynom $P_{1,2,4}(x)$ vom Grad höchstens gleich 2 stimmt mit $f(x)$ an den speziellen Stützstellen $x_1 = 2$, $x_2 = 3$ und $x_4 = 6$ überein, d. h.,

$$P_{1,2,4}(x) = \frac{(x-3)(x-6)}{(2-3)(2-6)}8 + \frac{(x-2)(x-6)}{(3-2)(3-6)}27 + \frac{(x-2)(x-3)}{(6-2)(6-3)}216. \qquad\square$$

Tab. 1.1: Stützstellen und Stützwerte für $f(x) = \sin(x)$

i	0	1	2	3	4
x_i	1.0	1.3	1.6	1.9	2.2
$f(x_i)$	0.84147	0.96356	0.99957	0.94630	0.80850

Es gilt nun der folgende Satz.

Satz 1.4. *Die Funktion $f(x)$ sei an den Stützstellen $x_0, x_1, \ldots, x_n$ definiert. Des Weiteren mögen x_i und x_j zwei verschiedene Zahlen aus dieser Stützstellenmenge bezeichnen. Definiert man*

$$P(x) \equiv \frac{(x - x_j)P_{0,1,\ldots,j-1,j+1,\ldots,k}(x) - (x - x_i)P_{0,1,\ldots,i-1,i+1,\ldots,k}(x)}{x_i - x_j}, \tag{1.22}$$

dann ist $P(x)$ das Lagrangesche Interpolationspolynom vom Grad höchstens gleich k, welches die gegebene Funktion $f(x)$ an den Stellen $x_0, x_1, \ldots, x_k$ interpoliert, d. h., $P(x) = P_{0,1,\ldots,k}(x)$.

Beweis. Um die Notation zu verkürzen, setzen wir

$$Q(x) \equiv P_{0,1,\ldots,i-1,i+1,\ldots,k}(x) \quad \text{und} \quad \hat{Q}(x) \equiv P_{0,1,\ldots,j-1,j+1,\ldots,k}(x).$$

Es gilt $\deg(Q) \le k - 1$ und $\deg(\hat{Q}) \le k - 1$, so dass $\deg(P) \le k$ folgt. Ist nun $0 \le r \le k$ und $r \ne i, j$, dann erhält man

$$P(x_r) = \frac{(x_r - x_j)\hat{Q}(x_r) - (x_r - x_i)Q(x_r)}{x_i - x_j} = \frac{x_i - x_j}{x_i - x_j}f(x_r) = f(x_r).$$

Des Weiteren ist

$$P(x_i) = \frac{(x_i - x_j)\hat{Q}(x_i) - (x_i - x_i)Q(x_i)}{x_i - x_j} = \frac{x_i - x_j}{x_i - x_j}f(x_i) = f(x_i).$$

Analog folgt $P(x_j) = f(x_j)$. Aber nach Definition ist $P_{0,1,\ldots,k}(x)$ das eindeutige Polynom vom Grad höchstens gleich k, welches mit $f(x)$ an den Stellen $x_0, x_1, \ldots, x_k$ übereinstimmt. Somit ergibt sich die Behauptung $P(x) = P_{0,1,\ldots,k}(x)$. $\square$

Anhand eines einfachen Beispiels soll jetzt gezeigt werden, wie sich das im Satz 1.4 formulierte Resultat für einen adaptiven Interpolationsprozess verwenden lässt.

Beispiel 1.4. Die Funktion $f(x) = \sin(x)$ sei an diskreten Stellen x_i, entsprechend der Tabelle 1.1, gegeben.

Der Wert von $f(x)$ soll an der Stelle $x = 1.5$ durch Langrange-Polynome hinreichend genau interpoliert werden. Es ist $x_0 = 1.0, x_1 = 1.3, x_2 = 1.6, x_3 = 1.9, x_4 = 2.2$.

Wir schreiben in der Bezeichnungsweise von Definition 1.2:

$$P_0(1.5) = f(1.0), \quad P_1(1.5) = f(1.3), \quad P_2(1.5) = f(1.6),$$
$$P_3(1.5) = f(1.9), \quad P_4(1.5) = f(2.2).$$

Dabei handelt es sich um 5 Polynome 0-ten Grades, die als eine erste Näherung für $f(1.5)$ aufzufassen sind. Aus diesen konstruiert man nun nach der Vorschrift (1.22) Polynome 1-ten Grades, die verbesserte Approximationen für $f(1.5)$ liefern:

$$P_{0,1}(1.5) = \frac{(1.5 - 1.0)P_1 - (1.5 - 1.3)P_0}{1.3 - 1.0} = 1.04495,$$

$$P_{1,2}(1.5) = \frac{(1.5 - 1.3)P_2 - (1.5 - 1.6)P_1}{1.6 - 1.3} = 0.98757,$$

$$P_{2,3}(1.5) = 1.011733, \quad P_{3,4}(1.5) = 1.13003.$$

Damit ist die Approximation durch Polynome 1-ten Grades erschöpft. Der berechnete Wert $P_{1,2}(1.5)$ müsste die beste Approximation für $f(1.5)$ sein, da 1.5 zwischen $x_1 = 1.3$ und $x_2 = 1.6$ liegt.

Verwendet man jetzt die oben bestimmten Werte der Interpolationspolynome 1-ten Grades in der Vorschrift (1.22), dann ergeben sich aus den resultierenden Polynomen 2-ten Grades die Approximationen:

$$P_{0,1,2}(1.5) = \frac{(1.5 - 1.0)P_{1,2} - (1.5 - 1.6)P_{0,1}}{1.6 - 1.0} = 0.99713,$$

$$P_{1,2,3}(1.5) = 0.99749, \quad P_{2,3,4}(1.5) = 0.99854.$$

Weiter ergeben sich die folgenden Approximationen mit Hilfe von Polynomen 3-ten Grades:

$$P_{0,1,2,3}(1.5) = \frac{(1.5 - 1.0)P_{1,2,3} - (1.5 - 1.9)P_{0,1,2}}{1.9 - 1.0} = 0.99733,$$

$$P_{1,2,3,4}(1.5) = 0.99772.$$

Schließlich liefert das Polynom 4-ten Grades:

$$P_{0,1,2,3,4}(1.5) = \frac{(1.5 - 1.0)P_{1,2,3,4} - (1.5 - 2.2)P_{0,1,2,3}}{2.2 - 1.0} = 0.99749.$$

Es ist $\sin(1.5) = 0.9974949866\ldots$, so dass man für den Fehler der obigen Approximation erhält: $|\sin(1.5) - P_{0,1,2,3,4}(1.5)| \leq 5 \cdot 10^{-6}$. Damit hat man mit der obigen Strategie einen Wert von $f(x)$ an der Stelle $x = 1.5$ gefunden, der auf 5 Dezimalstellen genau ist. □

Die im Beispiel 1.4 berechneten Polynomwerte können nun nach dem in der Tabelle 1.2 dargestellten Schema angeordnet werden ($x = \bar{x}$ sei diejenige Stelle, an der interpoliert wird).

Wir wollen einmal annehmen, dass die zuletzt berechnete Näherung $P_{0,1,2,3,4}(\bar{x})$ nicht die geforderte Genauigkeit besitzt, d. h., dass sie sich noch signifikant von den Werten in der benachbarten linken Spalte unterscheidet. In diesem Falle wählt man eine weitere Stützstelle x_5, an der auch der Funktionswert $f(x_5)$ bekannt sein muss, aus und fügt eine zusätzliche Zeile am Ende der Tabelle 1.2 hinzu:

$$x_5: \quad P_5(\bar{x}) \quad P_{4,5}(\bar{x}) \quad P_{3,4,5}(\bar{x}) \quad P_{2,3,4,5}(\bar{x}) \quad P_{1,2,3,4,5}(\bar{x}) \quad P_{0,1,2,3,4,5}(\bar{x}).$$

Tab. 1.2: Iterierte Interpolation

x_0	$P_0(\bar{x})$				
x_1	$P_1(\bar{x})$	$P_{0,1}(\bar{x})$			
x_2	$P_2(\bar{x})$	$P_{1,2}(\bar{x})$	$P_{0,1,2}(\bar{x})$		
x_3	$P_3(\bar{x})$	$P_{2,3}(\bar{x})$	$P_{1,2,3}(\bar{x})$	$P_{0,1,2,3}(\bar{x})$	
x_4	$P_4(\bar{x})$	$P_{3,4}(\bar{x})$	$P_{2,3,4}(\bar{x})$	$P_{1,2,3,4}(\bar{x})$	$P_{0,1,2,3,4}(\bar{x})$

Anschließend wird der Wert $P_{0,1,2,3,4,5}(\bar{x})$ des entsprechenden Polynoms 5-ten Grades mit $P_{0,1,2,3,4}(\bar{x})$ und $P_{1,2,3,4,5}(\bar{x})$ verglichen, um die Genauigkeit der neuen Näherung abzuschätzen. Ist man mit der erzielten Genauigkeit zufrieden, dann wird dieser adaptive Prozess hier abgebrochen. Anderenfalls vergrößert man die Tabelle wieder um eine Zeile, was einer weiteren Erhöhung des Polynomgrades entspricht. Man beachte, dass bei diesem Vorgehen in die Berechnungen der Elemente der neuen Zeile nur die Werte der zuletzt bestimmten Zeile eingehen. Diese Berechnungsstrategie wird *Neville*[7]*-Schema* genannt.

Für die Konstruktion des Neville-Schemas sind eigentlich nur 2 Indizes erforderlich. Das Voranschreiten nach unten entspricht der Verwendung weiterer Punkte x_i mit wachsendem i, das Voranschreiten nach rechts entspricht einer Vergrößerung des Grades der Interpolationspolynome. Es bezeichne $Q_{i,j} \equiv Q_{i,j}(\bar{x})$, $i \geq j$, das auf den $j + 1$ Stützstellen $x_{i-j}, x_{i-j+1}, \ldots, x_{i-1}, x_i$ definierte und an der Stelle $x = \bar{x}$ ausgewertete Interpolationspolynom vom Grad höchstens gleich j. Bei der Berechnung von $Q_{i,j} = P_{i-j,i-j+1,\ldots,i-1,i}(\bar{x})$ nach dem Neville-Schema hat man in die Formel (1.22) die Polynomwerte $Q_{i,j-1} \equiv P_{i-j+1,\ldots,i-1,i}(\bar{x})$ und $Q_{i-1,j-1} \equiv P_{i-j,i-j+1,\ldots,i-1}(\bar{x})$ zu substituieren:

$$Q_{i,j} = \frac{(\bar{x} - x_i)Q_{i-1,j-1} - (\bar{x} - x_{i-j})Q_{i,j-1}}{x_{i-j} - x_i}, \quad j = 1, 2, 3, \ldots, \quad i = j, j+1, \ldots$$

Wird noch $Q_{i,0} \equiv f(x_i)$, $i = 0, \ldots, n$, gesetzt, dann kann man die Tabelle 1.2, wie in der Tabelle 1.3 angegeben, vereinfacht aufschreiben.

Tab. 1.3: Neville-Schema

x_0	$Q_{0,0}$				
x_1	$Q_{1,0}$	$Q_{1,1}$			
x_2	$Q_{2,0}$	$Q_{2,1}$	$Q_{2,2}$		
x_3	$Q_{3,0}$	$Q_{3,1}$	$Q_{3,2}$	$Q_{3,3}$	
x_4	$Q_{4,0}$	$Q_{4,1}$	$Q_{4,2}$	$Q_{4,3}$	$Q_{4,4}$

---

[7] Watson Neville (1886–1965), englischer Mathematiker. Auf Alexander Craig Aitken (1885–1967) geht ein ähnliches Schema zurück, das sich jedoch in der Praxis nicht durchgesetzt hat.

Algorithmus 1.1: Iterierte Interpolation

INPUT: Stützstellen $x_1 \dots , x_n$, Stützwerte $f(x_1), \dots , f(x_n)$, Stelle $\bar{x}$.

for $i = 1 : n$

    $q_{i,1} = f(x_i)$

end

for $i = 2 : n$

    for $j = 2 : i$

$$q_{i,j} = \frac{(\bar{x} - x_i)q_{i-1,j-1} - (\bar{x} - x_{i-j+1})q_{i,j-1}}{x_{i-j+1} - x_i}$$

    end

end

OUTPUT('Matrix des Neville-Schemas $Q =$', Q) und STOP

Im Algorithmus 1.1 ist diese Berechnungsvorschrift für die Matrix Q angegeben. Man beachte, dass in den üblichen Programmiersprachen die Indizierung von Feldern nicht mit Null, sondern mit Eins beginnt. Dies wurde im Algorithmus 1.1 berücksichtigt. Es muss bei der Eingabe nur n durch $n + 1$ ersetzt werden, um Übereinstimmung mit dem sonstigen Text zu erhalten.

1.5 Dividierte Differenzen

Die im vorangegangenen Abschnitt betrachtete iterierte Interpolation ist sachgemäß, falls an *diskreten* Stellen $\bar{x}_k$ die Werte der Interpolationspolynome $P_j(\bar{x}_k)$ mit sukzessiv ansteigendem Grad j gesucht sind. Jedes Element des Neville-Schemas hängt von der speziellen Interpolationsstelle $\bar{x}_k$ ab. Damit kann dieses Verfahren nicht für eine *explizite* Darstellung der Interpolationspolynome verwendet werden. Eine andere Technik, die es mit sehr geringem zusätzlichen Aufwand ermöglicht das Polynom $P_{j+1}(x)$ explizit darzustellen – ausgehend von der bekannten Gestalt des Interpolationspolynoms $P_j(x)$ – ist unter dem Namen *Verfahren der dividierten Differenzen* bekannt. Dieses Verfahren führt im Vergleich zur Lagrange-Darstellung nur zu einer anderen Schreibweise des *eindeutig* bestimmten Interpolationspolynoms.

Es sei $P_n(x)$ ein Polynom vom Grad höchstens gleich n, das mit der gegebenen Funktion $f(x)$ an den paarweise verschiedenen Stützstellen $x_0, x_1, \dots , x_n$ übereinstimmt. Die den Namen des Verfahrens charakterisierenden *dividierten Differenzen* (von $f(x)$ bezüglich $x_0, x_1, \dots , x_n$) wollen wir wie folgt herleiten. Das gesuchte Interpolationspolynom $P_n(x)$ werde hierzu in der Form

$$P_n(x) = a_0 + a_1(x - x_0) + a_2(x - x_0)(x - x_1)$$
$$+ \cdots + a_n(x - x_0)(x - x_1) \cdots (x - x_{n-1}) \tag{1.23}$$

geschrieben, wobei $a_0, a_1, \ldots, a_n$ noch geeignet zu bestimmende Koeffizienten bezeichnen. Den Koeffizienten a_0 findet man, indem die Stelle x_0 in den Ansatz (1.23) eingesetzt und die Übereinstimmung von $P_n(x_0)$ mit $f(x_0)$ gefordert wird:

$$a_0 = P_n(x_0) = f(x_0). \tag{1.24}$$

Analog ergibt sich aus $P_n(x_1) = a_0 + a_1(x_1 - x_0) = f(x_1)$ der Koeffizient a_1 zu

$$a_1 = \frac{f(x_1) - f(x_0)}{x_1 - x_0}. \tag{1.25}$$

An dieser Stelle lässt sich nun der Begriff der *dividierten Differenzen* einführen. So wird die

- DIVIDIERTE DIFFERENZ 0-TER ORDNUNG $f[x_i]$ von $f(x)$ bezüglich der Stützstelle x_i erklärt zu:

$$f[x_i] \equiv f(x_i), \quad i = 0, \ldots, n.$$

Die dividierten Differenzen höherer Ordnung können jetzt induktiv definiert werden.

- DIVIDIERTE DIFFERENZ 1-TER ORDNUNG $f[x_i, x_{i+1}]$ von $f(x)$ bezüglich der Stützstellen x_i, x_{i+1}:

$$f[x_i, x_{i+1}] \equiv \frac{f[x_{i+1}] - f[x_i]}{x_{i+1} - x_i}, \quad i = 0, \ldots, n-1.$$

Sind die beiden dividierten Differenzen $(k-1)$-ter Ordnung

$$f[x_i, x_{i+1}, x_{i+2}, \ldots, x_{i+k-1}] \quad \text{und} \quad f[x_{i+1}, x_{i+2}, \ldots, x_{i+k-1}, x_{i+k}]$$

gegeben, dann berechnet sich die

- DIVIDIERTE DIFFERENZ k-TER ORDNUNG $f[x_i, x_{i+1}, \ldots, x_{i+k}]$ von $f(x)$ bezüglich der Stützstellen $x_i, x_{i+1}, \ldots, x_{i+k}$ zu:

$$f[x_i, x_{i+1}, \ldots, x_{i+k}]$$
$$\equiv \frac{f[x_{i+1}, x_{i+2}, \ldots, x_{i+k}] - f[x_i, x_{i+1}, \ldots, x_{i+k-1}]}{x_{i+k} - x_i}, \quad i = 0, \ldots, n-k.$$

Mit diesem Formalismus können nun a_0 und a_1 aus (1.24) bzw. (1.25) in der Form

$$a_0 = f[x_0], \quad a_1 = f[x_0, x_1]$$

geschrieben werden und das Interpolationspolynom (1.23) nimmt damit die Gestalt

$$P_n(x) = f[x_0] + f[x_0, x_1](x - x_0) + a_2(x - x_0)(x - x_1)$$
$$+ \cdots + a_n(x - x_0)(x - x_1) \cdots (x - x_{n-1})$$

an. Die noch verbleibenden Koeffizienten von $P_n(x)$ berechnet man auf die gleiche Art und Weise. Die hierzu erforderlichen algebraischen Manipulationen sind jedoch sehr aufwendig. Deshalb wollen wir hier nur das Ergebnis angeben und überlassen die Herleitung dem interessierten Leser:

$$a_k = f[x_0, x_1, \ldots, x_k], \quad k = 0, 1, \ldots, n. \tag{1.26}$$

Setzt man (1.26) in die Formel (1.23) ein, so resultiert schließlich für das gesuchte Interpolationspolynom die sogenannte *Newton-Darstellung* des Interpolationspolynoms

$$P_n(x) = f[x_0] + f[x_0, x_1](x - x_0) + f[x_0, x_1, x_2](x - x_0)(x - x_1)$$
$$+ \cdots + f[x_0, x_1, \ldots, x_n](x - x_0)(x - x_1) \cdots (x - x_{n-1}). \tag{1.27}$$

Bemerkung 1.3. Bei der mit der Methode der dividierten Differenzen gewonnenen Darstellungsform (1.27) des Interpolationspolynoms brauchen im Falle einer sukzessiven Erhöhung des Polynomgrades die bereits berechneten Koeffizienten nicht neu bestimmt zu werden. Ist man an der expliziten Gestalt des Interpolationspolynoms interessiert, dann sollte man anstelle der Lagrange-Darstellung stets die Darstellung (1.27) verwenden. □

Bemerkung 1.4. Da das Interpolationspolynom eindeutig bestimmt ist, besitzt seine Darstellung mittels dividierter Differenzen die gleichen qualitativen Eigenschaften wie die Lagrange-Form. Das trifft insbesondere auch auf das oszillatorische Verhalten an den Rändern des Interpolationsintervalls zu, wenn der Grad des Polynoms hinreichend groß ist. □

Im m-File 1.2 ist eine MATLAB-Implementierung angegeben, mit der sich die Koeffizienten a_k in der Darstellung (1.23) des Interpolationspolynoms berechnen lassen. Verwendet werden dabei die in der Tabelle 1.4 angegebenen vorwärtsgenommenen dividierten Differenzen (siehe auch die Definition 1.3).

m-File 1.2: newtoninter.m

```
 1 function a=newtoninter(x,y)
 2 % function a=newtoninter(x,y)
 3 % Berechnet die Koeffizienten der Newton-Darstellung
 4 % des Interpolationspolynoms
 5 %
 6 % x: Vektor der Stuetzstellen x(1) < x(2) ,..., x(n) < x(n)
 7 % y: Vektor der Stuetzwerte y(1),...,y(n)
 8 % a: Vektor der Koeffizienten des Interpolationspolynoms
 9 %
10 x=x(:);
11 n=length(x);
12 y=y(:);
13 for i=1:n-1
14     y(i+1:n)=(y(i+1:n)-y(i:n-1))./(x(i+1:n)-x(1:n-i));
15 end
16 a=y;
```

Falls $P_n(x)$ für beliebige Werte $x \in [a, b]$ zu berechnen ist, sollte auf das m-File 1.3 zurückgegriffen werden.

Tab. 1.4: Dividierte Differenzen

x	$f(x)$	Ordnung 1	Ordnung 2	Ordnung 3
x_0	$f[x_0]$			
		$f[x_0, x_1] = \dfrac{f[x_1] - f[x_0]}{x_1 - x_0}$		
x_1	$f[x_1]$		$f[x_0, x_1, x_2] = \dfrac{f[x_1, x_2] - f[x_0, x_1]}{x_2 - x_0}$	
		$f[x_1, x_2] = \dfrac{f[x_2] - f[x_1]}{x_2 - x_1}$		$f[x_0, x_1, x_2, x_3]$
				$= \dfrac{f[x_1, x_2, x_3] - f[x_0, x_1, x_2]}{x_3 - x_0}$
x_2	$f[x_2]$		$f[x_1, x_2, x_3] = \dfrac{f[x_2, x_3] - f[x_1, x_2]}{x_3 - x_1}$	
		$f[x_2, x_3] = \dfrac{f[x_3] - f[x_2]}{x_3 - x_2}$		$f[x_1, x_2, x_3, x_4]$
				$= \dfrac{f[x_2, x_3, x_4] - f[x_1, x_2, x_3]}{x_4 - x_1}$
x_3	$f[x_3]$		$f[x_2, x_3, x_4] = \dfrac{f[x_3, x_4] - f[x_2, x_3]}{x_4 - x_2}$	
		$f[x_3, x_4] = \dfrac{f[x_4] - f[x_3]}{x_4 - x_3}$		$\overline{f[x_2, x_3, x_4, x_5]}$
				$= \dfrac{f[x_3, x_4, x_5] - f[x_2, x_3, x_4]}{x_5 - x_2}$
x_4	$f[x_4]$		$\overline{f[x_3, x_4, x_5]} = \dfrac{f[x_4, x_5] - f[x_3, x_4]}{x_5 - x_3}$	
		$\overline{f[x_4, x_5]} = \dfrac{f[x_5] - f[x_4]}{x_5 - x_4}$		
x_5	$\overline{f[x_5]}$			

m-File 1.3: newtonval.m

```
1  function yt=newtonval(a,x,t)
2  % function [yt]=newtonval(a,x,t)
3  % Berechnet fuer die Newton-Darstellung des
4  % Interpolationspolynoms die Funktionswerte
5  % Pn(t), t=(t1, ..., tm), ti aus [a,b]
6  %
7  % a: Vektor der Koeffizienten des Interpolationspolynoms
8  % x: Vektor der Stuetzstellen x(1) < x(2) ,..., x(n) < x(n)
9  % t: Vektor der Stellen, an denen das Polynom ausgewertet
10 % werden soll
11 % yt: Funktionswerte yt=Pn(t)
12 %
13 n=length(a);
14 yt=a(n)*(t-x(n-1));
15 for i=n-1:-1:2
16     yt=(yt+a(i)).*(t-x(i-1));
17 end
18 yt=yt+a(1);
19 end
```

Im weiteren Text verwenden wir spezielle dividierte Differenzenausdrücke, die üblicherweise in Form einer Tabelle angeordnet werden. Bei ihrer Definition nehmen wir hier Bezug auf die Tabelle 1.4.

Definition 1.3.
1. Die in der Tabelle 1.4 *unterstrichenen* dividierten Differenzen werden *vorwärtsgenommene dividierte* Differenzen genannt.
2. Die in der Tabelle 1.4 *überstrichenen* dividierten Differenzen werden *rückwärtsgenommene dividierte* Differenzen genannt. □

Im Folgenden wird es erforderlich sein, einige Eigenschaften der dividierten Differenzen auszunutzen. Wir wollen zuerst zeigen, dass für die dividierte Differenz k-ter Ordnung

$$
\begin{aligned}
f[x_i, x_{i+1}, \ldots, x_{i+k}] = {} & \frac{f[x_i]}{(x_i - x_{i+1})(x_i - x_{i+2}) \cdots (x_i - x_{i+k})} \\
& + \frac{f[x_{i+1}]}{(x_{i+1} - x_i)(x_{i+1} - x_{i+2}) \cdots (x_{i+1} - x_{i+k})} \\
& + \cdots + \frac{f[x_{i+k}]}{(x_{i+k} - x_i)(x_{i+k} - x_{i+1}) \cdots (x_{i+k} - x_{i+k-1})}
\end{aligned}
\tag{1.28}
$$

gilt. Mit $\omega(x) \equiv (x - x_i)(x - x_{i+1}) \cdots (x - x_{i+k})$ ergibt sich daraus

$$
f[x_i, x_{i+1}, \ldots, x_{i+k}] = \sum_{j=i}^{i+k} \frac{f[x_j]}{\omega'(x_j)}.
\tag{1.29}
$$

Den Nachweis führen wir mit vollständiger Induktion. Für $k = 1$ ist die Behauptung richtig, da

$$
f[x_i, x_{i+1}] = \frac{f[x_{i+1}] - f[x_i]}{x_{i+1} - x_i} = \frac{f[x_i]}{x_i - x_{i+1}} + \frac{f[x_{i+1}]}{x_{i+1} - x_i}
$$

gilt. Es werde nun angenommen, dass (1.29) für $k = l - 1$ richtig ist. Um die Richtigkeit auch für $k = l$ zu zeigen, schreiben wir

$$
\begin{aligned}
& f[x_i, x_{i+1}, \ldots, x_{i+l}] \\
& = \frac{f[x_{i+1}, \ldots, x_{i+l}] - f[x_i, \ldots, x_{i+l-1}]}{x_{i+l} - x_i} \\
& = \frac{1}{x_{i+l} - x_i} \left\{ \frac{f[x_{i+1}]}{(x_{i+1} - x_{i+2})(x_{i+1} - x_{i+3}) \cdots (x_{i+1} - x_{i+l})} \right. \\
& \qquad + \frac{f[x_{i+2}]}{(x_{i+2} - x_{i+1})(x_{i+2} - x_{i+3}) \cdots (x_{i+2} - x_{i+l})} \\
& \qquad + \cdots + \frac{f[x_{i+l}]}{(x_{i+l} - x_{i+1})(x_{i+l} - x_{i+2}) \cdots (x_{i+l} - x_{i+l-1})} \\
& \qquad - \left[\frac{f[x_i]}{(x_i - x_{i+1})(x_i - x_{i+2}) \cdots (x_i - x_{i+l-1})} \right. \\
& \qquad\qquad + \frac{f[x_{i+1}]}{(x_{i+1} - x_i)(x_{i+1} - x_{i+2}) \cdots (x_{i+1} - x_{i+l-1})} \\
& \qquad\qquad \left. \left. + \cdots + \frac{f[x_{i+l-1}]}{(x_{i+l-1} - x_i)(x_{i+l-1} - x_{i+1}) \cdots (x_{i+l-1} - x_{i+l-2})} \right] \right\}.
\end{aligned}
\tag{1.30}
$$

Im obigen Ausdruck kommen $f[x_i]$ und $f[x_{i+l}]$ je einmal in den Summanden

$$\frac{f[x_i]}{(x_i - x_{i+1})(x_i - x_{i+2})\cdots(x_i - x_{i+l})}, \quad \frac{f[x_{i+l}]}{(x_{i+l} - x_i)(x_{i+l} - x_{i+1})\cdots(x_{i+l} - x_{i+l-1})}$$

vor, so dass sie in die zu beweisende Gleichung (1.29) passen. Alle anderen $f[x_j]$ treten doppelt auf.

Werden diese Terme paarweise zusammengefasst, dann ergibt sich

$$
\frac{1}{x_{i+l} - x_i}\Bigg[\frac{f[x_j]}{(x_j - x_{i+1})\cdots(x_j - x_{j-1})(x_j - x_{j+1})\cdots(x_j - x_{i+l})}
$$
$$
- \frac{f[x_j]}{(x_j - x_i)\cdots(x_j - x_{j-1})(x_j - x_{j+1})\cdots(x_j - x_{i+l-1})}\Bigg]
$$
$$
= \frac{f[x_j]}{(x_j - x_{i+1})\cdots(x_j - x_{j-1})(x_j - x_{j+1})\cdots(x_j - x_{i+l-1})}
$$
$$
\times \frac{1}{(x_{i+l} - x_i)}\Bigg[\frac{1}{x_j - x_{i+l}} - \frac{1}{x_j - x_i}\Bigg]
$$
$$
= \frac{f[x_j]}{(x_j - x_i)(x_j - x_{i+1})\cdots(x_j - x_{j-1})(x_j - x_{j+1})\cdots(x_j - x_{i+l})}. \tag{1.31}
$$

Damit ist die Formel (1.29) für $k = l$ gezeigt und es ergeben sich daraus die folgenden Eigenschaften der dividierten Differenzen:

1. Die dividierte Differenz einer Summe oder Differenz von Funktionen ist gleich der Summe oder Differenz der dividierten Differenzen der Funktionen.

2. Ein konstanter Faktor kann aus dem Ausdruck der dividierten Differenz ausgeklammert werden.

3. Die dividierten Differenzen sind symmetrische Funktionen ihrer Argumente, d. h.,

$$f[x_i, x_{i+1}, \ldots, x_{i+k}] = f[x_{i+1}, x_i, x_{i+2}, \ldots, x_{i+k}]$$
$$= f[x_{i+2}, x_{i+1}, x_i, x_{i+3}, \ldots, x_{i+k}]$$
$$= \cdots.$$

4. Wenn x und y durch die lineare Relation $x = \alpha y + \beta$, $\alpha \neq 0$, verknüpft sind, dann gilt

$$f[x_i, \ldots, x_{i+k}] = \frac{1}{\alpha^k} g[y_i, y_{i+1}, \ldots, y_{i+k}],$$

wobei $g(y) \equiv f(\alpha y + \beta)$ und $y_j \equiv \frac{x_j - \beta}{\alpha}$ ist.

Die Gleichung (1.12) gilt auch für die Darstellung des Interpolationspolynoms $P(x)$ mittels dividierter Differenzen. Aufgrund der obigen Aussagen lässt sich jedoch das auf der rechten Seite stehende Restglied in modifizierter Form aufschreiben. Dazu betrachten wir unter Beachtung von $f(x) = f[x]$:

$$
f[x, x_0, x_1, \ldots, x_n] = \frac{f(x)}{(x - x_0)(x - x_1)\cdots(x - x_n)} + \frac{f[x_0]}{(x_0 - x)(x_0 - x_1)\cdots(x_0 - x_n)}
$$
$$
+ \cdots + \frac{f[x_n]}{(x_n - x)(x_n - x_0)\cdots(x_n - x_{n-1})}. \tag{1.32}
$$

Hieraus ergibt sich

$$
\begin{aligned}
f(x) = f[x_0] &\frac{(x - x_1)(x - x_2)\cdots(x - x_n)}{(x_0 - x_1)(x_0 - x_2)\cdots(x_0 - x_n)} \\
&+ \cdots + f[x_n]\frac{(x - x_0)(x - x_1)\cdots(x - x_{n-1})}{(x_n - x_0)(x_n - x_1)\cdots(x_n - x_{n-1})} \\
&+ (x - x_0)(x - x_1)\cdots(x - x_n)f[x, x_0, x_1, \ldots, x_n].
\end{aligned} \tag{1.33}
$$

Folglich ist

$$
f(x) = P_n(x) + (x - x_0)(x - x_1)\cdots(x - x_n)f[x, x_0, \ldots, x_n]. \tag{1.34}
$$

Bezeichnet man den auf der rechten Seite von (1.12) stehenden Restterm mit $R_n(x)$, so ergibt sich für diesen

$$
R_n(x) = f(x) - P_n(x) = (x - x_0)(x - x_1)\cdots(x - x_n)f[x, x_0, \ldots, x_n]. \tag{1.35}
$$

Besitzt die Funktion $f(x)$ Ableitungen bis zur Ordnung $n + 1$, dann erhalten wir schließlich die interessante Beziehung

$$
f[x, x_0, \ldots, x_n] = \frac{f^{(n+1)}(\xi(x))}{(n + 1)!}, \tag{1.36}
$$

die insbesondere im Abschnitt 4.1 bei der numerischen Differentiation eine wichtige Rolle spielen wird. In (1.36) bezeichnet $\xi(x)$ einen Punkt, der im kleinsten Intervall liegt, das die Punkte $x_0, x_1, \ldots, x_n$ sowie auch x enthält.

Ordnet man die Stützstellen $x_0, x_1, \ldots, x_n$ *äquidistant* (gleichabständig) an, dann lässt sich (1.27) in einer Form aufschreiben, die für numerische Zwecke sehr günstig ist.

Es seien

$$
h \equiv x_{i+1} - x_i, \quad i = 0, 1, \ldots, n - 1, \quad x \equiv x_0 + sh, \quad x_i = x_0 + ih.
$$

Dann ist $x - x_i = (s - i)h$ und das Interpolationspolynom (1.27) lautet

$$
\begin{aligned}
P_n(x) = P_n(x_0 + sh) &= f[x_0] + shf[x_0, x_1] + s(s - 1)h^2 f[x_0, x_1, x_2] \\
&\quad + \cdots + s(s - 1)\cdots(s - n + 1)h^n f[x_0, x_1, \ldots, x_n] \\
&= \sum_{k=0}^{n} s(s - 1)\cdots(s - k + 1)h^k f[x_0, x_1, \ldots, x_k].
\end{aligned}
$$

Verwendet man die folgende Verallgemeinerung der Binomialkoeffizienten

$$
\binom{s}{k} = \frac{s(s - 1)\cdots(s - k + 1)}{k!},
$$

wobei s keine ganze Zahl zu sein braucht, dann lässt sich $P_n(x)$ in der kompakten Form

$$
P_n(x) = P_n(x_0 + sh) = \sum_{k=0}^{n} \binom{s}{k}k!\, h^k f[x_0, x_1, \ldots, x_k] \tag{1.37}
$$

aufschreiben. Die auf diese Weise gewonnene neue Darstellung (1.37) des (eindeutig bestimmten) Interpolationspolynoms wird üblicherweise als *Newtonsches Interpolationspolynom mit vorwärtsgenommenen dividierten Differenzen* bezeichnet. Berücksichtigt man nun noch die im ersten Band dieses Textes (Definition 4.9) erklärten vorwärtsgenommenen Differenzen, dann ergibt sich

$$f[x_0, x_1] = \frac{f(x_1) - f(x_0)}{x_1 - x_0} = \frac{1}{h} \Delta f(x_0),$$

$$f[x_0, x_1, x_2] = \frac{1}{2h} \left[\frac{\Delta f(x_1) - \Delta f(x_0)}{h} \right] = \frac{1}{2h^2} \Delta^2 f(x_0)$$

und allgemein

$$f[x_0, x_1, \ldots, x_k] = \frac{1}{k! \, h^k} \Delta^k f(x_0).$$

Aus (1.37) folgt damit die sehr übersichtliche Darstellung des Interpolationspolynoms $P_n(x)$:

$$P_n(x) = \sum_{k=0}^{n} \binom{s}{k} \Delta^k f(x_0). \tag{1.38}$$

Die Anordnung der Stützstellen in umgekehrter Reihenfolge $x_n, x_{n-1}, \ldots, x_1, x_0$ führt auf eine ähnliche Darstellung des Interpolationspolynoms (vergleiche mit Formel (1.27)):

$$P_n(x) = f[x_n] + f[x_{n-1}, x_n](x - x_n) + f[x_{n-2}, x_{n-1}, x_n](x - x_n)(x - x_{n-1})$$
$$+ \cdots + f[x_0, \ldots, x_n](x - x_n)(x - x_{n-1}) \cdots (x - x_1). \tag{1.39}$$

Verwendet man wiederum ein *äquidistantes* Gitter

$$x \equiv x_n + sh, \quad s \text{ negativ}, \quad x_i = x_n + (i - n)h,$$

dann ist $x - x_i = (s + n - i)h$ und die Formel (1.39) nimmt die Gestalt

$$P_n(x) = P_n(x_n + sh) = f[x_n] + shf[x_{n-1}, x_n] + s(s + 1)h^2 f[x_{n-2}, x_{n-1}, x_n]$$
$$+ \cdots + s(s + 1) \cdots (s + n - 1)h^n f[x_0, x_1, \ldots, x_n] \tag{1.40}$$

an. Die Darstellung (1.40) wird als *Newtonsches Interpolationspolynom mit rückwärtsgenommenen dividierten Differenzen* bezeichnet.

Um (1.40) in einer zu (1.38) entsprechenden Form angeben zu können, sind noch einige Vorarbeiten notwendig. Wie im ersten Band, Abschnitt 4.7, für eine gegebene Folge $\{x_k\}_{k=0}^{\infty}$ die vorwärtsgenommenen Differenzen $\Delta^n x_k$ erklärt wurden, lassen sich für diese Folge auch *rückwärtsgenommene Differenzen* $\nabla^n x_k$ definieren.

Definition 1.4. Gegeben sei eine Folge $\{x_k\}_{k=0}^{\infty}$. Unter den zugehörigen *rückwärtsgenommenen Differenzen* (1. Ordnung) ∇x_k sollen die Ausdrücke

$$\nabla x_k \equiv x_k - x_{k-1}, \quad k = 1, 2, \ldots, \tag{1.41}$$

verstanden werden. Rückwärtsgenommene Differenzen höherer Ordnung $\nabla^n x_k$ seien wie folgt rekursiv erklärt:

$$\nabla^n x_k \equiv \nabla(\nabla^{n-1} x_k), \quad n \geq 2, \qquad \nabla^1 x_k \equiv \nabla x_k. \tag{1.42}$$

□

Die rückwärtsgenommenen Differenzen berechnen sich analog den vorwärtsgenommenen Differenzen zu

$$
\begin{aligned}
\nabla x_k &= x_k - x_{k-1}, \\
\nabla^2 x_k &= x_k - 2x_{k-1} + x_{k-2} \\
\nabla^3 x_k &= x_k - 3x_{k-1} + 3x_{k-2} - x_{k-3} \\
\nabla^4 x_k &= x_k - 4x_{k-1} + 6x_{k-2} - 4x_{k-3} + x_{k-4} \\
&\vdots \\
\nabla^n x_k &= x_k - \binom{n}{1} x_{k-1} + \binom{n}{2} x_{k-2} - \cdots + (-1)^n x_{k-n}.
\end{aligned}
\tag{1.43}
$$

Des Weiteren besteht zwischen den vorwärts- und rückwärtsgenommenen Differenzen der Zusammenhang

$$\nabla x_k = \Delta x_{k-1}, \quad \nabla^2 x_k = \Delta^2 x_{k-2}, \quad \ldots, \quad \nabla^n x_k = \Delta^n x_{k-n}. \tag{1.44}$$

Man kann nun die rückwärtsgenommenen dividierten Differenzen durch die oben erklärten rückwärtsgenommenen Differenzen wie folgt ausdrücken:

$$f[x_{n-1}, x_n] = \frac{1}{h} \nabla f(x_n), \quad f[x_{n-2}, x_{n-1}, x_n] = \frac{1}{2h^2} \nabla^2 f(x_n)$$

und allgemein

$$f[x_{n-k}, \ldots, x_{n-1}, x_n] = \frac{1}{k! \, h^k} \nabla^k f(x_n). \tag{1.45}$$

Setzt man diese Ausdrücke in (1.40) ein, dann ergibt sich

$$P_n(x) = f(x_n) + s \nabla f(x_n) + \frac{s(s+1)}{2} \nabla^2 f(x_n) + \cdots + \frac{s(s+1)\cdots(s+n-1)}{n!} \nabla^n f(x_n).$$

Unter Verwendung der üblichen Rechenregeln für Binomialkoeffizieneten

$$\binom{-s}{k} = \frac{-s(-s-1)\cdots(-s-k+1)}{k!} = (-1)^k \frac{s(s+1)\cdots(s+k-1)}{k!}, \quad s \text{ reell},$$

erhält man schließlich die gesuchte Darstellung des Interpolationspolynoms

$$P_n(x) = \sum_{k=0}^{n} (-1)^k \binom{-s}{k} \nabla^k f(x_n). \tag{1.46}$$

Die obigen Newton-Formeln eignen sich zur Approximation an einer Stelle, die etwa in der Mitte der Tabelle liegt, nicht besonders gut. Es gibt in der Literatur eine Vielzahl von Interpolationsformeln mit dividierten Differenzen, die dieser Situation besser

Tab. 1.5: Dividierte Differenzen für die Formel von Stirling

x	$f(x)$	Ordnung 1	Ordnung 2	Ordnung 3	Ordnung 4
x_{-2}	$f[x_{-2}]$				
		$f[x_{-2},x_{-1}]$			
x_{-1}	$f[x_{-1}]$		$f[x_{-2},x_{-1},x_0]$		
		$f[x_{-1},x_0]$		$f[x_{-2},x_{-1},x_0,x_1]$	
x_0	$f[x_0]$		$f[x_{-1},x_0,x_1]$		$f[x_{-2},x_{-1},x_0,x_1,x_2]$
		$f[x_0,x_1]$		$f[x_{-1},x_0,x_1,x_2]$	
x_1	$f[x_1]$		$f[x_0,x_1,x_2]$		
		$f[x_1,x_2]$			
x_2	$f[x_2]$				

angepasst sind. Wir wollen hier nur kurz die Formel von Stirling (siehe z. B. [32, Seiten 240–242]) angeben. Es ist jetzt x_0 in die Nähe der Interpolationsstelle $\bar{x}$ zu legen. In der Tabelle 1.5 sind die Stützstellen unterhalb von x_0 mit $x_1, x_2, \ldots$ und die Stützstellen oberhalb von x_0 mit $x_{-1}, x_{-2}, \ldots$ bezeichnet.

Mit dieser Notation lautet die Formel von Stirling für ungerades $n = 2m + 1$:

$$
\begin{aligned}
P_n(x) &= P_{2m+1}(x) \\
&= f[x_0] + \frac{sh}{2}(f[x_{-1},x_0] + f[x_0,x_1]) + s^2 h^2 f[x_{-1},x_0,x_1] \\
&\quad + \frac{s(s^2-1)h^3}{2}(f[x_{-1},x_0,x_1,x_2] + f[x_{-2},x_{-1},x_0,x_1]) \\
&\quad + \cdots + s^2(s^2-1)(s^2-4)\cdots(s^2-(m-1)^2)h^{2m}f[x_{-m},\ldots,x_m] \\
&\quad + \frac{s(s^2-1)\cdots(s^2-m^2)h^{2m+1}}{2} \\
&\quad \times (f[x_{-m},\ldots,x_{m+1}] + f[x_{-(m+1)},\ldots,x_m]).
\end{aligned}
\tag{1.47}
$$

Ist $n = 2m$ gerade, dann hat man nur den letzten Summanden in (1.47) wegzulassen. Die in dieser Formel benötigten dividierten Differenzen lassen sich wieder mit einem speziellen Rechenschema bestimmen, das in der Tabelle 1.5 angegeben ist. Es handelt sich dort um die unterstrichenen Größen.

Unter Verwendung vorwärtsgenommener Differenzen lässt sich die Formel von Stirling noch einfacher darstellen. Man erhält nach einigen Umformungen

$$
\begin{aligned}
P_n(x) &= f(x_0) + \binom{s}{1}\frac{\Delta f(x_0) + \Delta f(x_{-1})}{2} + \frac{\binom{s}{2} + \binom{s+1}{2}}{2}\Delta^2 f(x_{-1}) \\
&\quad + \binom{s+1}{3}\frac{\Delta^3 f(x_{-1}) + \Delta^3 f(x_{-2})}{2} + \frac{\binom{s+1}{4} + \binom{s+2}{4}}{2}\Delta^4 f(x_{-2}) + \cdots.
\end{aligned}
\tag{1.48}
$$

Für die im Kapitel 4 beschriebenen numerischen Differentiationsformeln benötigen wir eine weitere Schreibweise der Formel von Stirling, die man aus (1.48) ableiten kann. Hierzu mögen neben den vorwärts- und rückwärtsgenommenen Differenzen noch sogenannte zentrale Differenzen erklärt sein.

Definition 1.5. Gegeben seien eine Folge $\{x_k\}_{k=-\infty}^{\infty}$ mit $x_{k+1} = x_k + h$ sowie eine Funktion $f(x)$. Unter den zugehörigen *zentralen Differenzen* (*n*-ter Ordnung) $\delta^n f(x_k)$ sollen die Ausdrücke

$$\delta^{2i+1} f(x_k) \equiv \Delta^{2i+1} f\left(x_k - \frac{1+2i}{2}h\right), \quad n = 2i + 1 \text{ ungerade},$$

$$\delta^{2i} f(x_k) \equiv \Delta^{2i} f(x_k - ih), \qquad n = 2i \text{ gerade}, \ k = 0, \pm 1, \pm 2, \dots,$$

(1.49)

verstanden werden. □

Als weiteres Hilfsmittel werden wir noch auf den Mittelwert-Operator zurückgreifen.

Definition 1.6. Gegeben seien eine Folge $\{x_k\}_{k=-\infty}^{\infty}$ mit $x_{k+1} = x_k + h$ sowie eine Funktion $f(x)$. Der zugehörige *Mittelwert-Operator* μ sei durch die Beziehung

$$\mu f(x_k) \equiv \frac{1}{2}\left[f\left(x_k + \frac{h}{2}\right) + f\left(x_k - \frac{h}{2}\right)\right]$$

(1.50)

definiert. □

Wie man sich einfach davon überzeugen kann, lässt sich nun die Formel von Stirling (1.47) bzw. (1.48) unter Verwendung der zentralen Differenzen (1.49) sowie des Mittelwert-Operators (1.50) in der folgenden übersichtlichen Form darstellen:

$$P_n(x) = f(x_0) + \binom{s}{1}\mu\delta f(x_0) + \frac{s}{2}\binom{s}{1}\delta^2 f(x_0) + \binom{s+1}{3}\mu\delta^3 f(x_0)$$

$$+ \cdots + \frac{s}{2k}\binom{s+k-1}{2k-1}\delta^{2k} f(x_0) + \binom{s+k}{2k+1}\mu\delta^{2k+1} f(x_0) + \cdots.$$

(1.51)

1.6 Inverse Interpolation

In den vorangegangenen Abschnitten approximierten wir den Funktionswert y für ein Argument x, das keine Stützstelle ist und sich zwischen den Stützstellen in der jeweiligen Tabelle befindet. In der Praxis taucht jedoch häufig die Aufgabe auf, das Argument x für einen nicht in der Tabelle aufgelisteten Funktionswert y zu finden. Dieser umgekehrte Prozess ist als *inverse Interpolation* bekannt. In diesem Text wollen wir voraussetzen, dass die zugrundeliegende Funktion $f(x)$ monoton ist. Die zugehörigen Wertepaare seien in der Tabelle 1.6 gegeben.

Falls die Stützstellen x_i äquidistant angeordnet sind, trifft dies auf die Stützwerte y_i i. allg. nicht zu. Deshalb bietet sich die Lagrange-Darstellung (1.11) des Interpolationspolynoms $P_n(x)$ an, da die darauf basierende Rechenvorschrift $y = P_n(x)$

Tab. 1.6: Die tabellierte Funktion $f(x)$

x_i	x_0	x_1	$\ldots$	x_n
y_i	y_0	y_1	$\ldots$	y_n

im Wesentlichen eine Beziehung zwischen den beiden Variablen x und y darstellt. Jede von ihnen kann als unabhängige Variable verwendet werden. Behandelt man nun y als die unabhängige Variable und x als die abhängige Variable, dann führt dies auf die inverse Form der Lagrange-Darstellung

$$\hat{P}_n(y) = \hat{L}_{n,0}(y)x_0 + \cdots + \hat{L}_{n,n}(y)x_n = \sum_{k=0}^{n} \hat{L}_{n,k}(y)x_k, \tag{1.52}$$

mit

$$\hat{L}_{n,k}(y) = \frac{(y - y_0)\cdots(y - y_{k-1})(y - y_{k+1})\cdots(y - y_n)}{(y_k - y_0)\cdots(y_k - y_{k-1})(y_k - y_{k+1})\cdots(y_k - y_n)} = \prod_{\substack{i=0 \\ i \neq k}}^{n} \frac{y - y_i}{y_k - y_i}. \tag{1.53}$$

Das zu einem nicht aufgelisteten Funktionswert $\bar{y}$ gehörende Argument $\bar{x}$ kann dann wie folgt angenähert werden:

$$\bar{x} \approx \hat{P}_n(\bar{y}). \tag{1.54}$$

Die Abschätzung des zugehörigen Restgliedes (siehe den Satz 1.3) wird genauso durchgeführt, wie bei der direkten Interpolation, wenn nur die Ableitungen der Funktion durch die Ableitungen der zugehörigen inversen Funktion ersetzt werden.

Es ist natürlich auch möglich, alternativ die Newton-Darstellung (1.27) des Interpolationspolynoms für nichtäquidistant verteilte Stützstellen zu verwenden, bei der wie zuvor anstelle von x jetzt y als Argument verwendet wird:

$$\hat{P}_n(y) = f[y_0] + f[y_0, y_1](y - y_0) + f[y_0, y_1, y_2](y - y_0)(x - x_1)$$
$$+ \cdots + f[y_0, y_1, \ldots, y_n](y - y_0)(y - y_1)\cdots(y - y_{n-1}). \tag{1.55}$$

Bei der inversen Form der Lagrange-Darstellung ist jeder Summand von Bedeutung und das Weglassen irgend eines Terms verfälscht das Ergebnis signifikant. Damit erweist sich diese Methode im Hinblick auf den Rechenaufwand als ungeeignet, wenn die Anzahl der Argumente groß ist.

Falls die Stützstellen äquidistant verteilt sind, lässt sich auf der Grundlage des Newtonschen Interpolationspolynom mit vorwärtsgenommenen Differenzen (1.38) ein Iterationsverfahren konstruieren, das weniger Rechenaufwand benötigt. Hierzu wollen wir annehmen, dass der Wert $\bar{y}$, für den das Argument $\bar{x}$ gesucht wird, zwischen $y_0 = f(x_0)$ und $y_1 = f(x_1)$ liegt. Ersetzt man $f(x)$ durch das Newtonsche Interpolationspolynom (1.38), dann ergibt sich anstelle von $y = f(x)$ die Näherungsgleichung

$$y = f(x_0) + s\Delta f(x_0) + \frac{s(s-1)}{2!}\Delta^2 f(x_0) + \frac{s(s-1)(s-2)}{3!}\Delta^3 f(x_0)$$
$$+ \cdots + \frac{s(s-1)\cdots(s-n+1)}{n!}\Delta^n f(x_0), \tag{1.56}$$

mit

$$s = \frac{x - x_0}{h}. \tag{1.57}$$

Wird nun der vorgegebene Wert $\bar{y}$ in (1.56) eingesetzt, so resultiert die folgende nichtlineare Gleichung zur Bestimmung des zugehörigen Wertes von s:

$$F(s) = 0, \tag{1.58}$$

mit

$$F(s) = \bar{y} - s\Delta f(x_0) - \frac{s(s-1)}{2!}\Delta^2 f(x_0) - \frac{s(s-1)(s-2)}{3!}\Delta^3 f(x_0)$$
$$- \cdots - \frac{s(s-1)\cdots(s-n+1)}{n!}\Delta^n f(x_0).$$

Diese Gleichung kann mit den numerischen Iterationsverfahren, die im ersten Band dieses Textes (Kapitel 4) dargestellt sind, gelöst werden. Insbesondere ist hier das Newton-Verfahren gut geeignet. Um zu einem geeigneten Startwert zu gelangen, überführen wir (1.58) in die Form

$$s = \frac{\bar{y} - f(x_0)}{\Delta f(x_0)} - \frac{s(s-1)}{2!}\frac{\Delta^2 f(x_0)}{\Delta f(x_0)} - \frac{s(s-1)(s-2)}{3!}\frac{\Delta^3 f(x_0)}{\Delta f(x_0)}$$
$$- \cdots - \frac{s(s-1)\cdots(s-n+1)}{n!}\frac{\Delta^n f(x_0)}{\Delta f(x_0)}.$$

Offensichtlich ist der konstante Term auf der rechten Seite ein geeigneter Startwert, d. h., wir setzen

$$s_0 = \frac{y - f(x_0)}{\Delta f(x_0)}. \tag{1.59}$$

Es sei $[a, b]$ ein Intervall, das alle gegebenen Stützstellen enthält. Gilt $f \in \mathbb{C}^{(n+1)}[a, b]$ und ist die Schrittweite h klein, dann konvergieren die Iterierten s_k des Newton-Verfahrens, d. h.

$$\lim_{k \to \infty} s_k = s^*,$$

wobei s^* die exakte Lösung der Gleichung $F(s) = 0$ bezeichnet. Praktisch wird die Newton-Iteration nur solange fortgesetzt, bis der Betrag des Funktionswertes unterhalb einer vorgegebenen Toleranz liegt. Bezeichnet $\bar{s} = s_m$ eine hinreichend genaue Approximation von s^*, dann ergibt sich eine Näherung $\bar{x}$ für das gesuchte Argument x aus der Definitionsgleichung (1.57) zu

$$\bar{x} = x_0 + \bar{s}h. \tag{1.60}$$

Für die Konstruktion einer zu (1.56) analogen Näherungsgleichung können auch andere Interpolationsformeln, wie z. B. die Formel von Sterling, verwendet werden.

Wir wollen nun die beiden Techniken für die inverse Interpolation anhand eines Beispiels demonstrieren.

Beispiel 1.5. In der Tabelle 1.7 sind für drei Stützstellen die Werte der Funktion $\ln(x)$ angegeben (auf drei Stellen nach dem Dezimalpunkt gerundet).

Tab. 1.7: Tabelle der Funktion $\ln(x)$

x_i	5.0	5.1	5.2
y_i	1.60944	1.62924	1.64866

Gesucht ist eine Näherung für das Argument $\bar{x}$, das zu dem nicht tabellierten Funktionswert $\bar{y} = 1.619$ gehört. Wir wollen zuerst die Vorschrift (1.54) unter Verwendung der inversen Form der Lagrange-Darstellung anwenden. Für die zugehörigen Lagrange-Faktoren ergeben sich die folgenden Ausdrücke:

$$\hat{L}_0(y) = \frac{(y - 1.62924)(y - 1.64866)}{(1.60944 - 1.62924)(1.60944 - 1.64866)}$$
$$= \frac{(y - 1.62924)(y - 1.64866)}{0.00077656},$$
$$\hat{L}_1(y) = \frac{(y - 1.60944)(y - 1.64866)}{(1.62924 - 1.60944)(1.62924 - 1.64866)}$$
$$= -\frac{(y - 1.60944)(y - 1.64866)}{0.000384516},$$
$$\hat{L}_2(y) = \frac{(y - 1.60944)(y - 1.62924)}{(1.64866 - 1.60944)(1.64866 - 1.62924)}$$
$$= \frac{(y - 1.60944)(y - 1.62924)}{0.000761652}.$$

Damit erhalten wir für das gesuchte Argument $\bar{x}$ mit der Formel (1.54) den Näherungswert

$$\bar{x} \approx \hat{P}_2(1.619) = 0.391109 \cdot 5 - 0.737420 \cdot 5.1 - 0.128529 \cdot 5.2$$
$$= 1.95555 + 3.76084 - 0.668351 = 5.04804.$$

Da die inverse Funktion von $\ln(x)$ die Exponentialfunktion ist, lässt sich das Resultat leicht überprüfen:

$$\exp(1.619) = 5.04803975\ldots \approx 5.0480$$
$$\text{bzw.} \quad \ln(5.0484) = 1.61907136\ldots \approx 1.6191.$$

Nun soll die nichtlineare Gleichung (1.58) mit dem Newton-Verfahren gelöst werden. Für die Aufstellung dieser Gleichung benötigen wir die zugehörigen vorwärtsgenommenen Differenzen, die hier in Tabellenform angeben werden sollen (siehe die Tabelle 1.8).

Die nichtlineare Gleichung (1.58) hat damit die Gestalt

$$\bar{y} - f(x_0) - s\Delta f(x_0) - \frac{s(s - 1)}{2}\Delta^2 f(x_0) - \frac{s(s - 1)(s - 2)}{6}\Delta^3 f(x_0) = 0.$$

Der Startwert s_0 berechnet sich nach (1.59) zu:

$$s_0 = \frac{1.619 - 1.60944}{0.0198} = 0.482828.$$

Tab. 1.8: Vorwärtsgenommene Differenzen der Funktion $f(x)$

i	x_i	$f(x_i)$	$\Delta f(x_i)$	$\Delta^2 f(x_i)$	$\Delta^3 f(x_i)$
0	5	1.60944	0.0198	−0.00038	0.00001
1	5.1	1.62924	0.01942	−0.00037	
2	5.2	1.64866	0.01905		
3	5.3	1.66771			

Mit diesem Startwert benötigt das Newton-Verfahren nur eine Iteration um die Näherung $s_1 = 0.480401$ mit dem Residuum $r(s_1) \equiv |f(s_1)| \leq 10^{-9}$ zu berechnen. Nach der Formel (1.60) ergibt sich schließlich für das gesuchte Argument der Wert

$$\tilde{x} = 5 + 0.480401 \cdot 0.1 = 5.04804.$$

Damit erhalten wir mit diesem Iterationsverfahren die gleiche Näherung wie mit der inversen Form der Lagrange-Darstellung.

Abschließend sollte noch bemerkt werden, dass es hier gar nicht zwingend erforderlich ist, für den Startwert s_0 bereits eine hinreichend genaue Näherung zu verwenden. So werden für $s_0 = 40$ anstelle von einem Iterationsschritt drei Schritte benötigt. Für die Iterierte s_3 gilt dann $r(s_3) \leq 10^{-11}$. $\qquad\square$

Ist die gegebene Funktion nicht monoton, dann können die obigen Techniken nicht verwendet werden. Stattdessen schreiben wir, ohne die Rollen der Argument- und Funktionswerte zu vertauschen, eine der möglichen Darstellungen des zugehörigen Interpolationspolynoms auf. Wird auf den Stützstellen $x_0, \ldots, x_n$ die Lagrange-Darstellung (1.11) verwendet und ist für einen nicht tabellierten Funktionswert $\bar{y}$ das zugehörige Argument $\bar{x}$ gesucht, dann führt dies auf die Lösung der (nichtlinearen) Gleichung

$$P_n(x) = \bar{y}. \tag{1.61}$$

Ist der Grad n des Polynoms $P_n(x)$ größer als zwei, dann wird man zur Bestimmung der Lösung von (1.61) eines der im ersten Band dieses Textes beschriebenen Iterationsverfahren zur numerischen Behandlung skalarer nichtlinearer Gleichungen, insbesondere zur Lösung von Polynomgleichungen, verwenden.

Wir wollen dieses Vorgehen anhand eines Beispiels demonstrieren.

Beispiel 1.6. Der Tabelle 1.9 liegt eine unbekannte Funktion $f(x)$ zugrunde. Offensichtlich ist diese Funktion $f(x)$ nicht monoton.

Tab. 1.9: Tabellierte Funktion $f(x)$

x_i	0	−1	2
y_i	−5	−4	−1

Bestimmt werden soll der Wert $\bar{x}$, für den $\bar{y} = -2$ ist. Der erste Schritt besteht in der Aufstellung des zugehörigen Interpolationspolynoms $P_2(x)$, das wir in seiner Lagrange-Darstellung angeben wollen. Es ergeben sich die folgenden Lagrange-Faktoren:

$$L_0(x) = \frac{(x+1)(x-2)}{1(-2)}, \quad L_1(x) = \frac{x(x-2)}{(-1)(-3)}, \quad L_2(x) = \frac{x(x+1)}{2 \cdot 3}.$$

Das Polynom $P_2(x)$ lautet nun

$$P_2(x) = \frac{5}{2}(x+1)(x-2) - \frac{4}{3}x(x-2) - \frac{1}{6}x(x+1) = \frac{6x^2 - 30}{6} = x^2 - 5.$$

Der zweite Schritt besteht nun in der Aufstellung und Lösung der Gleichung (1.61) mit $\bar{y} = -2$. Es ist hier

$$x^2 - 5 = -2,$$

woraus $\bar{x} = \pm\sqrt{3}$ folgt. $\qquad\square$

Da bei dieser Technik der inversen Interpolation anstelle der Gleichung $f(x) = \bar{y}$ (mit der Lösung $\bar{x}$) die Näherungsgleichung $P_n(x) = \bar{y}$ (mit der Lösung $\tilde{x}$) verwendet wird, ist eine Abschätzung des Fehlers $|\tilde{x} - \bar{x}|$ von Interesse.

Wie bisher bezeichne $P_n(x)$ das Lagrangesche Interpolationspolynom, das für eine gegebene Funktion $f(x)$ sowie die Stützstellen $x_0, \ldots, x_n$ definiert sei. Dann gilt für den Interpolationsfehler die Beziehung (1.12), d. h.

$$f(x) - P_n(x) = \frac{f^{(n+1)}(\xi)}{(n+1)!}(x - x_0) \cdots (x - x_n).$$

Gesucht ist nun der Wert $\bar{x}$, der $f(\bar{x}) = \bar{y}$ mit gegebenem $\bar{y}$ erfüllt. Hierzu bestimmen wir die Lösung $\tilde{x}$ der Näherungsgleichung $P_n(x) = \bar{y}$ und setzen sie in die obige Formel ein. Dies ergibt

$$f(\tilde{x}) - P_n(\tilde{x}) = f(\tilde{x}) - \bar{y} = f(\tilde{x}) - f(\bar{x}) = \frac{f^{(n+1)}(\xi)}{(n+1)!}(\tilde{x} - x_0) \cdots (\tilde{x} - x_n). \qquad (1.62)$$

Wendet man den Mittelwertsatz der Differentialrechnung auf die linke Seite der Gleichung an, so resultiert

$$(\tilde{x} - \bar{x})f'(\eta) = \frac{f^{(n+1)}(\xi)}{(n+1)!}(\tilde{x} - x_0) \cdots (\tilde{x} - x_n), \qquad (1.63)$$

wobei η zwischen $\bar{x}$ und $\tilde{x}$ liegt. Ist $[a, b]$ ein Intervall, das die beiden Stellen $\bar{x}$ und $\tilde{x}$ enthält, und gilt

$$\min_{x \in [a,b]} |f'(x)| \equiv m_1 \neq 0 \quad \text{und} \quad M_{n+1} \equiv \sup_{x \in [a,b]} |f^{(n+1)}(x)|,$$

dann impliziert (1.63) die folgende Abschätzung für den Approximationsfehler

$$|\tilde{x} - \bar{x}| \leq \frac{M_{n+1}}{m_1(n+1)!}|(\tilde{x} - x_0) \cdots (\tilde{x} - x_n)|. \qquad (1.64)$$

Wir wollen abschließend noch eine dritte Technik für die inverse Interpolation monotoner Funktionen darstellen. Wie wir bisher gesehen haben, lassen sich die Interpolationsformeln für äquidistante Stützstellen als Potenzreihe in s schreiben, mit

$$s = \frac{x - x_0}{h}.$$

Nach jeweiliger Umordnung der Terme liegt damit für die Funktion f eine Potenzreihe der Form

$$f(s) = a_0 + a_1 s + a_2 s^2 + \cdots \tag{1.65}$$

vor, wobei $a_0, a_1, \ldots$ bekannte Koeffizienten sind. Aus der Theorie der Potenzreihen ist bekannt, dass jede konvergente Reihe umgekehrt werden kann. Wir wollen diesen Sachverhalt hier ausnutzen.

Unter der Voraussetzung $a_1 \neq 0$ folgt aus (1.65) die Darstellung

$$\frac{f(s) - a_0}{a_1} = s + \frac{a_2}{a_1} s^2 + \frac{a_3}{a_1} s^3 + \cdots.$$

Mit

$$t \equiv \frac{f(s) - a_0}{a_1} \quad \text{und} \quad b_2 \equiv \frac{a_2}{a_1}, \quad b_3 \equiv \frac{a_3}{a_1}, \quad \ldots \tag{1.66}$$

ergibt sich daraus die Reihe

$$t = s + b_1 s^2 + b_2 s^2 + \cdots. \tag{1.67}$$

Es soll nun s als eine Potenzreihe in t ausgedrückt werden, d. h.

$$s = c_0 + c_1 t + c_2 t^2 + c_3 t^3 + \cdots. \tag{1.68}$$

Setzt man für t die Reihe (1.67) in (1.68) ein, so resultiert

$$s = c_0 + c_1 (s + b_2 s^2 + b_3 s^3 + \cdots) + c_2 (s + b_2 s^2 + b_3 s^3 + \cdots)^2$$
$$+ c_3 (s + b_2 s^2 + b_3 s^3 + \cdots)^3 + \cdots.$$

Hieraus folgt

$$s = c_0 + c_1 s + (c_1 b_2 + c_2) s^2 + (c_1 b_3 + 2 c_2 b_2 + c_3)^3 s^3$$
$$+ (c_1 b_4 + c_2 b_2^2 + 2 c_2 b_3 + 3 c_3 b_2 + c_4)^4 s^4 + \cdots. \tag{1.69}$$

Ein Koeffizientenvergleich der in gleicher s-Potenz stehenden Terme auf beiden Seiten der Gleichung (1.69) ergibt:

$$c_0 = 0, \quad c_1 = 1, \quad c_2 = -\frac{a_2}{a_1}, \quad c_3 = -\frac{a_3}{a_1} + 2 \frac{a_2^2}{a_1^2},$$

$$c_4 = -\frac{a_4}{a_1} + 5 \frac{a_2 a_3}{a_1^2} - 5 \left(\frac{a_2}{a_1} \right)^3, \quad \text{etc.}$$

Damit besitzt die Reihe (1.68) die Darstellung

$$s = t - \frac{a_2}{a_1} t^2 + \left(-\frac{a_3}{a_1} + 2 \frac{a_2^2}{a_1^2} \right) t^3 + \left(-\frac{a_4}{a_1} + 5 \frac{a_2 a_3}{a_1^2} - 5 \left(\frac{a_2}{a_1} \right)^3 \right) t^4 + \cdots. \tag{1.70}$$

Liegt der Wert von $f(s)$ vor, dann kann t nach (1.66) bestimmt und in die Formel (1.70) eingesetzt werden.

Die Anwendung dieser Technik zur inversen Interpolation wollen wir wieder anhand eines Beispiels demonstrieren.

Beispiel 1.7. In der Tabelle 1.10 sind die Werte einer (unbekannten) Funktion $f(x)$ gegeben.

Gesucht ist das Argument $\bar{x}$, das zum (nicht tabellierten) Funktionswert $\bar{y} = 280$ gehört. Zur Lösung dieser Aufgabe wollen wir die Newtonsche Interpolationsformel mit vorwärtsgenommenen Differenzen verwenden. Hier ist

$$x_0 = 5, \quad h = 5 \quad \text{und} \quad s = \frac{x - x_0}{h} = \frac{x - 5}{5}.$$

In der Tabelle 1.11 sind die zugehörigen Differenzen aufgelistet.

Die Newtonsche Formel lautet

$$f(s) = f(x_0) + s\Delta f(x_0) + \frac{s(s-1)}{2}\Delta^2 f(x_0$$
$$= 250 + 50s - 10(s^2 - s) = 250 + 60s - 10s^2.$$

Damit ergeben sich in der Darstellung (1.65) für die Koeffizienten die Werte:

$$a_0 = 250, \quad a_1 = 60 \quad \text{und} \quad a_2 = -10.$$

Nun ist $t = \frac{f(s) - a_0}{a_1}$. Für den vorgegebenen Funktionswert $f(s) = 280$ erhalten wir damit

$$t = \frac{280 - 250}{60} = \frac{30}{60} = 0.5.$$

Mit

$$c_0 = 0, \quad c_1 = 1 \quad \text{und} \quad c_2 = \frac{10}{60} = \frac{1}{6}$$

ergibt sich jetzt

$$s = c_0 + c_1 t + c_2 t^2 = t + \frac{1}{6}t^2 = 0.5 + \frac{0.25}{6} = 0.54167.$$

Tab. 1.10: Tabellierte Funktion $f(x)$

x_i	5	10	15
y_i	250	300	330

Tab. 1.11: Vorwärtsgenommene Differenzen der Funktion $f(x)$

i	x_i	$s_i = \frac{x_i - 10}{5}$	$f(x_i)$	$\Delta f(x_i)$	$\Delta^2 f(x_i)$
0	5	−1	250	50	−20
1	10	0	300	30	
2	15	1	330		

Aus der Beziehung $s = \frac{x-5}{5}$ erhalten wir schließlich für das gesuchte Argument den Wert $x = 5 + 5s = 7.7084$. Somit nimmt die Funktion an der Stelle $x = 7.7084$ den Wert $y = 280$ an. □

Die Grundvoraussetzung für die oben beschriebenen Techniken der inversen Interpolation war, dass sich die zu interpolierende Funktion $y = f(x)$ monoton verhält. Wir wollen jetzt zeigen, was passiert, wenn dies nicht der Fall ist.

Gegeben sei die Tabelle 1.12 für die Funktion $f(x) = x^2$. Berechnet man für die Tabelle 1.12 das gewöhnliche Interpolationspolynom $P_5(x)$, so erhält man $P_5(x) = x^2$, d. h., die Originalfunktion. Offensichtlich gibt es im Intervall $[-0.3, 1.5]$ keine inverse Funktion.

Würde man nicht die Originalfunktion kennen, sondern nur die tabellierten Werte betrachten, dann ist der Tabelle 1.12 zu entnehmen, dass die Punkte monoton wachsen. Dies erweckt den Anschein, dass auch die zu interpolierende Funktion $y = f(x)$ diese Eigenschaft besitzt. Man würde deshalb die Strategie verfolgen, die x-Werte mit den y-Werten zu vertauschen und die zugehörige Langrange-Darstellung des inversen Interpolationspolynoms $\hat{P}_5$ dazu verwenden, um zum Beispiel die Stelle x^* mit

Tab. 1.12: Tabellierte Funktion $f(x) = x^2$

x_i	−0.3	0.4	0.8	1.1	1.3	1.5
y_i	0.09	0.16	0.64	1.21	1.69	2.25

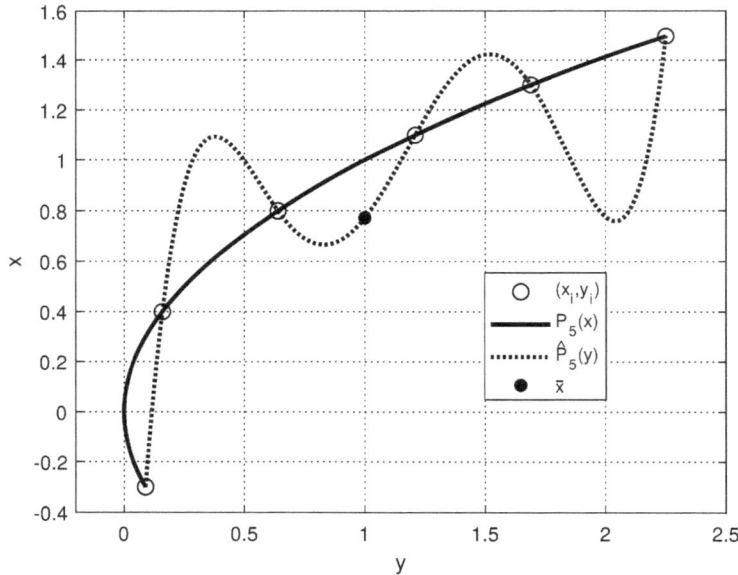

Abb. 1.9: $P_5(x)$ und $\hat{P}_5(y)$ für die Tabelle 1.12

$f(x^*) = 1$ zu finden. Schlägt man diesen Weg ein, dann erhält man $\bar{x} = 0.7732\ldots$ Dieses Ergebnis stimmt nicht mit dem exakten Wert $x^* = 1$ überein. Zur Veranschaulichung dieses Sachverhaltes sind in der Abbildung 1.9 die Funktion $f(x) = x^2$ sowie die inverse Interpolationsfunktion $\hat{P}_5(x)$ dargestellt.

Abschließend soll noch darauf hingewiesen werden, dass die inverse Interpolation auch zur Lösung einer skalaren nichtlinearen Gleichung $f(x) = 0$ verwendet werden kann. Dazu stellt man eine Tabelle der Funktionswerte sowie eine Tabelle der vorwärtsgenommenen Differenzen für Werte von x in der Nähe der Nullstelle auf und berechnet mit den oben genannten Techniken der inversen Interpolation jene Argumente x, für die die Funktion Null wird.

1.7 Hermite-Interpolation

Wir wollen jetzt Approximationspolynome betrachten, die sowohl eine Verallgemeinerung der Taylor-Polynome als auch der Lagrange-Polynome darstellen. Es handelt sich hierbei um die Klasse der *oskulierenden Polynome*. Sie sind wie folgt definiert.

Definition 1.7. Gegeben seien $n + 1$ paarweise verschiedene Stützstellen $x_0, \ldots, x_n$ und dazu $n + 1$ nichtnegative ganze Zahlen $m_0, \ldots, m_n$. Die *oskulierende Polynom-Approximation* $P(x)$ einer Funktion $f \in \mathbb{C}^m[a, b]$ mit $m \equiv \max\{m_0, \ldots, m_n\}$ und $x_i \in [a, b]$ ist dasjenige Polynom vom kleinsten Grad, welches an der Stützstelle x_i, $i = 0, \ldots, n$, mit der Funktion $f(x)$ und allen ihren Ableitungen der Ordnung kleiner oder gleich m_i übereinstimmt. □

Der Grad M eines oskulierenden Polynoms kann höchstens

$$M = \sum_{i=0}^{n} m_i + n$$

sein, da die Anzahl der zu erfüllenden Bedingungen gleich $\sum_{i=0}^{n} m_i + (n + 1)$ ist und ein Polynom vom Grad M genau $M + 1$ Koeffizienten als Freiheitsgrade besitzt, die an die oben genannten Bedingungen angepasst werden können. Anstelle der Interpolationsbedingungen (1.10) treten somit die neuen $M + 1$ Bedingungen

$$\frac{d^k P(x_i)}{dx^k} = \frac{d^k f(x_i)}{dx^k}, \quad i = 0\ldots, n, \; k = 0, \ldots, m_i. \tag{1.71}$$

Man beachte:
1. Ist $n = 0$, dann stimmt das die Funktion $f(x)$ approximierende oskulierende Polynom mit dem Taylor-Polynom vom Grad m_0, das $f(x)$ an der Stelle x_0 annähert, überein.
2. Ist $m_i = 0$, $i = 0, \ldots, n$, dann stimmt das die Funktion $f(x)$ approximierende oskulierende Polynom mit dem Lagrange-Polynom überein, das $f(x)$ an den Stützstellen $x_0, \ldots, x_n$ interpoliert.

3. Ist $m_i = 1$, $i = 0, \ldots, n$, dann erhält man die sogenannten *Hermite*[8]*-Polynome* $H_{2n+1}(x)$.

Die Hermite-Polynome $H_{2n+1}(x)$ zeichnen sich insbesondere dadurch aus, dass sie die gleiche *Form* wie die zu approximierende Funktion $f(x)$ in den $n + 1$ Punkten $(x_i, f(x_i))$, $i = 0, \ldots, n$, aufweisen, d. h., die Tangenten an das Polynom und an die Funktion stimmen dort überein. Wir werden aus der allgemeinen Klasse der oskulierenden Polynome in diesem Text nur die Hermite-Polynome studieren.

Der folgende Satz gibt eine Vorschrift an, wie sich die Hermite-Polynome konstruieren lassen.

Satz 1.5. *Ist $f \in \mathbb{C}^1[a, b]$ und sind $x_0 \ldots, x_n$ paarweise verschiedene Stützstellen aus dem Intervall $[a, b]$, dann ist das eindeutige Polynom von minimalem Grad, das mit $f(x)$ und $f'(x)$ in diesen Stützstellen übereinstimmt, ein Polynom von höchstens $(2n + 1)$-ten Grades. Mit den j-ten Hermite-Faktoren*

$$H_{n,j}(x) \equiv [1 - 2(x - x_j)L'_{n,j}(x_j)]L^2_{n,j}(x),$$
$$\hat{H}_{n,j}(x) \equiv (x - x_j)L^2_{n,j}(x) \tag{1.72}$$

lässt es sich in der Form

$$H_{2n+1}(x) = \sum_{j=0}^{n} f(x_j)H_{n,j}(x) + \sum_{j=0}^{n} f'(x_j)\hat{H}_{n,j}(x) \tag{1.73}$$

darstellen. In den obigen Formeln bezeichnet wie üblich $L_{n,j}(x)$ den j-ten Lagrange-Faktor vom Grad n.

Des Weiteren gilt für $f \in \mathbb{C}^{2n+2}[a, b]$ die Fehlerformel

$$f(x) - H_{2n+1}(x) = \frac{(x - x_0)^2 \cdots (x - x_n)^2}{(2n + 2)!} f^{(2n+2)}(\xi(x)), \tag{1.74}$$

wobei $\xi(x)$ eine Stelle aus (a, b) bezeichnet.

Beweis.
1. Existenz des Polynoms. Es ist

$$H'_{2n+1}(x) = \sum_{j=0}^{n} f(x_j)H'_{n,j}(x) + \sum_{j=0}^{n} f'(x_j)\hat{H}'_{n,j}(x).$$

Um nun

$$\frac{d^j}{dx^j}H_{2n+1}(x_k) = \frac{d^j}{dx^j}f(x_k), \quad j = 0, 1; \; k = 0, \ldots, n, \tag{1.75}$$

---

8 Charles Hermite (1822–1901), französischer Mathematiker. Er bewies im Jahre 1873 die Transzendenz der Zahl e.

zu zeigen, genügt es nachzuweisen, dass die in Formel (1.72) erklärten Funktionen $H_{n,j}(x)$ und $\hat{H}_{n,j}(x)$ den Bedingungen (a)–(d) genügen:

(a) $\quad H_{n,j}(x_k) = \begin{cases} 0, & \text{für } j \neq k, \\ 1, & \text{für } j = k, \end{cases}$ (b) $\quad \hat{H}_{n,j}(x_k) = 0 \quad \text{für alle } k,$

(c) $\quad \dfrac{d}{dx}H_{n,j}(x_k) = 0 \quad \text{für alle } k,$ (d) $\quad \dfrac{d}{dx}\hat{H}_{n,j}(x_k) = \begin{cases} 0, & \text{für } j \neq k, \\ 1, & \text{für } j = k. \end{cases}$

Die obigen Bedingungen garantieren, dass $H_{2n+1}(x)$ die Interpolationsbedingungen (1.71) erfüllt, wie eine kurze Rechnung zeigt. Für jedes $i = 0, \dots, n$ ist

$$H_{2n+1}(x_i) = \sum_{j=0}^{n} f(x_j)H_{n,j}(x_i) + \sum_{j=0}^{n} f'(x_j)\hat{H}_{n,j}(x_i)$$

$$= f(x_i) \cdot 1 + \sum_{\substack{j=0 \\ j\neq i}}^{n} f(x_j) \cdot 0 + \sum_{j=0}^{n} f'(x_j) \cdot 0 = f(x_i),$$

$$H'_{2n+1}(x_i) = \sum_{j=0}^{n} f(x_j)H'_{n,j}(x_i) + \sum_{j=0}^{n} f'(x_j)\hat{H}'_{n,j}(x_i)$$

$$= \sum_{j=0}^{n} f(x_j) \cdot 0 + f'(x_i) \cdot 1 + \sum_{\substack{j=0 \\ j\neq i}}^{n} f'(x_j) \cdot 0 = f'(x_i).$$

Betrachtet man zuerst das Polynom $\hat{H}_{n,j}(x)$, so implizieren die Bedingungen (b) und (d), dass $\hat{H}_{n,j}(x)$ eine *doppelte* Wurzel an der Stelle x_k für $j \neq k$ und eine *einfache* Wurzel an der Stelle x_j haben muss. Ein Polynom vom Grad höchstens gleich $2n + 1$, das diese Eigenschaften besitzt, ist

$$\hat{H}_{n,j}(x) = \frac{(x-x_0)^2 \cdots (x-x_{j-1})^2(x-x_j)(x-x_{j+1})^2 \cdots (x-x_n)^2}{(x_j-x_0)^2 \cdots (x_j-x_{j-1})^2(1)(x_j-x_{j+1})^2 \cdots (x_j-x_n)^2} = L_{n,j}^2(x-x_j).$$

Wenden wir uns jetzt dem Polynom $H_{n,j}(x)$ zu. Die Bedingungen (a) und (c) implizieren, dass x_k für jedes $k \neq j$ eine *doppelte* Wurzel von $H_{n,j}(x)$ sein muss. Ein Polynom vom Grad höchstens gleich $2n + 1$, das (a) und (c) erfüllt, ist

$$H_{n,j}(x) = (x-x_0)^2 \cdots (x-x_{j-1})^2(x-x_{j+1})^2 \cdots (x-x_n)^2(\hat{a}x + \hat{b})$$

mit noch zu bestimmenden Konstanten $\hat{a}$ und $\hat{b}$. Wir setzen

$$\alpha \equiv \hat{a} \prod_{\substack{i=0 \\ i\neq j}}^{n} (x_i - x_j)^2 \quad \text{und} \quad \beta \equiv \hat{b} \prod_{\substack{i=0 \\ i\neq j}}^{n} (x_i - x_j)^2.$$

Damit ergibt sich $H_{n,j}(x) = L_{n,j}^2(x)(\alpha x + \beta)$. Aus der Bedingung (a) folgt

$$1 = H_{n,j}(x_j) = L_{n,j}^2(x_j)(\alpha x_j + \beta) = \alpha x_j + \beta. \tag{1.76}$$

Die Bedingung (c) impliziert

$$0 = \frac{d}{dx}H_{n,j}(x_j) = 2L_{n,j}(x_j)L'_{n,j}(x_j)(\alpha x_j + \beta) + L^2_{n,j}(x_j)\alpha$$
$$= 2L'_{n,j}(x_j)(\alpha x_j + \beta) + \alpha = 2L'_{n,j}(x_j)\cdot(1) + \alpha.$$

Somit ist $\alpha = -2L'_{n,j}(x_j)$. Setzt man dies in die Gleichung (1.76) ein, dann ergibt sich

$$\beta = 1 - \alpha x_j = 1 + 2L'_{n,j}(x_j)x_j.$$

Folglich gilt $\alpha x + \beta = -2L'_{n,j}(x_j)x + 1 + 2L'_{n,j}(x_j)x_j = 1 - 2(x - x_j)L'_{n,j}(x_j)$. Hieraus erhält man schließlich

$$H_{n,j}(x) = (\alpha x + \beta)L^2_{n,j}(x) = [1 - 2(x - x_j)L'_{n,j}(x_j)]L^2_{n,j}(x).$$

Damit ist die Form (1.72) von $H_{n,j}(x)$ und $\hat{H}_{n,j}(x)$ bestätigt. Da beide Polynome vom Grad höchstens gleich $2n + 1$ sind, kann auch der Grad von $H_{2n+1}(x)$ höchstens $2n + 1$ sein.

2. Eindeutigkeit des Polynoms. Es sei $P(x)$ ein Polynom vom Grad höchstens gleich $2n + 1$ mit der Eigenschaft

$$P(x_k) = f(x_k) \quad \text{und} \quad P'(x_k) = f'(x_k), \quad k = 0, \dots, n.$$

Das Polynom $D(x) \equiv H_{2n+1}(x) - P(x)$ ist auch vom Grad höchstens gleich $2n + 1$ und erfüllt für alle $k = 0, \dots, n$ die Beziehungen $D(x_k) = 0$, $D'(x_k) = 0$. Deshalb muss $D(x)$ von der folgenden Form sein

$$D(x) = (x - x_0)^2(x - x_1)^2 \cdots (x - x_n)^2 g(x),$$

wobei $g(x)$ ein gewisses Polynom bezeichnet. Da nun $D(x)$ ein Polynom vom Grad höchstens gleich $2n + 1$ mit $2n + 2$ Wurzeln ist, folgt aus dem Fundamentalsatz der Algebra unmittelbar $D(x) \equiv 0$, d. h. $P(x) = H_{2n+1}(x)$.

Der Beweis der Fehlerformel (1.74) sei dem Leser als individuelle Übung überlassen. □

In den Abbildungen 1.10 und 1.11 ist der Verlauf der Hermite-Faktoren $H_{n,j}(x)$ und $\hat{H}_{n,j}(x)$ am Beispiel $n = 6$, $j = 3$ skizziert. Als Stützstellen wurden $x_j = j$, $j = 0, \dots, 6$, ausgewählt. Diese Stellen sind als kleine Kreise auf der x-Achse eingezeichnet.

Wir wollen nun die Hermite-Interpolation anhand eines Beispiels demonstrieren.

Beispiel 1.8. Hierzu kehren wir zu der im Beispiel 1.4 betrachteten Aufgabe zurück. Es soll jetzt ein Hermite-Polynom vom Grad höchstens gleich 5 bestimmt werden, aus dem wir wieder eine Näherung für $\sin(1.5)$ berechnen können. Diese Interpolationsaufgabe erfordert nicht die volle Tabelle 1.1, da aus $2n + 1 = 5$ für die benötigte Anzahl von Stützstellen $n = 2$ folgt. Jedoch müssen für die Ableitung $f'(x)$ die entsprechenden Werte hinzugefügt werden. Wir verwenden deshalb die in der Tabelle 1.13 angegebenen Zahlen.

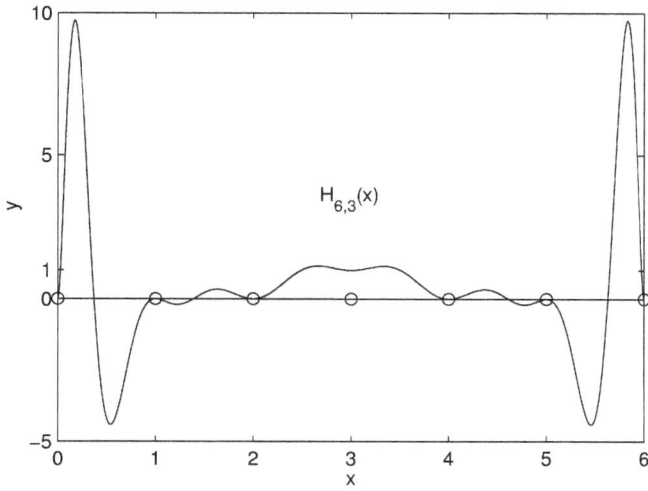

Abb. 1.10: Typischer Verlauf des Hermite-Faktors $H_{6,3}(x)$

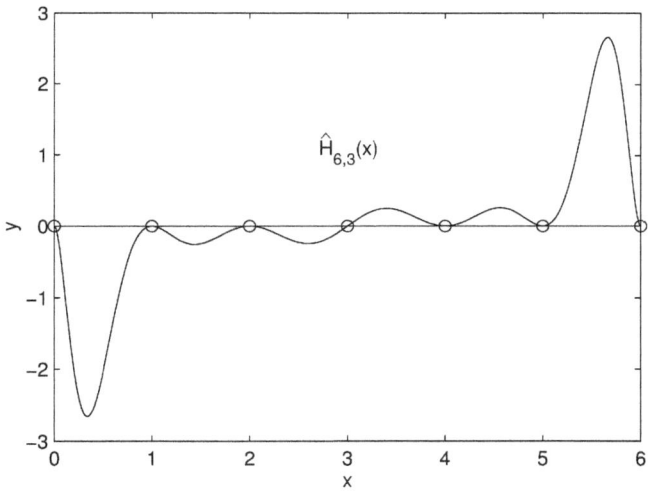

Abb. 1.11: Typischer Verlauf des Hermite-Faktors $\hat{H}_{6,3}(x)$

Tab. 1.13: Stützstellen und Stützwerte für $f(x) = \sin x$

i	0	1	2
x_i	1.3	1.6	1.9
$f(x_i)$	0.96356	0.99957	0.94630
$f'(x_i)$	0.26750	−0.02920	−0.32329

Zuerst berechnen wir die Lagrange-Faktoren und deren Ableitungen:

$$L_{2,0}(x) = \frac{(x - x_1)(x - x_2)}{(x_0 - x_1)(x_0 - x_2)}$$

$$= \frac{x^2 - 3.5x + 3.04}{0.18} = \frac{50}{9}x^2 - \frac{175}{9}x + \frac{152}{9},$$

$$L'_{2,0}(x) = \frac{100}{9}x - \frac{175}{9},$$

$$L_{2,1}(x) = \frac{(x - x_0)(x - x_2)}{(x_1 - x_0)(x_1 - x_2)}$$

$$= \frac{x^2 - 3.2x + 2.47}{-0.09} = -\frac{100}{9}x^2 + \frac{320}{9}x - \frac{247}{9},$$

$$L'_{2,1}(x) = -\frac{200}{9}x + \frac{320}{9},$$

$$L_{2,2}(x) = \frac{(x - x_0)(x - x_1)}{(x_2 - x_0)(x_2 - x_1)}$$

$$= \frac{x^2 - 2.9x + 2.08}{0.18} = \frac{50}{9}x^2 - \frac{145}{9}x + \frac{104}{9},$$

$$L'_{2,2}(x) = \frac{100}{9}x - \frac{145}{9}.$$

Die zugehörigen Hermite-Faktoren $H_{2,j}(x)$ und $\hat{H}_{2,j}(x)$ ergeben sich dann wie folgt

$$H_{2,0}(x) = [1 - 2(x - x_0)L'_{2,0}(x_0)]L_{2,0}(x)$$

$$= [1 - 2(x - 1.3)(-5)]\left(\frac{50}{9}x^2 - \frac{175}{9}x + \frac{152}{9}\right)^2$$

$$= (10x - 12)\left(\frac{50}{9}x^2 - \frac{175}{9}x + \frac{152}{9}\right)^2,$$

$$H_{2,1}(x) = [1 - 2(x - x_1)L'_{2,1}(x_1)]L^2_{2,1}(x) = 1\left(-\frac{100}{9}x^2 + \frac{320}{9}x - \frac{247}{9}\right)^2,$$

$$H_{2,2}(x) = [1 - 2(x - x_2)L'_{2,2}(x_2)]L^2_{2,2}(x)$$

$$= \left[1 - 2(x - 1.9)\frac{45}{9}\right]\left(\frac{50}{9}x^2\frac{145}{9}x + \frac{104}{9}\right)^2$$

$$= (20 - 10x)\left(\frac{50}{9}x^2 - \frac{145}{9}x + \frac{104}{9}\right)^2,$$

$$\hat{H}_{2,0}(x) = (x - x_0)L^2_{2,0}(x) = (x - 1.3)\left(\frac{50}{9}x^2 - \frac{175}{9}x + \frac{152}{9}\right)^2,$$

$$\hat{H}_{2,1}(x) = (x - x_1)L^2_{2,1}(x) = (x - 1.6)\left(-\frac{100}{9}x^2 + \frac{320}{9}x - \frac{247}{9}\right)^2,$$

$$\hat{H}_{2,2}(x) = (x - x_2)L^2_{2,2}(x) = (x - 1.9)\left(\frac{50}{9}x^2 - \frac{145}{9}x + \frac{104}{9}\right)^2.$$

Schließlich berechnet sich $H_5(x)$ nach der Formel (1.73)) zu

$$H_5(x) = 0.96356H_{2,0}(x) + 0.99957H_{2,1}(x) + 0.94630H_{2,2}$$

$$+ 0.26750\hat{H}_{2,0}(x) - 0.02920\hat{H}_{2,1}(x) - 0.32329\hat{H}_{2,2}(x).$$

Setzt man die Stelle $\bar{x} = 1.5$ in diese Formel ein, so bekommt man für $\sin(1.5)$ die folgende Näherung:

$$H_5(1.5) = 0.96365\left(\frac{4}{27}\right) + 0.99957\left(\frac{64}{81}\right) + 0.94630\left(\frac{5}{81}\right) + 0.26750\left(\frac{4}{405}\right)$$
$$+ 0.02920\left(\frac{32}{405}\right) + 0.32329\left(\frac{2}{405}\right) = 0.99750. \qquad \square$$

Dem obigen Beispiel kann entnommen werden, dass die Formel (1.73) aufgrund der Bestimmung und Auswertung der Lagrange-Faktoren und ihrer Ableitungen sogar für kleine n sehr aufwendig ist. Eine Alternative zur Erzeugung der Hermite-Polynome basiert auf der folgenden Beobachtung. Es gilt nämlich für die dividierte Differenz erster Ordnung nach dem Mittelwertsatz

$$f[x_0, x_1] = \frac{f(x_1) - f(x_0)}{x_1 - x_0} = \frac{f'(\xi)(x_1 - x_0)}{x_1 - x_0} = f'(\xi) \tag{1.77}$$

mit einer (unbekannten) Zwischenstelle $\xi = x_0 + \theta(x_1 - x_0)$, $0 < \theta < 1$.

Allgemeiner lässt sich zeigen, dass für eine Funktion $f \in \mathbb{C}^n[a, b]$ der *Mittelwertsatz für dividierte Differenzen n-ter Ordnung* erfüllt ist, d. h., es gilt

$$f[x_0, x_1, \dots, x_n] = \frac{f^{(n)}(\xi)}{n!} \tag{1.78}$$

mit einer Zwischenstelle ξ, $\min\{x_0, \dots, x_n\} < \xi < \max\{x_0, \dots, x_n\}$. Um dieses Resultat für die Konstruktion des Hermite-Polynoms nutzbar zu machen, wollen wir annehmen, dass an den $n + 1$ Stützstellen $x_0, \dots, x_n$ sowohl die Werte der Funktion $f(x)$ als auch ihrer Ableitung $f'(x)$ gegeben sind. Aus diesen Stützstellen wird nun eine neue Punktmenge $z_0, z_1, \dots, z_{2n+1}$ mittels der Vorschrift

$$z_{2i} = z_{2i+1} = x_i \quad \text{für jedes } i = 0, 1, \dots, n$$

gebildet. Mit den so konstruierten neuen „Stützstellen" $z_0, \dots, z_n$ baut man die Tabelle 1.4 der dividierten Differenzen auf. Da aber $z_{2i} = z_{2i+1} = x_i$ für jedes i ist, kann $f[z_{2i}, z_{2i+1}]$ nicht über die Formel für die dividierte Differenz erster Ordnung

$$f[z_{2i}, z_{2i+1}] = \frac{f[z_{2i+1}] - f[z_{2i}]}{z_{2i+1} - z_{2i}}$$

bestimmt werden. Nach der Formel (1.77) gilt jedoch für ein $\xi \in (x_0, x_1)$ die Beziehung $f[x_0, x_1] = f'(\xi)$, aus der wiederum $\lim_{x_1 \to x_0} f[x_0, x_1] = f'(x_0)$ folgt. Somit ist $f[z_{2i}, z_{2i+1}] = f'(x_i)$ die sachgemäße Bestimmungsformel. In der Tabelle 1.4 verwendet man deshalb anstelle der nicht definierten dividierten Differenzen erster Ordnung $f[z_0, z_1], f[z_2, z_3], \dots, f[z_{2n}, z_{2n+1}]$ die Terme $f'(x_0), f'(x_1), \dots, f'(x_n)$. Die übrigen dividierten Differenzen werden wie üblich erzeugt und anschließend in die Formel (1.37) für des Newtonsche Interpolationspolynom mit vorwärtsgenommenen dividierten Differenzen eingesetzt. Daraus resultiert die folgende Darstellung des

Tab. 1.14: Dividierte Differenzen für Hermite-Interpolation

z	$f(z)$	Ordnung 1	Ordnung 2
$z_0 = x_0$	$f[z_0] = f(x_0)$		
		$f[z_0, z_1] = f'(x_0)$	
$z_1 = x_0$	$f[z_1] = f(x_0)$		$f[z_0, z_1, z_2] = \dfrac{f[z_1, z_2] - f[z_0, z_1]}{z_2 - z_0}$
		$f[z_1, z_2] = \dfrac{f[z_2] - f[z_1]}{z_2 - z_1}$	
$z_2 = x_1$	$f[z_2] = f(x_1)$		$f[z_1, z_2, z_3] = \dfrac{f[z_2, z_3] - f[z_1, z_2]}{z_3 - z_1}$
		$f[z_2, z_3] = f'(x_1)$	
$z_3 = x_1$	$f[z_3] = f(x_1)$		$f[z_2, z_3, z_4] = \dfrac{f[z_3, z_4] - f[z_2, z_3]}{z_4 - z_2}$
		$f[z_3, z_4] = \dfrac{f[z_4] - f[z_3]}{z_4 - z_3}$	
$z_4 = x_2$	$f[z_4] = f(x_2)$		$f[z_3, z_4, z_5] = \dfrac{f[z_4, z_5] - f[z_3, z_4]}{z_5 - z_3}$
		$f[z_4, z_5] = f'(x_2)$	
$z_5 = x_2$	$f[z_5] = f(x_2)$		

Hermite-Polynoms

$$H_{2n+1}(x) = f[z_0] + \sum_{i=1}^{2n+1} f[z_0, z_1, \ldots, z_i](x - z_0) \cdots (x - z_{i-1}), \qquad (1.79)$$

wobei $z_{2i} = z_{2i+1} = x_i$ und $f[z_{2i}, z_{2i+1}] = f'(x_i)$ für jedes $i = 0, \ldots, n$ ist. Die Tabelle 1.14 zeigt die ersten 4 Spalten der für die Hermite-Interpolation modifizierten Tabelle 1.4.

1.8 Kubische Spline-Interpolation

In den vorherigen Abschnitten sind wir der Frage nachgegangen, wie man eine beliebige Funktion $f(x)$ auf einem abgeschlossenen Intervall $[a, b]$ durch Polynome $P_n(x)$ *möglichst gut* annähern kann. Eine Antwort darauf war die Interpolation mit Lagrange-, Newton- und Hermite-Polynomen. Für die Praxis ist dieses Vorgehen durchaus sachgemäß, falls der Grad n der Interpolationspolynome aus Genauigkeitsgründen nicht allzu groß gewählt werden muss. Wir haben auch gesehen, dass Polynome höheren Grades an den Rändern *stark schwingen*. Um das unter dem Begriff *Runge-Phänomen* bekannte Oszillieren der Interpolationspolynome klein zu halten, bietet sich ein alternatives Vorgehen an.

Man unterteilt das zugrundeliegende Intervall $[a, b] \equiv [x_0, x_n]$ in eine gewisse Anzahl von Teilintervallen und konstruiert auf jedem dieser Teilintervalle eine (i. allg. verschiedene) Polynom-Approximation niedrigen Grades. Diese Strategie wird *stückweise Polynom-Interpolation* genannt. Die einfachste stückweise Polynom-Interpolation stellt die in der Abbildung 1.12 skizzierte *stückweise lineare* Interpolation dar.

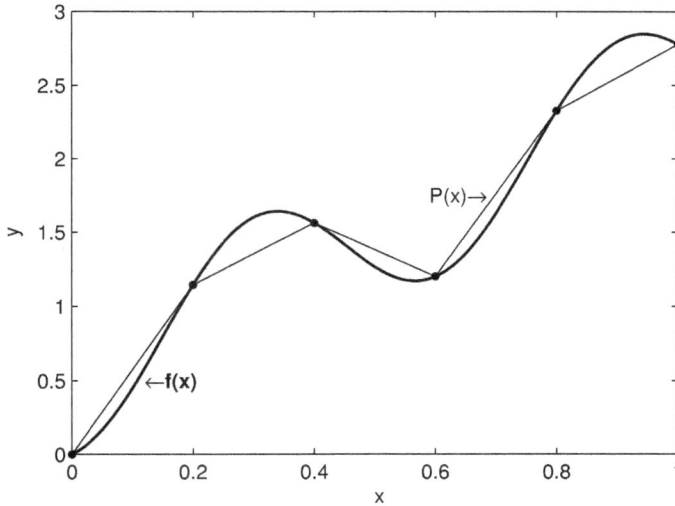

Abb. 1.12: Beispiel für eine stückweise lineare Interpolation

Hier werden die Punkte $(x_0, f(x_0))$, $(x_1, f(x_1))$, ..., $(x_n, f(x_n))$ einfach durch Geradenstücke verbunden. Offensichtlich sind sehr viele Stützstellen erforderlich, um bei dieser Approximationstechnik eine akzeptable Genauigkeit zu erhalten. Ein entscheidender Nachteil ist des Weiteren, dass die aus den Geradenstücken zusammengesetzte Interpolationsfunktion $P(x)$ über des gesamte Intervall $[a, b]$ an den Stützstellen nicht glatt, d. h., nicht differenzierbar ist. In den Naturwissenschaften und der Technik erfordern jedoch sehr häufig praktische Erwägungen genau einen solchen glatten Übergang. Die Verwendung stückweiser Hermite-Polynome anstelle von Geradenstücken wird dieser Zielstellung besser gerecht. Sind beispielsweise an den Stützstellen $x_0 < x_1 < \cdots < x_n$ die Werte von $f(x)$ und $f'(x)$ vorgegeben und approximiert man $f(x)$ auf jedem der Teilintervalle $[x_0, x_1]$, $[x_1, x_2]$, ..., $[x_{n-1}, x_n]$ mit Hermite-Polynomen vom Grad 3, dann resultiert auf $[x_0, x_n]$ eine stetig differenzierbare Interpolationsfunktion. Auf jedem Teilintervall $[x_j, x_{j+1}]$, $j = 0, ..., n - 1$, hat man somit die im Abschnitt 1.7 beschriebene Polynomfunktion $H_3(x)$ zu bestimmen. Da die zugehörigen Lagrange-Faktoren nur vom ersten Grad sind, kann dies mit relativ geringem Aufwand realisiert werden. Der Nachteil der stückweisen Hermite-Interpolation liegt nun darin, dass an den Stützstellen die Werte von $f(x)$ *und* $f'(x)$ bekannt sein müssen. In praktischen Problemstellungen sind die Werte für die Ableitung aber nur in den seltensten Fällen bekannt. Deshalb wollen wir uns im Weiteren auf diejenigen Formen der stückweisen Interpolation beschränken, die in (a, b) keine Informationen über $f'(x)$ benötigen. Wie wir später sehen werden, sind manchmal noch Ableitungswerte an den Intervallgrenzen erforderlich. Diese kann man sich dann durch die Bildung von Differenzenquotienten näherungsweise beschaffen.

Die einfachste differenzierbare stückweise Polynomfunktion auf dem gesamten Intervall $[x_0, x_n]$ ergibt sich, indem man auf jedem einzelnen Segment $[x_j, x_{j+1}]$, $j = 0, \ldots, n - 1$, die Funktion $f(x)$ durch ein quadratisches Polynom annähert. Konkret heißt dies, dass quadratische Funktionen auf $[x_0, x_1], [x_1, x_2], \ldots, [x_{n-1}, x_n]$ konstruiert werden, die in den Randpunkten der Segmente mit $f(x)$ übereinstimmen. Da ein allgemeines quadratisches Polynom drei freie Parameter besitzt und nur zwei davon für die Anpassung an die vorgegebenen Werte von $f(x)$ in den Endpunkten der Segmente benötigt werden, verbleibt noch jeweils ein Freiheitsgrad. Dieser Freiheitsgrad kann dazu genutzt werden, die quadratischen Funktionen so zu bestimmen, dass die Interpolationsfunktion über das gesamte Intervall $[x_0, x_n]$ eine stetige Ableitung besitzt. Das Problem bei der stückweisen quadratischen Interpolation ist jedoch, dass durch die obigen Bedingungen nicht alle Parameter bestimmt sind und damit die Interpolationsfunktion nicht eindeutig festgelegt ist. Andererseits sind nicht genug Freiheitsgrade vorhanden, um praktisch relevante Bedingungen an beiden Rändern des Gesamtintervalls $[x_0, x_n]$ vorschreiben zu können. So ist es nicht möglich zu fordern, dass die Ableitung der stückweisen Interpolationsfunktion mit $f'(x)$ in $x = x_0$ und $x = x_n$ übereinstimmt.

Diejenige stückweise Polynom-Interpolation, die auf jedem Segment *kubische Polynome* verwendet, wird *kubische Spline-Interpolation* genannt und soll im Folgenden etwas genauer beschrieben werden. Es ist die zur Zeit am häufigsten verwendete Interpolationstechnik. Da das allgemeine kubische Polynom vier freie Parameter enthält, ist auf dem Gesamtintervall $[x_0, x_n]$ über die stetige Differenzierbarkeit der Interpolationsfunktion (die üblicherweise *kubischer Spline* genannt wird) hinaus auch noch eine stetige zweite Ableitung garantierbar. Bei der Konstruktion des kubischen Splines gehen nicht wie bei der Hermite-Interpolation die Ableitungen von $f(x)$ an den Stützstellen mit in die Rechnungen ein – sie müssen deshalb nicht bekannt sein. Dies ist der wesentliche Vorteil der kubischen Spline-Interpolation.

Definition 1.8. Es seien eine auf dem Intervall $[a, b]$ definierte Funktion $f(x)$ sowie eine Menge von Stützstellen $a = x_0 < x_1 < \cdots < x_n = b$ gegeben. Eine *kubische Spline-Interpolationsfunktion* (auch kurz *kubischer Spline* genannt) $S(x)$ für $f(x)$ ist über die Bedingungen (a)–(f) definiert:

(a) $S(x)$ ist auf dem Intervall $[x_j, x_{j+1}]$, $j = 0, \ldots, n - 1$, ein kubisches Polynom. Es werde mit $S_j(x)$ bezeichnet.

(b) $S(x_j) = f(x_j)$, $j = 0, \ldots, n$.

(c) $S_{j+1}(x_{j+1}) = S_j(x_{j+1})$, $j = 0, \ldots, n - 2$.

(d) $S'_{j+1}(x_{j+1}) = S'_j(x_{j+1})$, $j = 0, \ldots, n - 2$.

(e) $S''_{j+1}(x_{j+1}) = S''_j(x_{j+1})$, $j = 0, \ldots, n - 2$.

(f) Eine der folgenden Mengen von Randbedingungen ist erfüllt:

    (i) $S''(x_0) = S''(x_n) = 0$. (FREIER RAND)

    (ii) $S'(x_0) = f'(x_0)$, $S'(x_n) = f'(x_n)$. (EINGESPANNTER RAND)   □

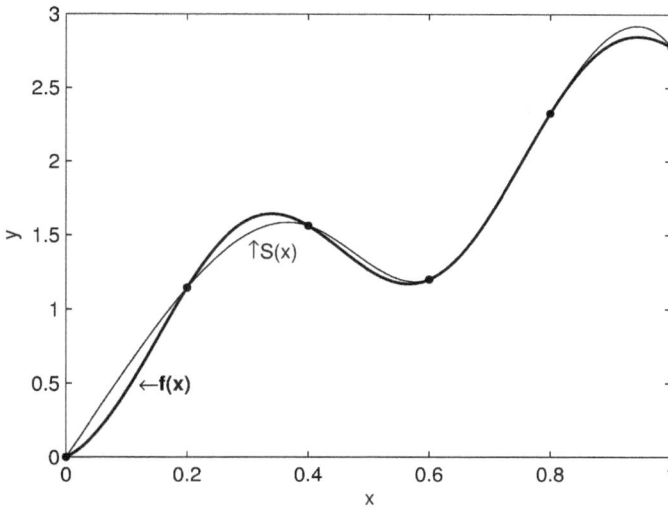

Abb. 1.13: Beispiel für eine Interpolation mit kubischen Splines

Kubische Splines mit freiem Rand werden auch als *natürliche Splines* bezeichnet. Splines mit eingespanntem Rand liefern i. allg. genauere Resultate, da mehr Informationen über den Verlauf der Funktion $f(x)$ eingehen. Es werden jedoch an den Randpunkten x_0 und x_n die Werte von $f'(x)$ oder zumindest hinreichend genaue Approximationen dieser Funktionswerte benötigt. Da diese in vielen Fällen nur mit erheblichen Aufwand bereitgestellt werden können, verwendet man in der Praxis sehr häufig die natürlichen Splines. Die Abbildung 1.13 zeigt das Ergebnis einer Interpolation mit natürlichen kubischen Splines.

Um die kubische Spline-Interpolationsfunktion $S(x)$ für eine vorgegebene Funktion $f(x)$ zu konstruieren, wenden wir die in der Definition 1.8 angegebenen Bedingungen (a)–(f) auf die kubischen Polynome

$$S_j(x) = a_j + b_j(x - x_j) + c_j(x - x_j)^2 + d_j(x - x_j)^3, \quad j = 0, \ldots, n - 1, \tag{1.80}$$

an und bestimmen die darin enthaltenen freien Parameter a_j, b_j, c_j und d_j.

Als erstes ergeben sich aus den üblichen Interpolationsbedingungen die Parameter a_j zu

$$S_j(x_j) = a_j \doteq f(x_j), \quad j = 0, \ldots, n - 1. \tag{1.81}$$

Aus der Bedingung (c) folgt für $j = 0, \ldots, n - 2$

$$\begin{aligned}
S_{j+1}(x_{j+1}) = a_{j+1} &\doteq S_j(x_{j+1}) \\
&= a_j + b_j(x_{j+1} - x_j) + c_j(x_{j+1} - x_j)^2 + d_j(x_{j+1} - x_j)^3.
\end{aligned}$$

Zur Vereinfachung der Notation setzen wir $h_j \equiv x_{j+1} - x_j$. Obwohl auf dem Intervall $[x_0, x_n]$ nur die kubischen Polynome $S_0(x), \ldots, S_{n-1}(x)$ erforderlich sind, erklären wir entsprechend (1.80) noch ein Polynom $S_n(x)$ und definieren analog zu (1.81)

$$a_n \equiv f(x_n). \tag{1.82}$$

Damit ergibt sich nun

$$a_{j+1} = a_j + b_j h_j + c_j h_j^2 + d_j h_j^3, \quad j = 0, \ldots, n-1. \tag{1.83}$$

Man berechnet

$$S_j'(x) = b_j + 2c_j(x - x_j) + 3d_j(x - x_j)^2, \quad S''(x) = 2c_j + 6d_j(x - x_j). \tag{1.84}$$

Aus der ersten Gleichung folgt unmittelbar $S_j'(x_j) = b_j, j = 0, \ldots, n-1$.
   Wie im Falle der a_j definieren wir

$$b_n \equiv S'(x_n). \tag{1.85}$$

Die Bedingung (d) impliziert

$$b_{j+1} \doteq b_j + 2c_j h_j + 3d_j h_j^2, \quad j = 0, \ldots, n-1. \tag{1.86}$$

Unter Berücksichtigung der zweiten Gleichung in (1.84) definieren wir

$$c_n \equiv \frac{S''(x_n)}{2}.$$

Die Bedingung (e) ergibt $c_{j+1} \doteq c_j + 3d_j h_j, j = 0, \ldots, n-1$, woraus unmittelbar

$$d_j = \frac{c_{j+1} - c_j}{3h_j}, \quad j = 0, \ldots, n-1, \tag{1.87}$$

folgt. Sind die Koeffizienten c_j bekannt, dann können daraus nach der Formel (1.87) die Koeffizienten d_j bestimmt werden. Setzt man jetzt (1.87) in (1.83) und (1.86) ein, dann bekommt man

$$a_{j+1} = a_j + b_j h_j + \frac{h_j^2}{3}(2c_j + c_{j+1}), \tag{1.88}$$

$$b_{j+1} = b_j + h_j(c_j + c_{j+1}), \quad j = 0, \ldots, n-1. \tag{1.89}$$

Die Auflösung von (1.88) nach b_j ergibt

$$b_j = \frac{1}{h_j}(a_{j+1} - a_j) - \frac{h_j}{3}(2c_j + c_{j+1}), \quad j = 0, \ldots, n-1. \tag{1.90}$$

Sind die Koeffizienten c_j bekannt, dann können nach der Formel (1.90) die Koeffizienten b_j berechnet werden. Verkleinert man den Index in (1.90) um Eins, dann ergibt sich

$$b_{j-1} = \frac{1}{h_{j-1}}(a_j - a_{j-1}) - \frac{h_{j-1}}{3}(2c_{j-1} + c_j). \tag{1.91}$$

Verkleinert man in (1.89) den Index ebenfalls um Eins und setzt in die linke Seite der resultierenden Gleichung den Ausdruck (1.90) und in die rechte Seite den Ausdruck (1.91) ein, dann ergibt sich das folgende System linearer Gleichungen

$$h_{j-1}c_{j-1} + 2(h_{j-1} + h_j)c_j + h_j c_{j+1}$$
$$= \frac{3}{h_j}(a_{j+1} - a_j) - \frac{3}{h_{j-1}}(a_j - a_{j-1}), \quad j = 1, \ldots, n-1. \tag{1.92}$$

Sind die Funktionswerte $a_0, \ldots, a_n$ (siehe die Formeln (1.81), (1.82)) und die Schrittweiten $h_0, \ldots, h_{n-1}$ vorgegeben, dann stellt (1.92) ein (unterbestimmtes) System von $n-1$ linearen Gleichungen für die $n+1$ Unbekannten $c_0, \ldots, c_n$ dar. Damit die Anzahl der Gleichungen mit der Anzahl der Unbekannten korrespondiert, müssen noch zwei weitere Bestimmungsgleichungen hinzugefügt werden. Diese findet man mittels der Randbedingungen (f), wie der folgende Satz zeigt.

Satz 1.6. *Es sei $f(x)$ eine auf $[a, b]$ definierte Funktion. Dann besitzt $f(x)$ eine eindeutige* natürliche *Spline-Interpolationsfunktion $S(x)$, d. h., eine eindeutige Spline-Interpolationsfunktion, die die Randbedingungen $S''(a) = S''(b) = 0$ (freier Rand) erfüllt.*

Beweis. Aus den beiden Randbedingungen folgt unmittelbar $c_n \equiv \frac{S''(x_n)}{2} = 0$ sowie $0 = S''(x_0) = 2c_0 + 6d_0(x_0 - x_0)$, d. h., $c_0 = 0$ und $c_n = 0$. Diese Gleichungen ergeben zusammen mit (1.92) ein lineares Gleichungssystem der Dimension $n+1$, das in der Form

$$Ax = b \tag{1.93}$$

geschrieben werden kann, mit

$$A \equiv \begin{bmatrix} 1 \\ h_0 & 2(h_0 + h_1) & h_1 \\ & h_1 & 2(h_1 + h_2) & h_2 \\ & & \ddots & \ddots & \ddots \\ & & & \ddots & \ddots & \ddots \\ & & & & h_{n-2} & 2(h_{n-2} + h_{n-1}) & h_{n-1} \\ & & & & & & 1 \end{bmatrix},$$

$$b \equiv \begin{bmatrix} 0 \\ \frac{3}{h_1}(a_2 - a_1) - \frac{3}{h_0}(a_1 - a_0) \\ \vdots \\ \vdots \\ \frac{3}{h_{n-1}}(a_n - a_{n-1}) - \frac{3}{h_{n-2}}(a_{n-1} - a_{n-2}) \\ 0 \end{bmatrix} \quad \text{und} \quad x \equiv \begin{bmatrix} c_0 \\ c_1 \\ \vdots \\ \vdots \\ c_n \end{bmatrix}.$$

Offensichtlich ist die Matrix A strikt diagonal-dominant. Der im ersten Band dieses Textes angegebene Satz 2.21 sowie die zugehörige Bemerkung 2.13 implizieren, dass das lineare Gleichungssystem (1.93) eine eindeutige Lösung besitzt. Diese kann mit den im Abschnitt 2.4.2 (Band 1) beschriebenen numerischen Verfahren für tridiagonale lineare Gleichungssysteme berechnet werden. □

Nachdem die Koeffizienten c_j aus dem System (1.93) bestimmt sind, setzt man diese in (1.90) sowie (1.87) ein und erhält daraus die noch fehlenden Koeffizienten b_j bzw. d_j. Jetzt kann man für jedes Segment $[x_j, x_{j+1}]$ das zugehörige kubische Polynom $S_j(x)$ entsprechend (1.80) bilden. Ist an einer vorgegebenen Interpolationsstelle $x = \bar{x}$ eine Näherung für die Funktion $f(x)$ gesucht, dann wird man zuerst dasjenige Segment bestimmen, in dem $\bar{x}$ liegt – sagen wir, dies ist $[x_k, x_{k+1}]$. Anschließend setzt man $\bar{x}$ in das entsprechende kubische Polynom $S_k(x)$ ein und erhält $S_k(\bar{x}) \approx f(\bar{x})$.

Im m-File 1.4 ist die natürliche Spline-Interpolation als MATLAB-Funktion nspline implementiert. Man beachte, dass in der MATLAB die Felder mit dem Index 1 beginnen müssen, so dass eine Index-Verschiebung erforderlich war.

m-File 1.4: nspline.m

```
1  function [a,b,c,d]=nspline(x,y)
2  % function [a,b,c,d]=nspline(x,y)
3  % Berechnet die Koeffizienten-Vektoren a, b, c, d
4  % der natuerlichen Splinefunktion S(x)
5  %
6  % x: Vektor der Stuetzstellen
7  %    x(1) < x(2) ,..., x(n) < x(n+1)
8  % y: Vektor der Stuetzwerte y(1),...,y(n+1)
9  % a,b,c,d: Koeffizienten-Vektoren des Splines S(x)
10 %
11 x=x(:);y=y(:);
12 if length(x)~=length(y),
13    error('Dimensionen von x und y muessen uebereinstimmen'),
14 end
15 n=length(x)-1;
16 h=x(2:n+1)-x(1:n);
17 a=y;
18 q=zeros(n,1);l=q;mue=1;l(1)=1;
19 q(2:n)=3*(a(3:n+1).*h(1:n-1)-a(2:n).*(x(3:n+1)-x(1:n-1))...
20        +a(1:n-1).*h(2:n))./(h(1:n-1).*h(2:n));
21 z=zeros(n+1,1);b=z;c=z;d=z;
22 for i=2:n
23    l(i)=2*(x(i+1)-x(i-1))-h(i-1)*mue(i-1);
24    mue(i)=h(i)/l(i);
25    z(i)=(q(i)-h(i-1)*z(i-1))/l(i);
26 end
27 for j=n:-1:1
28    c(j)=z(j)-mue(j)*c(j+1);
29 end
```

```
30  b(1:n)=(a(2:n+1)-a(1:n))./h(1:n)...
31        -h(1:n).*(c(2:n+1)+2*c(1:n))/3;
32  d(1:n)=(c(2:n+1)-c(1:n))./(3*h(1:n));
33  end
```

Bemerkung 1.5. Das obige Programm basiert auf den im ersten Band angegebenen Algorithmen 2.9 und 2.10 zur Lösung tridiagonaler linearer Gleichungssysteme. □

Bemerkung 1.6. Die kubische Spline-Interpolation ist eine sehr genaue Technik, wenn man nur die Schrittweiten $h_0, \ldots, h_n$ nicht zu groß wählt. In den Anwendungen vermeidet man aber oftmals diese Interpolationstechnik, da die vielen Koeffizienten rein mathematischer Natur sind und sich kaum disziplinär interpretieren lassen. Anders sieht es bei der Interpolation mit Polynomen über das gesamte Intervall $[a, b]$ aus. Hier kann man durchaus davon ausgehen, dass einige der zugehörigen Koeffizienten praktische Bedeutung besitzen. Man muss dann aber Genauigkeitsverluste, die durch die Spline-Interpolation gerade vermieden werden, in Kauf nehmen. □

Für Splines mit *eingespanntem* Rand gilt ein zu Satz 1.6 entsprechendes Resultat.

Satz 1.7. *Es sei $f(x)$ eine auf $[a, b]$ definierte Funktion. Dann besitzt $f(x)$ eine eindeutige Spline-Interpolationsfunktion $S(x)$, welche die beiden speziellen Randbedingungen $S'(a) = f'(a)$ und $S'(b) = f'(b)$ (eingespannter Rand) erfüllt.*

Beweis. Man findet unmittelbar $S'(a) = S'(x_0) = b_0$. Die erste Randbedingung in (f) (ii) besagt $f'(a) \doteq S'(a) = b_0$. Verwendet man nun auf der rechten Seite dieser Beziehung die Darstellung von b_0, die sich aus (1.90) für $j = 0$ ergibt, dann erhält man

$$f'(a) = \frac{a_1 - a_0}{h_0} - \frac{h_0}{3}(2c_0 + c_1) \quad \text{bzw.} \quad 2h_0c_0 + h_0c_1 = \frac{3}{h_0}(a_1 - a_0) - 3f'(a). \quad (1.94)$$

Nach der Formel (1.85) ist $S'(b) = S'(x_n) = b_n$. Aus der zweiten Randbedingung in (f) (ii) erhalten wir $f'(b) \doteq S'(b) = b_n$. Setzt man in die rechte Seite die Darstellung von b_n, die sich aus (1.89) für $j = n - 1$ ergibt, ein, dann resultiert

$$f'(b) = b_{n-1} + h_{n-1}(c_{n-1} + c_n).$$

Ersetzt man nun b_{n-1} durch denjenigen Ausdruck, der sich für $j = n - 1$ aus (1.90) ergibt, so folgt

$$f'(b) = \frac{a_n - a_{n-1}}{h_{n-1}} - \frac{h_{n-1}}{3}(2c_{n-1} + c_n) + h_{n-1}(c_{n-1} + c_n)$$

$$= \frac{a_n - a_{n-1}}{h_{n-1}} + \frac{h_{n-1}}{3}(c_{n-1} + 2c_n)$$

bzw.

$$h_{n-1}c_{n-1} + 2h_{n-1}c_n = 3f'(b) - \frac{3}{h_{n-1}}(a_n - a_{n-1}). \quad (1.95)$$

Die Gleichungen (1.92) sowie (1.94), (1.95) ergeben zusammen ein System von $n + 1$ linearen Gleichungen in den $n + 1$ Unbekannten $c_0, \ldots, c_n$, das wir wieder in der Form $Ax = b$ aufschreiben können, mit

$$
A \equiv
\begin{bmatrix}
2h_0 & h_0 & & & & \\
h_0 & 2(h_0 + h_1) & h_1 & & & \\
& h_1 & 2(h_1 + h_2) & h_2 & & \\
& & \ddots & \ddots & \ddots & \\
& & & \ddots & \ddots & \ddots \\
& & & h_{n-2} & 2(h_{n-2} + h_{n-1}) & h_{n-1} \\
& & & & h_{n-1} & 2h_{n-1}
\end{bmatrix},
$$

$$
b \equiv
\begin{bmatrix}
\frac{3}{h_0}(a_1 - a_0) - 3f'(a) \\
\frac{3}{h_1}(a_2 - a_1) - \frac{3}{h_0}(a_1 - a_0) \\
\vdots \\
\vdots \\
\frac{3}{h_{n-1}}(a_n - a_{n-1}) - \frac{3}{h_{n-2}}(a_{n-1} - a_{n-2}) \\
3f'(b) - \frac{3}{h_{n-1}}(a_n - a_{n-1})
\end{bmatrix}
\quad \text{und} \quad
x \equiv
\begin{bmatrix}
c_0 \\
c_1 \\
\vdots \\
\vdots \\
c_n
\end{bmatrix}.
$$

Offensichtlich ist die Matrix A wiederum strikt diagonal-dominant, so dass auch für diese Randbedingungen eine eindeutige Lösung des linearen Gleichungssystems existiert. □

Da bei der Spline-Interpolationsfunktion mit eingespanntem Rand mehr Informationen über die zu approximierende Funktion $f(x)$ in die Rechnungen eingeht als dies beim natürlichen Spline der Fall ist, wird man sich bei praktischen Interpolationsaufgaben i. allg. für diesen Interpolationstyp entscheiden. Hierzu ist es aber notwendig, die Werte von $f'(x)$ an den Randpunkten a und b mit ausreichender Genauigkeit zu approximieren. Wie man dies realisieren kann, wird im Kapitel 4 dieses Buches beschrieben.

Für den Fehler, der bei der Ersetzung einer Funktion $f(x)$ durch ihre kubische Spline-Interpolationsfunktion entsteht, gibt es in der Literatur eine Vielzahl von Abschätzungen. Eine solche wollen wir für Splines mit eingespanntem Rand hier angeben.

Satz 1.8. *Gegeben sei eine Funktion $f \in \mathbb{C}^4[a, b]$ mit $\max_{a \leq x \leq b} |f^{(4)}(x)| \leq M$. Bezeichnet $S(x)$ die eindeutige kubische Spline-Interpolationsfunktion bezüglich der $n + 1$ Stützstellen $a = x_0 < x_1 < \cdots < x_n = b$, die $S'(a) = f'(a)$ und $S'(b) = f'(b)$ erfüllt, dann gilt für den Approximationsfehler*

$$
\max_{a \leq x \leq b} |f(x) - S(x)| \leq \frac{5M}{384} \max_{0 \leq j \leq n-1} (x_{j+1} - x_j)^4. \tag{1.96}
$$

Beweis. Siehe zum Beispiel die Monografie von M. H. Schultz [71]. □

Das m-File 1.5 enthält die MATLAB-Implementierung `espline` für die kubische Spline-Interpolation mit eingespanntem Rand.

m-File 1.5: espline.m

```
1  function [a,b,c,d]=espline(x,y,fs)
2  % function [a,b,c,d]=espline(x,y,fs)
3  % Berechnet die Koeffizienten-Vektoren a, b, c, d
4  % der eingespannten Splinefunktion S(x)
5  %
6  % x: Vektor der Stuetzstellen
7  %    x(1) < x(2) ,..., x(n) < x(n+1)
8  % y: Vektor der Stuetzwerte y(1),...,y(n+1)
9  % fs: Vektor mit fs=[f'(x(1));f'(x(n+1))]
10 % a,b,c,d: Koeffizienten-Vektoren des Splines S(x)
11 %
12 n=length(x)-1;
13 x=x(:);y=y(:);
14 if length(x)~=length(y)
15    error('Dimensionen von x und y muessen uebereinstimmen'),
16 end
17 h=x(2:n+1)-x(1:n);
18 a=y;
19 z=zeros(n+1,1);
20 q=zeros(n,1);l=q;mue=1;l(1)=1;
21 q(1)=3*(a(2)-a(1))/h(1)-3*fs(1);
22 q(n+1)=3*fs(2)-3*(a(n+1)-a(n))/h(n);
23 q(2:n)=3*(a(3:n+1).*h(1:n-1)-a(2:n).*(x(3:n+1)-x(1:n-1))...
24        +a(1:n-1).*h(2:n))./(h(1:n-1).*h(2:n));
25 l(1)=2*h(1); mue(1)=.5; z(1)=q(1)/l(1);
26 for i=2:n
27    l(i)=2*(x(i+1)-x(i-1))-h(i-1)*mue(i-1);
28    mue(i)=h(i)/l(i);
29    z(i)=(q(i)-h(i-1)*z(i-1))/l(i);
30 end
31 b=z;c=z;d=z;
32 l(n+1)=h(n)*(2-mue(n));
33 z(n+1)=(q(n+1)-h(n)*z(n))/l(n+1);
34 c(n+1)=z(n+1);
35 for j=n:-1:1
36    c(j)=z(j)-mue(j)*c(j+1);
37 end
38 b(1:n)=(a(2:n+1)-a(1:n))./h(1:n)...
39        -h(1:n).*(c(2:n+1)+2*c(1:n))/3;
40 d(1:n)=(c(2:n+1)-c(1:n))./(3*h(1:n));
41 end
```

Das m-File 1.6 berechnet schließlich an vorzugebenden Stellen $t_1, \ldots, t_m$, die nicht mit den Stützstellen x_i übereinstimmen müssen, die Werte des interpolierenden Splines. Hierzu müssen die zuvor mit den m-Files 1.4 oder 1.5 berechneten Koeffizientenvektoren a, b, c, d bereitgestellt werden.

m-File 1.6: splineval.m

```
 1  function y=splineval(a,b,c,d,x,t)
 2  % function y=splineval(a,b,c,d,x,t)
 3  % Berechnet die Funktionswerte der Splinefunktion S(t)
 4  % fuer t=(t1, ..., tm), ti aus [a,b]
 5  %
 6  % a,b,c,d: zuvor mit nspline oder espline berechnete
 7  % Koeffizienten des Splines
 8  % x: Vektor der Stuetzstellen, die in espline oder nspline
 9  %    verwendet wurden
10  % t: Vektor der Stellen, an denen der Spline ausgewertet
11  % werden soll
12  %
13  % y: Vektor der Werte des Splines an den Ausgabestellen t
14  %
15  n=length(x)-1;
16  m=length(t);
17  y=zeros(m,1);
18  for i=1:m
19      yi=a(x==t(i));
20      if ~isempty(yi)
21          y(i)=yi;
22      else
23          for j=1:n
24              if x(j) < t(i) && t(i) < x(j+1)
25                  dd=t(i)-x(j);
26                  y(i)=a(j)+dd*(b(j)+dd*(c(j)+dd*d(j)));
27                  break
28              end
29          end
30      end
31  end
32  end
```

Eine wichtige praktische Eigenschaft der Spline-Funktionen ist deren minimales oszillatorisches Verhalten. So besitzt der kubische Spline unter allen Funktionen, die zweimal stetig differenzierbar auf einem Intervall $[a, b]$ sind und eine gegebene Menge von Datenpunkten $\{(x_i, y_i)\}_{i=0}^{n}$ dort interpolieren, die geringsten Schwankungen. Im Satz 1.9 wird dieses Resultat präzisiert. Man beachte dabei, dass die *Krümmung* einer

Kurve, die durch die Gleichung $y = f(x)$ beschrieben wird, durch den Ausdruck

$$|f''(x)|[1 + \{f'(x)\}^2]^{-\frac{3}{2}}$$

gegeben ist. Lässt man den nichtlinearen Term in den eckigen Klammern weg, dann stellt $|f''(x)|$ eine Approximation für die Krümmung dar.

Satz 1.9. *Es sei $f \in \mathbb{C}^2[a, b]$ und $S(x)$ bezeichne die eindeutige kubische Spline-Interpolationsfunktion für $f(x)$, die durch die Punktmenge $\{(x_i, f(x_i))\}_{i=0}^n$ verläuft und die Randbedingungen $S'(a) = f'(a)$, $S'(b) = f'(b)$ erfüllt. Dann gilt*

$$\int_a^b [S''(x)]^2 \, dx \le \int_a^b [f''(x)]^2 \, dx. \tag{1.97}$$

Beweis. Mittels partieller Integration und unter Beachtung der Randbedingungen berechnet man

$$\int_a^b S''(x)[f''(x) - S''(x)] \, dx = S''(x)[f'(x) - S'(x)]\big|_a^b - \int_a^b S'''(x)[f'(x) - S'(x)] \, dx$$

$$= 0 - 0 - \int_a^b S'''(x)[f'(x) - S'(x)] \, dx.$$

Da auf dem Segment $[x_j, x_{j+1}]$ die Beziehung $S'''(x) = S_j'''(x) = 6d_j$ gilt, ergibt sich

$$\int_{x_j}^{x_{j+1}} S'''(x)[f'(x) - S'(x)] \, dx = 6d_j[f(x) - S(x)]\big|_{x_j}^{x_{j+1}} = 0, \quad j = 0, \ldots, n - 1.$$

Somit ist $\int_a^b S''(x)[f''(x) - S''(x)] \, dx = 0$ und es folgt

$$\int_a^b S''(x)f''(x) \, dx = \int_a^b [S''(x)]^2 \, dx. \tag{1.98}$$

Wegen $0 \le [f''(x) - S''(x)]^2$ erhalten wir nun

$$0 \le \int_a^b [f''(x) - S''(x)]^2 \, dx$$

$$= \int_a^b [f''(x)]^2 \, dx - 2 \int_a^b f''(x)S''(x) \, dx + \int_a^b [S''(x)]^2 \, dx. \tag{1.99}$$

Berücksichtigt man (1.98) in (1.99), so ergibt sich

$$0 \le \int_a^b [f(x)]^2 \, dx - \int_a^b [S''(x)]^2 \, dx,$$

woraus die Behauptung (1.97) unmittelbar folgt und damit der Satz bewiesen ist. □

Das Kapitel zur Interpolation wollen wir mit einem Beispiel abschließen, das auf recht lustige Weise zeigt, wie sich die kubische Spline-Interpolation in der Praxis sinnvoll einsetzen lässt. Es sei dem Leser auch angeraten, sich im World Wide Web unter dem Stichwort *Splines* etwas umzusehen. Es gibt dort sehr interessante Web-Seiten, die unter anderem auch interaktive Experimente zulassen. Der Autor dieses Buches hat jedoch darauf verzichtet, die entsprechenden Links direkt anzugeben, da viele dieser Seiten leider nur sehr kurzlebig sind und nach dem Erscheinen dieses Textes möglicherweise gar nicht mehr existieren. Trotzdem lohnt es sich, auf der Suche nach interessanten Beispielen und multimedialer numerischer Software im World Wide Web zu surfen. Die Adresse des Mathematik-Portals der freien Enzyklopädie WIKIPEDIA http://de. wikipedia.org/wiki/Portal:Mathematik kann dabei als Ausgangspunkt dienen. Die WIKIPEDIA ist ein Projekt im Internet zur Erstellung einer universellen Enzyklopädie mittel Schwarmintelligenz. Jeder Internetnutzer kann an der WIKIPEDIA mitarbeiten, das Projekt erfreut sich zunehmend größerer Beliebtheit. Wissen wird auf diese Weise verbreitet und mit anderen geteilt. Seit Mai 2001 gibt es eine deutschprachige Ausgabe dieser Online-Enzyklopädie. Der Autor würde sich sehr darüber freuen, wenn die Leser, insbesondere seine Studenten, mit diesem Buch in die Lage versetzt werden, selbst Beiträge über spezielle Themen der Numerischen Mathematik verfassen und in der WIKIPEDIA publizieren zu können.

Wir wollen nun den Abschnitt zur Spline-Interpolation mit einem lustigen Beispiel abschließen.

Beispiel 1.9. In seiner Bildergeschichte *Dideldum! Anleitung zu historischen Porträts, Teil I* (siehe [13]) beschreibt Wilhelm Busch[9], wie man mit einem einzigen Strich und wenigen Verzierungen den „Alten Fritz"[10] zeichnen kann. Wir haben aus dieser Skizze von Wilhelm Busch die in der Abbildung 1.14 auf der linken Seite dargestellten Punkte (x_i, y_i), $i = 1, \ldots, 90$, entlang des großen durchgehenden Striches abgetragen und tabelliert.

Jedem dieser Punkte wurde anschließend ein Parameterwert $t_i = i$ zugeordnet. Nun haben wir die Punktmengen (t_i, x_i) und (t_i, y_i), $i = 1, \ldots, 90$, jeweils durch kubische Splines interpoliert und damit eine genäherte Parameterdarstellung der Kurve $(x(t), y(t))$ erhalten. Auf entsprechende Weise wurden auch die kleinen ergänzenden Striche (Auge, Ohr, Mund und Bart) behandelt, d. h., auch diese wurden von uns durch Splines approximiert. Das Resultat der Approximation ist in der Abbildung 1.14 auf der rechten Seite zu sehen.

Der ebenfalls in der Abbildung 1.14 enthaltene Schriftzug stellt die durch kubische Splines dargestellte Unterschrift von Wilhelm Busch dar. Die Kopie der Unterschrift

---

9 Wilhelm Busch (1832–1908), Deutscher Dichter und Maler, Autor von *Max und Moritz* (1865) und *Die fromme Helene* (1872)

10 Friedrich II., der Große, genannt der „Alte Fritz" (preußischer König). Geboren am 24. Januar 1712 in Berlin, gestorben am 17. August 1786 in Sanssouci bei Potsdam.

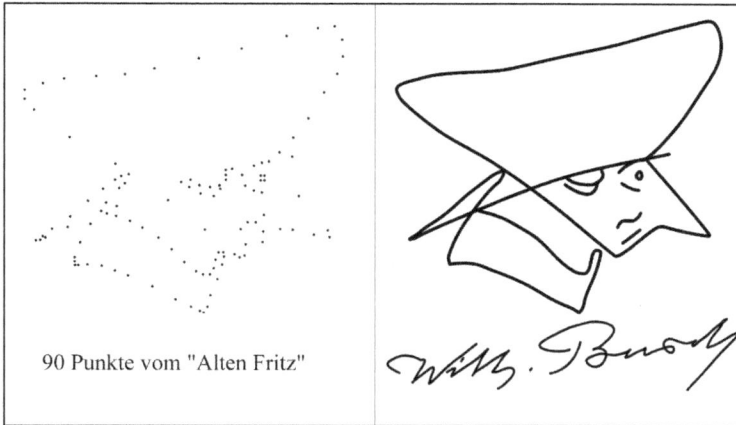

90 Punkte vom "Alten Fritz"

Abb. 1.14: Der „Alte Fritz" im Spline-Format

wurde auf die gleiche Weise erzeugt wie der Kopf vom „Alten Fritz" und vermittelt wiederum einen Eindruck davon, welche Möglichkeiten sich durch die Spline-Interpolation in der Praxis eröffnen. □

1.9 Trigonometrische Interpolation, DFT und FFT

Wie wir im Abschnitt 1.2 gesehen haben, sucht man bei der reellen Interpolation mit algebraischen Polynomen ein Polynom vom Grad höchstens $n \in \mathbb{N}$, das in $n + 1$ paarweise verschiedenen Stützstellen $x_0, \ldots, x_n$ die Stützwerte $y_0, \ldots, y_n$ annimmt. Dieses algebraische Polynom hat die Gestalt $a_0 + a_1 x + a_2 x^2 + \cdots + a_n x^n$ und kann je nach Sachlage in der Lagrange-Darstellung (1.11) oder in der Newton-Darstellung (1.27) angegeben werden.

Weist die zu interpolierende Funktion $f(x)$ ein Schwingungsverhalten auf, dann bietet sich die sogenannte *trigonometrische Interpolation* als sachgemäßes Approximationsverfahren an. Bei dieser numerischen Technik gibt man $2n + 1$ paarweise verschiedene Stützstellen $0 \le x_0 < x_1 < \cdots < x_{2n} < 2\pi$ vor und bestimmt als Näherungsfunktion ein trigonometrisches Interpolationspolynom vom Grad höchstens $2n$, das in diesen Stützstellen die Stützwerte $y_0 = f(x_0), \ldots, y_{2n} = f(x_{2n})$ annimmt. Dieses Interpolationspolynom hat die Gestalt

$$P(x) = \sum_{k=-n}^{n} a_k e^{ikx}, \quad a_k \in \mathbb{C}, \quad i - \text{imaginäre Einheit.} \qquad (1.100)$$

Wie für die algebraischen Polynome kann man zeigen, dass die obige Interpolationsaufgabe eine eindeutig bestimmte Lösung besitzt. Die spezielle Wahl der Stützstellen bedeutet keine Einschränkung, da man durch geeignete Vorfaktoren und eine Verschiebung des zugrundeliegenden Intervalles die gewünschte Ausgangssituation stets wieder herstellen kann.

Wir werden hier zunächst einen Zugang wählen, welcher das gesuchte Polynom nicht direkt in der obigen Darstellung liefert, sondern der Methode von Lagrange im Falle algebraischer Polynome sehr ähnlich ist. Wir betrachten dazu die folgenden Fundamental-Interpolanten (siehe auch [83]):

$$e_j(x) = \prod_{k \neq j} \frac{\sin(\frac{x - x_k}{2})}{\sin(\frac{x_j - x_k}{2})}. \tag{1.101}$$

Offensichtlich besitzen diese Interpolanten die Eigenschaft $e_j(x_l) = \delta_{lj}, j, l = 0, \dots, 2n$. Wenn sich nun zeigen lässt, dass mit geeigneten Koeffizienten $b_l \in \mathbb{C}, l = -n, \dots, n$, die Beziehung

$$\prod_{k \neq j} \sin\left(\frac{x - x_k}{2}\right) = \sum_{l=-n}^{n} b_l e^{ilx} \tag{1.102}$$

besteht, dann kann das gesuchte Interpolationspolynom in der Form

$$P(x) = \sum_{j=0}^{2n} y_j e_j(x) \tag{1.103}$$

dargestellt werden. Beachtet man die Gleichung $\sin(x) = \frac{e^{ix} - e^{-ix}}{2i}$, dann bestätigt die folgende formale Rechnung die Gültigkeit der Formel (1.102):

$$\prod_{k \neq j} \sin\left(\frac{x - x_k}{2}\right) = \prod_{k \neq j} \frac{(e^{i\frac{x-x_k}{2}} - e^{-i\frac{x-x_k}{2}})}{2i} = \prod_{k \neq j} (e^{i\frac{x}{2}} \alpha_k - e^{-i\frac{x}{2}} \beta_k)$$

$$= \sum_{\substack{l,m=0 \\ l+m=2n}}^{2n} (e^{i\frac{x}{2}} \mu_l)^l (e^{-i\frac{x}{2}} \nu_m)^m = \sum_{\substack{l,m=0 \\ l+m=2n}}^{2n} e^{i\frac{x(l-m)}{2}} (\mu_l)^l (\nu_m)^m$$

$$= \sum_{\substack{l,m=0 \\ l+m=2n}}^{2n} \gamma_{lm} e^{i\frac{x(l-m)}{2}} = \sum_{l=0}^{2n} \kappa_l e^{i\frac{x(l-(2n-l))}{2}} = \sum_{l=0}^{2n} \kappa_l e^{ix(l-n)} = \sum_{l=-n}^{n} b_l e^{ixl}.$$

Ein wichtiger Sonderfall sowie eine Vereinfachung der Darstellung resultiert, wenn man die speziellen Stützstellen $x_k = \frac{2k\pi}{2n+1} = \frac{k\pi}{n+\frac{1}{2}}$ wählt. Es gilt dann

$$\sin\left(\left(n + \frac{1}{2}\right) x_k\right) = \sin(k\pi) = 0$$

und nach der Regel von l'Hospital folgt für den Dirichlet-Kern der Ordnung n

$$D_n(x) \equiv \frac{\sin((n + \frac{1}{2})x)}{2 \sin(\frac{x}{2})} \xrightarrow[x \to 0]{} n + \frac{1}{2}.$$

$D_n(x)$ wird daher im Punkte Null auf den Wert $n + \frac{1}{2}$ gesetzt. Es kann nun $e_k(x)$ in der Form

$$e_k(x) = \frac{D_n(x - x_k)}{n + \frac{1}{2}} \tag{1.104}$$

geschrieben werden. Falls nämlich $l \neq k$ ist, berechnet sich der Zähler von $e_k(x_l)$ zu $\sin((l - k)\pi) = 0$. Somit liefert nur $e_k(x_k)$ einen Wert ungleich Null, nämlich Eins, wie der obige Grenzwert zeigt. Außerdem folgen aus den komplexen Darstellungen der Kosinus- und der Sinus-Funktion

$$\cos(x) = \frac{e^{ix} + e^{-ix}}{2}, \quad \sin(x) = \frac{e^{ix} - e^{-ix}}{2i}$$

die Identitäten

$$D_n(x) = \frac{1}{2} + \sum_{k=1}^{n} \cos(kx) = \sum_{l=-n}^{n} \frac{1}{2} e^{ilx}.$$

Damit ist die Darstellung (1.104) bestätigt. Setzt man jetzt (1.104) in (1.103) ein, so ergibt sich eine einfachere Form des trigonometrischen Interpolationspolynoms:

$$P(x) = \sum_{k=0}^{2n} y_k \frac{D_n(x - x_k)}{n + \frac{1}{2}} = \sum_{k=0}^{2n} y_k \frac{\sin((n + \frac{1}{2})(x - x_k))}{(2n + 1)\sin(\frac{x - x_k}{2})}. \tag{1.105}$$

Interpretiert man die Werte y_k als Funktionswerte einer Funktion $f(x)$, also $y_k = f(x_k)$, so handelt es sich bei

$$P(x) = \sum_{k=0}^{2n} f(x_k) \frac{D_n(x - x_k)}{n + \frac{1}{2}}$$

um eine normierte, diskrete Faltung der Funktion f mit dem Dirichlet-Kern der Ordnung n. Einen ähnlichen Zusammenhang gibt es auch im kontinuierlichen Fall. Die Faltung einer Funktion f mit dem Dirichlet-Kern der Ordnung n ergibt nämlich genau die n-te Fourier-Partialsumme der Funktion f (siehe die Formel (2.54)). Es ist eine Vielzahl von Bedingungen bekannt, unter denen die Fourier-Partialsummen gegen die Funktion f konvergieren. Diese Fragestellung soll jedoch hier nicht betrachtet werden.

Die Darstellung (1.103) des trigonometrischen Interpolationspolynoms erweist sich für viele Anwendungen als ausreichend. Andererseits ist man aber oftmals auch an der ursprünglichen Form (1.100) interessiert. Eine Überführung von (1.103) in (1.100) erfordert jedoch einen zu hohen Aufwand. Es soll deshalb noch ein anderer Weg zur trigonometrischen Interpolation beschrieben werden. Wir betrachten zunächst die Interpolationsbedingungen, die an das trigonometrische Interpolationspolynom (1.100) zu stellen sind, wenn man von den konkreten Stützstellen $x_l = \frac{2\pi l}{2n+1}$ und den dazugehörigen Stützwerten y_l ausgeht. Diese Bedingungen lauten

$$P(x_l) = \sum_{j=-n}^{n} a_j e^{ix_l j} = \sum_{j=-n}^{n} a_j e^{2\pi i \frac{lj}{2n+1}} = y_l, \quad l = 0, \ldots, 2n. \tag{1.106}$$

Wir setzen $N \equiv 2n + 1$ und $w \equiv e^{\frac{2\pi i}{N}}$. Damit ergibt sich für $l = 0, \ldots, N - 1$

$$y_l = \sum_{j=-n}^{n} a_j w^{lj} = \sum_{j=0}^{n} a_j w^{lj} + \sum_{j=n+1}^{N-1} a_{j-N} w^{l(j-N)} = \sum_{j=0}^{n} a_j w^{lj} + \sum_{j=n+1}^{N-1} a_{j-N} w^{lj},$$

da $w^{-lN} = 1$ gilt. Wenn man nun den Vektor $c = (c_0, \ldots, c_{N-1})^T$ zu

$$c_j = \begin{cases} a_j, & \text{falls } 0 \leq j \leq n, \\ a_{j-N}, & \text{falls } n+1 \leq j \leq N-1 \end{cases} \tag{1.107}$$

definiert, dann resultiert

$$y_l = \sum_{j=0}^{N-1} c_j w^{lj}, \quad \text{mit } w = e^{\frac{2\pi i}{N}} \text{ und } l = 0, \ldots, N-1. \tag{1.108}$$

Es stellt sich nun die Frage, wie man die komplexen Zahlen c_j berechnen kann. Wir stellen hierzu die Gleichungen (1.108) in Matrizenform wie folgt dar (siehe auch [56]):

$$\underbrace{\begin{bmatrix} y_0 \\ y_1 \\ y_2 \\ \vdots \\ y_{N-1} \end{bmatrix}}_{y} = \underbrace{\begin{bmatrix} 1 & 1 & 1 & \cdots & 1 \\ 1 & w & w^2 & \cdots & w^{N-1} \\ 1 & w^2 & w^4 & \cdots & w^{2(N-1)} \\ \vdots & \vdots & \vdots & \ddots & \vdots \\ 1 & w^{N-1} & w^{2(N-1)} & \cdots & w^{(N-1)^2} \end{bmatrix}}_{F_N} \cdot \underbrace{\begin{bmatrix} c_0 \\ c_1 \\ c_2 \\ \vdots \\ c_{N-1} \end{bmatrix}}_{c}. \tag{1.109}$$

Um den Vektor c zu berechnen, braucht somit nur die Inverse von F_N gebildet und mit y multipliziert werden. Die Matrix F_N besitzt die folgende Eigenschaft.

Satz 1.10. *Es sei I_N die N-dimensionale Einheitsmatrix. Dann gilt die Beziehung*

$$F_N \bar{F}_N = \bar{F}_N F_N = N I_N.$$

Beweis. Es seien $l, j \in \{1, \ldots, N\}$ zwei verschiedene Indizes. Dann gilt

$$(F_N \bar{F}_N)_{l,j} = \sum_{k=0}^{N-1} w^{(l-1)k} \overline{w^{(j-1)k}} = \sum_{k=0}^{N-1} w^{(l-1)k-(j-1)k} = \sum_{k=0}^{N-1} w^{(l-j)k}$$

$$= \frac{w^{(l-j)\cdot N} - 1}{w^{l-j} - 1} = \frac{e^{2\pi i(l-j)} - 1}{w^{l-j} - 1} = 0.$$

Analog zeigt man $(F_N \bar{F}_N)_{l,l} = N$. □

Somit berechnet sich der gesuchte Vektor c zu $c = \frac{1}{N} \bar{F}_N y$. Die komponentenweise Darstellung dieser Gleichung lautet

$$c_l = \frac{1}{N} \sum_{j=0}^{N-1} y_j w^{-jl}, \quad l = 0, \ldots, N-1.$$

Wir kommen damit zu einer wichtigen Definition.

Definition 1.9. Gegeben seien N komplexe Zahlen $y_0, \ldots, y_{N-1}$. Dann bezeichnet man die Vorschrift

$$c_l = \frac{1}{N} \sum_{j=0}^{N-1} y_j w^{-jl}, \quad l = 0, \ldots, N-1, \tag{1.110}$$

zur Berechnung der komplexen Zahlen $c_l \in \mathbb{C}$, $l = 0, \ldots, N - 1$, als *Diskrete Fourier-Transformation* (DFT) des Vektors $y \equiv (y_0, \ldots, y_{N-1})^T$.

Die Umkehrung dieser Rechenvorschrift,

$$y_l = \sum_{j=0}^{N-1} c_j w^{jl}, \quad l = 0, \ldots, N - 1, \tag{1.111}$$

wird entsprechend *Inverse Diskrete Fourier-Transformation* (IDFT) genannt.

In dieser Terminologie bezeichnet man die c_l als *Spektralwerte* und die y_l als die zugehörigen *Abtastwerte* im jeweiligen Zeitbereich. □

Bemerkung 1.7. Die Interpolationsbedingungen (1.106) stimmen in der Form (1.108) mit der IDFT (1.111) überein. Da die DFT wiederum die Umkehrung der IDFT darstellt, können wir nun

$$c_l = \frac{1}{N} \sum_{j=0}^{N-1} y_j w^{-jl}, \quad l = 0, \ldots, N - 1,$$

schreiben. Eine Umordnung der Elemente im Vektor c (siehe die Formel (1.107)) führt schließlich auf die Identität

$$a_j = \frac{1}{N} \sum_{l=0}^{N-1} y_l w^{-lj}, \quad j = -n, \ldots, n. \tag{1.112}$$

□

In Vorbereitung des folgenden Satzes wollen wir unter der N-periodischen Fortsetzung eines gegebenen Vektors $x = (x_0, \ldots, x_{N-1})^T \in \mathbb{C}^N$, $0 \le x_0 < x_1 < \cdots < x_{N-1} < 2\pi$, die Zahlenfolge $\{x_k\}_{k \in \mathbb{Z}} \subset \mathbb{C}$ verstehen, für die $x_{k+N} = x_k$ gilt und bei der die Folgenglieder $x_0, \ldots, x_{N-1}$ mit den entsprechenden Elementen des Vektors x übereinstimmen.

Satz 1.11. *Es seien $u, v \in \mathbb{C}^N$ gegeben und $c, d \in \mathbb{C}^N$ mögen die zugehörigen Spektralwerte bezeichnen. Dann besitzt die DFT die folgenden Eigenschaften:*

1. *Linearität:*
$$au + bv \xrightarrow{\text{DFT}} ac + bd, \quad a, b \in \mathbb{R}.$$

2. *Verschiebungen im Zeit- und Spektral-Bereich:*
$$(u_{k+n})_k \xrightarrow{\text{DFT}} (w^{kn} c_k)_k \quad und \quad (w^{kn} u_k)_k \xrightarrow{\text{DFT}} (c_{k-n})_k.$$

3. *Periodische Faltungen:*
$$(u * v)_k \equiv \left(\frac{1}{N} \sum_{j=0}^{N-1} u_j v_{k-j} \right)_k \xrightarrow{\text{DFT}} (c_k \cdot d_k)_k.$$

4. *Parsevalsche Gleichung:*
$$\sum_{k=0}^{N-1} |c_k|^2 = \frac{1}{N} \sum_{k=0}^{N-1} |u_k|^2, \quad also \quad \|c\|_2^2 = \frac{\|u\|_2^2}{N}.$$

Beweis.

1. Offenbar ist die DFT (1.110) linear in c.
2. Es gelte $(u_k)_k \xrightarrow{\text{DFT}} (c_k)_k$ und $(u_{k+n})_k \xrightarrow{\text{DFT}} (x_k)_k$. Dann ist

$$x_k = \frac{1}{N} \sum_{j=0}^{N-1} u_{j+n} w^{-jk} = \frac{1}{N} \sum_{j=0}^{N-1} u_{j+n} w^{-(j+n)k} w^{nk} = \frac{1}{N} \sum_{j=0}^{N-1} u_j w^{-jk} w^{nk} = w^{nk} c_k.$$

Es gelte $(u_k)_k \xrightarrow{\text{DFT}} (c_k)_k$ und $(w^{kn} u_k)_k \xrightarrow{\text{DFT}} (x_k)_k$. Dann ist

$$x_k = \frac{1}{N} \sum_{j=0}^{N-1} w^{jn} u_j w^{-jk} = \frac{1}{N} \sum_{j=0}^{N-1} u_j w^{-j(k-n)} = c_{k-n}.$$

3. Es gelte $(u_k)_k \xrightarrow{\text{DFT}} (c_k)_k$, $(v_k)_k \xrightarrow{\text{DFT}} (d_k)_k$ und

$$\left(\frac{1}{N} \sum_{j=0}^{N-1} u_j v_{k-j} \right)_k \xrightarrow{\text{DFT}} (x_k)_k.$$

Dann ist

$$x_k = \frac{1}{N} \sum_{j=0}^{N-1} \frac{1}{N} \sum_{l=0}^{N-1} u_l v_{j-l} w^{-jk} = \frac{1}{N} \sum_{j=0}^{N-1} \frac{1}{N} \sum_{l=0}^{N-1} u_l v_{j-l} w^{-(j-l)k} w^{-lk}$$

$$= \frac{1}{N} \sum_{l=0}^{N-1} u_l w^{-lk} \frac{1}{N} \sum_{j=0}^{N-1} v_{j-l} w^{-(j-l)k} = \frac{1}{N} \sum_{l=0}^{N-1} u_l w^{-lk} \frac{1}{N} \sum_{j=0}^{N-1} v_j w^{-jk} = c_k d_k.$$

4. Man findet

$$\sum_{k=0}^{N-1} |u_k|^2 = \bar{u}^T u = (\overline{F_N c})^T (F_N c) = \bar{c}^T (\bar{F}_N F_N) c = N \bar{c}^T c. \qquad \square$$

Bemerkung 1.8. Besondere Bedeutung kommt der 3. Aussage zu, da den N Skalar-produkten im $\mathbb{C}^N$ und den damit verbundenen N^2 Multiplikationen nur N Multiplikationen im Spektralbereich entsprechen. Auf der Basis dieser Erkenntnis lassen sich schnelle Algorithmen konstruieren. $\qquad \square$

Das Studium der Spektralwerte ist auch losgelöst von der ursprünglichen Interpolationsaufgabe für die Anwendungen von großem Interesse. Man betrachtet hier die IDFT für beliebige komplexe Vektoren $c \in \mathbb{C}^N$. Ist insbesondere N eine gerade Zahl (bei dem oben beschriebenen Interpolationsproblem trifft dies nicht zu), dann kann man die Berechnung der IDFT für einen N-dimensionalen Vektor in die Berechnung der IDFT für zwei M-dimensionale Vektoren aufspalten, mit $M = \frac{N}{2}$. So gilt mit $2M = N$ sowie $g \equiv (c_0, c_2, \ldots, c_{N-2})^T$ und $u \equiv (c_1, c_3, \ldots, c_{N-1})^T$

$$y_l = \sum_{j=0}^{N-1} c_j w^{jl} = \sum_{j=0}^{M-1} c_{2j} w^{2jl} + \sum_{j=0}^{M-1} c_{2j+1} w^{(2j+1)l}$$

$$= \sum_{j=0}^{M-1} (w^2)^{jl} g_j + w^l \sum_{j=0}^{M-1} (w^2)^{jl} u_j, \quad l = 0, 1, \ldots, N-1.$$

Die Berechnung der ersten M Elemente $y_0, \ldots, y_{M-1}$ des Vektors y unterscheidet sich kaum von der Berechnung der restlichen M Elemente $y_M, \ldots, y_{N-1}$. Es ist nämlich

$$y_l = \sum_{j=0}^{M-1} (w^2)^{jl} g_j + w^l \sum_{j=0}^{M-1} (w^2)^{jl} u_j, \quad l = 0, 1, \ldots, M-1,$$

$$y_{l+M} = \sum_{j=0}^{M-1} (w^2)^{j(l+M)} g_j + w^{(l+M)} \sum_{j=0}^{M-1} (w^2)^{j(l+M)} u_j$$

$$= \sum_{j=0}^{M-1} (w^2)^{jl} g_j - w^l \sum_{j=0}^{M-1} (w^2)^{jl} u_j, \quad l = 0, 1, \ldots, M-1.$$

Dabei wurden die Beziehungen

$$(w^2)^{j(l+M)} = (w^{2(l+M)})^j = (w^2)^{jl}, \quad w^{(l+M)} = -w^l$$

ausgenutzt, von deren Richtigkeit man sich schnell überzeugen kann.

Setzt man $a \equiv (y_0, \ldots, y_{M-1})^T$ und $b \equiv (y_M, \ldots, y_{N-1})^T$, dann lassen sich die obigen Gleichungen in Matrizenschreibweise wie folgt darstellen

$$a = F_M g + \operatorname{diag}(1, w, \ldots, w^{M-1}) F_M u, \qquad y = \begin{pmatrix} a \\ b \end{pmatrix}. \tag{1.113}$$
$$b = F_M g - \operatorname{diag}(1, w, \ldots, w^{M-1}) F_M u,$$

Die beiden Ausdrücke $F_M g$ und $F_M u$ stellen jeweils wieder eine IDFT dar. Deren Berechnung mittels einer einfachen Matrix-Vektor-Multiplikation erfordert $2M^2$ Multiplikationen. Des Weiteren fallen in (1.113) noch M Multiplikationen für das Produkt des Vektors $F_M u$ mit der Diagonalmatrix an. Die Matrix-Vektor-Produkte benötigen zusätzlich $2M(M-1)$ Additionen. Schließlich sind noch $2M$ Additionen für die Berechnung von a und b als Summe bzw. Differenz zu berücksichtigen. Es ergibt sich damit ein Rechenaufwand von $2M^2 + M + 2M(M-1) + 2M = 4M^2 + M$ flops für die obige Variante, die auf einer Aufspaltung des Vektors y basiert. Die direkte Berechnung von $F_N c$ benötigt hingegen $(2M)^2$ Multiplikationen und $2M(2M-1)$ Additionen. Das ist insgesamt ein Rechenaufwand von $4M^2 + 4M^2 - 2M$ flops, ein deutliches Mehr an Rechenoperationen.

Falls nun $M = \frac{N}{2}$ auch eine gerade natürliche Zahl ist, dann kann jeder der beiden Teilprozesse für sich wieder in der oben beschriebenen Weise aufgespalten werden. Lässt sich N sogar durch eine Zweier-Potenz darstellen, dann kann man die Aufspaltung so oft durchführen, bis nur noch die IDFT für eindimensionale Vektoren berechnet werden muss. Es resultiert hierdurch ein rekursiver Algorithmus, den wir als *Schnelle Inverse Diskrete Fourier-Transformation* bezeichnen und mit *FIDFT* abkürzen wollen. Das dazu inverse Verfahren ist dann die *Schnelle Diskrete Fourier-Transformation* (FDFT). Beide numerische Techniken sind unter dem Namen *Schnelle Fourier-Transformationen* bekannt. Die auch im Deutschen übliche Abkürzung *FFT* ergibt sich aus den Anfangsbuchstaben der englischen Bezeichnung „**f**ast **f**ourier **t**ransformation".

Die FIDFT wurde erstmalig im Jahre 1965 von J. W. Cooley und J. W. Tukey (siehe die Arbeit [18]) vorgeschlagen. Durch den rekursiven Divide-and-Conquer-Ansatz weist der Algorithmus eine Komplexität von $O(\frac{1}{2}N\log(N))$ (komplexen) Multiplikationen auf. Dies ist eine enorme Verbesserung des Rechenaufwandes gegenüber der ohne Aufspaltungen arbeitenden Variante, die durch die Multiplikation von F_N mit dem Vektor c charakterisiert ist.

Bemerkung 1.9. Für den Begriff *Divide-and-Conquer* findet man zum Beispiel in der freien Online-Enzyklopädie WIKIPEDIA unter der Adresse http://de.wikipedia.org/wiki/ Divide_et_impera die folgende interessante Erklärung. *Teile und herrsche* (lat.: „divide et impera") ist angeblich ein Ausspruch des französischen Königs Ludwigs XI. (1461– 1483) und geht eventuell sogar bis auf Julius Cäsar zurück. Er steht für das Prinzip, die eigenen Gegner, Besiegten, Vasallen oder Untertanen gegeneinander auszuspielen und ihre Uneinigkeit für eigene Zwecke, zum Beispiel für die Machtausübung, zu verwenden. Goethe formuliert in *Sprichwörtliches* einen Gegenvorschlag: „Entzwei und gebiete! Tüchtig Wort. Verein und leite! Bessrer Hort."

Deutlich humaner ist dagegen der „teile und herrsche"-Ansatz in der Informatik, siehe zum Beispiel http://de.wikipedia.org/wiki/Teile_und_herrsche_(Informatik). Man geht hier davon aus, dass große Aufgaben und Probleme dadurch besser gelöst werden können, indem sie in kleinere Teilprobleme zerlegt werden, die einfacher zu handhaben sind als das Problem als Ganzes. Die Lösungen der Teilprobleme werden anschließend zur Lösung des Gesamtproblems verwendet. Diese Strategie kann oftmals erneut angewendet werden: Man zerlegt die Teilprobleme ihrerseits in noch kleinere Teilprobleme und so fort. □

m-File 1.7: fidft.m

```
1  function y=fidft(x)
2  % function y=fidft(x)
3  % Berechnet die Schnelle Inverse Diskrete
4  % Fourier-Transformation (FIDFT) fuer den Vektor x
5  %
6  % x: Eingabevektor der Dimension 2^k
7  % y: FIDFT von x (Vektor der Dimension 2^k)
8  %
9  n=max(size(x));
10 if n==1
11      y=x;
12 else
13     m=n/2; u=zeros(1,m); g=u; g(:)=x(1:2:n); u(:)=x(2:2:n);
14     yg=fidft(g); yu=fidft(u);
15     w=exp(2*pi*1i/n); vw=w.^(0:(m-1)); z=yu.*vw;
16     y(1:m)=(yg+z); y(m+1:n)=(yg-z);
17 end
18 end
```

Eine Implementierung der FIDFT als MATLAB-Funktion `fidft` liegt mit dem m-File 1.7 vor. Ein entsprechendes Programm für die FDFT erhält man unmittelbar aus dem m-File 1.6, wenn der Exponent von w mit -1 multipliziert und das Ergebnis nach dem Programmende noch durch n geteilt wird.

Bisher haben wir das trigonometrische Polynom nur in der komplexen Form (1.100) dargestellt. Es gilt aber

$$
\begin{aligned}
P(x) &= \sum_{k=-n}^{n} c_k e^{ikx} = \underbrace{\frac{c_0 + c_0}{2}}_{\equiv \frac{a_0}{2}} + \sum_{k=1}^{n} (c_k e^{ikx} + c_{-k} e^{-ikx}) \\
&= \frac{1}{2} a_0 + \sum_{k=1}^{n} (c_k \cos(kx) + i c_k \sin(kx) + c_{-k} \cos(kx) - i c_{-k} \sin(kx)) \\
&= \frac{1}{2} a_0 + \sum_{k=1}^{n} (\cos(kx) \underbrace{(c_k + c_{-k})}_{\equiv a_k} + \sin(kx) \underbrace{i(c_k - c_{-k})}_{\equiv b_k}) \\
&= \frac{1}{2} a_0 + \sum_{k=1}^{n} a_k \cos(kx) + b_k \sin(kx).
\end{aligned}
$$

Mit der oben dargestellten Theorie lassen sich die Werte von a_k und b_k für $x_k = \frac{2k\pi}{2n+1}$ wie folgt direkt berechnen. Die Formel (1.112) aus der Bemerkung 1.7 führt auf

$$
c_k = \frac{1}{2n+1} \sum_{j=0}^{2n} y_j w^{-kj}, \quad k = -n, \ldots, n.
$$

Somit ergeben sich a_k und b_k zu

$$
a_k = c_k + c_{-k} = \frac{2}{2n+1} \sum_{j=0}^{2n} y_j \cos\frac{2\pi kj}{2n+1}, \qquad k = 0, \ldots, n, \tag{1.114}
$$

$$
b_k = i(c_k + c_{-k}) = \frac{2}{2n+1} \sum_{j=0}^{2n} y_j \sin\frac{2\pi kj}{2n+1}, \qquad k = 0, \ldots, n. \tag{1.115}
$$

Das trigonometrische Interpolationspolynom ist also reell, wenn die Stützwerte auch reell sind.

Es liegt noch immer die unbefriedigende Situation vor, bei der die c_k zwar über eine DFT berechnet werden können, aber der Vektor y aus einer ungeraden Anzahl von Elementen besteht. Damit kann man auf die FFT nicht zurückgreifen. Wir wollen deshalb an dieser Stelle ein Interpolationsproblem mit den Stützstellen $x_k = \frac{2\pi k}{N}$, $k = 0, \ldots, N-1$, betrachten, wobei im Unterschied zu (1.100) vorausgesetzt werde, dass N eine Zweier-Potenz ist. Die zugehörigen Stützwerte mögen $y_0, \ldots, y_{N-1}$ sein.

Wir setzen $c_{\frac{N}{2}} = 0$ und schreiben das trigonometrische Polynom in der Form

$$
P(x) = \sum_{j=-\frac{N}{2}}^{\frac{N}{2}} c_j e^{ijx} = \sum_{j=-\frac{N}{2}}^{\frac{N}{2}-1} c_j e^{ijx}. \tag{1.116}
$$

Ein trigonometrisches Polynom vom Grad $\frac{N}{2} - 1$ hätte zu wenig Freiheitsgrade und eines vom Grad $\frac{N}{2}$ wäre nicht eindeutig bestimmt. Deshalb ist es sinnvoll, den Spektralwert $c_{\frac{N}{2}}$ von Anfang an auf Null zu setzen.

Mit $w = e^{\frac{2\pi i}{N}}$ lauten die Interpolationsbedingungen für $k = 0, \ldots, N - 1$:

$$y_k = P(x_k) = \sum_{j=-\frac{N}{2}}^{\frac{N}{2}-1} c_j e^{2\pi i \frac{lk}{N}} = \sum_{j=-\frac{N}{2}}^{\frac{N}{2}-1} c_j w^{jk} = \sum_{j=0}^{N-1} d_j w^{jk},$$

wenn man den Vektor d zu

$$d = (c_0, \ldots, c_{\frac{N}{2}-1}, c_{-\frac{N}{2}}, \ldots, c_{-1})^T \tag{1.117}$$

erklärt. Demnach kann man die Elemente von d und damit die von c mit der DFT

$$d_j = \frac{1}{N} \sum_{k=0}^{N-1} y_k w^{-kj}, \quad j = 0, \ldots, N - 1, \tag{1.118}$$

berechnen. Es ist sogar möglich, den schnelleren FDFT-Algorithmus zu verwenden, da sich nach unserer obigen Voraussetzung N durch eine Zweier-Potenz darstellen lässt.

Ist nun das trigonometrische Polynom

$$P(x) = \sum_{l=-n}^{n} a_l e^{ilx}$$

bestimmt, welches

$$P(x_k) = y_k \quad \text{für } x_k = \frac{2k\pi}{2n+1}, \quad k = 0, \ldots, 2n,$$

erfüllt, so ist man oftmals an dessen Auswertung auf einem feineren Gitter als nur in den Punkten x_k interessiert. Dieses Problem stellt sich zum Beispiel immer dann, wenn man das Polynom $P(x)$ grafisch darstellen möchte. Wir wollen zum Abschluss auf diese Fragestellung eingehen.

Es sei jetzt wieder $N = 2n + 1$. Wir definieren ein neues Gitter durch die Punkte $x_k^j = \frac{2k\pi}{jN}$ mit $k = 0, \ldots, jN - 1$. Der Index j ist eine vorzugebende Konstante und beschreibt die Feinheit des neuen Gitters. Das alte Gitter ist wegen $x_k = x_{jk}^j$ im neuen Gitter enthalten. Des Weiteren sei $y_k^j = P(x_k^j)$. Es gilt also $y_k = y_{jk}^j$ und allgemein

$$y_k^j = \sum_{l=-n}^{n} a_l e^{ilx_k^j} = \sum_{l=-n}^{n} a_l w^{\frac{lk}{j}} = \sum_{l=-n}^{n} a_l v^{lk},$$

mit $w \equiv e^{\frac{2\pi i}{N}}$ und $v \equiv e^{\frac{2\pi i}{jN}}$. Weiter ergibt sich

$$\sum_{l=-n}^{n} a_l v^{lk} = \sum_{l=0}^{n} a_l v^{lk} + \sum_{l=jN-n}^{jN-1} a_{l-jN} v^{(l-jN)k} = \sum_{l=0}^{n} a_l v^{lk} + \sum_{l=jN-n}^{jN-1} a_{l-jN} v^{lk},$$

da $v^{-jNk} = 1$ ist. Definiert man den Vektor $c = (c_0, \ldots, c_{jN-1})^T$ zu

$$c_l \equiv \begin{cases} a_l, & \text{falls } 0 \le l \le n, \\ 0, & \text{falls } n + 1 \le l < jN - n, \\ a_{l-jN}, & \text{falls } jN - n \le l \le jN - 1, \end{cases} \tag{1.119}$$

dann resultiert

$$y_k^j = \sum_{l=0}^{jN-1} c_l v^{lk}, \quad \text{mit } v \equiv e^{\frac{2\pi i}{jN}} \text{ und } k = 0, \ldots, jN - 1. \tag{1.120}$$

Die Formel (1.120) stellt offensichtlich eine IDFT dar. Die Vektoren c bzw. d, wie sie in (1.107) bzw. (1.117) erklärt sind, müssen also nur ab dem Index $\lceil \frac{N}{2} \rceil$ mit $(j-1)N$ Nullen aufgefüllt und anschließend rücktransformiert werden. Wenn das trigonometrische Polynom N Interpolationsbedingungen erfüllt, wobei N eine Zweier-Potenz ist, dann kann man j ebenfalls als Zweier-Potenz wählen und damit die Zahlen y_k^j mit dem schnelleren FIDFT-Algorithmus berechnen.

Bemerkung 1.10. Auch für andere Werte von N, die nicht als eine Zweier-Potenz geschrieben werden können, gibt es Varianten des FIDFT-Algorithmus bzw. des FDFT-Algorithmus. So sind auch spezielle Varianten für Potenzen von Primzahlen entwickelt worden (siehe die Aufgabe 1.16). Man kann sogar die Zahl N in ihre Primfaktoren zerlegen und die IDFT mit schnellen Teil-Algorithmen für Primzahlpotenzen realisieren. Heute sind Schnelle Fourier-Transformationen mit einer Million Gitterpunkten nicht unüblich. Der Schlüssel zur modernen Signal- und Bildverarbeitung stellt die Fertigkeit dar, diese Berechnungen sehr schnell ausführen zu können.

Einen guten Überblick über die Numerik der FFT vermitteln die Texte von C. F. Van Loan [81] sowie W. L. Briggs und E. Van Henson [10]. Auf der Webseite http://www.fftw.org/ findet man die jeweils aktuellste Version der Programmsammlung FFTW. Diese Abkürzung resultiert aus den Anfangsbuchstaben des ausführlichen Namens „the **f**astest **F**ourier **t**ransform in the **w**est". Dabei handelt es sich um eine umfassende Sammlung von schnellen C-Routinen zur Berechnung der DFT und vieler ihrer Spezialfälle. Das FFTW-Programmpaket wurde am Massachusetts Institute of Technology (MIT) von Matteo Frigo und Steven G. Johnson entwickelt, wofür sie im Jahre 1999 den vielbeachteten J. H. Wilkinson-Preis für Numerische Software erhielten. Dieser Preis wird jährlich in den U.S.A. von dem Argonne National Laboratory, dem National Physical Laboratory und der Numerical Algorithms Group (NAG) vergeben und ist mit US $ 1000 dotiert. □

Wir wollen die FFT noch an einem Beispiel demonstrieren.

Beispiel 1.10. Gegeben sei eine sogenannte *Sägezahnkurve*

$$f(x) = \begin{cases} \frac{x}{\pi}, & \text{für } x \in [0, \pi], \\ \frac{x}{\pi} - 2, & \text{für } x \in (\pi, 2\pi], \end{cases} \tag{1.121}$$

Tab. 1.15: Koeffizienten für die Interpolation der Sägezahnkurve

a_{-4}	0.1250
a_{-3}	$-0.1250 + 0.0518i$
a_{-2}	$0.1250 - 0.1250i$
a_{-1}	$-0.1250 + 0.3018i$
a_0	0.1250
a_1	$-0.1250 - 0.3018i$
a_2	$0.1250 + 0.1250i$
a_3	$-0.1250 - 0.0518i$
a_4	0

die 2π-periodisch fortgesetzt werden kann. Diese Funktion soll an den vorgegebenen Stützstellen $x_k = \frac{2k\pi}{N}$, $k = 0, \ldots, N - 1$, interpoliert werden. Dabei sei $N = 8$. Nach der obigen Theorie ergibt sich durch den FFT-Algorithmus eine Darstellung des trigonometrischen Interpolationspolynoms zu

$$P(x) = \sum_{k=-4}^{4} a_k e^{ikx}, \tag{1.122}$$

wobei die zugehörigen Koeffizienten in der Tabelle 1.15 angegeben sind.

Für die grafische Darstellung des Interpolationspolynoms haben wir das feinere Gitter $x_k^{16} = \frac{2k\pi}{128}$, $k = 0, \ldots, 127$, verwendet (siehe die Abbildung 1.15). Der Vektor

$$c = (c_0, \ldots, c_{127})^T$$

ergibt sich, indem man

$$(c_0, \ldots, c_3)^T \equiv (a_0, \ldots, a_3)^T,$$
$$(c_{124}, \ldots, c_{127})^T \equiv (a_{-4}, \ldots, a_{-1})^T$$

und die restlichen c_i auf Null setzt. Dabei handelt es sich um einen Vektor mit 2^7 Elementen. Die Werte $y_k^{16} = P(x_k^{16})$ lassen sich nun direkt mit dem inversen FFT-Algorithmus FIDFT bestimmen. Hierzu wird die Funktion `fidft` (siehe das m-File 1.6) in der Form y=fidft(c) aufgerufen.

In der Abbildung 1.15 sind die Funktion (1.121) sowie das berechnete Polynom (1.122), fortgesetzt auf das Intervall $[-2\pi, 2\pi]$, dargestellt.

Um die Approximationseigenschaften des trigonometrischen Interpolationspolynoms zu demonstrieren, haben wir die Anzahl der Stützstellen verdoppelt, d. h., es wurde jetzt $N = 16$ gesetzt. Das daraus resultierende Polynom sowie die ursprüngliche Funktion (1.121) sind in der Abbildung 1.16 dargestellt.

Man kann sich sehr gut davon überzeugen, dass auch mit wachsendem Polynomgrad das „Überschwingen" an den Unstetigkeitsstellen nicht nachlässt. Dieser Sachverhalt ist in der Literatur unter dem Begriff *Phänomen von Gibbs* bekannt (siehe z. B. [56, 83]). □

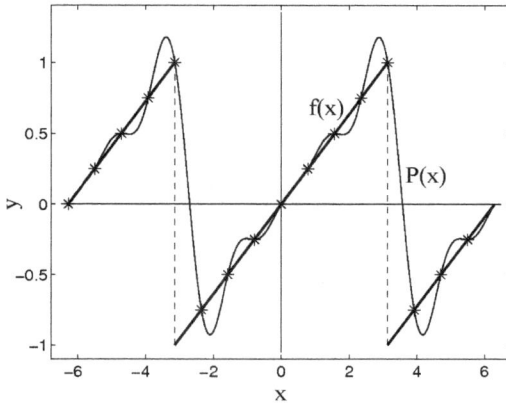

Abb. 1.15: Berechnetes Interpolationspolynom für $N = 8$

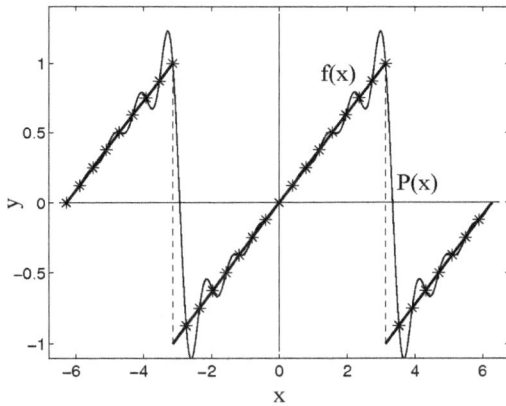

Abb. 1.16: Berechnetes Interpolationspolynom für $N = 16$

1.10 Zweidimensionale Interpolation

Die Interpolation durch mehrdimensionale Polynome ist nicht mehr so einfach zu realisieren wie die zuvor beschriebene Polynominterpolation im Eindimensionalen. So ist die Menge aller Polynome $\mathbb{P}[x_1, x_2, \ldots, x_n]$ in n Variablen ein unendlich-dimensionaler Vektorraum. Für dessen Beschreibung benötigen wir die folgenden Definitionen.

Definition 1.10. Ein im Polynom enthaltenes Monom $x^\alpha \equiv x_1^{\alpha_1} x_2^{\alpha_2} \cdots x_n^{\alpha_n}$ ist durch das n-Tupel $\alpha \equiv (\alpha_1, \ldots, \alpha_n)$ nichtnegativer ganzer Zahlen definiert. Der Grad dieses Monoms sei durch den Ausdruck

$$\deg x^\alpha \equiv \sum_{i=1}^{n} \alpha_i \tag{1.123}$$

erklärt. $\qquad\qquad\qquad\qquad\qquad\qquad\qquad\qquad\qquad\qquad\qquad\qquad\qquad\qquad\square$

Tab. 1.16: Die Dimension d_n^r für verschiedene Werte von n und r

n	$r = 1$	$r = 2$	$r = 3$	$r = 4$	$r = 5$	$r = 10$	$r = 20$
1	2	3	4	5	6	11	21
2	3	6	10	15	21	66	231
3	4	10	20	35	56	286	1,771
4	5	15	35	70	126	1,001	10,626
5	6	21	56	126	252	3,003	53,130
10	11	66	286	1,001	3,003	32,68760	30,045,015
20	21	231	1,771	10,626	53,130	30,045,015	137,846,528,820

Definition 1.11. Der Grad eines Polynoms in n Variablen

$$P(x) = \sum_{\alpha \in A} a_\alpha x^\alpha \tag{1.124}$$

ist das Maximum aller Monomgrade. □

Der Raum $\mathbb{P}^r[x_1, \ldots, x_n]$ aller Polynome in mehreren Variablen (im Folgenden als multivariable Polynome bezeichnet), die höchstens den Grad r aufweisen, ist ein Teilraum von $\mathbb{P}[x_1, \ldots, x_n]$ mit der Dimension

$$d_n^r \equiv \dim \mathbb{P}^r[x_1, \ldots, x_n] = \binom{n+r}{n}.$$

In der Tabelle 1.16 (siehe auch [70]) ist d_n^r für einige Werte von r und n angegeben.

Es ist offensichtlich, dass d_n^r bereits für relativ kleine Werte von n und r sehr groß wird. Um nun ein eindeutiges Interpolationspolynom im $\mathbb{P}^r[x_1, \ldots, x_n]$ berechnen zu können, muss die Anzahl der Interpolationspunkte mit der Dimension des Raumes übereinstimmen. Falls sich aber die Anzahl der Interpolationspunkte nicht mit einer der Zahlen d_n^r deckt, sind für ein bestimmtes r Zusatzbedingungen an $\mathbb{P}^r[x_1, \ldots, x_n]$ zu stellen, die sich i. allg. nicht praktisch realisieren lassen. Selbst wenn für ein r die Anzahl der Punkte mit d_n^r übereinstimmt, können Schwierigkeiten auftreten. Wir wollen dies anhand eines Beispiels demonstrieren.

Beispiel 1.11. Für $n = 2$ und $r = 1$ seien die Punkte

$$(x_0, y_0) = (0, 0), \quad (x_1, y_1) = (1, 1), \quad (x_2, y_2) = (2, 2)$$

gegeben. Die zulässigen Interpolationspolynome haben die Form

$$P(x, y) = a_{0,0} + a_{1,0}x + a_{0,1}y.$$

Es soll nun dasjenige Polynom bestimmt werden, das in den gegebenen Punkten entsprechend die vorgegebenen Werte z_0, z_1 und z_2 annimmt, d. h., welches die Interpolationsbedingungen

$$z_0 = P(x_0, y_0), \quad z_1 = P(x_1, y_1), \quad z_2 = P(x_2, y_2)$$

erfüllt. Da P eine affine Funktion ist, gilt

$$P(x, y) = z_0 + g(x, y).$$

Dabei ist g eine lineare Funktion, die die beiden Gleichungen $g(i, i) = z_i - z_0$ für $i = 1, 2$ erfüllen muss. Aus der Linearität von g folgt

$$z_2 - z_0 = g(2, 2) = 2g(1, 1) = 2(z_1 - z_0)$$

und damit

$$z_2 - 2z_1 + z_0 = 0.$$

Erfüllen die vorgegebenen Werte z_i diese Gleichung nicht, dann ist das Interpolationsproblem nicht lösbar. Ist andererseits die Gleichung erfüllt, so interpolieren auch alle Polynone der Form

$$\tilde{P}(x, y) = P(x, y) + \lambda(x - y)$$

mit beliebigem λ die gegebenen Daten. $\qquad\qquad\qquad\qquad\qquad\qquad\qquad$ □

Das Beispiel 1.11 zeigt auf eindrucksvolle Weise, dass im Mehrdimensionalen das Interpolationsproblem nicht immer lösbar ist. Selbst im Falle der Existenz einer Lösung muss diese nicht eindeutig sein.

Schließlich soll noch auf eine dritte Schwierigkeit hingewiesen werden. Im Eindimensionalen haben wir zur Abschätzung des Restgliedes auf den Satz von Rolle zurückgegriffen. Dieser hat aber hier keine Gültigkeit mehr.

Angesichts der dargestellten Schwierigkeiten bei der Interpolation im Mehrdimensionalen wollen wir uns im Folgenden auf den Fall zweier Variablen beschränken und dabei nur wichtige Spezialfälle berücksichtigen. Unser erstes Ziel wird es sein, die Newton-Darstellung des Interpolationspolynoms auf den Fall zweier Variablen zu verallgemeinern.

Hierzu gehen wir von der folgenden Problemstellung aus. In der (x, y)-Ebene seien $n + 1$ Stützpunkte

$$(x_0, y_0), (x_1, y_1), \ldots, (x_n, y_n)$$

gegeben. Diesen entsprechen die Stützstellen im Eindimensionalen. Gesucht ist ein Polynom $P(x, y)$, das bezüglich der beiden Variablen x und y eine möglichst kleine Ordnung besitzt und in diesen Punkten entsprechend die vorgegebenen Werte $z_0, z_1, \ldots, z_n$ einer Funktion $f(x, y)$ annimmt, d. h., welches die Interpolationsbedingungen

$$z_i = P(x_i, y_i), \quad i = 0, 1, \ldots, n, \tag{1.125}$$

erfüllt. Dieses Interpolationspolynom wollen wir in der Form

$$P(x, y) = \sum_{i=0}^{m} \sum_{j=0}^{m} a_{r,s} x^r y^s \tag{1.126}$$

ansetzen, wobei die Koeffizientenmatrix die folgende Struktur besitze:

$$A = \begin{bmatrix} a_{0,0} & a_{0,1} & a_{0,2} & \cdots & a_{0,m-1} & a_{0,m} \\ a_{1,0} & a_{1,1} & a_{1,2} & \cdots & a_{1,m-1} \\ \vdots & \vdots & & \cdot{\cdot}{\cdot} \\ a_{m-1,0} & a_{m-1,1} & & & 0 \\ a_{m,0} \end{bmatrix}. \qquad (1.127)$$

Eine an der Vandermonde-Technik (siehe den Abschnitt 1.3) angelehnte Methode würde darin bestehen, die Interpolationsbedingungen (1.125) direkt anzuwenden, was auf ein System von $n + 1$ linearen algebraischen Gleichungen in den

$$1 + 2 + \cdots + (m + 1) = \frac{1}{2}(m + 1)(m + 2)$$

Unbekannten $a_{i,j}$ führt. Damit die Anzahl der Gleichungen mit der Anzahl der Unbekannten übereinstimmt, muss zumindest

$$n + 1 = \frac{1}{2}(m + 1)(m + 2)$$

gefordert werden. Im Beispiel 1.11 wurde gezeigt, welche Probleme bei dieser Herangehensweise auftreten können.

Wir wollen deshalb einen anderen Weg einschlagen, der davon ausgeht, dass genau $\frac{1}{2}(n + 1)(n + 2)$ Stützpunkte vorliegen. Diese mögen wie folgt angeordnet sein:

$$(x_0, y_0), (x_1, y_0), \ldots, (x_{n-1}, y_0), (x_n, y_0),$$
$$(x_0, y_1), (x_1, y_1), \ldots, (x_{n-1}, y_1),$$
$$\vdots \qquad (1.128)$$
$$(x_0, y_{n-1}), (x_1, y_{n-1}),$$
$$(x_0, y_n).$$

Des Weiteren seien die Komponenten x_i und y_i jeweils paarweise verschieden. In [4] wird gezeigt, dass keine Kurve n-ter Ordnung existiert, die durch alle diese Stützstellen verläuft.

In den Stützpunkten (1.128) seien die Werte $z_{i,j} = f(x_i, y_j)$ einer Funktion $f(x, y)$ vorgegeben. Das gesuchte Interpolationspolynom $P_n(x, y)$ erfüllt die Interpolationsbedingungen

$$z_{i,j} = P_n(x_i, y_j) \qquad (1.129)$$

auf der Stützpunkt-Menge (1.128). Betrachtet man nur diejenigen Stützpunkte, für die $i + j < n$ gilt, dann lässt sich ein Interpolationspolynom $P_{n-1}(x, y)$ der Ordnung $n - 1$ bestimmen, das in den Punkten (x_i, y_j) mit $i + j < n$ die Werte $z_{i,j}$ annimmt. Das Differenzpolynom

$$P_n(x, y) - P_{n-1}(x, y)$$

besitzt offensichtlich die Ordnung kleiner oder gleich n und verschwindet in den Punkten (x_i, y_j), $i + j < n$. Dies legt nun nahe, das Differenzpolynom wie folgt aufzuschreiben:

$$
\begin{aligned}
P_n(x, y) - P_{n-1}(x, y) = {} & b_{n,0}(x - x_0)(x - x_1)\cdots(x - x_{n-1}) \\
& + b_{n-1,1}(x - x_0)\cdots(x - x_{n-2})(y - y_0) \\
& + b_{n-2,2}(x - x_0)\cdots(x - x_{n-3})(y - y_0)(y - y_1) \\
& + \cdots + b_{0,n}(y - y_0)(y - y_1)\cdots(y - y_{n-1}).
\end{aligned} \tag{1.130}
$$

Im Stützpunkt (x_i, y_{n-i}) werden alle Terme bis auf

$$
b_{i,n-i}(x_i - x_0)\cdots(x_i - x_{i-1})(y_{n-i} - y_0)\cdots(y_{n-i} - y_{n-i-1})
$$

zu Null, was impliziert, dass die Koeffizienten $b_{i,n-i}$ eindeutig bestimmt sind. Wegen der Eindeutigkeit des Interpolationspolynoms für die vorgegebenen Stützpunkte ist auch der Wert der Differenz eindeutig bestimmt. Somit gilt

$$
P_n(x, y) = P_{n-1}(x, y) + \sum_{i=0}^{n} b_{n-i,i}(x - x_0)\cdots(x - x_{n-i-1}) \\
\times (y - y_0)\cdots(y - y_{i-1}). \tag{1.131}
$$

Analog verfährt man nun mit $P_{n-1}(x, y)$, $P_{n-2}(x, y)$ etc. Schließlich resultiert die folgende Darstellung für das Polynom $P_n(x, y)$:

$$
\begin{aligned}
P_n(x, y) = {} & b_{0,0} + b_{1,0}(x - x_0) + b_{0,1}(y - y_0) + b_{2,0}(x - x_0)(x - x_1) \\
& + b_{1,1}(x - x_0)(y - y_0) + b_{0,2}(y - y_0)(y - y_1) \\
& + \cdots + b_{n,0}(x - x_0)\cdots(x - x_{n-1}) \\
& + b_{n-1,1}(x - x_0)(x - x_1)\cdots(x - x_{n-2})(y - y_0) \\
& + \cdots + b_{0,n}(y - y_0)(y - y_1)\cdots(y - y_{n-1}).
\end{aligned} \tag{1.132}
$$

Wir wollen nun die Interpolationsbedingungen (1.129) dazu verwenden, die Koeffizienten $b_{i,j}$ durch die gegebenen Funktionswerte $z_{k,l} = f(x_k, y_l)$ auszudrücken. Die ersten drei Koeffizienten $b_{0,0}$, $b_{1,0}$ und $b_{0,1}$ findet man wie folgt. Wird der erste Stützpunkt (x_0, y_0) in die rechte Seite von (1.132) eingesetzt und die Interpolationsbedingung $f(x_0, y_0) = P_n(x_0, y_0)$ berücksichtigt, so resultiert $b_{0,0} = f(x_0, y_0)$. Für den zweiten Stützpunkt (x_1, y_0) ergibt sich auf entsprechende Weise $b_{0,0} + b_{1,0}(x_1 - x_0) = f(x_1, y_0)$ und damit

$$
b_{1,0} = \frac{f(x_1, y_0) - f(x_0, y_0)}{x_1 - x_0}. \tag{1.133}
$$

Auf der rechten Seite von (1.133) steht die bereits aus dem Abschnitt 1.5 bekannte erste dividierte Differenz der Funktion $f(x, y_0)$, wobei hier $y = y_0$ festgehalten ist. Wir kennzeichnen sie mit dem Symbol $f[x_0, x_1; y_0]$. Analog ergibt sich

$$
b_{0,1} = f[x_0, y_0; y_1].
$$

Um die verbleibenden Koeffizienten zu bestimmen, gehen wir wie folgt vor. Für fixiertes $y = y_0$ geht (1.132) über in:

$$P^{(y_0)}(x) \equiv P_n(x, y_0) = b_{0,0} + b_{1,0}(x - x_0) + \cdots + b_{n,0}(x - x_0) \cdots (x - x_{n-1}).$$

Die Funktion $P^{(y_0)}(x)$ ist ein Interpolationspolynom bezüglich x, das im Stützpunkt (x_i, y_0) den Funktionswert $f(x_i, y_0)$ annimmt. Entsprechend den Ausführungen im Abschnitt 1.5 gilt

$$b_{i,0} = f[x_0, x_1, \ldots, x_i; y_0]. \tag{1.134}$$

Wird nun $y = y_1$ festgehalten, dann nimmt das Interpolationspolynom (1.132) die Form

$$\begin{aligned}
P_n(x, y_1) = {}& [b_{0,0} + b_{0,1}(y_1 - y_0)] + [b_{1,0} + b_{1,1}(y_1 - y_0)](x - x_0) \\
& + [b_{2,0} + b_{2,1}(y_1 - y_0)](x - x_0)(x - x_1) \\
& + \cdots + [b_{n-1,0} + b_{n-1,1}(y_1 - y_0)](x - x_0) \cdots (x - x_{n-2}) \\
& + b_{n,0}(x - x_0)(x - x_1) \cdots (x - x_{n-1})
\end{aligned}$$

an. Da es sich bei $P_n(x, y_1)$ um ein Interpolationspolynom handeln soll, muss es in den Stützpunkten (x_i, y_1), $i = 0, 1, \ldots, n - 1$, die Werte $f(x_i, y_1)$ annehmen. Für diese x_i verschwindet aber der letzte Summand. Die aus den anderen Summanden zusammengesetzte Funktion $P^{(y_1)}(x)$ ist ein Interpolationspolynom bezüglich x der Ordnung $n - 1$ in Newton-Darstellung. Dabei gilt $P^{(y_1)}(x_i) = f(x_i, y_1)$, $i = 0, 1, \ldots, n - 1$. Somit besteht der Zusammenhang (siehe den Abschnitt 1.5):

$$b_{k,0} + b_{k,1}(y_1 - y_0) = f[x_0, x_1, \ldots, x_k; y_1].$$

Hieraus folgt unmittelbar

$$b_{k,1} = \frac{f[x_0, x_1, \ldots, x_k; y_1] - f[x_0, x_1, \ldots, x_k; y_0]}{y_1 - y_0}.$$

Der Quotient auf der rechten Seite hat die Form einer ersten dividierten Differenz bezüglich y. Wir schreiben deshalb

$$b_{k,1} = f[x_0, x_1, \ldots, x_k; y_0, y_1]. \tag{1.135}$$

Bisher haben wir y_0 und y_1 festgehalten und in (1.132) eingesetzt. Dieser Prozess wird nun analog fortgesetzt und wir können annehmen, dass bereits für alle $i < m$ die Koeffizienten

$$b_{k,i} = f[x_0, x_1, \ldots, x_k; y_0, y_1, \ldots, y_i]$$

bestimmt wurden. Dann ergibt sich für fixiertes $y = y_m$ aus (1.132) die Darstellung

$$\begin{aligned}
P^{(y_m)}(x) \equiv {}& P_n(x, y_m) \\
= {}& [b_{0,0} + b_{0,1}(y_m - y_0) + \cdots + b_{0,m}(y_m - y_0)(y_m - y_1) \cdots (y_m - y_{m-1})] \\
& + [b_{1,0} + b_{1,1}(y_m - y_0) \\
& + \cdots + b_{1,m}(y_m - y_0)(y_m - y_1) \cdots (y_m - y_{m-1})](x - x_0) + \cdots.
\end{aligned}$$

Die Funktion $P^{(y_m)}(x)$ ist wieder ein Interpolationspolynom bezüglich x in Newton-Darstellung, so dass die gleiche Argumentation wie oben zu der Beziehung

$$b_{k,0} + b_{k,1}(y_m - y_0) + \cdots + b_{k,m}(y_m - y_0) \cdots (y_m - y_{m-1}) = f[x_0, x_1, \ldots, x_k; y_m]$$

führt. Stellt man diese Gleichung nach $b_{k,m}$ um und verwendet die bereits erhaltene Darstellung aller zuvor bestimmten Koeffizienten, dann ergibt sich

$$b_{k,m} = f[x_0, x_1, \ldots, x_k; y_0, y_1, \ldots, y_m]. \tag{1.136}$$

Damit haben wir durch Induktion die allgemeine Form der Koeffizienten im zweidimensionalen Interpolationspolynom (1.132) gezeigt. Dieses kann nun wie folgt aufgeschrieben werden:

$$\begin{aligned}
P_n(x, y) = \ & f(x_0, y_0) + f[x_0, x_1; y_0](x - x_0) \\
& + f[x_0; y_0, y_1](y - y_0) \\
& + f[x_0, x_1, x_2; y_0](x - x_0)(x - x_1) \\
& + f[x_0; y_0, y_1, y_2](y - y_0)(y - y_1) \\
& + f[x_0, x_1; y_0, y_1](x - x_0)(y - y_0) \\
& + f[x_0, x_1, x_2, x_3; y_0](x - x_0)(x - x_1)(x - x_2) \\
& + f[x_0; y_0.y_1, y_2, y_3](y - y_0)(y - y_1)(y - y_2) \\
& + f[x_0, x_1; y_0, y_1, y_2](x - x_0)(y - y_0)(y - y_1) \\
& + f[x_0, x_1, x_2; y_0, y_1](x - x_0)(x - x_1)(y - y_0) \\
& + \cdots,
\end{aligned}$$

bzw. in kompakter Form:

$$P_n(x, y) = \sum_{k=0}^{n} \sum_{i+j=k} f[x_0, \ldots, x_i; y_0, \ldots, y_j] l^{(ij)}(x, y), \tag{1.137}$$

mit

$$l^{(ij)}(x, y) \equiv (x - x_0) \cdots (x - x_{i-1})(y - y_0) \cdots (y - y_{j-1}).$$

Damit haben wir eine Verallgemeinerung der Newton-Darstellung (1.27) des Interpolationspolynoms für Funktionen einer Variablen auf den Fall von Funktionen zweier Variablen erhalten. Die Darstellung (1.137) lässt sich ebenfalls vereinfachen, wenn das zugrundeliegende Gitter sowohl in x-Richtung als auch in y-Richtung äquidistant ist. Es seien

$$h \equiv x_i - x_{i-1} \quad \text{und} \quad k \equiv y_j - y_{j-1}.$$

Im Abschnitt 1.5 haben wir bei Vorliegen äquidistanter Stützstellen x_i bereits das Interpolationspolynom mittels vorwärtsgenommener Differenzen dargestellt, was zu einer einprägsameren Formel führte. Im jetzt vorliegenden zweidimensionalen Fall wollen wir den Begriff der vorwärtsgenommenen Differenzen folgendermaßen verallgemeinern:

$$\Delta_x f(x_i, y_j) = f(x_{i+1}, y_j) - f(x_i, y_j),$$
$$\Delta_y f(x_i, y_j) = f(x_i, y_{j+1}) - f(x_i, y_j),$$
$$\Delta_{x^2}^2 f(x_i, y_j) = \Delta_x f(x_{i+1}, y_j) - \Delta_x f(x_i, y_j),$$
$$\Delta_{xy}^2 f(x_i, y_j) = \Delta_x f(x_i, y_{j+1}) - \Delta_x f(x_i, y_j),$$
$$\Delta_{y^2}^2 f(x_i, y_j) = \Delta_y f(x_i, y_{j+1}) - \Delta_y f(x_i, y_j),$$
$$\Delta_{x^3}^3 f(x_i, y_j) = \Delta_{x^2}^2 f(x_{i+1}, y_j) - \Delta_{x^2}^2 f(x_i, y_j),$$ (1.138)
$$\Delta_{x^2 y}^3 f(x_i, y_j) = \Delta_{x^2}^2 f(x_i, y_{j+1}) - \Delta_{x^2}^2 f(x_i, y_j),$$
$$\Delta_{xy^2}^3 f(x_i, y_j) = \Delta_{xy}^2 f(x_i, y_{j+1}) - \Delta_{xy}^2 f(x_i, y_j),$$
$$\Delta_{y^3}^3 f(x_i, y_j) = \Delta_{y^2}^2 f(x_i, y_{j+1}) - \Delta_{y^2}^2 f(x_i, y_j),$$
$$\vdots$$

Die dividierten Differenzen lassen sich nun durch die vorwärtsgenommenen Differenzen (1.138) ausdrücken. Wir erhalten:

$$f[x_0, x_1; y_0] = \frac{1}{h} \Delta_x f(x_0, y_0),$$
$$f[x_0; y_0, y_1] = \frac{1}{k} \Delta_y f(x_0, y_0),$$
$$f[x_0, x_1, x_2; y_0] = \frac{1}{2! \, h^2} \Delta_{x^2}^2 f(x_0, y_0),$$
$$f[x_0, x_1; y_0, y_1] = \frac{1}{hk} \Delta_{xy}^2 f(x_0, y_0),$$
$$f[x_0; y_0, y_1, y_2] = \frac{1}{2! \, k^2} \Delta_{y^2}^2 f(x_0, y_0),$$
$$f[x_0, x_1, x_2, x_3; y_0] = \frac{1}{3! \, h^3} \Delta_{x^3}^3 f(x_0, y_0),$$ (1.139)
$$f[x_0, x_1, x_2; y_0, y_1] = \frac{1}{2! \, h^2 k} \Delta_{x^2 y}^3 f(x_0, y_0),$$
$$f[x_0, x_1; y_0, y_1, y_2] = \frac{1}{2! \, hk^2} \Delta_{xy^2}^3 f(x_0, y_0),$$
$$f[x_0; y_0, y_1, y_2, y_3] = \frac{1}{3! \, k^3} \Delta_{y^3}^3 f(x_0, y_0),$$
$$\vdots$$

Setzt man nun anstelle der dividierten Differenzen die vorwärtsgenommenen Differenzen in (1.137) ein, dann resultiert

$$P_n(x, y) = f(x_0, y_0) + \frac{(x - x_0)}{h} \Delta_x f(x_0, y_0) + \frac{(y - y_0)}{k} \Delta_y f(x_0, y_0)$$
$$+ \frac{(x - x_0)(x - x_1)}{2! \, h^2} \Delta_{x^2}^2 f(x_0, y_0) + \frac{(x - x_0)(y - y_0)}{hk} \Delta_{xy}^2 f(x_0, y_0)$$
$$+ \frac{(y - y_0)(y - y_1)}{2! \, k^2} \Delta_{y^2}^2 f(x_0, y_0)$$

$$+ \frac{(x - x_0)(x - x_1)(x - x_2)}{3! \, h^3} \Delta_{x^3}^3 f(x_0, y_0)$$

$$+ \frac{(x - x_0)(x - x_1)(y - y_0)}{2! \, h^2 k} \Delta_{x^2 y}^3 f(x_0, y_0)$$

$$+ \frac{(x - x_0)(y - y_0)(y - y_1)}{2! \, h k^2} \Delta_{x y^2}^3 f(x_0, y_0)$$

$$+ \frac{(y - y_0)(y - y_1)(y - y_2)}{3! \, k^3} \Delta_{y^3}^3 f(x_0, y_0) + \cdots. \tag{1.140}$$

Mit

$$s \equiv \frac{x - x_0}{h} \quad \text{und} \quad t \equiv \frac{y - y_0}{k}$$

geht (1.140) schließlich über in

$$P_n(x_0 + hs, y_0 + kt) = f^0 + s\Delta_x f^0 + t\Delta_y f^0 + \frac{s(s - 1)}{2!} \Delta_{x^2}^2 f^0 + st\Delta_{xy}^2 f^0$$

$$+ \frac{t(t - 1)}{2!} \Delta_{y^2}^2 f^0 + \frac{s(s - 1)(s - 2)}{3!} \Delta_{x^3}^3 f^0$$

$$+ \frac{s(s - 1)t}{2!} \Delta_{x^2 y}^3 f^0 + \frac{st(t - 1)}{2!} \Delta_{xy^2}^3 f^0$$

$$+ \frac{t(t - 1)(t - 2)}{3!} \Delta_{y^3}^3 f^0 + \cdots, \tag{1.141}$$

mit $f^0 \equiv f(x_0, y_0)$. Damit haben wir eine Verallgemeinerung der Newtondarstellung des Interpolationspolynoms mit vorwärtsgenommenen Differenzen für Funktionen zweier Variablen gefunden.

Bemerkung 1.11. Da die Formel (1.141) für großes n sehr schnell unübersichtlich wird und das zweidimensionale Interpolationspolynom ebenfalls das im Abschnitt 1.2 beschriebene Schwingungsverhalten aufweist, setzt man in der Praxis die interpolierende 2D-Funktion stückweise aus zweidimensionalen Interpolationspolynomen zusammen, wie wir das bei der Spline-Interpolation im Eindimensionalen bereits kennengelernt haben. □

Im m-File 1.8 sind die Formeln (1.138) und (1.141) implementiert. Der maximale Grad des Interpolationspolynoms ist 4 und der jeweils verwendete Grad bestimmt sich aus der Länge des Vektors x. Die zu interpolierende Funktion ist in einer separaten MATLAB-Funktion anzugeben (siehe das Beispiel 1.13).

m-File 1.8: polyint2d.m

```
1  function zint=polyint2d(x,y,z,xint,yint)
2  % function zint=polyint2d(x,y,z,xint,yint)
3  % Berechnet die Koeffizienten des zweidimensionalen
4  % Interpolationspolynoms Pn(x,y) fuer die nach der
5  % Formel (1.128) vorzugebenden Stuetzpunkte (xi,yj)
6  % und den zugehoerigen Funktionswerten zij.
```

```
 7 % Des Weiteren wird an den Stellen (xint,yint)
 8 % der Werte des Polynoms zint=Pn(xint,yint) berechnet.
 9 %
10 % x: Vektor x=(x1,...,xn), mit xi=x1+(i-1)h
11 % y: Vektor y=(y1,...,yn), mit yj=y1+(j-1)k
12 % z: Matrix z=(zij), i,j=1,..,n
13 % xint: Matrix xint=(xintlk), l=1,...,m, k=1,...,s
14 % yint: Matrix yint=(yintlk), l=1,...,m, k=1,...,s
15 %
16 n=length(x)
17 h=x(2)-x(1); k=y(2)-y(1);
18 if n > 1
19     n1=n-1;dx=zeros(n1);dy=dx;
20     for j=1:n-1
21         for i=1:n-j
22             dx(j,i)=z(j,i+1)-z(j,i);
23             dy(j,i)=z(j+1,i)-z(j,i);
24         end
25     end
26     dx0=dx(1,1); dy0=dy(1,1);
27 end
28 if n > 2
29     n2=n-2;dx2=zeros(n2);dy2=dx2;dxy=dx2;
30     for j=1:n-2
31         for i=1:n-j-1
32             dx2(j,i)=dx(j,i+1)-dx(j,i);
33             dy2(j,i)=dy(j+1,i)-dy(j,i);
34             dxy(j,i)=dx(j+1,i)-dx(j,i);
35         end
36     end
37     dx20=dx2(1,1); dy20=dy2(1,1);dxy0=dxy(1,1);
38 end
39 if n > 3
40     n3=n-3;dx3=zeros(n3);dy3=dx3;dx2y=dx3;dxy2=dx3;
41     for j=1:n-3
42         for i=1:n-j-2
43             dx3(j,i)=dx2(j,i+1)-dx2(j,i);
44             dx2y(j,i)=dx2(j+1,i)-dx2(j,i);
45             dxy2(j,i)=dxy(j+1,i)-dxy(j,i);
46             dy3(j,i)=dy2(j+1,i)-dy2(j,i);
47         end
48     end
49     dx30=dx3(1,1); dy30=dy3(1,1); dx2y0=dx2y(1,1); dxy20=dxy2(1,1);
50 end
51 if n > 4
52     n4=n-4;dx4=zeros(n4);dy4=dx4;dx3y=dx4;dx2y2=dx4;dxy3=dx4;
53     for j=1:n-4
54         for i=1:n-j-3
55             dx4(j,i)=dx3(j,i+1)-dx3(j,i);
```

```
56              dx3y(j,i)=dx3(j+1,i)-dx3(j,i);
57              dx2y2(j,i)=dx2y(j+1,i)-dx2y(j,i);
58              dxy3(j,i)=dxy2(j+1,i)-dxy2(j,i);
59              dy4(j,i)=dy3(j+1,i)-dy3(j,i);
60          end
61      end
62      dx40=dx4(1,1); dy40=dy4(1,1);
63      dx3y0=dx3y(1,1); dx2y20=dx2y2(1,1); dxy30=dxy3(1,1);
64  end
65  z0=z(1,1);
66  zint=z0 ;
67  if n > 1
68      zint=zint ...
69          +(xint-x(1))/h*dx0 + (yint-y(1))/k*dy0;
70  end
71  if n > 2
72      zint=zint ...
73          +(xint-x(1)).*(xint-x(2))/h^2/2*dx20 ...
74          +(xint-x(1)).*(yint-y(1))/h/k*dxy0 ...
75          +(yint-y(1)).*(yint-y(2))/2/k^2*dy20;
76  end
77  if n > 3
78      zint=zint ...
79          +(xint-x(1)).*(xint-x(2)).*(xint-x(3))/6/h^3*dx30 ...
80          +(xint-x(1)).*(xint-x(2)).*(yint-y(1))/2/h^2/k*dx2y0 ...
81          +(xint-x(1)).*(yint-y(1)).*(yint-y(2))/2/h/k^2*dxy20 ...
82          +(yint-y(1)).*(yint-y(2)).*(yint-y(3))/6/k^3*dy30;
83  end
84  if n > 4
85      zint=zint ...
86          +(xint-x(1)).*(xint-x(2)).*(xint-x(3)) ...
87              .*(xint-x(4))/24/h^4*dx40 ...
88          +(xint-x(1)).*(xint-x(2)).*(xint-x(3)) ...
89              .*(yint-y(1))/6/h^3/k*dx3y0 ...
90          +(xint-x(1)).*(xint-x(2)).*(yint-y(1)) ...
91              .*(yint-y(2))/4/h^2/k^2*dx2y20 ...
92          +(xint-x(1)).*(yint-y(1)).*(yint-y(2)) ...
93              .*(yint-y(3))/6/h/k^3*dxy30 ...
94          +(yint-y(1)).*(yint-y(2)).*(yint-y(3)) ...
95              .*(yint-y(4))/24/k^4*dy40;
96  end
97  end
```

Abschließend wollen wir das dargestellte Interpolationsverfahren anhand zweier Beispiele demonstrieren.

Beispiel 1.12. Gegeben sei die 2D-Funktion

$$z = f(x, y) = 6\frac{\sin(x^2 + y^2 + 1)}{x^2 + y^2 + 1}. \tag{1.142}$$

Um einen Bereich dieser Funktion durch ein Interpolationspolynom zu approximieren, haben wir $h = k = 0.25$ und $n = 3$ gesetzt. Die Stützpunkte (1.128) ergeben sich damit zu

$$(0, 0), \qquad (0.25, 0), \qquad (0.5, 0), \qquad (0.75, 0),$$
$$(0, 0.25), \quad (0.25, 0.25), \quad (0.5, 0.25),$$
$$(0, 0.5), \quad (0.25, 0.5),$$
$$(0, 0.75).$$

Nach der Berechnung des Interpolationspolynoms mit dem m-File 1.8 haben wir die Werte des Polynoms auf dem folgenden Gitter (jeweils in x- und y-Richtung 10 Punkte)

$$hh = kk = 0.125,$$
$$x = 0 : 0.125 : 1.125,$$
$$y = 0 : 0.125 : 1.125$$

bestimmt und zusammen mit der Funktion (1.142) in der Abbildung 1.17 grafisch dargestellt. Offensichtlich approximiert das Interpolationspolynom die gegebene Funktion sehr gut. Um nun einen größeren Bereich der Funktion zu interpolieren, haben wir die in der Bemerkung 1.11 beschriebene Strategie angewendet und drei weitere Interpolationen vorgenommen. Das Resultat ist in der Abbildung 1.18 grafisch dargestellt. Die hier im Text in Schwarz-Weiß präsentierte Grafik ist auf dem Buchcover in Farbe angegeben. □

Beispiel 1.13. Im ersten Band dieses Textes (siehe Beispiel 5.2) wurde die sogenannte *Himmelblau-Funktion* [52]

$$f(x_1, x_2) = (x_1^2 + x_2 - 11)^2 + (x_1 + x_2^2 - 7)^2 \tag{1.143}$$

in Vektorform überführt, um das Verhalten des mehrdimensionalen Newton-Verfahrens zu demonstrieren. Im Kontext der mehrdimensionalen Interpolation haben wir die Funktion (1.143) vom Grad 4 durch ein Interpolationspolynom vom Grad 4 approximiert. Hierzu war es erforderlich, die Darstellung (1.140) bzw. (1.141) um einen Term zu erweitern und diese dann im m-File 1.8 zu implementieren. In der Abbildung 1.19 sind die verwendeten Stützpunkte (x_i, y_i) durch Sterne und die Punkte, an denen die Werte des Interpolationspolynoms $P_4(x, y)$ zusätzlich berechnet wurden als kleine schwarze Kreise gekennzeichnet.

Im m-File 1.9, das die Interpolationsroutine `polyint2d` aufruft, werden die Umgebungsparameter für das Problem (1.143) gesetzt. Bereitzustellen ist des Weiteren eine MATLAB-Funktion `himmelblau`, die die zu interpolierende Funktion beschreibt (siehe das m-File 1.10).

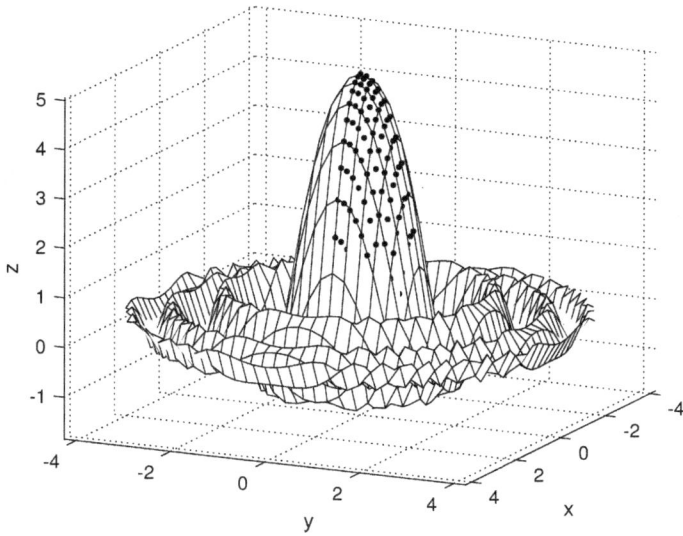

Abb. 1.17: Problem (1.142): Interpolation eines Bereiches

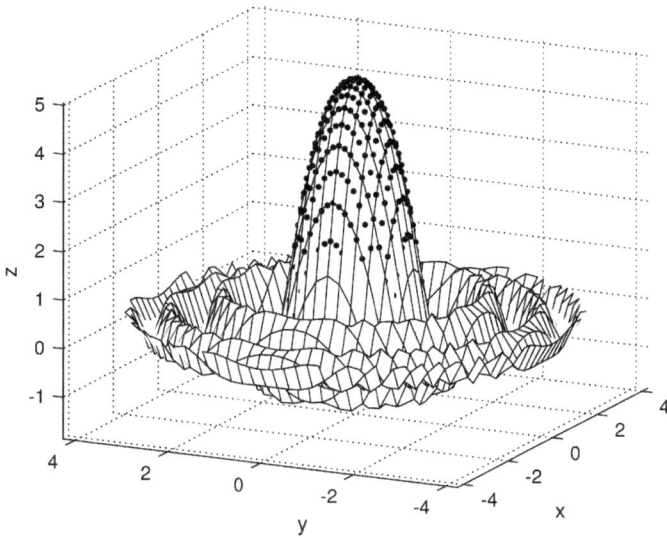

Abb. 1.18: Problem (1.142): Interpolation von 4 benachbarten Bereichen

m-File 1.9: main2dintp.m

```
1 % Hauptprogramm fuer die Anwendung von polyint2d
2 % am Beispiel der Himmelblau-Funktion
3 %
4 % clear, close all  % bei Bedarf aktivieren/deaktivieren
```

```
 5 %------------------------
 6 % Zeichnen der Funktion in [-5,5]x[-5,5]
 7 [u,v]=meshgrid(-5:5);
 8 w=himmelblau(u,v);
 9 figure('Name','2D-Interpolation')
10 clf
11 grayhell=0*gray+.5;
12 colormap (grayhell)
13 % Zeichnen der Himmelblau-Funktion
14 surf(u,v,w,'FaceAlpha',.3)
15 hold on
16 %------------------------
17 % Dimension von x und y
18 n=5;
19 % Maschenweite in x- und y-Richtung
20 h=-1;k=-1;
21 % Anfangspunkt x1 und y1
22 x1=5; y1=5;
23 % Erzeugen der Vektoren x und y
24 x=x1+(0:n-1)*h;
25 y=y1+(0:n-1)*k;
26 % Berechnung der Funktionswerte z=f(x,y) (als Matrix)
27 [xn,yn]=meshgrid(x,y);
28 z=himmelblau(xn,yn);
29 %------------------------
30 % Zeichnen der Interpolations-Punkte (Dreieck) und Werte
31 zn=z+rot90(tril(NaN*z,-1));
32 plot3(xn(:),yn(:),zn(:),'k*','MarkerSize',7)
33 %------------------------
34 % Gitter der Interpolationsstellen xint und yint
35 % mit Schrittweite 1/4 erzeugt durch meshgrid
36 [xint,yint]=meshgrid(-5:.25:5);
37 % Berechnung der Interpolationswerte zint=Pn(xint,yint)
38 zint=polyint2d(x,y,z,xint,yint);
39 %------------------------
40 % Zeichnen der Interpolationspunkte (ximt,yint,zint)
41 plot3(xint(:),yint(:),zint(:),'k.','MarkerSize',7)
42 %------------------------
43 % Beschriftung
44 title('f(x,y)=(x^2+y-11)^2+(x+y^2-7)^2')
45 xlabel('x')
46 ylabel('y')
47 zlabel('f(x,y)')
48 %legend('Stuetzpunkte','interpolierte Punkte', ...
49 %    'Location','northwest')
50 legend('Funktion','Stuetzwerte','interpolierte Werte', ...
51     'Location','northwest')
52 gitter
```

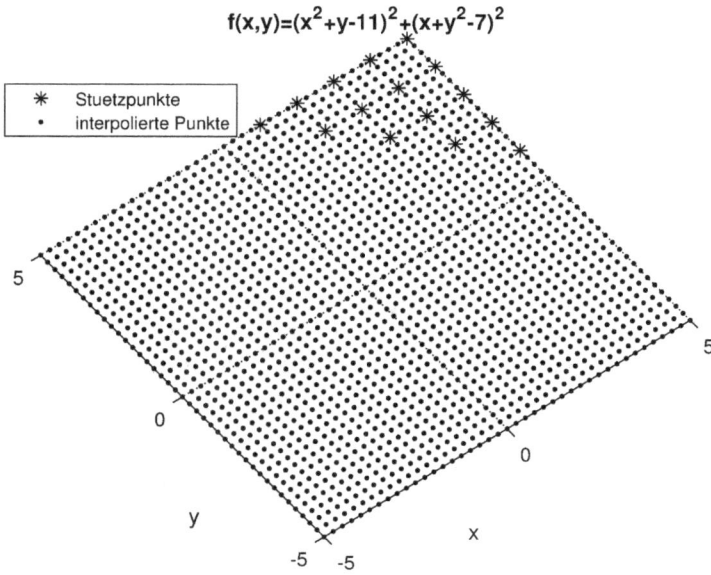

Abb. 1.19: Das Gitter für die Interpolation der Himmelblau-Funktion

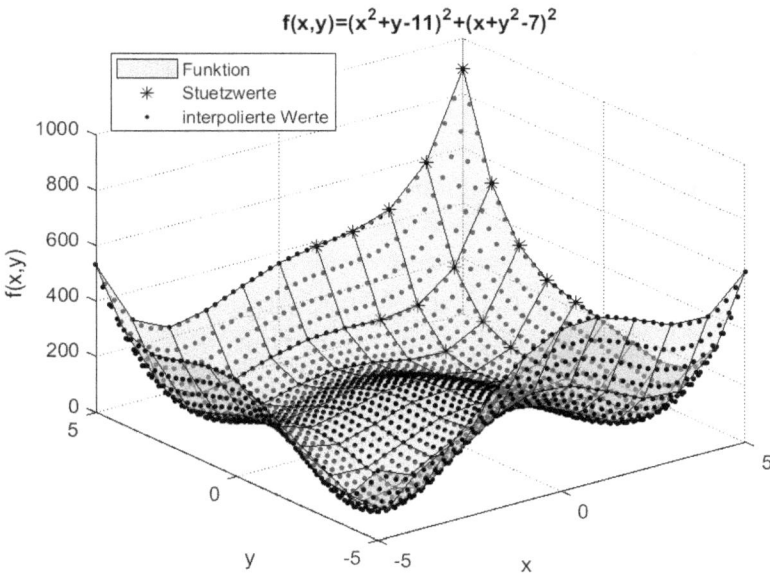

Abb. 1.20: Interpolation der Himmelblau-Funktion durch ein Interpolationspolynom 4. Grades

m-File 1.10: himmelblau.m

```
1 function z=himmelblau(x,y)
2 % Berechnet z=f(x,y) fuer die Himmelblau-Funktion
3 z=(x.^2+y-11).^2+(x+y.^2-7).^2;
4 end
```

Das Ergebnis der Interpolation ist in der Abbildung 1.20 dargestellt. Man erkennt unmittelbar, dass die Werte des Interpolationspolynoms 4. Grades in den verwendeten Gitterpunkten im Rahmen der Rechengenauigkeit mit den exakten Werten der Himmelblau-Funktion übereinstimmen, obwohl nur wenige Punkte des Gitters als Stützpunkte verwendet wurden. Der Grund dafür ist, dass die Funktion (1.143) ebenfalls ein Polynom vom Grad 4 ist. □

1.11 Aufgaben

Aufgabe 1.1. Unter Verwendung des Lagrangeschen Interpolationspolynoms beweise man die Beziehung

$$\sum_{m=0}^{2p+1} \frac{(-1)^m}{(2p+1-2m)m!\,(2p+1-2m)!} = (-1)^p \frac{2^{2p+1}}{[(2p+1)!]^2}.$$

HINWEIS: Man betrachte $f(x) = 1$ in $[-1, 1]$ und benutze die Stützstellen

$$x_m^{(2p+1)} = -1 + \frac{2m}{2p+1}, \quad m = 0, \ldots, 2p+1.$$

Aufgabe 1.2. Man beweise

$$\sum_{i=0}^{m} (-1)^{m-i} \frac{i}{n} \binom{m+n}{n+i} = (-1)^{m+1} \frac{(m+n-2)!}{(m-1)!\,n!}.$$

HINWEIS: Die Lagrangesche Formel ist auf die Funktion

$$f(x) = \frac{(n-x)(n-1-x)\cdots(2-x)}{n!}$$

anzuwenden. Es ist $x_0 = 0$, $h = 1$, $x = n + m$ zu setzen.

Aufgabe 1.3. Es sei

$$f(x) = \log_{10} x - \frac{x-1}{x}.$$

Man berechne für die in der Tabelle 1.17 angegebenen Stützstellen-Mengen (a)–(d) die Werte der interpolierenden Polynome an der Stelle $x = 5.25$ und vergleiche die Ergebnisse mit $f(5.25)$.

Tab. 1.17: Daten für die Aufgabe 1.3

	x_0	x_1	x_2	x_3	x_4
(a)	1	2	4	8	10
(b)	2	4	8	10	
(c)	4	8	10		
(d)	2	4	8		

Zusätzlich ist für (a) das Interpolationspolynom in der Newton-Darstellung und für (c) das Interpolationspolynom in der Lagrange-Darstellung explizit anzugeben.

Aufgabe 1.4. An einem Kondensator von 50 μF wurden für die Energieaufnahme in Abhängigkeit von der Spannung die in der Tabelle 1.18 angegebenen Werte ermittelt.

Tab. 1.18: Daten für die Aufgabe 1.4

U [V]	60	110	220	440
W [Ws]	0.09	0.30	1.19	4.83

Stellen Sie das Interpolationspolynom $\tilde{W}(U)$ auf und berechnen Sie mit Hilfe der Polynominterpolation einen Näherungswert für W bei einer Spannung $U = 600$ V.

Aufgabe 1.5. Eine Funktion $f : \mathbb{R} \to \mathbb{R}$ heißt *gerade*, wenn für alle Argumente $x \in \mathbb{R}$ gilt: $f(x) = f(-x)$. Gerade Funktionen sind z. B.: $f_1(x) \equiv 1, f_2(x) = x^4, f_3(x) = \cos(x)$ und $f_4(x) = \sqrt{|x|}$.

Es sei nun $f(x)$ eine solche gerade Funktion.

1. Unter welchen Bedingungen an die Koeffizienten ist ein Polynom

$$Q_m(x) = q_0 + q_1 x + q_2 x^2 + \cdots + q_m x^m$$

eine gerade Funktion?

2. Welche Eigenschaften müssen die Stützstellen $x_i, i = 0, \ldots, n$, aufweisen, damit das Interpolationspolynom $P(x)$ mit der Eigenschaft $P(x_i) = f(x_i), i = 0, \ldots, n$, ebenfalls eine gerade Funktion ist?

   HINWEIS: Formulieren Sie möglichst einfache und wenig restriktive Bedingungen an die Lage der x_i und geben Sie dafür einige durchgerechnete Beispiele an. Beweisen Sie die jeweilige Aussage.

   Welchen Grad kann $P(x)$ höchstens besitzen?

Aufgabe 1.6. Man beweise die Relationen

$$L_{n,0}(x) + L_{n,1}(x) + \cdots + L_{n,n}(x) = 1,$$
$$(x_0 - x)^k L_{n,0}(x) + (x_1 - x)^k L_{n,1}(x) + \cdots + (x_n - x)^k L_{n,n}(x) = 0, \quad k = 1, \ldots, n.$$

Aufgabe 1.7. Man beweise

$$L_{n,i}(x) = 1 + \frac{x - x_0}{x_0 - x_1} + \frac{(x - x_0)(x - x_1)}{(x_0 - x_1)(x_0 - x_2)}$$
$$+ \cdots + \frac{(x - x_0)(x - x_1)\cdots(x - x_{n-1})}{(x_0 - x_1)(x_0 - x_2)\cdots(x_0 - x_n)}.$$

Aufgabe 1.8. Man beweise:

Wenn $g(x)$ die Funktion $f(x)$ an den Stützstellen $x_0, x_1, \ldots, x_{n-1}$ interpoliert und wenn $h(x)$ die Funktion $f(x)$ an den Stützstellen $x_1, x_2, \ldots, x_n$ interpoliert, dann interpoliert die Funktion

$$z(x) \equiv g(x) + \frac{x_0 - x}{x_n - x_0}(g(x) - h(x))$$

die Funktion $f(x)$ an den Stützstellen $x_0, x_1, \ldots, x_n$.

Man beachte, dass $g(x)$ und $h(x)$ keine Polynome sein müssen.

Aufgabe 1.9. Man beweise, dass für jedes Polynom $P(x)$ vom Grad höchstens $n - 1$ die Beziehung

$$\sum_{i=0}^{n} P(x_i) \prod_{\substack{j=0 \\ j \neq i}}^{n} (x_i - x_j)^{-1} = 0$$

gilt.

Aufgabe 1.10. Es seien drei Funktionswerte von $f(x)$, nämlich $f(a)$, $f(b)$ und $f(c)$ in der Nähe des Maximums oder Minimums der Funktion bekannt. Man beweise, dass der Funktionswert im Maximum oder Minimum näherungsweise durch

$$\frac{(b^2 - c^2)f(a) + (c^2 - a^2)f(b) + (a^2 - b^2)f(c)}{2\{(b - c)f(a) + (c - a)f(b) + (a - b)f(c)\}}$$

gegeben ist.

Aufgabe 1.11. Man zeige, dass die n-te dividierte Differenz eines Polynoms n-ten Grades gleich dem Koeffizienten von x^n ist, unabhängig von der Auswahl der Stützstellen $x_0, \ldots, x_n$.

Aufgabe 1.12. Man zeige, dass die dividierten Differenzen lineare Abbildungen sind, d. h., dass sie der Gleichung

$$(\alpha f + \beta g)[x_0, x_1, \ldots, x_n] = \alpha f[x_0, x_1, \ldots, x_n] + \beta g[x_0, x_1, \ldots, x_n]$$

genügen.

Aufgabe 1.13. Nach der Formel (1.77) entspricht der ersten dividierten Differenz $f[x_0, x_1]$ ein Ableitungswert von $f(x)$. Erfüllt die dividierte Differenz nun auch eine Gleichung, die ein Analogon zu $(f, g)' = f'g + fg'$ darstellt?

Aufgabe 1.14. Man beweise die Formel von Leibnitz:

$$(fg)[x_0, x_1, \ldots, x_n] = \sum_{k=0}^{n} f[x_0, x_1, \ldots, x_k] g[x_k, x_{k+1}, \ldots, x_n].$$

Aufgabe 1.15. Man zeige, dass für $f(x) = (x - x_0)(x - x_1) \cdots (x - x_n)$ gilt:

$$f[x_0, x_1, \ldots, x_p] = 0, \quad p < n.$$

Aufgabe 1.16. Ein Polynom $P_n(x)$ sei in der Newton-Darstellung

$$P_n(x) = \sum_{k=0}^{n} a_k \prod_{i=0}^{k-1}(x - x_i) = a_0 + a_1(x - x_0) + \cdots + a_n(x - x_0) \cdots (x - x_{n-1})$$

gegeben (die a_k und x_i sind damit bekannt).
1. Geben Sie einen *effektiven* Algorithmus an, der die Koeffizienten d_k der Normaldarstellung

$$P_n(x) = \sum_{k=0}^{n} d_k x^k$$

berechnet.
2. Realisieren Sie 1. mit Hilfe eines MATLAB-Programms. Überprüfen Sie dessen Richtigkeit anhand einiger geeigneter Testbeispiele.

Aufgabe 1.17. Man zeige, dass sich bei der Multiplikation aller Stützstellen mit derselben Konstanten c und bei unveränderten Stützwerten die dividierten Differenzen $f[x_0, \ldots, x_n]$ mit c^{-n} multiplizieren.

Aufgabe 1.18. Man zeige, dass sich die dividierten Differenzen nicht ändern, wenn man die Stützstellen um denselben Wert vergrößert und die Stützwerte beibehält.

Aufgabe 1.19. Man zeichne auf einem Blatt Papier mit der Hand eine Kurve, die die Form eines Ovals oder einer Spirale besitzt. Dann wähle man auf dieser Kurve in etwa gleichmäßig verteilte Punkte aus und bezeichne diese mit $t_0 = 1$, $t_1 = 2$, etc. Des Weiteren lese man die x- und y-Koordinaten jedes ausgewählten Punktes ab. Daraus konstruiere man eine Tabelle mit den Spalten t_i, $x(t_i)$ und $y(t_i)$. Die Funktionen $x(t)$ und $y(t)$ approximiere man nun anhand des vorhandenen Datenmaterials mit Spline-Interpolationsfunktionen $S^{(x)}(t)$ bzw. $S^{(y)}(t)$. Die Formeln $x = S^{(x)}(t)$ und $y = S^{(y)}(t)$ stellen eine genäherte Parameterdarstellung der Kurve dar. Schließlich zeichne man für verschiedene Datensätze die berechneten Näherungskurven und vergleiche sie mit der ursprünglichen Kurve.

Aufgabe 1.20. Man bestimme alle Parameterwerte a, b, c, d, e, für die die folgende Funktion ein kubischer Spline ist:

$$f(x) = \begin{cases} a(x - 2)^2 + b(x - 1)^3, & x \in (-\infty, 1], \\ c(x - 2)^2, & x \in [1, 3], \\ d(x - 2)^2 + e(x - 3)^3, & x \in [3, \infty). \end{cases}$$

Danach ermittle man diejenigen Werte der Parameter, für die der kubische Spline die Tabelle 1.19 interpoliert.

Tab. 1.19: Daten für die Aufgabe 1.20

x	0	1	4
y	26	7	25

Aufgabe 1.21. Man bestimme, ob der natürliche kubische Spline, der die Tabelle 1.20 interpoliert, mit der folgenden Funktion übereinstimmt:

$$f(x) = \begin{cases} 1 + x - x^3, & x \in [0, 1], \\ 1 - 2(x - 1) - 3(x - 1)^2 + 4(x - 1)^3, & x \in [1, 2], \\ 4(x - 2) + 9(x - 2)^2 - 3(x - 2)^3, & x \in [2, 3]. \end{cases}$$

Tab. 1.20: Daten für die Aufgabe 1.21

x	0	1	2	3
y	1	1	0	10

Aufgabe 1.22. Welche Eigenschaften eines natürlichen kubischen Splines besitzt die folgende Funktion und welche nicht?

$$f(x) = \begin{cases} (x + 1) + (x + 1)^3, & x \in [-1, 0], \\ 4 + (x - 1) + (x - 1)^3, & x \in (0, 1]. \end{cases}$$

Aufgabe 1.23. Man zeige, dass eine auf den Stützstellen $x_0, x_1, \ldots, x_n$ gebildete Spline-Interpolationsfunktion vom Grad Eins in der Form

$$S(x) = ax + b + \sum_{i=1}^{n-1} c_i |x - x_i|$$

dargestellt werden kann.

Aufgabe 1.24. Man berechne explizit die Fourier-Matrizen F_N für $N \leq 10$ (siehe die Formel (1.109)).

Aufgabe 1.25. Es sei $N = 3m$ und damit durch 3 teilbar. Man zeige, wie

$$y_l = \sum_{j=0}^{N-1} c_j w^{jl}, \quad l = 0, 1, \ldots, N - 1, \quad \text{mit } w = e^{\frac{2\pi i}{N}},$$

in drei Summen der Länge m aufgespalten werden kann. Wie lässt sich mit dieser Aufspaltung die Berechnung der IDFT eines Vektors der Länge N auf die Berechnung von mehreren IDFTn kürzerer Vektoren zurückführen?

Aufgabe 1.26. Man zeige, dass zu $n + 1$ Stützstellen x_k mit

$$a \le x_0 < x_1 < \cdots < x_n < a + \pi$$

und den zugehörigen Stützwerten $y_0, y_1, \ldots, y_n$ ein eindeutig bestimmtes „reines Kosinus-Polynom"

$$P(x) = \sum_{j=0}^{n} a_j \cos(jx)$$

existiert, das die Interpolationsbedingungen

$$P(x_k) = y_k, \quad k = 0, 1, \ldots, n,$$

erfüllt.

Aufgabe 1.27. Für eine Matrix $A = (a_{ij})_{i,j=0}^{N-1}$ ist die sogenannte *2-dimensionale Inverse Fourier-Transformation* (2D-IDFT) durch

$$b_{jk} = \sum_{s=0}^{N-1} \sum_{t=0}^{N-1} a_{st} e^{2\pi i \frac{js}{N}} e^{2\pi i \frac{kt}{N}}, \quad j, k = 0, \ldots, N - 1,$$

definiert. Man zeige, dass mit der Fourier-Matrix

$$F_N = (w^{jk})_{j,k=0}^{N-1}, \quad w = e^{\frac{2\pi i}{N}},$$

die obige 2D-IDFT von A durch $B = F_N A F_N$ gegeben ist, mit $B = (b_{jk})_{j,k=0}^{N-1}$.

2 Ausgleichsprobleme, Methode der Kleinsten Quadrate

2.1 Diskrete Kleinste-Quadrate Approximation

In diesem Kapitel soll eine weitere numerische Technik für die numerische Approximation einer gegebenen Funktion $f(x)$ betrachtet werden. Wir wollen zuerst davon ausgehen, dass diese Funktion nur diskret, d. h. in Tabellenform vorliegt.

2.1.1 Polynomapproximationen

Bereits im Kapitel 1 sind wir der Frage nachgegangen, wie eine gegebene Funktion $f(x)$ (die entweder explizit oder in Tabellenform vorliegt) durch eine Näherungsfunktion $P(x)$ möglichst gut approximiert werden kann. Als konkretes mathematisches Kriterium für eine solche „möglichst gute Annäherung" verwendeten wir die Interpolationsbedingungen (1.10). Diese schreiben vor, dass die Funktion $f(x)$ und das zugehörige Interpolationspolynom $P(x)$ nur eine einzige Gemeinsamkeit besitzen müssen: die Werte der beiden Funktionen stimmen in den vorgegebenen Stützstellen überein. Offensichtlich ist dieses Kriterium nur sachgemäß, wenn die tabellierten Funktionswerte den wahren Funktionsverlauf repräsentieren, d. h., falls sie mit einem Fehler behaftet sind, der im Rahmen der verwendeten Rechnergenauigkeit liegt. Nun ist es in der Praxis aber oftmals so, dass man durch experimentelle Untersuchungen eine Tabelle von Messwerten $(x_0, y_0), (x_1, y_1), \ldots, (x_M, y_M)$ erhält, hinter denen sich ein funktionaler Zusammenhang $y = f(x)$ verbirgt, der entweder bekannt oder aber wie in den meisten Fällen unbekannt ist. Um zumindest eine Näherung für die dem Prozess zugrundeliegende Funktion $f(x)$ zu ermitteln, könnte man das zugehörige Interpolationspolynom $P_M(x)$ vom Grad höchstens M bestimmen. Diese Strategie würde jedoch der Tatsache nicht gerecht, dass die Messwerte mehr oder weniger große (im Experiment nicht vermeidbare!) *Messfehler* aufweisen. Man würde damit der Näherungsfunktion in den Messpunkten x_i, $i = 0, \ldots, M$, genau das gleiche Fehlerverhalten aufzwingen. Somit muss man in diesem Falle nach einem anderen Kriterium für die „möglichst gute Annäherung" an den tatsächlichen funktionalen Zusammenhang suchen. Wir wollen dies zuerst an einem Beispiel demonstrieren.

https://doi.org/10.1515/9783110690378-002

Tab. 2.1: Gemessener Funktionsverlauf

i	0	1	2	3	4	5	6	7	8	9	10
x_i	0	0.1	0.2	0.3	0.4	0.5	0.6	0.7	0.8	0.9	1
y_i	1.28	1.27	1.58	1.75	2.07	2.23	2.34	2.41	2.85	2.93	3.18

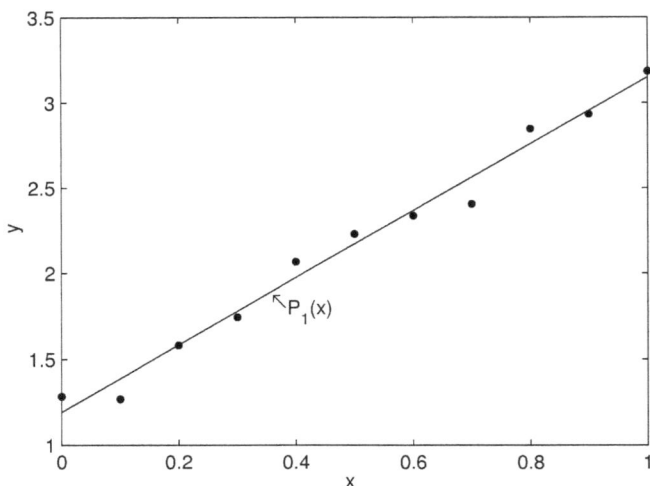

Abb. 2.1: Messpunkte und zugehörige Ausgleichsgerade

Beispiel 2.1. Aus einem praktischen Experiment sei die Tabelle 2.1 hervorgegangen. Jedes einzelne Wertepaar stellt einen Messpunkt dar, der aufgrund der verwendeten Messanordnung nur fehlerbehaftet bestimmt werden konnte. Die Punkte aus der obigen Tabelle sind in der Abbildung 2.1 in einem x-y-Koordinatensystem dargestellt. Man sieht unmittelbar, dass ein Interpolationspolynom 10-ten Grades, aber auch ein kubischer Spline, der vorliegenden Problemstellung nicht gerecht wird. Vielmehr handelt es sich bei dem tatsächlichen funktionalen Zusammenhang allem Anschein nach um eine lineare Funktion $P_1(x)$. Die Abweichungen der Messpunkte von dieser Geraden sind auf die Fehler bei der Messung zurückzuführen. Es verbleibt dann aber noch das Problem, wie man diejenige Gerade bestimmen kann, die *am besten* durch die Messpunkte verläuft. Insbesondere muss man ein exaktes mathematisches Kriterium finden, denn die menschliche Anschauung allein führt i. allg. nicht zu einer eindeutigen Lösung. □

Zur Behandlung des im obigen Beispiel aufgeworfenen Problems könnte man wie folgt vorgehen. Man summiert die Differenzen zwischen den Messwerten y_i und den Werten der Näherungsfunktion $P_1(x_i) \equiv a_0 + a_1 x_i$ auf und berechnet die noch frei wählbaren Koeffizienten a_0 und a_1 so, dass diese Summe ihr Minimum annimmt. Der genannte Weg führt i. allg. zu einem falschen Resultat, da die Differenzen positiv *und* negativ sein können und sich dadurch in der Summe aufheben. Eine geringfügige Modifikation, indem man anstelle der Differenzen deren Beträge addiert, beseitigt diesen Nachteil. Da dann aber die zu minimierende Zielfunktion aus einer Summe von Beträgen besteht, ist sie nicht differenzierbar. Dies wiederum erschwert die numerische Berechnung des Minimums. Aber auch diese Schwierigkeit lässt sich durch eine kleine Veränderung in der Lösungsstrategie beseitigen: anstelle der Beträge der Differenzen verwendet man deren Quadrate. Hierauf ist auch der Name dieser numerischen Approximations-technik zurückzuführen. Sie wird im Deutschen als *Methode der Kleinsten Quadrate* und im Englischen als *least squares method* bezeichnet. In beiden Sprachen kürzt man das Verfahren auch als LS-*Methode* (**L**east **S**quares) und die Fragestellung als LS-*Problem* ab.

Wir wollen jetzt den Sachverhalt etwas genauer darstellen. Gegeben seien $M + 1$ Messpunkte $\{(x_i, y_i), i = 0, \ldots, M\}$ mit $x_i \neq x_j$ für $i \neq j$. Gesucht ist eine Gerade $P_1(x) = a_0 + a_1 x$, die den durch die Messtabelle definierten und als linear vorausge-setzten funktionalen Zusammenhang $y = f(x)$ approximiert. Die Methode der Kleinsten Quadrate bestimmt nun das Minimum der Funktion $F \colon \mathbb{R}^2 \to \mathbb{R}$,

$$F(a_0, a_1) \equiv \sum_{i=0}^{M} (y_i - P(x_i))^2 = \sum_{i=0}^{M} (y_i - (a_0 + a_1 x_i))^2, \tag{2.1}$$

bezüglich der Parameter a_0 und a_1. Das (globale) Minimum lässt sich wie üblich über die folgenden notwendigen Bedingungen (die in diesem Falle auch hinreichend sind) berechnen:

$$\frac{\partial}{\partial a_0} F(a_0, a_1) = 0, \quad \frac{\partial}{\partial a_1} F(a_0, a_1) = 0. \tag{2.2}$$

Man erhält

$$0 = \frac{\partial}{\partial a_0} \sum_{i=0}^{M} (y_i - (a_0 + a_1 x_i))^2 = 2 \sum_{i=0}^{M} (y_i - (a_0 + a_1 x_i))(-1),$$

$$0 = \frac{\partial}{\partial a_1} \sum_{i=0}^{M} (y_i - (a_0 + a_1 x_i))^2 = 2 \sum_{i=0}^{M} (y_i - (a_0 + a_1 x_i))(-x_i).$$

Nach Umordnung ergeben sich daraus die sogenannten *Gaußschen Normalgleichungen*

$$(M + 1)a_0 + \left(\sum_{i=0}^{M} x_i\right) a_1 = \sum_{i=0}^{M} y_i, \quad \left(\sum_{i=0}^{M} x_i\right) a_0 + \left(\sum_{i=0}^{M} x_i^2\right) a_1 = \sum_{i=0}^{M} x_i y_i. \tag{2.3}$$

Aus diesem linearen Gleichungssystem lassen sich die Unbekannten a_0 und a_1 mit der Cramerschen Regel sehr einfach berechnen. Es sind

$$D \equiv (M + 1)\left(\sum_{i=0}^{M} x_i^2\right) - \left(\sum_{i=0}^{M} x_i\right)^2,$$

$$D_{a_0} \equiv \left(\sum_{i=0}^{M} x_i^2\right)\left(\sum_{i=0}^{M} y_i\right) - \left(\sum_{i=0}^{M} x_i y_i\right)\left(\sum_{i=0}^{M} x_i\right),$$

$$D_{a_1} \equiv (M + 1)\left(\sum_{i=0}^{M} x_i y_i\right) - \left(\sum_{i=0}^{M} x_i\right)\left(\sum_{i=0}^{M} y_i\right),$$

so dass sich die Lösung von (2.3) zu

$$a_0 = \frac{D_{a_0}}{D} \quad \text{und} \quad a_1 = \frac{D_{a_1}}{D} \tag{2.4}$$

ergibt. Damit kann man die gesuchte Gerade, die auch als *Ausgleichsgerade* bezeichnet wird, explizit in der Form

$$P_1(x) = \frac{D_{a_0}}{D} + \frac{D_{a_1}}{D} x \tag{2.5}$$

angeben. Diejenige Ausgleichsgerade, die sich für die in der Tabelle 2.1 enthaltenen Messdaten berechnet, ist der Abbildung 2.1 zu entnehmen.

Nun muss der einer speziellen Messtabelle zugrundeliegende funktionale Zusammenhang $y = f(x)$ nicht immer linear sein. In einem solchen Fall lässt sich die obige Strategie wie folgt verallgemeinern.

Gegeben sei wiederum eine Menge von $M + 1$ Messpunkten $\{(x_i, y_i),\ i = 0, \ldots, M\}$ mit $x_i \neq x_j$ für $i \neq j$. Zu bestimmen ist jetzt ein Polynom $P_n(x)$ vom Grad n, das im Sinne der Methode der Kleinsten Quadrate bestmöglich durch diese Punktmenge verläuft, d. h., welches die zugehörige Funktion $f(x)$ hinreichend genau approximiert. Damit diese Aufgabenstellung ein *gut konditioniertes* Problem darstellt, wollen wir im Weiteren stets $n \ll M$ fordern.

An die Stelle der Funktion (2.1) tritt jetzt die Funktion $F\colon \mathbb{R}^{n+1} \to \mathbb{R}$ mit

$$F(a_0, \ldots, a_n) \equiv \sum_{i=0}^{M} (y_i - P_n(x_i))^2 = \sum_{i=0}^{M} \left(y_i - \sum_{k=0}^{n} a_k x_i^k \right)^2. \tag{2.6}$$

Wie zuvor versucht man das (globale) Minimum der Funktion (2.6) bezüglich der Parameter $a_0, \ldots, a_n$ zu ermitteln, indem die notwendigen (und hinreichenden) Bedingungen für ein solches Minimum aufgestellt und aus den resultierenden Gleichungen die gesuchten optimalen Werte der Koeffizienten des Polynoms $P_n(x)$ berechnet werden. An die Stelle der Gleichungen (2.2) treten jetzt die Gleichungen

$$\frac{\partial}{\partial a_0} F(a_0, \ldots, a_n) = 0, \quad \ldots, \quad \frac{\partial}{\partial a_n} F(a_0, \ldots, a_n) = 0. \tag{2.7}$$

Bevor wir die obigen partiellen Ableitungen explizit ausrechnen, ist es sinnvoll, die Funktion $F(a_0, \ldots, a_n)$ noch etwas zu vereinfachen. Es ist

$$
\begin{aligned}
F(a_0, \ldots, a_n) &= \sum_{i=0}^{M} y_i^2 - 2 \sum_{i=0}^{M} P_n(x_i) y_i + \sum_{i=0}^{M} (P_n(x_i))^2 \\
&= \sum_{i=0}^{M} y_i^2 - 2 \sum_{i=0}^{M} \left(\sum_{k=0}^{n} a_k x_i^k \right) y_i + \sum_{i=0}^{M} \left(\sum_{k=0}^{n} a_k x_i^k \right)^2 \\
&= \sum_{i=0}^{M} y_i^2 - 2 \sum_{k=0}^{n} a_k \left(\sum_{i=0}^{M} y_i x_i^k \right) + \sum_{k=0}^{n} \sum_{j=0}^{n} a_k a_j \left(\sum_{i=0}^{M} x_i^{k+j} \right).
\end{aligned}
$$

Setzt man dies in (2.7) ein, so resultiert

$$0 = \frac{\partial}{\partial a_k} F(a_0, \ldots, a_n) = -2 \sum_{i=0}^{M} y_i x_i^k + 2 \sum_{j=0}^{n} a_j \sum_{i=0}^{M} x_i^{k+j}, \quad k = 0, \ldots, n.$$

Daraus ergibt sich nun das folgende System von $n + 1$ linearen Gleichungen für die $n + 1$ unbekannten Polynomkoeffizienten $a_0, \ldots, a_n$:

$$\sum_{j=0}^{n} \left(\sum_{i=0}^{M} x_i^{k+j} \right) a_j = \sum_{i=0}^{M} y_i x_i^k, \quad k = 0, \ldots, n. \tag{2.8}$$

Dieses Gleichungssystem ist in der Literatur unter dem Begriff *Normalgleichungen* bzw. *Gaußsche Normalgleichungen* bekannt. Es lässt sich in der üblichen Form linearer Gleichungssysteme $Ax = b$ aufschreiben, wenn man die Vektoren $x, b \in \mathbb{R}^{n+1}$ und die Matrix $A \in \mathbb{R}^{(n+1) \times (n+1)}$ wie folgt definiert:

$$x \equiv (a_0, \ldots, a_n)^T, \quad b \equiv \left(\sum_{i=0}^{M} y_i x_i^0, \sum_{i=0}^{M} y_i x_i^1, \ldots, \sum_{i=0}^{M} y_i x_i^n \right)^T$$

und

$$A \equiv \begin{bmatrix} M+1 & \sum_{i=0}^{M} x_i^1 & \sum_{i=0}^{M} x_i^2 & \cdots & \sum_{i=0}^{M} x_i^n \\ \sum_{i=0}^{M} x_i^1 & \sum_{i=0}^{M} x_i^2 & \sum_{i=0}^{M} x_i^3 & \cdots & \sum_{i=0}^{M} x_i^{n+1} \\ \vdots & \vdots & \vdots & & \vdots \\ \sum_{i=0}^{M} x_i^n & \sum_{i=0}^{M} x_i^{n+1} & \sum_{i=0}^{M} x_i^{n+2} & \cdots & \sum_{i=0}^{M} x_i^{2n} \end{bmatrix}. \tag{2.9}$$

Bezüglich der Existenz einer Lösung von (2.8) und deren Eindeutigkeit gilt der folgende Satz.

Satz 2.1. *Die Stellen x_i, $i = 0, \ldots, n$, seien paarweise verschieden. Dann besitzen die Normalgleichungen (2.8) eine eindeutige Lösung.*

Beweis. Die Systemmatrix (2.9) ist symmetrisch. Mit Hilfe der Matrix

$$B \equiv \begin{bmatrix} 1 & x_0 & x_0^2 & \cdots & x_0^n \\ 1 & x_1 & x_1^2 & \cdots & x_1^n \\ \vdots & \vdots & \vdots & & \vdots \\ 1 & x_M & x_M^2 & \cdots & x_M^n \end{bmatrix} \in \mathbb{R}^{(M+1) \times (n+1)} \tag{2.10}$$

kann A in der Form $A = B^T B$ geschrieben werden. Für die quadratische Form von A gilt

$$Q_A(c) \equiv c^T A c = c^T B^T B c = (Bc)^T Bc \geq 0 \quad \text{für alle } c \in \mathbb{R}^{n+1}.$$

Besitzt die Matrix B vollen Rang, d. h. $\text{rang}(B) = n + 1$, dann bestehen die folgenden Implikationen:

$$Q_A(c) = 0 \iff Bc = 0 \iff c = 0,$$

woraus sich unmittelbar auf die positive Definitheit von A schließen lässt. Wir wollen deshalb als nächstes diese wichtige Eigenschaft von A nachweisen. Es sei

$p(x) \equiv \sum_{j=0}^{n} a_j x^j$ ein Polynom vom Grad n. Dann lauten die zu vorgegebenen Stützwerten y_i, $i = 0, \ldots, n$, gehörenden Interpolationsbedingungen

$$\tilde{B} \begin{pmatrix} a_0 \\ a_1 \\ \vdots \\ a_n \end{pmatrix} = \begin{pmatrix} y_0 \\ y_1 \\ \vdots \\ y_n \end{pmatrix}, \tag{2.11}$$

wobei $\tilde{B}$ die Matrix

$$\tilde{B} \equiv \begin{bmatrix} 1 & x_0 & x_0^2 & \cdots & x_0^n \\ 1 & x_1 & x_1^2 & \cdots & x_1^n \\ \vdots & \vdots & \vdots & & \vdots \\ 1 & x_n & x_n^2 & \cdots & x_n^n \end{bmatrix} \in \mathbb{R}^{(n+1)\times(n+1)}$$

bezeichnet. Nach dem Satz 1.2 existiert ein *eindeutig* bestimmtes Interpolationspolynom vom Grad höchstens n, das die Punkte $(x_0, y_0), \ldots, (x_n, y_n)$ interpoliert, falls
die Stützstellen paarweise verschieden sind. Damit muss das System (2.11) eindeutig
lösbar sein, was wiederum bedeutet, dass die Systemmatrix $\tilde{B}$ nichtsingulär ist. Die
Matrix $\tilde{B}$ ist aber genau die $(n + 1)$-dimensionale führende Hauptuntermatrix von B.
Folglich besitzt B vollen Rang. Wie oben erwähnt, impliziert dies, dass die Matrix A
symmetrisch und positiv definit ist. Aus dem Satz 2.7 im ersten Band dieses Textes
folgt nun die Behauptung. $\qquad\square$

Ein Beispiel für die Kleinste-Quadrate-Approximation mit Polynomen ist in der Abbildung 2.2 angegeben.

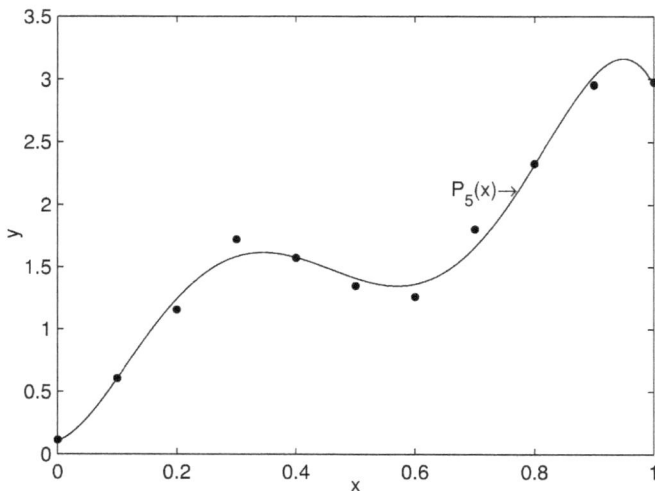

Abb. 2.2: Approximation mit einem Polynom 5. Grades

Da die Matrix A des linearen Gleichungssystems (2.8) symmetrisch und positiv definit ist, sollten die numerischen Verfahren aus dem Abschnitt 2.4.1 (Band 1) bei der Implementierung der Kleinste-Quadrate-Technik zum Einsatz kommen. Insbesondere bietet sich das Cholesky-Verfahren an (siehe das m-File `cholesky` im Band 1, das auch über die Webseite des Verlages erhältlich ist).

2.1.2 Empirische Funktionen

Die Realisierung der Methode der Kleinsten Quadrate mit Polynomen ist aus mathematischer Sicht sehr erfolgversprechend, da diese Technik auf ein *lineares* Gleichungssystem führt, aus dem die i. allg. *eindeutig bestimmte* (globale) Lösung unmittelbar berechnet werden kann. Ein offenes Problem stellt hierbei aber noch die Wahl des Polynomgrades n dar.

In den Anwendungen ist man jedoch häufig nicht an einer solchen Polynomapproximation interessiert, da die theoretischen Resultate der jeweiligen Fachdisziplin beispielsweise darauf hinweisen, dass der gesuchte funktionale Zusammenhang ein exponentieller ist. Man möchte dann als zugehörige Näherungsfunktion ebenfalls eine Exponentialfunktion bestimmen. Somit kommt der Festlegung einer geeigneten Approximationsfunktion große Bedeutung zu. Ist der Fachdisziplin nicht zu entnehmen, welchem Funktionentyp der gesuchte funktionale Zusammenhang zugeordnet werden kann, dann wird man zuerst einmal die Messpunkte in ein Koordinatensystem einzeichnen. Oftmals lässt sich dann bereits aus der Anschauung heraus oder aber durch einen Vergleich mit den Verläufen der bekanntesten Funktionen ein Funktionentyp für die Approximation auswählen. Sehr empfehlenswert sind in dieser Arbeitsphase die in den Formelsammlungen zur Mathematik (siehe z. B. [3, 75]) angegebenen Bilder der wichtigsten reellen Funktionen. Nachdem ein solcher Funktionentyp gefunden ist, wird man durch die Einführung einer gewissen Anzahl von freien Parametern (die den Charakter von „Schaltern" tragen) die zugehörige Funktion so ausstatten, dass sie sich einfach dehnen und verschieben lässt und dadurch gut an den durch die Messpunkte vorgegebenen Verlauf angepasst werden kann. Eine solche dem Problem angepasste parametrisierte Funktion wird als *empirische Funktion* bezeichnet.

Wir wollen zunächst der Frage nachgehen, wie man anhand der in einer Tabelle angegebenen Messwerte $\{(x_i, y_i),\ i = 0, \ldots, M\}$ entscheiden kann, ob die Wahl einer empirischen *linearen* Funktion $P_1(x) = a_0 + a_1 x$ sachgemäß ist. Zu diesem Zweck setzen wir

$$\Delta x_i \equiv x_{i+1} - x_i, \quad \Delta y_i \equiv y_{i+1} - y_i \quad \text{und} \quad k_i \equiv \frac{\Delta y_i}{\Delta x_i}, \quad i = 0, \ldots, M-1. \tag{2.12}$$

Gilt $k_0 = k_1 = \cdots = k_{M-1}$, dann liegen die Punkte (x_i, y_i), $i = 0, \ldots, M$, offensichtlich genau auf einer Geraden. Da die Messpunkte jedoch mit Messfehlern behaftet sind, wird dies so nicht zutreffen. Stellt man aber

$$k_0 \approx k_1 \approx \cdots \approx k_{M-1} \tag{2.13}$$

fest, dann ist es zweckmäßig, die empirische Abhängigkeit zwischen den Größen x und y in Form der linearen Funktion $P_1(x)$ zu suchen. Sind die Werte x_i äquidistant, d. h., die Δx_i sind alle gleich, so genügt es zu überprüfen, ob dies auch für die Differenzen Δy_i näherungsweise zutrifft.

Ist (2.13) nicht mit ausreichender Genauigkeit erfüllt, sondern verändern sich die k_i bei wachsendem i systematisch, dann hängt y nicht linear von x ab und der Ansatz $P_1(x)$ sollte auf keinen Fall verwendet werden.

Jetzt wollen wir annehmen, dass die Messpunkte (x_i, y_i) nicht auf einer Geraden liegen. In einigen Fällen lässt sich durch eine eindeutig umkehrbare Koordinatentransformation

$$X = \varphi(x, y), \quad Y = \psi(x, y) \tag{2.14}$$

erreichen, dass die entsprechend transformierten Punkte (X_i, Y_i), mit $X_i \equiv \varphi(x_i, y_i)$ und $Y_i \equiv \psi(x_i, y_i)$, auf einer Geraden in der X, Y-Ebene liegen.

Als erstes Beispiel betrachten wir die Potenzfunktion

$$y = cx^a, \tag{2.15}$$

wobei a und c reelle Konstanten sind. Des Weiteren möge $x > 0$ und $y > 0$ gelten. Logarithmiert man nun die Formel (2.15), so ergibt sich

$$\ln(y) = a\ln(x) + \ln(c). \tag{2.16}$$

Mit

$$X \equiv \ln(x), \quad Y \equiv \ln(y) \quad \text{und} \quad b \equiv \ln(c) \tag{2.17}$$

erhalten wir nun eine lineare Gleichung

$$Y = aX + b. \tag{2.18}$$

Somit wird man vor der Ausführung einer Approximation mit der Methode der Kleinsten Quadrate die Messpunkte $\{(x_i, y_i), i = 0, \dots, M\}$ zuerst logarithmieren, d. h., aus der ursprünglichen Tabelle eine neue Tabelle mit der transformierten Punktmenge $\{(X_i, Y_i) \equiv (\ln(x_i), \ln(y_i)), i = 0, \dots, M\}$ erzeugen. Anschließend bestimmt man unter Verwendung von (2.18) die zugehörige Ausgleichsgerade. Nachdem dann die Parameter a und b bestimmt sind, muss man den Parameter c entsprechend der Formel $c = e^b$ berechnen. Setzt man schließlich a und c in (2.15) ein, so ergibt sich die gesuchte Näherungsfunktion.

Einen weiteren wichtigen Spezialfall von (2.14) stellt die exponentielle Abhängigkeit

$$y = ce^{ax}, \tag{2.19}$$

mit $c > 0$, dar. Logarithmiert man wieder die obige Gleichung, so ergibt sich

$$\ln(y) = ax + \ln(c).$$

Mit

$$X \equiv x, \quad Y \equiv \ln(y) \quad \text{und} \quad b \equiv \ln(c) \tag{2.20}$$

folgt daraus wieder eine lineare Gleichung

$$Y = aX + b. \tag{2.21}$$

Offensichtlich braucht man hier nur die y-Komponenten der Messpunkte (x_i, y_i) zu logarithmieren, um die neue Tabelle mit den entsprechend transformierten Punkten $\{(X_i, Y_i) \equiv (x_i, \ln(y_i)), i = 0, \ldots, M\}$ zu erzeugen. Dann lässt sich wieder die Ausgleichsgerade in der Form (2.21) mit der Methode der Kleinsten Quadrate berechnen. Den noch fehlenden Parameter c in (2.19) bestimmt man schließlich nach (2.20) zu $c = e^b$.

Als ein letztes Beispiel für die Koordinatentransformation (2.14) wollen wir annehmen, dass die Messpunkte annähernd auf einer Kurve liegen, die einem Hyperbelzweig mit der x-Achse als Asymptote ähnlich sieht. Daher setzen wir als empirische Funktion an:

$$y = \frac{1}{ax + b}. \tag{2.22}$$

Hieraus ergibt sich unmittelbar

$$\frac{1}{y} = ax + b.$$

Führt man jetzt die neuen Veränderlichen

$$X \equiv x \quad \text{und} \quad Y \equiv \frac{1}{y} \tag{2.23}$$

ein, dann ergibt sich die lineare Gleichung

$$Y = aX + b. \tag{2.24}$$

Auch in diesem Fall brauchen nur die y-Komponenten der Messpunkte (x_i, y_i) transformiert zu werden, d. h., die neue Tabelle besteht aus den transformierten Punkten $\{(X_i, Y_i) \equiv (x_i, \frac{1}{y_i}), i = 0, \ldots, M\}$. Die Parameter werden dann analog zu den vorangegangenen beiden Beispielen berechnet.

Sollte es sich herausstellen, dass für die Messwerte $\{(x_i, y_i), i = 0, \ldots, M\}$ eine Approximation durch eine lineare Funktion ungeeignet ist (selbst bei einer vorherigen Transformation (2.14) der Daten), so kann man das Datenmaterial dahingehend untersuchen, ob eine quadratische Abhängigkeit der Gestalt

$$y = a_0 + a_1 x + a_2 x^2 \tag{2.25}$$

besteht. Ist dies der Fall, dann lässt sich mit einem quadratischen Polynom $P_2(x)$ die im Abschnitt 2.1.1 dargestellte Kleinste-Quadrate-Approximation durchführen. Zum Erkennen einer solche quadratischen Abhängigkeit bilden wir wieder die Differenzen

$$\Delta x_i \equiv x_{i+1} - x_i > 0, \quad i = 0, \ldots, M - 1.$$

Besteht nun zwischen den Veränderlichen x und y eine Abhängigkeit der Form (2.25), dann ist die Folge $y_0, y_1, \ldots, y_M$ entweder monoton, d. h., die Differenzen

$$\Delta y_i \equiv y_{i+1} - y_i, \quad i = 0, \ldots, M,$$

haben ein konstantes Vorzeichen, oder die Folge besitzt ein einziges Extremum, d. h., die Differenzen Δy_i wechseln genau einmal das Vorzeichen. Verwendet man nun die im Abschnitt 1.5 definierten dividierten Differenzen, dann ist es nicht schwer zu zeigen (siehe die Formel (1.78)), dass die Punkte (x_i, y_i) genau dann auf der Parabel (2.25) liegen, wenn alle dividierten Differenzen 2. Ordnung gleich sind, d. h., wenn für $i = 0, \ldots, M - 2$ gilt:

$$f[x_i, x_{i+1}, x_{i+2}] = \frac{f[x_{i+1}, x_{i+2}] - f[x_i, x_{i+1}]}{x_{i+2} - x_i} = \frac{\Delta\left(\frac{\Delta y_i}{\Delta x_i}\right)}{\Delta x_i + \Delta x_{i+1}} = \text{const.} \quad (2.26)$$

Hat man es insbesondere mit äquidistant verteilten Punkten $x_0, \ldots, x_M$ zu tun, d. h., es gilt für alle i die Beziehung $\Delta x_i = h = \text{const}$, dann ist für das Bestehen der quadratischen Abhängigkeit (2.25) notwendig und hinreichend, dass die Differenzen 2. Ordnung $\Delta^2 y_i$ gleich sind:

$$\Delta^2 y_i = y_{i+2} - 2y_{i+1} + y_i = \text{const}, \quad i = 0, \ldots, M - 2. \quad (2.27)$$

In diesem Fall ist dann $\Delta^2 y_i = 2h^2 a_2$.

Wie auch bei den Tests hinsichtlich linearer Abhängigkeit macht es wegen der fehlerbehafteten Messwerte nur einen Sinn, die Differenzen 2. Ordnung auf *näherungsweise* Gleichheit zu überprüfen. Es ist jedoch zu beachten, dass die zweiten Differenzen sehr stark auf Abweichungen von der parabolischen Abhängigkeit (2.25) reagieren.

Im Folgenden wollen wir an die bisher untersuchte Fragestellung etwas allgemeiner herangehen. Es soll nämlich die Frage beantwortet werden, wie man zu vorgegebenen Messdaten $\{(x_i, y_i), i = 0, \ldots, M\}$ eine *zweiparametrige* empirische Funktion $g(x; a, b)$ finden kann, die dem tatsächlichen funktionalen Zusammenhang recht nahe kommt.

Die beiden Spezialfälle $g(x; a, b) = ax + b$ und $g(x; a, b) = x^2 + bx + c$ wurden bereits studiert. Auf B. P. Demidowitsch et al. [21] geht der Vorschlag zurück, mittels dreier Punkte (x_0, y_0), (x_s, y_s) und (x_M, y_M) ein Entscheidungskriterium für oder gegen eine spezielle (zweiparametrige) Funktion zu formulieren. Der Punkt (x_s, y_s) ist entweder ein gegebener Messpunkt mit $0 < s < M$, oder aber ein Punkt, der nicht in der Tabelle der Messwerte enthalten ist. Im letzteren Fall wird er so festgelegt, dass das Entscheidungskriterium möglichst einfach ausfällt. Die Grundidee soll anhand der Potenzfunktion

$$y = ax^b \quad (2.28)$$

verdeutlicht werden. Hierzu werde $x_i > 0$ und $y_i > 0$ für alle i vorausgesetzt. Wir wählen für x_s keinen Tabellenwert, sondern setzen

$$x_s \equiv \sqrt{x_0 x_M}. \quad (2.29)$$

Setzt man die drei Punkte (x_0, y_0), (x_s, y_s) und (x_M, y_M) in die Formel (2.28) ein, so erhält man

$$y_0 = ax_0^b, \quad y_s = ax_s^b = ax_0^{\frac{b}{2}} x_M^{\frac{b}{2}}, \quad y_M = ax_M^b.$$

Die Elimination der Parameter a und b aus diesen Gleichungen ergibt $y_0 y_M = y_s^2$, d. h.

$$y_s = \sqrt{y_0 y_M}. \tag{2.30}$$

Folglich ist für die Existenz der Potenzfunktion (2.28) notwendig, dass dem geometrischen Mittel (2.29) das geometrische Mittel (2.30) entspricht. Ist der Wert (2.29) von x_s nicht in der Tabelle der Messwerte enthalten, dann lässt sich der zugehörige Wert y_s zum Beispiel durch lineare Interpolation (siehe die Formel (1.6)) approximieren.

In der Tabelle 2.2 sind für die zweiparametrigen Funktionen

$$\text{(i)} \quad y = ax + b, \qquad \text{(ii)} \quad y = ax^b, \qquad \text{(iii)} \quad y = ab^x,$$

$$\text{(iv)} \quad y = a + \frac{b}{x}, \qquad \text{(v)} \quad y = \frac{1}{ax + b}, \qquad \text{(vi)} \quad y = \frac{x}{ax + b}, \tag{2.31}$$

$$\text{(vii)} \quad y = a \ln x + b$$

die notwendigen Bedingungen für die Existenz eines funktionalen Zusammenhangs angegeben (siehe auch [21]).

Die genannten Autoren schlagen nun die folgende Strategie zur Auswahl einer sachgemäßen empirischen Formel anhand der Tabelle 2.2 vor. Gegeben seien wie üblich die Messpunkte $(x_0, y_0), \dots, (x_M, y_M)$. Man bestimme zuerst den Wert $x_s \equiv \bar{x}_s$ entsprechend der in der zweiten Spalte angegebenen Formel. Dann wähle man aus den Messdaten den zugehörigen Wert y_s aus oder berechne diesen mittels linearer Interpolation. Anschließend vergleiche man y_s mit $\tilde{y}_s$, wobei dieser Wert nach der Formel in der dritten Spalte zu berechnen ist. Diejenige empirische Funktion wird bevorzugt, für die die Differenz $|y_s - \tilde{y}_s|$ möglichst klein ist. Für eine endgültige Entscheidung wird aber das Ergebnis üblicherweise noch an einigen Zwischenpunkten aus der vorgegebenen Messtabelle überprüft. Falls die Größe $|y_s - \tilde{y}_s|$ dabei eine vorzugebende obere Schranke überschreitet, sollte die entsprechende empirische Funktion unbedingt wieder verworfen werden. In diesem Fall muss man nach einer anderen zweiparametrigen oder aber auch mehrparametrigen empirischen Formel suchen, die dem wahren funktionalen Zusammenhang besser entspricht. Wurde aber ein geeigneter Ansatz mit der Tabelle 2.2 gefunden, dann wird man die ursprünglichen Messpunkte, wie in der fünften Spalte angegeben, so transformieren, dass nur ein linearer Ausgleich nach der Methode der Kleinsten Quadrate durchgeführt werden muss.

Bemerkung 2.1. Die in diesem Abschnitt vorgestellten Techniken basieren i. allg. auf solchen Transformationen der ursprünglichen Messdaten, dass nur eine Ausgleichsgerade mit der Methode der Kleinsten Quadrate zu bestimmen ist. Man sollte dabei aber beachten, dass sich das Ergebnis signifikant von dem unterscheiden kann, welches sich bei einer direkten Kleinste-Quadrate-Approximation (ohne eine vorherige Transformation $(X_i, Y_i) \Leftarrow (x_i, y_i)$) mit einer der Funktionen aus (2.31) ergibt. $\qquad \square$

Tab. 2.2: Kriterien für eine zweidimensionale empirische Formel

Typ	$\bar{x}_s$	$\bar{y}_s$	Gestalt der empirischen Formel	Linearisierte Form
(i)	$\dfrac{x_0 + x_M}{2}$ arithmetisches Mittel	$\dfrac{y_0 + y_M}{2}$ arithmetisches Mittel	$y = ax + b$	
(ii)	$\sqrt{x_0 x_M}$ geometrisches Mittel	$\sqrt{y_0 y_M}$ geometrisches Mittel	$y = ax^b$	$Y = \alpha + bX$, mit $X \equiv \ln x$, $Y \equiv \ln y$, $\alpha \equiv \ln a$
(iii)	$\dfrac{x_0 + x_M}{2}$ arithmetisches Mittel	$\sqrt{y_0 y_M}$ geometrisches Mittel	$y = ab^x$	$Y = \alpha + \beta x$, mit $Y \equiv \ln y$, $\alpha \equiv \ln a$, $\beta \equiv \ln b$
(iv)	$\dfrac{2x_0 x_M}{x_0 + x_M}$ harmonisches Mittel	$\dfrac{y_0 + y_M}{2}$ arithmetisches Mittel	$y = a + \dfrac{b}{x}$	$Y = ax + b$, mit $Y \equiv xy$
(v)	$\dfrac{x_0 + x_M}{2}$ arithmetisches Mittel	$\dfrac{2y_0 y_M}{y_0 + y_M}$ harmonisches Mittel	$y = \dfrac{1}{ax + b}$	$Y = ax + b$, mit $Y \equiv \dfrac{1}{y}$
(vi)	$\dfrac{2x_0 x_M}{x_0 + x_M}$ harmonisches Mittel	$\dfrac{2y_0 y_M}{y_0 + y_M}$ harmonisches Mittel	$y = \dfrac{x}{ax + b}$	$Y = ax + b$, mit $Y \equiv \dfrac{x}{y}$
(vii)	$\sqrt{x_0 x_M}$ geometrisches Mittel	$\dfrac{y_0 + y_M}{2}$ arithmetisches Mittel	$y = a \ln x + b$	$y = aX + b$, mit $X \equiv \ln x$

2.1.3 Nichtlineare Approximation

Im vorangegangenen Abschnitt haben wir im Falle eines *nichtlinearen* funktionalen Zusammenhangs versucht, durch eine a priori Transformation der gegebenen Messpunkte $\{(x_i, y_i),\ i = 0, \ldots, M\}$ zu einer Tabelle von Daten $\{(\bar{x}_i, \bar{y}_i),\ i = 0, \ldots, M\}$ zu gelangen, die mit einer linearen Funktion ausgeglichen werden kann. Nach der Bestimmung der Ausgleichsgeraden erhält man schließlich die gesuchten Parameterwerte für die nichtlineare Approximationsfunktion aus einer a posteriori Transformation der Koeffizienten dieser linearen Funktion.

Wir wollen jetzt auf eine solche a priori Transformation der Messpunkte verzichten und den nichtlinearen funktionalen Zusammenhang direkt approximieren. Die nichtlineare empirische Funktion

$$y(x) = b e^{ax} \tag{2.32}$$

soll uns hierbei als Beispiel dienen. Der entscheidende Unterschied zur Approximation mit Polynomen besteht darin, dass der zu berechnende Parameter a in (2.32) *nichtlinear* auftritt.

Wie die Methode der Kleinsten Quadrate vorschreibt, hat man nun die Funktion

$$F(a, b) \equiv \sum_{i=0}^{M} (y_i - y(x_i))^2 = \sum_{i=0}^{M} (y_i - be^{ax_i})^2 \tag{2.33}$$

zu bilden und mit dieser das folgende Optimierungsproblem *ohne Nebenbedingungen* zu konstruieren:

$$F(a, b) \xrightarrow[a,b]{} \min. \tag{2.34}$$

Es gibt eine Vielzahl numerischer Techniken, mit denen sich die lokalen Minima von (2.33) iterativ bestimmen lassen. Im Wesentlichen handelt es sich dabei um die sogenannten *Abstiegsverfahren* (siehe auch Band 1, Abschnitt 5.5.3), deren Grundprinzip wir für ein allgemeines Funktional $F(x)$,

$$F \colon D \subset \mathbb{R}^m \to \mathbb{R}_+,$$

hier noch einmal kurz darstellen wollen. Im Falle von (2.33) ist $m = 2$, $x_1 = a$ und $x_2 = b$ zu setzen. Die Abstiegsverfahren erzeugen, ausgehend von einem Startvektor $x^{(0)}$, eine Vektorfolge $\{x^{(k)}\}_{k=0}^{\infty}$, die unter bestimmten Voraussetzungen gegen einen Minimierungspunkt x^* des Funktionals $F(x)$ konvergiert. Die Iterierten werden dabei in der Form

$$x^{(k+1)} = x^{(k)} + \omega_k t_k p^{(k)} \tag{2.35}$$

angegeben, wobei $p^{(k)}$ einen Richtungsvektor, $t_k \geq 0$ eine Schrittlänge und $\omega_k \geq 0$ einen Relaxationsparameter bezeichnen. In jedem Iterationsschritt bestimmt man $p^{(k)}$, ω_k und t_k so, dass der Wert des Funktionals $F(x)$ abnimmt, d. h., dass gilt

$$F(x^{(k)}) \geq F(x^{(k+1)}). \tag{2.36}$$

Ein solches Abstiegsverfahren besteht i. allg. aus zwei Teilalgorithmen, nämlich einem zur Bestimmung einer neuen Richtung $p^{(k)}$ und einem anderen (die sogenannte *Liniensuche*) zur Auswahl der nächsten Iterierten auf dem Halbstrahl

$$\{x \in \mathbb{R}^m : x = x^{(k)} + tp^{(k)}, \ t \geq 0\}, \tag{2.37}$$

so dass $x^{(k+1)} \in D$ und (2.36) gilt.

Das Funktional $F(x)$ möge stetige zweite partielle Ableitungen bezüglich aller vorkommenden Variablen $x_1, \ldots, x_m$ besitzen, d. h. $F \in \mathbb{C}^2(\mathbb{R}^m)$. Wie im Abschnitt 5.5 des ersten Bandes bezeichnen wir den Gradienten von $F(x)$ mit

$$\operatorname{grad} F(x) \equiv \left(\frac{\partial}{\partial x_1} F(x), \ldots, \frac{\partial}{\partial x_m} F(x) \right)^T \tag{2.38}$$

und die Matrix der zweiten partiellen Ableitungen von $F(x)$, die *Hesse-Matrix*, mit

$$H(x) \equiv \left(\frac{\partial^2}{\partial x_i \partial x_k} F(x) \right), \quad i, k = 1, \ldots, m. \tag{2.39}$$

Üblicherweise wird für den Richtungsvektor $p^{(k)}$ eine *Abstiegsrichtung* von $F(x)$ verwendet (siehe Band 1, Formel (5.60)), d. h., man verlangt

$$\operatorname{grad} F(x^{(k)})^T p^{(k)} < 0.$$

Diese Bedingung garantiert, dass bei der Liniensuche nur positive Werte von t berücksichtigt werden müssen.

Da jeder (lokale) Minimierungspunkt x^* des Funktionals $F(x)$ auch eine Nullstelle des Gradienten $\operatorname{grad} F(x)$ ist (notwendige Bedingung für ein Minimum, siehe Band 1, Satz 5.5), kann man ein beliebiges Iterationsverfahren zur Bestimmung von Lösungen nichtlinearer Gleichungssysteme (siehe Band 1, Kapitel 5) auf das System $\operatorname{grad} F(x) = 0$,

$$\frac{\partial}{\partial x_1} F(x) = 0, \quad \frac{\partial}{\partial x_2} F(x) = 0, \quad \ldots, \quad \frac{\partial}{\partial x_m} F(x) = 0, \tag{2.40}$$

anwenden und erhält bei Konvergenz einen Minimierungspunkt von $F(x)$. Wählt man hierzu das Newton-Verfahren (siehe Band 1, Formel (5.15)) aus, dann entspricht dies der Verwendung des Richtungsvektors

$$p^{(k)} \equiv H(x^{(k)}) \operatorname{grad} F(x^{(k)}) \tag{2.41}$$

im Abstiegsverfahren (2.35). Bei konstanter Schrittlänge $t_k = 1$ und konstantem Relaxationsparameter $\omega_k = 1$ führt diese Wahl offensichtlich zu einem quadratisch konvergenten Iterationsverfahren (siehe Band 1, Satz 5.3). Das Abstiegsverfahren (2.35) mit dem Richtungsvektor (2.41) ist in der Literatur unter dem Namen *Gauß-Newton-Verfahren* (siehe Band 1, Abschnitt 5.5.2) bekannt. Es besitzt jedoch den entscheidenden Nachteil, dass die Matrix $H(x^{(k)})$ aller zweiten partiellen Ableitungen von $F(x)$ in jedem Iterationsschritt neu berechnet werden muss. Es gibt jedoch ähnlich dem Broyden-Verfahren für nichtlineare Gleichungssysteme (siehe Band 1, Abschnitt 5.3) ableitungsfreie Varianten des Gauß-Newton-Verfahrens, bei denen gewisse Rang-2-Modifikationsformeln eine wichtige Rolle spielen (siehe z. B. [72]).

Für unsere Beispielfunktion (2.33) berechnet sich das System (2.40) mit $x \equiv (a, b)^T$ zu

$$g_1(a, b) = \frac{\partial}{\partial a} F(a, b) = 2 \sum_{i=0}^{M} (y_i - be^{ax_i})(-bx_i e^{ax_i}) = 0,$$
$$g_2(a, b) = \frac{\partial}{\partial b} F(a, b) = 2 \sum_{i=0}^{M} (y_i - be^{ax_i})(-e^{ax_i}) = 0. \tag{2.42}$$

Löst man (2.42) bzw. (2.40) direkt mit dem Newton-Verfahren oder einer ableitungsfreien Variante (d. h. ohne Liniensuche und Dämpfung), dann wird man mit zwei typischen Fragestellungen konfrontiert. Beide Verfahren sind nur lokal konvergent, d. h., man benötigt einen Startvektor $x^{(0)} = (a^{(0)}, b^{(0)})^T$, der bereits hinreichend nahe bei der gesuchten Lösung $x^* = (a^*, b^*)^T$ liegt. Des Weiteren besitzt ein solches nichtlineares System üblicherweise mehrere Lösungen, so dass man selbst bei einem erfolgreichen Iterationsverlauf nicht sicher sein kann, ob es sich bei der numerisch bestimmten Lösung um die tatsächlich gesuchte Nullstelle handelt. Letzteres Problem tritt auch bei der Anwendung eines echten Abstiegsverfahrens vom Typ (2.35) – mit Liniensuche und/oder Dämpfung – auf, da sich mit diesen numerischen Techniken i. allg. nur die lokalen Minima des Funktionals $F(x)$ finden lassen, für deren Existenz wiederum die Gleichungen (2.40) die notwendigen Bedingungen darstellen. Das erstgenannte Problem kann durch den Übergang zu einem Gauß-Newton-Verfahren mit Liniensuche teilweise behoben werden, da die integrierte Liniensuche zu einer gewissen Globalisierung des numerischen Algorithmus führt. Um in der Praxis geeignete Startvektoren zu finden, für die das Newton-Verfahren gegen die gesuchte Lösung konvergiert, sollten zusätzliche Informationen über das zugrundeliegende Modell hinzugezogen werden. So ist es oftmals dem Naturwissenschaftler oder Techniker möglich, genauere Angaben über die Größenordnungen und/oder die Vorzeichen der gesuchten Parameter zu machen. Hat man nun mehrere Parameterkombinationen (a_i, b_i) (d. h. lokale Minima) berechnet, die alle den Kriterien des jeweiligen praktischen Modells genügen, dann sollte man diejenigen Parameter in der empirischen Funktion (2.32) verwenden, für die der Wert des Funktionals $F(x)$ am kleinsten ist.

Viele der für die praktischen Anwendungen bedeutsamen empirischen Funktionen besitzen eine nicht unerhebliche Anzahl an freien Parametern. Zum Beispiel sind für die Biologie und die Chemie empirische Funktionen der Form

$$F(a_1, \ldots, a_m, b_1, \ldots, b_m) \equiv \sum_{j=1}^{m} b_j e^{a_j x}, \quad m \text{ relativ groß},$$

von Interesse. Damit die Parameter $a_1, \ldots, a_m, b_1, \ldots, b_m$ durch eine vorgegebene Tabelle von Messdaten $\{(x_i, y_i), i = 0, \ldots, M\}$ hinreichend gut determiniert sind, muss $M \gg 2m$ gelten. Aber selbst in diesem Fall können bei numerischen Rechnungen mit mehreren Startvektoren, die sich nur geringfügig unterscheiden, sehr unterschiedliche Parameterkombinationen als Lösungen herauskommen. Die zugehörigen Summen der kleinsten Quadrate unterscheiden sich aber nur unwesentlich. Charakteristisch für eine derartige Situation ist auch, dass in den numerisch ermittelten Lösungen einige Parameter kaum differieren, während die anderen Parameter noch nicht einmal in der Größenordnung übereinstimmen. Dies zeigt, dass das nichtlineare Approximationsproblem für einige der Parameter ein *schlecht konditioniertes Problem* darstellt. Hier hilft i. allg. nur eine drastische Vergrößerung der Anzahl der Messdaten. Jedoch sind in der Praxis solche Messungen nicht beliebig oft realisierbar, so dass es dann aus der Sicht der numerischen Mathematik keinen Sinn mehr macht, weitere aufwendige Parameterschätzungen durchzuführen. Bereits im Band 1, Kapitel 1, haben wir gezeigt, dass ein schlecht konditioniertes Problem mit keinem noch so guten numerischen Algorithmus vernünftig gelöst werden kann.

Selbst wenn sich für verschiedene Startvektoren die numerisch berechneten Parameterkombinationen kaum unterscheiden und auch die zugehörigen Summen der kleinsten Quadrate nahezu identisch sind, sollte man die Messdaten unter Verwendung normalverteilter Zufallszahlen etwas stören und die Rechnungen noch einmal durchführen. Hierdurch erhält man wichtige Informationen über die Empfindlichkeit der einzelnen Parameter im verwendeten empirischen Ansatz, woraus wiederum auf die Güte der vorgenommenen Kleinste-Quadrate-Approximation geschlossen werden kann.

Auf die Beschreibung der verschiedenen numerischen Strategien zur Bestimmung der Schrittlänge t_k und des Relaxationsparameters ω_k (siehe die Formel (2.35)) wollen wir hier verzichten, da dies den Rahmen einer Einführung in die Numerischen Mathematik sprengen würde. Der interessierte Leser sei auf die umfangreiche Literatur zu dieser Thematik verwiesen (siehe z. B. [62, 66]).

2.2 Stetige Kleinste-Quadrate-Approximation

Bisher wurde davon ausgegangen, dass die Funktion $f(x)$ nur an diskreten Stellen bekannt ist. Jetzt sollen die Kleinste-Quadrate-Techniken auf den Fall angepasst werden, dass $f(x)$ formelmäßig bekannt und stetig ist.

2.2.1 Polynomapproximation

Bisher haben wir für eine Tabelle von Messdaten $\{(x_i, y_i), i = 0, \ldots, M\}$ mit der Methode der Kleinsten Quadrate eine Näherungsfunktion bestimmt, die den zugrundeliegenden (jedoch nicht exakt bekannten) funktionalen Zusammenhang $y = f(x)$ hinreichend gut approximiert. Im Gegensatz hierzu wollen wir jetzt davon ausgehen, dass ein solcher funktionaler Zusammenhang $y = f(x)$ vorliegt, d. h., dass die Funktion $f(x)$ bekannt ist. Unser Ziel ist es, diese Funktion $f(x)$ durch eine Näherungsfunktion $P(x)$ zu ersetzen, die im Sinne des Kleinste-Quadrate-Prinzips eine gute Approximation für $f(x)$ darstellt.

Wie bei der Interpolation sind Polynome $P_n(x)$ vom Grad höchstens n für eine solche Approximation recht gut geeignet. Aus diesem Grunde wollen wir zuerst mit der *Polynomapproximation* beginnen und setzen $f \in \mathbb{C}[a, b]$ voraus, wobei mit $[a, b]$ ein Intervall bezeichnet werde, auf dem die Funktion $f(x)$ angenähert werden soll. Wie bei der diskreten Kleinste-Quadrate-Approximation hat man die Differenzen zwischen der gegebenen Funktion $f(x)$ und dem Polynom $P_n(x)$ zu quadrieren und anschließend die Quadrate zu addieren. Da aber jetzt die Funktionswerte $f(x)$ an jeder beliebigen Stelle x im Intervall $[a, b]$ bekannt sind, führt dies auf die Summation von unendlich vielen solchen Quadraten. Die mathematische Konsequenz ist, dass die Summenbildung in einen Integralausdruck übergeht, d. h., es ist das Minimum des folgenden Ausdrucks zu bestimmen:

$$\int_a^b (f(x) - P_n(x))^2 \, dx. \tag{2.43}$$

Mit

$$P_n(x) \equiv a_n x^n + a_{n-1} x^{n-1} + \cdots + a_1 x + a_0 = \sum_{k=0}^{n} a_k x^k$$

und

$$F(a_0, \ldots, a_n) \equiv \int_a^b \left(f(x) - \sum_{k=0}^{n} a_k x^k \right)^2 dx \tag{2.44}$$

ergibt sich daraus die Zielstellung

$$F(a_0, \ldots, a_n) \xrightarrow{a_0, \ldots, a_n} \min. \tag{2.45}$$

Die notwendigen Bedingungen dafür, dass eine Parameterkombination $a_0, \ldots, a_n$ das Funktional $F(a_0, \ldots, a_n)$ minimiert, lauten wie bisher:

$$\frac{\partial}{\partial a_j} F(a_0, \ldots, a_n) = 0, \quad j = 0, 1, \ldots, n.$$

Bevor wir die obigen partiellen Ableitungen explizit aufschreiben, wollen wir das Funktional $F(a_0, \ldots, a_n)$ noch etwas vereinfachen. Es ist

$$F(a_0, \ldots, a_n) = \int_a^b f(x)^2 \, dx - 2 \sum_{k=0}^{n} a_k \int_a^b x^k f(x) \, dx + \int_a^b \left(\sum_{k=0}^{n} a_k x^k \right)^2 dx.$$

Damit ergibt sich

$$\frac{\partial}{\partial a_j} F(a_0, \ldots, a_n) = -2 \int_a^b x^j f(x) \, dx + 2 \sum_{k=0}^{n} a_k \int_a^b x^{j+k} \, dx.$$

Zur Bestimmung der $n + 1$ Koeffizienten $a_0, \ldots, a_n$ des approximierenden Polynoms $P_n(x)$ ist folglich das $(n + 1)$-dimensionale lineare Gleichungssystem

$$\sum_{k=0}^{n} \left(\int_a^b x^{j+k} \, dx \right) a_k = \int_a^b x^j f(x) \, dx, \quad j = 0, \ldots, n, \tag{2.46}$$

zu lösen. Dieses Gleichungssystem ist wiederum unter dem Begriff *Normalgleichungen* bzw. *Gaußsche Normalgleichungen* bekannt. Es lässt sich in der üblichen Form linearer Gleichungssysteme

$$Ax = b$$

aufschreiben, wenn man die Vektoren $x, b \in \mathbb{R}^{n+1}$ und die Matrix $A \in \mathbb{R}^{(n+1)\times(n+1)}$ wie folgt definiert:

$$x \equiv (a_0, \ldots, a_n)^T, \quad b \equiv \left(\int_a^b f(t)t^0 \, dt, \int_a^b f(t)t^1 \, dt, \ldots, \int_a^b f(t)t^n \, dt \right)^T,$$

$$A \equiv \begin{bmatrix} b - a & \int_a^b t^1 \, dt & \int_a^b t^2 \, dt & \ldots & \int_a^b t^n \, dt \\ \int_a^b t^1 \, dt & \int_a^b t^2 \, dt & \int_a^b t^3 \, dt & \ldots & \int_a^b t^{n+1} \, dt \\ \vdots & \vdots & \vdots & \ldots & \vdots \\ \int_a^b t^n \, dt & \int_a^b t^{n+1} \, dt & \int_a^b t^{n+2} \, dt & \ldots & \int_a^b t^{2n} \, dt \end{bmatrix}. \tag{2.47}$$

Bezüglich der Existenz einer Lösung von (2.46) und deren Eindeutigkeit gilt der folgende Satz.

Satz 2.2. *Es sei $f \in \mathbb{C}[a, b]$ gegeben und es gelte $a \neq b$. Dann besitzen die Normalgleichungen (2.46) eine eindeutige Lösung.*

Beweis. Wir zeigen, dass die Systemmatrix A in (2.47) nichtsingulär ist. Hierzu setzen wir $f(x) \equiv 0$, so dass sich die rechte Seite b des Gleichungssystems $Ax = b$ auf den Nullvektor $b \equiv 0$ reduziert. Falls das so entstandene homogene lineare Gleichungssystem $Ax = 0$ nur die triviale Lösung $x = 0$, d. h., $a_0 = \cdots = a_n = 0$, besitzt, ist die Behauptung gezeigt.

Multipliziert man nun die j-te Zeile des homogenen Gleichungssystems mit a_j und summiert anschließend über alle j, dann ergibt sich aus (2.46)

$$\sum_{j=0}^{n} \sum_{k=0}^{n} \left(\int_a^b x^{j+k} \, dx \right) a_j a_k = 0.$$

Dies wiederum lässt sich in der Form

$$\int_a^b \sum_{j=0}^{n} \sum_{k=0}^{n} a_j a_k x^{j+k} \, dx = 0$$

schreiben, was aber gleichbedeutend mit

$$\int_a^b (P_n(x))^2 \, dx = 0$$

ist. Hieraus folgt unmittelbar $P_n(x) = 0$, d. h. $a_0 = a_1 = \cdots = a_n = 0$. $\square$

Die Matrix (2.47) ist wie im diskreten Fall symmetrisch und positiv definit. Folglich lässt sich auch hier das zugehörige Gleichungssystem (2.46) mit den Techniken aus dem Band 1, Abschnitt 2.4.1 effektiv lösen. Standardmäßig wird man das Cholesky-Verfahren (z. B. das m-File cholesky) anwenden.

Bevor wir auf Modifikationen dieser Technik zu sprechen kommen, wollen wir folgendes Beispiel betrachten.

Beispiel 2.2. Man approximiere die Funktion $f(x) = 3^x$ auf dem Intervall $[-1, 1]$ durch ein Polynom zweiten Grades. Damit ist $P_2(x) = a_0 + a_1 x + a_2 x^2$ gesucht, für das gilt:

$$F(a_0, a_1, a_2) \equiv \int_{-1}^{1} (3^x - a_0 - a_1 x - a_2 x^2)^2 \, dx \xrightarrow{a_0, a_1, a_2} \min.$$

Das Gleichungssystem (2.46) lautet in diesem Fall

$$\begin{bmatrix} 2 & 0 & \frac{2}{3} \\ 0 & \frac{2}{3} & 0 \\ \frac{2}{3} & 0 & \frac{2}{5} \end{bmatrix} \begin{pmatrix} a_0 \\ a_1 \\ a_2 \end{pmatrix} = \begin{pmatrix} \frac{8}{3\ln(3)} \\ \frac{10}{3\ln(3)} - \frac{8}{3\ln(3)^2} \\ \frac{8}{3\ln(3)} - \frac{20}{3\ln(3)^2} + \frac{16}{3\ln(3)^3} \end{pmatrix}.$$

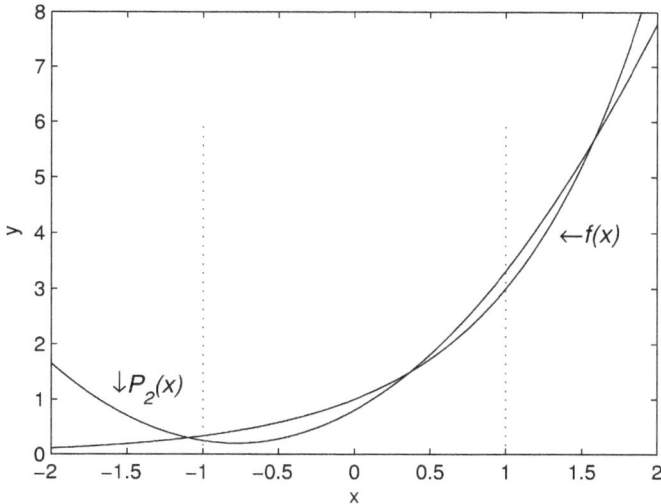

Abb. 2.3: $f(x) = 3^x$ und approximierendes Polynom $P_2(x)$

Die zugehörige Lösung ist

$$a_0 = -\frac{1}{3\ln(3)} + \frac{4}{3\ln(3)^2} \approx 0.8013, \quad a_1 = \frac{5}{\ln(3)} - \frac{4}{\ln(3)^2} \approx 1.5344,$$

$$a_2 = \frac{65}{9\ln(3)} - \frac{170}{9\ln(3)^2} + \frac{40}{3\ln(3)^3} \approx 0.9806.$$

Damit ergibt sich als approximierendes Polynom für $f(x) = 3^x$:

$$P_2(x) \approx 0.9806x^2 + 1.5344x + 0.8013.$$

In der Abbildung 2.3 sind die Funktion $f(x) = 3^x$ und das zugehörige Polynom $P_2(x)$ auf dem Intervall $[-2, 2]$ dargestellt. Man erkennt sehr gut, dass der Approximationsfehler außerhalb des zugrundeliegenden Intervall $[-1, 1]$ stark anwächst. □

Die oben beschriebene Polynomapproximation besitzt folgende Nachteile:
- Es ist ein lineares Gleichungssystem der Dimension $n + 1$ mit i. allg. vollbesetzter Koeffizientenmatrix zu lösen. Die Koeffizienten selbst sind von der Form

$$\int_a^b x^{j+k}\,dx = \frac{b^{j+k+1} - a^{j+k+1}}{j + k + 1},$$

so dass sie eine starke Empfindlichkeit gegenüber Rundungsfehlern aufweisen. Damit ist dann auch die Lösung des Gleichungssystems schlecht bestimmt. Des Weiteren werden in den Fällen, in denen der Grad des approximierenden Polynoms verhältnismäßig groß ist, die Rechnungen zur Bestimmung der Koeffizienten äußerst umfangreich.

- Wie bei der Interpolation mit Lagrange-Polynomen kann bei der Berechnung des Polynoms $(n + 1)$-ten Grades der Aufwand, der zuvor für das Polynom n-ten Grades erforderlich war, nicht eingespart werden.

2.2.2 Approximation mit verallgemeinerten Polynomen

Es soll jetzt eine andere Herangehensweise beschrieben werden, mit der sich die oben beschriebenen Nachteile beseitigen lassen. Hierzu sei ein System von $n + 1$ stetigen Funktionen $\phi_0(x), \ldots, \phi_n(x)$ gegeben, die auf dem Intervall $[a, b]$, $b > a$, linear unabhängig sind. Insbesondere können diese Funktionen Polynome sein, wie der folgende Satz zeigt.

Satz 2.3. *Es sei $\phi_k(x)$ ein Polynom vom Grad k. Dann sind $\phi_0(x), \ldots, \phi_n(x)$ auf jedem beliebigen Intervall $[a, b]$, $b > a$, linear unabhängig.*

Beweis. Es seien $\alpha_0, \ldots, \alpha_n$ reelle Zahlen, für die

$$\alpha_0 \phi_0(x) + \alpha_1 \phi_1(x) + \cdots + \alpha_n \phi_n(x) = 0 \quad \text{für alle } x \in [a, b]$$

gilt. Das Polynom $P(x) \equiv \sum_{k=0}^{n} \alpha_k \phi_k(x)$ ist vom Grad höchstens n und besitzt wegen der obigen Annahme unendlich viele Nullstellen. Somit muss $P(x) \equiv 0$ gelten. Dies ist aber nur erfüllt, wenn die Koeffizienten vor allen Potenzen von x verschwinden. Da aber $\phi_k(x)$ genau den Grad k besitzt, folgt daraus $\alpha_k = 0$ für jedes $k = 0, \ldots, n$. □

Um die Darstellung recht allgemein halten zu können, wollen wir noch den Begriff der *Gewichtsfunktion* einführen.

Definition 2.1. Eine integrierbare Funktion $\omega(x)$ heißt *Gewichtsfunktion* auf dem Intervall $[a, b]$, falls gilt: $\omega(x) \geq 0$ für $x \in [a, b]$ und $\omega(x) \not\equiv 0$ auf jedem Teilintervall von $[a, b]$. □

Der Sinn einer derartigen Gewichtsfunktion besteht darin, dass mit ihr gewisse Teilabschnitte von $[a, b]$ hervorgehoben werden können, auf denen die Approximation besonders genau erfolgen soll.

Zur Approximation einer stetigen Funktion $f(x)$ auf dem Intervall $[a, b]$ bilden wir nun mit Hilfe der $n + 1$ linear unabhängigen und stetigen Funktionen $\phi_0(x), \ldots, \phi_n(x)$ ein sogenanntes *verallgemeinertes Polynom*

$$P(x) \equiv \sum_{k=0}^{n} a_k \phi_k(x). \tag{2.48}$$

Die noch unbestimmten Koeffizienten $a_0, \ldots, a_n$ sind nun so zu berechnen, dass das verallgemeinerte Polynom $P(x)$ die gegebene Funktion $f(x)$ möglichst gut annähert, d. h., es ist die folgende Aufgabe zu lösen

$$F(a_0, \ldots, a_n) \equiv \int_{a}^{b} \omega(x) \left(f(x) - \sum_{k=0}^{n} a_k \phi_k(x) \right)^2 dx \xrightarrow{a_0, \ldots, a_n} \min. \tag{2.49}$$

Man beachte: Mit $\omega(x) \equiv 1$ und $\phi_k(x) \equiv x^k$, $k = 0, \ldots, n$, geht (2.49) in die bereits behandelte Problemstellung (2.45) über.

Zur Lösung von (2.49) stellen wir wieder die notwendigen Bedingungen für ein Minimum auf. Wir berechnen

$$0 = \frac{\partial}{\partial a_j} F(a_0, \ldots, a_n)$$

$$= 2 \int_a^b \omega(x) \left(f(x) - \sum_{k=0}^n a_k \phi_k(x) \right) \phi_j(x)\, dx, \quad j = 0, \ldots, n.$$

Hieraus resultieren die zugehörigen *Normalgleichungen*, ein System von $n + 1$ linearen Gleichungen zur Bestimmung der $n + 1$ Koeffizienten $a_0, \ldots, a_n$ im Ansatz (2.48):

$$\sum_{k=0}^n \left(\int_a^b \omega(x) \phi_k(x) \phi_j(x)\, dx \right) a_k = \int_a^b \omega(x) f(x) \phi_j(x)\, dx, \quad j = 0, \ldots, n. \tag{2.50}$$

Offensichtlich ist das Gleichungssystem (2.50) von der gleichen Gestalt wie das System (2.46). Der einzige Vorteil besteht darin, dass man jetzt ein beliebiges linear unabhängiges Funktionensystem für die Approximation verwenden kann. Schränkt man dieses Funktionensystem jedoch im Sinne der folgenden Definition weiter ein, dann lässt sich tatsächlich der numerische Aufwand signifikant reduzieren.

Definition 2.2. Ein System stetiger Funktionen $\phi_0(x), \ldots, \phi_n(x)$ heißt *orthogonal* auf dem Intervall $[a, b]$ bezüglich der Gewichtsfunktion $\omega(x)$, falls:

$$\int_a^b \omega(x) \phi_j(x) \phi_k(x)\, dx = \begin{cases} 0, & j \neq k, \\ \alpha_k > 0, & j = k. \end{cases} \tag{2.51}$$

Gilt des Weiteren $\alpha_k = 1$, $k = 0, \ldots, n$, dann nennt man das Funktionensystem *orthonormiert* (*orthogonal* und *normiert*). □

Definition 2.3. Die Zahl

$$\|\phi_k(x)\| \equiv \sqrt{\int_a^b \phi_k^2(x)\, dx} \tag{2.52}$$

heißt die *Norm* der Funktion $\phi_k(x)$ auf dem Intervall $[a, b]$. □

Konstruiert man nun das verallgemeinerte Polynom (2.48) mit einem System orthogonaler Funktionen $\phi_0(x), \ldots, \phi_n(x)$, dann reduziert sich die Systemmatrix von (2.50) auf die Diagonalmatrix $D \equiv \mathrm{diag}(\alpha_0, \ldots, \alpha_n)$. Somit sind zur Auflösung dieses Gleichungssystems nur $n + 1$ Divisionen erforderlich, d. h., der Rechenaufwand hat sich gegenüber (2.46) und (2.50) wesentlich verringert. Zusammenfassend gilt der folgende Satz.

Satz 2.4. *Es sei $\phi_0(x), \dots, \phi_n(x)$ ein orthogonales System stetiger Funktionen auf dem Intervall $[a, b]$ bezüglich der Gewichtsfunktion $\omega(x)$. Das mit diesen Funktionen gebildete verallgemeinerte Polynom*

$$P(x) = \sum_{k=0}^{n} a_k \phi_k(x), \tag{2.53}$$

welches die stetige Funktion $f(x)$ auf dem Intervall $[a, b]$ bezüglich $\omega(x)$ im Sinne der Methode der Kleinsten Quadrate bestmöglichst approximiert, ist durch die folgenden Koeffizienten bestimmt:

$$a_k = \frac{\int_a^b \omega(x)\phi_k(x)f(x)\,dx}{\int_a^b \omega(x)(\phi_k(x))^2\,dx} = \frac{1}{\alpha_k}\int_a^b \omega(x)\phi_k(x)f(x)\,dx, \quad k = 0, \dots, n. \tag{2.54}$$

Beweis. Das Resultat wurde bereits oben gezeigt. □

2.2.3 Harmonische Analyse

Ein bezüglich der Gewichtsfunktion $\omega(x) \equiv 1$ orthonormiertes Funktionensystem auf dem Intervall $[-\pi, \pi]$, das in der Praxis sehr häufig verwendet wird, besteht aus den trigonometrischen Funktionen

$$\phi_0(x) = \frac{1}{\sqrt{2\pi}},$$

$$\phi_k(x) = \frac{1}{\sqrt{\pi}} \cos(kx), \quad k = 1, \dots, n, \tag{2.55}$$

$$\phi_{n+k}(x) = \frac{1}{\sqrt{\pi}} \sin(kx), \quad k = 1, \dots, n.$$

Dieses Funktionensystem wird sicher immer dann herangezogen, wenn die zu approximierende Funktion $f(x)$ ein oszillatorisches Verhalten aufweist.

Wir wollen zunächst die Orthogonalität des Funktionensystems (2.55) auf einem beliebigen Intervall der Länge 2π nachweisen. Hierzu zeigen wir, dass die folgenden Integrale verschwinden:

(a) $\displaystyle\int_{-\pi}^{\pi} \sin(jx)\sin(kx)\,dx$ für ganzzahlige j und k mit $j \neq k$,

(b) $\displaystyle\int_{-\pi}^{\pi} \cos(jx)\cos(kx)\,dx$ für ganzzahlige j und k mit $j \neq k$,

(c) $\displaystyle\int_{-\pi}^{\pi} \cos(jx)\sin(kx)\,dx$ für alle ganzzahligen j und k.

Man berechnet

(a) $\displaystyle\int_{-\pi}^{\pi} \sin(jx)\sin(kx)\,dx = \frac{1}{2}\left[\frac{\sin((j-k)x)}{j-k} - \frac{\sin((j+k)x)}{j+k}\right]_{-\pi}^{\pi} = 0,$

(b) $\displaystyle\int_{-\pi}^{\pi} \cos(jx)\cos(kx)\,dx = \frac{1}{2}\left[\frac{\sin((j+k)x)}{j+k} + \frac{\sin((j-k)x)}{j-k}\right]_{-\pi}^{\pi} = 0,$

falls j und k ganzzahlig sind und $j \neq k$ ist. Das Integral (c) verschwindet auf dem Intervall $[-\pi, \pi]$, da der Integrand eine ungerade Funktion ist.

Setzt man schließlich $j = 0$ in den Integralen (b) und (c), so ergibt sich

$$\int_{-\pi}^{\pi} 1 \cdot \cos(kx)\,dx = 0 \quad \text{und} \quad \int_{-\pi}^{\pi} 1 \cdot \sin(kx)\,dx = 0.$$

Folglich ist das trigonometrische Funktionensystem (2.55) auf dem Intervall $[-\pi, \pi]$ und damit auch auf einem beliebigen Intervall $(a, 2\pi + a]$ orthogonal. Um die Normiertheit dieses Funktionensystems zu zeigen, berechnen wir die Normen (2.52) der zugehörigen Funktionen ($k = 1, \dots, n$):

$$\|\phi_0(x)\| = \left\|\frac{1}{\sqrt{2\pi}}\right\| = \frac{1}{\sqrt{2\pi}}\sqrt{\int_{-\pi}^{\pi} dx} = \frac{\sqrt{2\pi}}{\sqrt{2\pi}} = 1,$$

$$\|\phi_k(x)\| = \left\|\frac{1}{\sqrt{\pi}}\cos(kx)\right\| = \frac{1}{\sqrt{\pi}}\sqrt{\int_{-\pi}^{\pi} \cos(kx)^2\,dx} = \frac{\sqrt{\pi}}{\sqrt{\pi}} = 1,$$

$$\|\phi_{n+k}(x)\| = \left\|\frac{1}{\sqrt{\pi}}\sin(kx)\right\| = \frac{1}{\sqrt{\pi}}\sqrt{\int_{-\pi}^{\pi} \sin(kx)^2\,dx} = \frac{\sqrt{\pi}}{\sqrt{\pi}} = 1.$$

Ist nun eine stetige periodische Funktion $f(x)$ mit der Periode 2π auf dem Intervall $[-\pi, \pi]$ gegeben, dann bildet man das verallgemeinerte Polynom

$$S_n(x) \equiv a_0\phi_0(x) + \sum_{k=1}^{n} (a_k\phi_k(x) + b_k\phi_{n+k}(x)). \tag{2.56}$$

Die Summanden $h_0 \equiv \frac{a_0}{\sqrt{2\pi}}$ und $h_k \equiv \tilde{a}_k\cos(kx) + \tilde{b}_k\sin(kx)$, $k = 1, \dots, n$, mit $\tilde{a}_k \equiv \frac{a_k}{\sqrt{\pi}}$, $\tilde{b}_k \equiv \frac{b_k}{\sqrt{\pi}}$, nennt man üblicherweise *Harmonische*.

Soll nun die Abweichung des Polynoms $S_n(x)$ von der Funktion $f(x)$ im Sinne der Methode der Kleinsten Quadrate minimal sein, dann sind die Koeffizienten nach der Formel (2.54) zu bestimmen, d. h.,

$$a_k = \int_{-\pi}^{\pi} \phi_k(x)f(x)\,dx, \qquad k = 0, \dots, n,$$

$$b_k = \int_{-\pi}^{\pi} \phi_{n+k}(x)f(x)\,dx, \qquad k = 1, \dots, n. \tag{2.57}$$

Die in (2.57) angegebenen Koeffizienten a_k und b_k heißen die *trigonometrischen Fourierkoeffizienten* der Funktion $f(x)$. Das entsprechende trigonometrische Polynom $S_n(x)$ nennt man das *trigonometrische Fourierpolynom* von $f(x)$.

Ein Blick auf die Formeln (2.57) lehrt, dass die Koeffizienten b_k, $k = 1, \ldots, n$, im Falle einer *geraden Funktion* $f(x)$ alle verschwinden. Somit gilt

$$b_k = 0, \qquad\qquad k = 1, \ldots, n,$$

$$a_k = \int_{-\pi}^{\pi} \phi_k(x)f(x)\,dx, \quad k = 0, \ldots, n. \qquad (2.58)$$

Das zugehörige Polynom $S_n(x)$ hat dann die Gestalt

$$S_n(x) = \sum_{k=0}^{n} a_k \phi_k(x). \qquad (2.59)$$

Ist andererseits $f(x)$ eine *ungerade Funktion*, dann gilt

$$a_k = 0, \qquad\qquad k = 0, \ldots, n,$$

$$b_k = \int_{-\pi}^{\pi} \phi_{n+k}(x)f(x)\,dx, \quad k = 1, \ldots, n, \qquad (2.60)$$

und das Polynom $S_n(x)$ ist von der Form

$$S_n(x) = \sum_{k=1}^{n} b_k \phi_{n+k}(x). \qquad (2.61)$$

Bildet man im trigonometrischen Fourierpolynom $S_n(x)$ den Grenzübergang $n \to \infty$, so ergibt sich die *trigonometrische Fourierreihe* $S(x)$ für $f(x)$:

$$S(x) \equiv \tilde{a}_0 + \sum_{k=1}^{\infty} (\tilde{a}_k \cos(kx) + \tilde{b}_k \sin(kx)), \qquad (2.62)$$

mit $\tilde{a}_0 \equiv \frac{a_0}{\sqrt{2\pi}}$, $\tilde{a}_k \equiv \frac{a_k}{\sqrt{\pi}}$ und $\tilde{b}_k \equiv \frac{b_k}{\sqrt{\pi}}$.

Die Darstellung einer Funktion durch ihr trigonometrisches Fourierpolynom oder ihre trigonometrische Fourierreihe nennt man die *harmonische Analyse* dieser Funktion.

2.2.4 Konstruktion von Orthogonalsystemen

Abschließend wollen wir eine auf der Gram-Schmidt-Orthogonalisierung basierende Vorschrift angeben, mit der man spezielle Funktionensysteme erzeugen kann, die auf $[a, b]$ bezüglich einer Gewichtsfunktion $\omega(x)$ orthogonal sind. Es gilt der folgende Satz.

Satz 2.5. *Die unten definierte Menge von Polynomen $\phi_0(x)$, $\phi_1(x)$, $\ldots$, $\phi_n(x)$ ist orthogonal auf $[a, b]$ bezüglich der Gewichtsfunktion $\omega(x)$:*

$$\phi_0(x) = 1, \quad \phi_1(x) = x - B_1, \quad a \leq x \leq b, \qquad (2.63)$$

mit

$$B_1 \equiv \frac{\int_a^b x\omega(x)\,dx}{\int_a^b \omega(x)\,dx}.$$

Für $k = 2, \ldots, n$ gelte

$$\phi_k(x) = (x - B_k)\phi_{k-1}(x) - C_k\phi_{k-2}(x), \quad a \le x \le b, \tag{2.64}$$

mit

$$B_k \equiv \frac{\int_a^b x\omega(x)\phi_{k-1}(x)^2\,dx}{\int_a^b \omega(x)\phi_{k-1}(x)^2\,dx} \quad und \quad C_k \equiv \frac{\int_a^b x\omega(x)\phi_{k-1}(x)\phi_{k-2}(x)\,dx}{\int_a^b \omega(x)\phi_{k-2}(x)^2\,dx}. \tag{2.65}$$

Beweis. Jedes $\phi_k(x)$ ist von der Form $1 \cdot x^k$ + Terme niedrigerer Ordnung, so dass die Nenner von B_k und C_k nicht verschwinden können. Mit vollständiger Induktion bezüglich k zeigen wir

$$\int_a^b \omega(x)\phi_k(x)\phi_i(x)\,dx = 0 \quad \text{für alle } i < k. \tag{2.66}$$

1. Für $k = 1$ berechnet man

$$\int_a^b \omega(x)\phi_1(x)\phi_0(x)\,dx = \int_a^b \omega(x)(x - B_1)\,dx = \int_a^b x\omega(x)\,dx - B_1\int_a^b \omega(x)\,dx$$

$$= \int_a^b x\omega(x)\,dx - \left(\frac{\int_a^b x\omega(x)\,dx}{\int_a^b \omega(x)\,dx}\right)\int_a^b \omega(x)\,dx = 0.$$

2. Wir nehmen an, dass die Behauptung für $k = n - 1$ richtig ist. Setzt man nun $\phi_n(x)$ nach (2.64) in den Ausdruck

$$\int_a^b \omega(x)\phi_n(x)\phi_{n-1}(x)\,dx$$

ein, dann erhält man

$$\int_a^b \omega(x)((x - B_n)\phi_{n-1}(x) - C_n\phi_{n-2}(x))\phi_{n-1}(x)\,dx.$$

Wegen der Induktionsvoraussetzung ist aber

$$\int_a^b \omega(x)\phi_{n-2}(x)\phi_{n-1}(x)\,dx = 0,$$

so dass sich daraus

$$\int_a^b \omega(x)(x - B_n)\phi_{n-1}(x)^2\,dx = \int_a^b x\omega(x)\phi_{n-1}(x)^2\,dx - B_n\int_a^b \omega(x)\phi_{n-1}(x)^2\,dx$$

ergibt. Setzt man jetzt B_n in der Form (2.65) in die obige Formel ein, dann verschwindet dieser Ausdruck und wir haben

$$\int_a^b \omega(x)\phi_n(x)\phi_{n-1}(x)\,dx = 0$$

nachgewiesen.

Analog lässt sich

$$\int_a^b \omega(x)\phi_n(x)\phi_{n-2}(x)\,dx = 0$$

zeigen. Schließlich berechnet man für $i < n - 2$:

$$
\begin{aligned}
\int_a^b \omega(x)\phi_n(x)\phi_i(x)\,dx &= \int_a^b \omega(x)((x - B_n)\phi_{n-1}(x) - C_n\phi_{n-2}(x))\phi_i(x)\,dx \\
&= \int_a^b \omega(x)x\phi_{n-1}(x)\phi_i(x)\,dx \\
&= \int_a^b \omega(x)\phi_{n-1}(x)(\phi_{i+1}(x) + B_{i+1}\phi_i(x) + C_{i+1}\phi_{i-1}(x))\,dx = 0.
\end{aligned}
$$

Damit ist die Behauptung des Satzes gezeigt. □

Für beliebige Polynome vom Grad $k < n$ gilt darüber hinaus die nachstehende Folgerung.

Folgerung 2.1. *Für jedes $n > 0$ sind die im Satz 2.5 definierten Polynomfunktionen $\phi_0(x), \ldots, \phi_n(x)$ auf dem Intervall $[a, b]$ linear unabhängig. Des Weiteren gilt für jedes Polynom $P_k(x)$ vom Grad $k < n$ die Beziehung*

$$\int_a^b \omega(x)\phi_n(x)P_k(x)\,dx = 0.$$
□

Beweis.

1. Wir zeigen die lineare Unabhängigkeit. Für alle $x \in [a, b]$ möge gelten

$$0 = c_0\phi_0(x) + \cdots + c_n\phi_n(x).$$

Multipliziert man für jedes $k = 0, \ldots, n$ diese Gleichung mit $\omega(x)\phi_k(x)$, so resultiert

$$0 = \sum_{j=0}^n c_j\omega(x)\phi_j(x)\phi_k(x).$$

Eine anschließende Integration ergibt

$$0 = \sum_{j=0}^n c_j \int_a^b \omega(x)\phi_j(x)\phi_k(x)\,dx = c_k \int_a^b \omega(x)\phi_k(x)^2\,dx.$$

Hieraus folgt unmittelbar $c_k = 0$. Da dieses Ergebnis für $k = 0, \ldots, n$ gilt, handelt es sich bei dem Funktionensystem $\phi_0(x), \ldots, \phi_n(x)$ um eine Menge linear unabhängiger Funktionen.

2. Es sei $P_k(x)$ ein Polynom vom Grad k. Nach 1. existieren reelle Konstanten $c_0, \ldots, c_k$, so dass $P_k(x) = \sum_{j=0}^{k} c_j \phi_j(x)$ gilt. Es ist nun

$$\int_a^b \omega(x) P_k(x) \phi_n(x)\, dx = \sum_{j=0}^{k} c_j \int_a^b \omega(x) \phi_j(x) \phi_n(x)\, dx = 0,$$

da für jedes $j = 0, \ldots, k$ die Funktion $\phi_j(x)$ orthogonal zu $\phi_n(x)$ ist. $\qquad\square$

Wir wollen jetzt einige der bekanntesten orthogonalen Funktionensysteme aus dem Satz 2.5 ableiten und beginnen mit den sogenannten Legendre[1]-Polynomen.

Legendre-Polynome

Hierzu setzen wir $[a, b] \equiv [-1, 1]$, $\omega(x) \equiv 1$ und wenden die Rekursion (2.63), (2.64) an. Es ist

$$\phi_0(x) = 1.$$

Mit

$$B_1 = \frac{\int_{-1}^{1} x\, dx}{\int_{-1}^{1} dx} = 0$$

folgt $\phi_1(x) = x$. Wegen

$$B_2 = \frac{\int_{-1}^{1} x^3\, dx}{\int_{-1}^{1} x^2\, dx} = 0 \quad \text{und} \quad C_2 = \frac{\int_{-1}^{1} x^2\, dx}{\int_{-1}^{1} dx} = \frac{1}{3}$$

ergibt sich

$$\phi_2(x) = (x - B_2)\phi_1(x) - C_2\phi_0(x) = (x - 0)x - \frac{1}{3} \cdot 1, \quad \text{d. h.} \quad \phi_2(x) = x^2 - \frac{1}{3}.$$

Weiter berechnet man

$$B_3 = \frac{\int_{-1}^{1} x(x^2 - \frac{1}{3})^2\, dx}{\int_{-1}^{1} (x^2 - \frac{1}{3})^2\, dx} = 0 \quad \text{und} \quad C_3 = \frac{\int_{-1}^{1} xx(x^2 - \frac{1}{3})\, dx}{\int_{-1}^{1} x^2\, dx} = \frac{\frac{8}{45}}{\frac{2}{3}} = \frac{4}{15}.$$

Hieraus folgt

$$\phi_3(x) = (x - B_3)\phi_2(x) - c_3\phi_1(x) = x\left(x^2 - \frac{1}{3}\right) - \frac{4}{15}x, \quad \text{d. h.} \quad \phi_3(x) = x^3 - \frac{3}{5}x.$$

---

1 Adrien Marie Legendre (1752–1833), französischer Mathematiker. Er wird als der Begründer der Methode der Kleinsten Quadrate angesehen (1805), obwohl Gauß diese Technik bereits 1794 anwendete, sie aber erst 1809 publizierte.

Dieser Prozess kann entsprechend weiter fortgesetzt werden. Ein wichtiges Merkmal des hier konstruierten Funktionensystems ist, dass vor der höchsten x-Potenz jeweils der Faktor Eins steht.

Die Legendre-Polynome werden üblicherweise in einer anderen Normierung aufgeschrieben, die aber keinen Einfluss auf die Orthogonalität des jeweiligen Funktionensystems oder auf das in den vorangegangenen Abschnitten betrachtete Approximationsproblem hat. Man muss dann nur beachten, dass sich durch einen solchen Wechsel auch der Wert α_k in der Formel (2.51) verändert. Die Legendre-Polynome können nämlich auch als die Lösungen $y(x)$ der sogenannten *Legendreschen Differentialgleichung*

$$(1 - x^2)y'' - 2xy' + n(n+1)y = 0$$
$$\text{bzw.} \quad ((1 - x^2)y')' + n(n+1)y = 0, \quad n \in \mathbb{N}, \tag{2.67}$$

erklärt werden (siehe auch die Aufgabe 2.9). In der Literatur findet man häufig die Bezeichnung $P_n(x) \equiv y(x)$ vor, die wir für dieses speziell normierte Legendresche Funktionensystem hier ebenfalls verwenden wollen. Die $P_n(x)$ lassen sich auch durch die *Formel von Rodrigues* definieren:

$$P_n(x) = \frac{1}{2^n n!} \frac{d^n}{dx^n}(x^2 - 1)^n, \quad n = 0, 1, \ldots \tag{2.68}$$

Für die Konstruktion dieser Polynome ist die folgende Rekursionsvorschrift sehr bedeutsam:

$$P_0(x) = 1, \quad P_1(x) = x,$$
$$(n+1)P_{n+1}(x) = (2n+1)xP_n(x) - nP_{n-1}(x), \quad n = 1, 2, \ldots \tag{2.69}$$

Aus dieser Rekursion ergeben sich die ersten 8 Polynome zu:

$$
\begin{aligned}
P_0(x) &= 1, \quad P_1(x) = x, \\
P_2(x) &= \frac{1}{2}(3x^2 - 1), \\
P_3(x) &= \frac{1}{2}(5x^3 - 3x), \\
P_4(x) &= \frac{1}{8}(35x^4 - 30x^2 + 3), \\
P_5(x) &= \frac{1}{8}(63x^5 - 70x^3 + 15x), \\
P_6(x) &= \frac{1}{16}(231x^6 - 315x^4 + 105x^2 - 5), \\
P_7(x) &= \frac{1}{16}(429x^7 - 693x^5 + 315x^3 - 35x).
\end{aligned}
\tag{2.70}
$$

In der Abbildung 2.4 sind einige Legendre-Polynome grafisch dargestellt.

Aus der Formel (2.68) ist ersichtlich, dass die Polynome $P_n(x)$ für $n = 2i$ gerade und für $n = 2i + 1$ ungerade Funktionen sind. Schließlich erfüllen sie die Orthogonali-

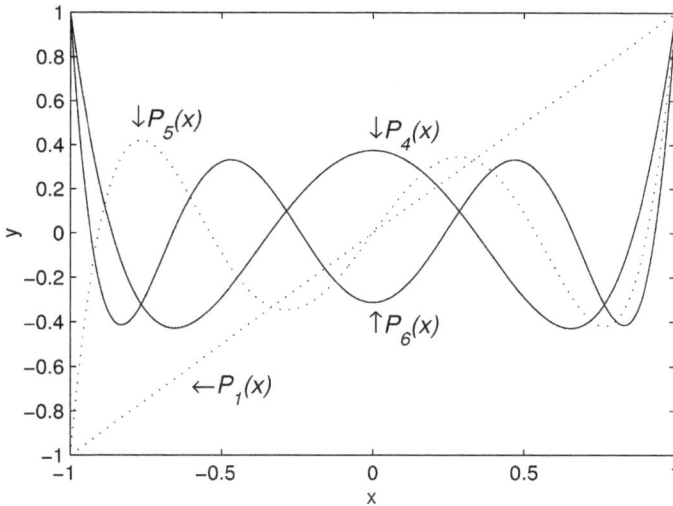

Abb. 2.4: Einige der Legendre-Polynome (2.70)

tätsrelation

$$\int_{-1}^{1} P_n(x)P_m(x)\,dx = \begin{cases} 0, & \text{falls } m \neq n, \\ \frac{2}{2m+1}, & \text{falls } m = n. \end{cases} \tag{2.71}$$

Damit ist

$$\|P_n(x)\| = \sqrt{\frac{2}{2n+1}}.$$

Folglich bilden die normierten Legendre-Polynome

$$\hat{P}_n(x) \equiv \sqrt{\frac{2n+1}{2}}\,P_n(x), \quad n = 0, 1, \ldots, \tag{2.72}$$

auf dem Intervall $[-1, 1]$ ein *orthonormiertes* Funktionensystem, d. h., die zugehörigen α_k in der Formel (2.51) sind sämtlich gleich Eins.

Beispiel 2.3. Es sei die Funktion $f(x) = |x|$ gegeben.

1. Auf dem Intervall $[-1, 1]$ soll die Funktion $f(x)$ durch das verallgemeinerte Polynom

$$P(x) = \sum_{k=0}^{5} a_k P_k(x) \tag{2.73}$$

approximiert werden, wobei die $P_k(x)$ Legendre-Polynome vom Typ (2.70) sind. Da $f(x) = |x|$ eine gerade Funktion ist und die Polynome $P_k(x)$ für gerade k gerade und für ungerade k ungerade Funktionen sind, erhält man aus (2.54)

$$a_{2k} = (4k+1)\int_{0}^{1} x P_{2k}(x)\,dx \quad \text{und} \quad a_{2k+1} = 0, \quad k = 0, 1, 2.$$

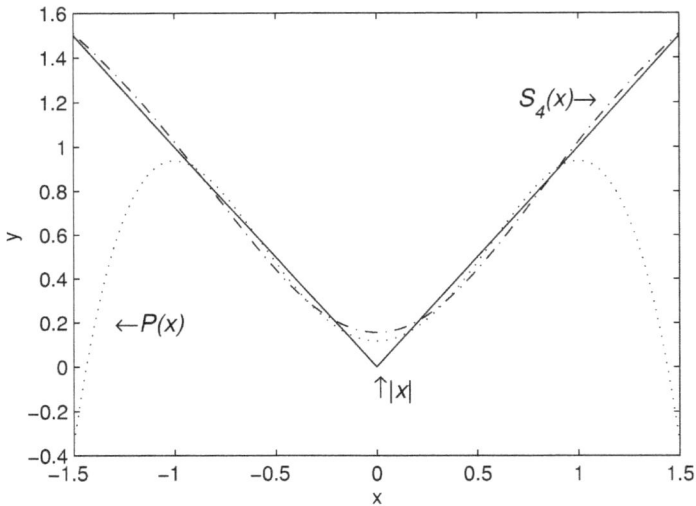

Abb. 2.5: Legendre-Polynom und trigonometrisches Polynom für $|x|$

Unter Verwendung der Formeln (2.70) ergeben sich nun

$$a_0 = \int_0^1 x\,dx = \frac{1}{2}, \quad a_2 = \frac{5}{2}\int_0^1 x(3x^2 - 1)\,dx = \frac{5}{8},$$

(2.74)

$$a_4 = \frac{9}{8}\int_0^1 x(35x^4 - 30x^2 + 3)\,dx = -\frac{3}{16}, \quad \text{sowie} \quad a_1 = a_3 = a_5 = 0.$$

Setzt man die optimalen Koeffizienten (2.74) in den Ansatz (2.73) ein, dann erhält man das approximierende Polynom

$$P(x) = \frac{1}{2} + \frac{5}{16}(3x^2 - 1) - \frac{3}{128}(35x^4 - 30x^2 + 3)$$

$$= \frac{15}{128}(-7x^4 + 14x^2 + 1).$$

(2.75)

Diese Approximationsfunktion ist in der Abbildung 2.5 grafisch dargestellt.

2. Wir wollen jetzt zum Vergleich die Funktion $f(x) = |x|$ auf dem Intervall $[-\pi, \pi]$ durch ein trigonometrisches Fourierpolynom approximieren. Da $f(x)$ eine gerade Funktion ist, brauchen nach der Formel (2.58) die Koeffizienten b_k nicht berechnet zu werden, da sie alle Null sind. Für die a_k, $k = 1, \dots, n$, ergibt sich:

$$a_0 = \int_{-\pi}^{\pi} |x|\frac{1}{\sqrt{2\pi}}\,dx = -\frac{1}{\sqrt{2\pi}}\int_{-\pi}^0 x\,dx + \frac{1}{\sqrt{2\pi}}\int_0^{\pi} x\,dx = \frac{2}{\sqrt{2\pi}}\int_0^{\pi} x\,dx = \frac{\sqrt{2}\pi^2}{2\sqrt{\pi}},$$

(2.76)

$$a_k = \frac{1}{\sqrt{\pi}}\int_{-\pi}^{\pi} |x|\cos(kx)\,dx = \frac{2}{\sqrt{\pi}}\int_0^{\pi} x\cos(kx)\,dx = \frac{2}{\sqrt{\pi}k^2}((-1)^k - 1).$$

Setzt man nun die optimalen Koeffizienten (2.76) in den Ansatz (2.56) ein, dann erhält man das approximierende trigonometrische Fourierpolynom

$$S_n(x) = \frac{\pi}{2} + \frac{2}{\pi} \sum_{k=1}^{n} \frac{(-1)^k - 1}{k^2} \cos(kx). \tag{2.77}$$

Das trigonometrische Polynom $S_4(x)$ ist zum Vergleich ebenfalls in der Abbildung 2.5 eingezeichnet. □

Ein anderes wichtiges System orthogonaler Funktionen sind die sogenannten Tschebyschow-Polynome.

Tschebyschow-Polynome

Sie lassen sich wiederum aus der im Satz 2.5 angegebenen allgemeinen Konstruktionsvorschrift erhalten, indem man $(a, b) \equiv (-1, 1)$ und $\omega(x) \equiv (1 - x^2)^{-\frac{1}{2}}$ setzt.

Wir wollen die Tschebyschow-Polynome $T_n(x)$ hier jedoch auf eine andere Weise ableiten und anschließend nachweisen, dass die so gewonnenen Funktionen die Ortogonalitätsbeziehung (2.51) erfüllen.

Für $x \in [-1, 1]$ und $n \geq 0$ seien die Funktionen $T_n(x)$ wie folgt erklärt

$$T_n(x) \equiv \cos(n \arccos(x)). \tag{2.78}$$

Unter Verwendung der Substitution $\theta = \arccos(x)$ geht die Gleichung (2.78) über in

$$T_n(\cos(\theta)) = \cos(n\theta), \quad \theta \in [0, \pi].$$

Aus dieser Beziehung lässt sich eine Rekursionsvorschrift zur Bestimmung der Tschebyschow-Polynome ableiten, wenn man die folgenden trigonometrischen Identitäten ausnutzt:

$$T_{n+1}(\cos(\theta)) = \cos((n + 1)\theta) = \cos(n\theta)\cos(\theta) - \sin(n\theta)\sin(\theta),$$
$$T_{n-1}(\cos(\theta)) = \cos((n - 1)\theta) = \cos(n\theta)\cos(\theta) + \sin(n\theta)\sin(\theta).$$

Aus der Addition beider Gleichungen folgt nämlich unmittelbar

$$T_{n+1}(\cos(\theta)) = 2\cos(n\theta)\cos(\theta) - T_{n-1}(\cos(\theta)).$$

Kehrt man jetzt zur Variablen x zurück, so resultiert die Rekursion

$$T_{n+1}(x) = 2xT_n(x) - T_{n-1}(x), \quad n = 1, 2, \ldots \tag{2.79}$$

Um nach dieser Vorschrift die Folge der Tschebyschow-Polynome berechnen zu können, müssen die ersten beiden Folgenglieder bekannt sein. Man erhält sie direkt aus (2.78):

$$T_0(x) = \cos(0 \cdot \arccos(x)) = 1,$$
$$T_1(x) = \cos(1 \cdot \arccos(x)) = x.$$

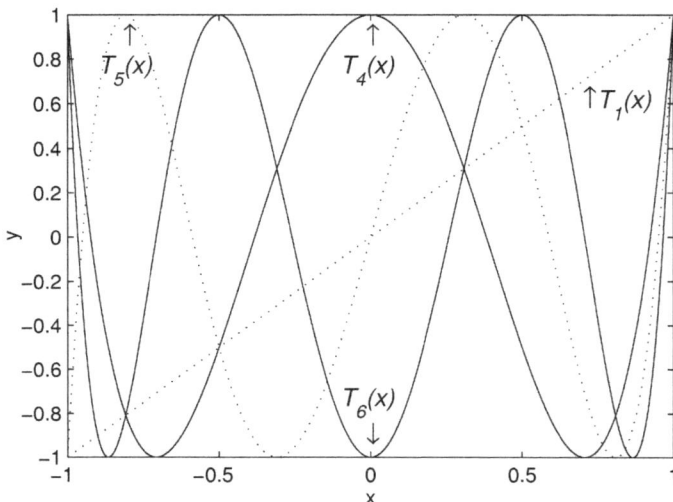

Abb. 2.6: Einige der Tschebyschow-Polynome (2.80)

Setzt man jetzt $T_0(x)$ und $T_1(x)$ in die rechte Seite der Formel (2.79) ein, dann ergibt sich $T_2(x)$. Die nachfolgend angegebenen Tschebyschow-Polynome wurden auf diese Weise konstruiert.

$$
\begin{aligned}
&T_0(x) = 1, \quad T_1(x) = x, \\
&T_2(x) = 2x^2 - 1, \\
&T_3(x) = 4x^3 - 3x, \\
&T_4(x) = 8x^4 - 8x^2 + 1, \\
&T_5(x) = 16x^5 - 20x^3 + 5x, \\
&T_6(x) = 32x^6 - 48x^4 + 18x^2 - 1, \\
&T_7(x) = 64x^7 - 112x^5 + 56x^3 - 7x, \\
&T_8(x) = 128x^8 - 256x^6 + 160x^4 - 32x^2 + 1, \\
&T_9(x) = 256x^9 - 576x^7 + 432x^5 - 120x^3 + 9x.
\end{aligned}
\tag{2.80}
$$

In der Abbildung 2.6 sind einige Tschebyschow-Polynome grafisch dargestellt.

Für das System der Tschebyschow-Polynome gilt nun folgender Satz.

Satz 2.6. *Die Polynome $T_n(x)$, $n = 0, \ldots,$ bilden für das Intervall $[-1, 1]$ und für die Gewichtsfunktion $\omega(x) = \frac{1}{\sqrt{1-x^2}}$ ein System von orthogonalen Polynomen. Es gelten die Beziehungen*

$$
\int_{-1}^{1} \frac{1}{\sqrt{1-x^2}} T_j(x) T_k(x)\, dx = \begin{cases} 0, & \text{falls } j \neq k, \\ \frac{1}{2}\pi, & \text{falls } j = k > 0, \\ \pi, & \text{falls } j = k = 0. \end{cases}
\tag{2.81}
$$

Beweis. Wir verwenden wieder die Substitution $\theta = \arccos(x)$. Damit ergibt sich $T_j(x) = \cos(j\theta)$, $T_k(x) = \cos(k\theta)$ und $dx = -\sin(\theta)\,d\theta$. Jetzt berechnet man

$$\int_{-1}^{1} \frac{1}{\sqrt{1-x^2}} T_j(x) T_k(x)\,dx = -\int_{\pi}^{0} \frac{1}{\sin(\theta)} \cos(j\theta) \cos(k\theta) \sin(\theta)\,d\theta$$

$$= \int_{0}^{\pi} \cos(j\theta) \cos(k\theta)\,d\theta.$$

Aufgrund bekannter trigonometrischer Identitäten gilt

$$\int_{0}^{\pi} \cos(j\theta) \cos(k\theta)\,d\theta = \frac{1}{2} \int_{0}^{\pi} [\cos((j+k)\theta) + \cos((j-k)\theta)]\,d\theta. \tag{2.82}$$

Für $j \neq k$ folgt daraus

$$\frac{1}{4}\left[\frac{1}{j+k} \sin((j+k)\theta) + \frac{1}{j-k} \sin((j-k)\theta) \right]_{0}^{\pi} = 0.$$

Damit ist die erste Relation in (2.81) gezeigt. Für $j = k > 0$ ergibt sich aus (2.82)

$$\frac{1}{4}\left[\frac{1}{j+k} \sin((j+k)\theta) + \theta \right]_{0}^{\pi} = \pi.$$

Damit haben wir den zweiten Fall in (2.81) gezeigt. Der Nachweis der dritten Relation in (2.81) ist trivial. $\qquad\square$

Bemerkung 2.2. Die Tschebyschow-Polynome können ähnlich wie die Legendre-Polynome über eine gewöhnliche Differentialgleichung definiert werden. So sind die Polynome $T_n(x) \equiv y(x)$ Lösung der Differentialgleichung

$$(1 - x^2)y'' - xy' + n^2 y = 0 \tag{2.83}$$

mit $|x| \leq 1$ und $n \geq 0$ ganzzahlig. $\qquad\square$

Die bei der Approximation mit Tschebyschow-Polynomen verwendete Gewichtsfunktion

$$\omega(x) = \frac{1}{\sqrt{(1-x^2)}}$$

wirkt sich i. allg. dahingehend aus, dass die berechnete Näherungsfunktion $P(x)$ an den Rändern des Intervalls $(-1, 1)$ mit der gegebenen Funktion $f(x)$ besser übereinstimmt als in der Intervallmitte.

Stellt man das verallgemeinerte Polynom (2.53) in der Form

$$P(x) = \frac{1}{2} a_0 T_0(x) + \sum_{k=1}^{n} a_k T_k(x) \tag{2.84}$$

dar, dann sind nach (2.54) die optimalen Koeffizienten a_k gegeben durch

$$a_k = \frac{2}{\pi} \int_{-1}^{1} \frac{1}{\sqrt{1-x^2}} T_k(x)f(x)\,dx, \quad k = 0,\ldots,n. \tag{2.85}$$

Die obige Formel vereinfacht sich stark, wenn man wieder auf die Variablentransformation $x = \cos(\theta)$ und die Darstellung (2.78) der Tschebyschow-Polynome zurückgreift. Nach einigen Umformungen ergibt sich damit aus (2.85)

$$a_k = \frac{2}{\pi} \int_{0}^{\pi} \cos(k\theta)f(\cos(\theta))\,d\theta, \quad k = 0,\ldots,n. \tag{2.86}$$

Die im Integranden von (2.86) enthaltene Funktion $\tilde{f}(\theta) \equiv f(\cos(\theta))$ ist nun eine *gerade* und 2π-periodische Funktion des Arguments θ. Somit gilt

$$a_k = \frac{1}{\pi} \int_{-\pi}^{\pi} \cos(k\theta)f(\cos(\theta))\,d\theta, \quad k = 0,\ldots,n. \tag{2.87}$$

Ein Blick auf die Formel (2.58) führt zu dem folgenden Resultat.

Folgerung 2.2. *Die Koeffizienten a_k, $k = 0,\ldots,n$, in der Darstellung (2.84) des verallgemeinerten Polynoms $P(x)$ stimmen mit den Fourierkoeffizienten a_k der geraden, 2π-periodischen Funktion $\tilde{f}(\theta) \equiv f(\cos\theta)$ überein (vergleiche die Formel (2.58)).* □

Damit ist die Approximation mit Tschebyschow-Polynomen auf die Bestimmung von Fourierkoeffizienten zurückgeführt worden. Alle im Abschnitt 2.2.3 angegebenen Techniken können deshalb hier angewendet werden.

2.3 Aufgaben

Aufgabe 2.1. Die *Michaelis[2]-Menten[3]-Gleichung* tritt in der chemischen Kinetik auf und hat die Form

$$v([S]) = \frac{V_{\max}[S]}{K_M + [S]}.$$

Man berechne die Konstanten $V_{\max}$ und K_M so, dass die obige Funktion $v([S])$ eine Kleinste-Quadrate-Approximation bezüglich der experimentell bestimmten Tabelle 2.3 darstellt. Dabei sind v die Geschwindigkeit einer enzymkatalysierten Reaktion bei verschiedenen Substratkonzentrationen $[S]$.

---

2 Leonor Michaelis (1875–1949), deutsch-US-amerikanischer Biochemiker und Mediziner
3 Maud Leonora Menten (1879–1960), kanadische Medizinerin

Tab. 2.3: Tabelle zur Aufgabe 2.1

$[S]$	0.197	0.139	0.068	0.0427	0.027	0.015	0.009	0.008
v	21.5	21	19	16.5	14.5	11	8.5	7

Aufgabe 2.2. In der Tabelle 2.4 wurde der Druck p (in kp/cm^2) eines gesättigten Dampfes in Abhängigkeit vom spezifischen Volumen v (in m^3/kp) gemessen.

Tab. 2.4: Tabelle zur Aufgabe 2.2

v	3.334	1.630	0.8657	0.4323	0.2646	0.1699	0.1146
p	0.482	1.034	2.027	4.247	7.164	11.48	17.60

Man bestimme nach der Tabelle 2.4 eine zweiparametrige empirische Formel und berechne anschließend diese Näherungsfunktion nach der Methode der Kleinsten Quadrate.

Aufgabe 2.3. Für die Veränderlichen x und y wurde durch experimentelle Messungen die Tabelle 2.5 erstellt. Zugehörige theoretische Untersuchungen legen eine empirische Funktion der Form

$$y = e^{cx}(a \sin(x) + b \cos(x))$$

nahe. Man berechne die Parameter a, b und c nach der Methode der Kleinsten Quadrate.

Tab. 2.5: Tabelle zur Aufgabe 2.3

x	0	0.2	0.6	1.2	1.6	2
y	2.050	1.944	1.638	0.907	0.423	0.028

Aufgabe 2.4. Eine Funktion der Form

$$[S](t) = Ae^{-\alpha t} + Be^{-\beta t}$$

wird in der Biochemie dazu verwendet, um die Konzentration $[S]$ eines in die Blutbahn injizierten Farbstoffes zu modellieren. Mit zunehmender Zeit t nimmt die Konzentration ab. Man bestimme die Koeffizienten A, α, B, β so, dass die obige Funktion eine Kleinste-Quadrate-Approximation bezüglich der an Kühen experimentell bestimmten Tabelle 2.6 darstellt.

Tab. 2.6: Tabelle zur Aufgabe 2.4

t	1	2	3	4	5	6	7	8	9	10	13	16	19	22
$[S]$	10.2	7.67	5.76	4.50	3.56	2.77	2.30	1.84	1.46	1.26	0.77	0.52	0.39	0.28

HINWEIS: Damit während der Rechnung keine zu großen Exponenten auftreten, sollte man anstelle der sonst üblichen Funktion $F(A, \alpha, B, \beta)$ die wie folgt modifizierte Funktion $\tilde{F}(A, \alpha, B, \beta)$ minimieren:

$$\tilde{F}(A, \alpha, B, \beta) \equiv \sum_{k=0}^{13} (\ln([S]_k) - \ln(Ae^{-\alpha t_k} + Be^{-\beta t_k}))^2,$$

wobei $(t_k, [S]_k)$, $k = 0, \ldots, 13$, die in der Tabelle angegebenen 14 Datenpunkte sind.

Aufgabe 2.5. Man approximiere die Funktion

$$f(P) = \prod_{p < P} \left(1 + \frac{1}{p}\right)$$

durch die empirische Funktion $P(x) \equiv a_0 + a_1 \ln(P)$. In $f(P)$ ist das Produkt über alle Primzahlen p zu nehmen, die kleiner als eine Primzahl P sind. Man erzeuge für die unten angegebene Menge von Primzahlen p die zugehörigen Funktionswerte $f(p)$ und bestimme a_0 und a_1 nach der Methode der Kleinsten Quadrate.

PRIMZAHLEN
2, 3, 5, 7, 11, 13, 17, 19, 23, 29, 31, 37, 41, 43, 47, 53, 59, 61, 67, 71, 73, 79, 83, 89, 97, 101, 103, ...

Aufgabe 2.6. Man approximiere die Gamma-Funktion nach der Methode der Kleinsten Quadrate durch ein Polynom 5. Grades

$$P(x) = a_0 + a_1 x + a_2 x^2 + a_3 x^3 + a_4 x^4 + a_5 x^5, \quad \text{d.h.} \quad \Gamma(x + 1) \approx P(x).$$

Hierzu erzeuge man zuerst mit der MATLAB-Funktion gamma die Werte von $\Gamma(x + 1)$ für $x = 0 : 0.1 : 1$ und bestimme dann die Koeffizienten $a_0, \ldots, a_5$.

Aufgabe 2.7. Man verwende das im Satz 2.5 angegebene Verfahren, um $H_1(x)$, $H_2(x)$ und $H_3(x)$ zu berechnen. Hierbei stellt $\{H_0(x), H_1(x), \ldots, H_n(x)\}$ eine Menge von Polynomen dar, mit
1. $H_0(x) \equiv 1$,
2. das zugehörige Definitionsgebiet ist $[a, b] = (-\infty, \infty)$, und
3. die Polynome sind bezüglich der Gewichtsfunktion $\omega(x) \equiv e^{-\frac{x^2}{2}}$ orthogonal.
Die so definierten orthogonalen Polynome werden *Hermite-Polynome* genannt.

Aufgabe 2.8. Für die in der Aufgabe 2.7 angegebenen Hermite-Polynome bestimme man die Konstanten α_k der Orthogonalitätsrelation (2.51). Des Weiteren zeige man, dass diese Polynome die sogenannte Hermitesche Differentialgleichung

$$y''(x) - xy'(x) + ny(x) = 0, \quad n = 0, 1, \ldots,$$

erfüllen.

Aufgabe 2.9. Man verwende das im Satz 2.5 angegebene Verfahren, um $L_1(x)$, $L_2(x)$ und $L_3(x)$ zu berechnen. Hierbei stellt $\{L_0(x), L_1(x), \ldots, L_n(x)\}$ eine Menge von Polynomen dar, mit

1. $L_0(x) \equiv 1$,
2. das zugehörige Definitionsgebiet ist $[a, b] = [0, \infty)$, und
3. die Polynome sind bezüglich der Gewichtsfunktion $\omega(x) \equiv e^{-x}$ orthogonal.

Die so definierten orthogonalen Polynome werden *Laguerre-Polynome* genannt.

Aufgabe 2.10. Für die in der Aufgabe 2.9 angegebenen Laguerre-Polynome bestimme man die Konstanten α_k der Orthogonalitätsrelation (2.51). Des Weiteren zeige man, dass diese Polynome die sogenannte Laguerresche Differentialgleichung

$$xy''(x) + (1 - x)y'(x) + ny(x) = 0, \quad n = 0, 1, \ldots,$$

erfüllen.

Aufgabe 2.11. Die Strahlungsintensität I einer radioaktiven Quelle variiert mit der Zeit nach der Formel $I = I_0 e^{-qt}$. Durch Messungen wurde die Tabelle 2.7 erhalten. Man berechne I_0 und q nach der Methode der Kleinsten Quadrate.

Tab. 2.7: Tabelle zur Aufgabe 2.11

t	1	2	3	4	5	6
I	6.32	4.76	3.51	2.67	2.01	1.48

Aufgabe 2.12. Man bestimme das *allgemeine* trigonometrische Polynom $S_n(x)$, das nach dem Kleinste-Quadrate-Prinzip die Funktion

$$f(x) = \begin{cases} -1, & \text{falls } -\pi < x < 0, \\ 1, & \text{falls } 0 < x < \pi \end{cases}$$

bestmöglichst approximiert.

Aufgabe 2.13. Man zeige, dass für alle positiven ganzen Zahlen i und j gilt:

$$T_i(x)T_j(x) = \frac{1}{2}[T_{i+j}(x) - T_{|i-j|}(x)].$$

Aufgabe 2.14. Gegeben sei die Funktion $f(x) = \sqrt{1 + x}$.

1. Man bestimme auf dem Intervall $[-1, 1]$ das Lagrangesche Interpolationspolynom $P_3(x)$ für eine äquidistante Stützstellenmenge und berechne $P_3(0.1)$,
2. Man bestimme auf dem Intervall $[-1, 1]$ das Lagrangesche Interpolationspolynom $\tilde{P}_3(x)$ für eine Stützstellenmenge, die aus den Wurzeln von $T_3(x)$ besteht, und berechne $\tilde{P}_3(0.1)$.
3. Man bestimme auf dem Intervall $[0, 1]$ das Lagrangesche Interpolationspolynom $\hat{P}_3(x)$ für eine Stützstellenmenge, die sich aus den Wurzeln von $T_3(x)$ sowie der

Transformation des Intervalls $[0, 1]$ auf $[-1, 1]$ ergibt. Anschließend berechne man $\hat{P}_3(0.1)$.

4. Man vergleiche die berechneten Werte $P_3(0.1)$, $\tilde{P}_3(0.1)$ und $\hat{P}_3(0.1)$ mit dem Funktionswert $f(0.1)$.

Aufgabe 2.15. Man zeige, dass die Legendre-Polynome der Legendreschen Differentialgleichung (2.67) genügen.

HINWEIS: Es sei $g(x) \equiv (x^2 - 1)^n$. Man benutze die Leibnitzsche Regel, um auf beiden Seiten der Gleichung

$$(x^2 - 1)g'(x) = 2nxg(x)$$

die $(n + 1)$-te Ableitung zu bilden.

Aufgabe 2.16. Man zeige, dass für die Legendre-Polynome die folgende Ungleichung gilt:

$$|P_n(x)| \le 1 \quad \text{für } |x| \le 1.$$

HINWEIS: Man verwende die Beziehung

$$n(n + 1)f(x) \equiv n(n + 1)P_n(x)^2 + (1 - x^2)P_n'(x)^2.$$

Man beachte, dass $f(x) = P_n(x)^2$ gilt, wenn entweder $P_n'(x) = 0$ oder $x^2 = 1$ ist. Verwendet man nun die Legendresche Differentialgleichung (2.67), so ergibt sich

$$n(n + 1)f'(x) = 2xP_n'(x)^2 \gtrless 0 \quad \text{für } x \gtrless 0.$$

Daraus folgt, dass der Wert von $|P_n(x)|$ an der Stelle eines lokalen Maximums für $|x| < 1$ kleiner oder gleich Eins ist.

Aufgabe 2.17. Die Funktion $y(x)$ löse das Anfangswertproblem $y'(x) + ay(x) = 0$, $y(0) = b$. Unter Verwendung der Methode der Kleinsten Quadrate bestimme man die Konstanten a und b, wenn die in der Tabelle 2.8 angegebenen Messwerte vorliegen.

Tab. 2.8: Tabelle zur Aufgabe 2.17

t	0.1	0.2	0.3	0.4	0.5
$y(t)$	80.4	53.9	36.1	24.2	16.2

Aufgabe 2.18. Die *Fehlerfunktion*

$$\text{erf}(x) \equiv \frac{2}{\sqrt{\pi}} \int_0^x e^{-t^2} \, dt$$

spielt in vielen mathematischen Disziplinen eine wichtige Rolle. Man erzeuge sich mit der MATLAB-Funktion `erf` Wertepaare (x_i, y_i) mit $x_i \equiv \frac{i-1}{10}$ und $y_i \equiv \text{erf}(x_i)$, $i = 1, \dots, 11$. Anschließend führe man die nachfolgend angegebenen Aufgaben aus.

1. Man approximiere die so gewonnenen Daten mit Polynomen $P_1(x)$ bis $P_{10}(x)$ nach der Methode der Kleinsten Quadrate. Für Werte x zwischen den Datenpunkten vergleiche man den Wert der Fehlerfunktion mit den Werten der Polynome $P_j(x)$, $j = 1, \ldots, 10$, und stelle fest, wie der maximale Approximationsfehler vom Grad der Polynome abhängt.

2. Da $\mathrm{erf}(x)$ eine ungerade Funktion von x ist, d. h. $\mathrm{erf}(x) = -\mathrm{erf}(-x)$, ist es sachgemäß, die erzeugten Datenpunkte mit einer Linearkombination von ungeraden Potenzen von x,

$$\mathrm{erf}(x) \approx a_1 x + a_2 x^3 + \cdots + a_n x^{2n-1},$$

zu approximieren. Man bestimme für wachsendes n die Koeffizienten $a_1, \ldots, a_n$ und studiere wiederum das Verhalten des Approximationsfehlers.

3. Polynome sind nicht besonders gut geeignet, um $\mathrm{erf}(x)$ zu approximieren, da sie für große x unbeschränkt sind, während $\mathrm{erf}(x)$ für große x gegen Eins konvergiert. Ein besserer Ansatz für eine empirische Funktion ist deshalb

$$\mathrm{erf}(x) \approx c_1 + e^{-x^2}(c_2 + c_3 z + c_4 z^2 + c_5 z^3)$$

mit $z \equiv \frac{1}{1+x}$. Man bestimme die Koeffizienten $c_1, \ldots, c_5$ nach der Methode der Kleinsten Quadrate und vergleiche den zugehörigen Approximationsfehler mit den Fehlern der Polynomapproximation.

3 Kleinste-Quadrate-Lösungen

> Zu wissen, dass wir wissen, was wir wissen, und dass wir nicht wissen, was wir nicht wissen, das ist wahres Wissen.
>
> *Henry David Thoreau (1817–1862)*

3.1 Einführung

Im Kapitel 2 wurde die Methode der Kleinsten Quadrate zur Bestimmung einer Nähe-rungsfunktion $P(x)$ für eine diskret oder kontinuierlich vorgegebene Funktion $f(x)$ beschrieben. Des Weiteren haben wir im ersten Band, Kapitel 3 verschiedene orthogo-nale Transformationen (Householder-, Givens- und Schnelle Givens-Transformation) kennengelernt. Diese orthogonalen Transformationen sollen nun u. a. dazu verwen-det werden, die Frage der Approximation von Funktionen von einem allgemeineren Standpunkt aus zu betrachten.

Wie bisher bezeichne $f(x)$ die zu approximierende Funktion. Es werde voraus-gesetzt, dass $M + 1$ *Beobachtungen* y_i vorliegen, d. h. Werte von f, die an speziellen Argumenten x_i gemessen wurden:

$$y_i \approx f(x_i), \quad i = 0, 1, \ldots, M. \tag{3.1}$$

Die Grundidee besteht nun darin, $f(x)$ durch eine Linearkombination von $n + 1$ Basis-funktionen Φ_j zu modellieren:

$$f(x) \approx P(x) \equiv \beta_0 \Phi_0(x) + \beta_1 \Phi_1(x) + \cdots + \beta_n \Phi_n(x). \tag{3.2}$$

Die rechteckige Matrix $Y \in \mathbb{R}^{(n+1)\times(m+1)}$ mit den Elementen

$$y_{ij} = (Y)_{ij} = \Phi_j(x_i) \tag{3.3}$$

wird *Design-Matrix* genannt. Sie besteht i. allg. aus mehr Zeilen als Spalten.

In Matrix-Vektor-Notation lässt sich jetzt unser Modell wie folgt darstellen:

$$y \approx Y\beta, \tag{3.4}$$

mit $y \equiv (y_0, \ldots, y_M)^T$ und $\beta \equiv (\beta_0, \ldots, \beta_n)^T$.

In diesem Modell dürfen die Basisfunktionen $\Phi_j(x)$ nichtlinear vom Argument x abhängen, während die freien Parameter β_j offensichtlich nur *linear* auftreten. Das (genäherte) lineare Gleichungssystem

$$Y\beta \approx y$$

ist überbestimmt, da mehr Gleichungen als Unbekannte vorkommen.

https://doi.org/10.1515/9783110690378-003

In den Basisfunktionen können weitere Parameter $\alpha_0, \ldots, \alpha_p$ (sogar *nichtlinear*) enthalten sein. Man nennt das Approximationsproblem *separabel*, wenn es zwei Arten von Parametern enthält, die linear bzw. nichtlinear im Problem wie folgt auftreten:

$$f(x) \approx P(x, \alpha) \equiv \beta_0 \Phi_0(x, \alpha) + \cdots + \beta_n \Phi_n(x, \alpha) \tag{3.5}$$

mit $\alpha \equiv (\alpha_0, \alpha_1, \ldots, \alpha_p)^T$. Die Elemente der Design-Matrix hängen dann auch von x *und* α ab:

$$y_{ij} = \Phi_j(x_i, \alpha).$$

Durch die spezielle Wahl der Basisfunktionen ergeben sich nun unterschiedliche Modelle:

- GERADENAPPROXIMATION:

$$\Phi_0(x) = 1, \quad \Phi_1(x) = x, \quad f(x) \approx P(x) = \beta_0 + \beta_1 x.$$

- POLYNOMAPPROXIMATION:

$$\Phi_j(x) = x^j, \quad j = 0, 1, \ldots, n, \quad f(x) \approx P(x) = \beta_0 + \beta_1 x + \cdots + \beta_n x^n.$$

- RATIONALE APPROXIMATION:

$$\Phi_j(x) = \frac{x^j}{\alpha_0 + \alpha_1 x + \cdots + \alpha_n x^n}, \quad f(x) \approx P(x) = \frac{\beta_0 + \beta_1 x + \cdots + \beta_n x^n}{\alpha_0 + \alpha_1 x + \cdots + \alpha_n x^n}.$$

- GAUSS-APPROXIMATION:

$$\Phi_j(x) = e^{-\frac{t-\mu_j}{\sigma_j}}, \quad f(x) \approx P(x) = \beta_0 e^{-\frac{t-\mu_0}{\sigma_0}} + \cdots + \beta_n e^{-\frac{t-\mu_n}{\sigma_n}}.$$

Unter den *Residuen* wollen wir die Differenzen zwischen den Beobachtungen und den Modellwerten verstehen, d. h.,

$$r_i \equiv y_i - \sum_{j=0}^{n} \beta_j \Phi_j(x_i), \quad i = 0, 1, \ldots, M. \tag{3.6}$$

In Vektorschreibweise lauten diese Gleichungen

$$r = y - Y\beta, \quad r \equiv (r_0, \ldots, r_M)^T.$$

Das Ziel besteht nun in der Bestimmung eines solchen Parametervektors β, für den die Residuen so klein wie möglich sind.

Wie wir bereits im Kapitel 2 gesehen haben, führt die Methode der Kleinsten Quadrate auf die Minimierung der Funktion

$$F(\beta_0, \ldots, \beta_n) \equiv \sum_{i=0}^{M} \left(y_i - \sum_{j=0}^{n} \beta_j \Phi_j(x_i) \right)^2 = \sum_{i=0}^{M} r_i^2. \tag{3.7}$$

Die Funktion F lässt sich aber unter Verwendung der 2-Norm in der Form

$$F(\beta_0, \ldots, \beta_n) = \|r\|_2^2$$

darstellen. Somit ist die Aufgabe

$$\min_{\beta} \|y - Y\beta\|_2 \tag{3.8}$$

zu lösen. In den folgenden Abschnitten werden wir unter der Voraussetzung, dass die Design-Matrix Y Vollrang besitzt, geeignete Verfahren zur numerischen Behandlung des Problems (3.8) betrachten.

3.2 Eigenschaften der *QR*-Faktorisierung

In den Abschnitten 3.3.1 bis 3.3.3 des ersten Bandes wurde bereits die *QR*-Faktorisierung einer quadratischen Matrix $A \in \mathbb{R}^{n \times n}$ mittels Givens- und Householder-Matrizen beschrieben. Die dazu erforderlichen Rechenschritte lassen sich auf die gleiche Weise auch für eine rechteckige Matrix $A \in \mathbb{R}^{m \times n}$ durchführen, wobei wir hier stets $m \geq n$ voraussetzen wollen. Somit ist die Existenz der *QR*-Faktorisierung bereits gezeigt. Wir wollen jetzt die Spalten von Q auf $\mathcal{R}(A)$ und $\mathcal{R}(A)^\perp$ beziehen und die Eindeutigkeit der Faktorisierung nachweisen. Das Symbol „$\perp$" bezeichnet hier das *orthogonale Komplement* eines Teilraumes $S \subseteq \mathbb{R}^m$ und ist wie folgt definiert:

$$S^\perp \equiv \{y \in \mathbb{R}^m : y^T x = 0 \text{ für alle } x \in S\}. \tag{3.9}$$

Es gilt der folgende Satz.

Satz 3.1. *Ist $A = QR$ die QR-Faktorisierung einer Matrix $A \in \mathbb{R}^{m \times n}$ mit rang$(A) = n$ und sind $A = [a_1 | \ldots | a_n]$ sowie $Q = [q_1 | \ldots | q_m]$ die entsprechenden Spaltenunterteilungen, dann gilt*

$$\text{span}\{a_1, \ldots, a_k\} = \text{span}\{q_1, \ldots, q_k\}, \quad k = 1, 2, \ldots, n.$$

Insbesondere ist mit $Q = [Q_1 | Q_2]$, $Q_1 \in \mathbb{R}^{m \times n}$, $Q_2 \in \mathbb{R}^{m \times (m-n)}$:
1. $\mathcal{R}(A) = \mathcal{R}(Q_1)$,
2. $\mathcal{R}(A)^\perp = \mathcal{R}(Q_2)$,
3. $A = Q_1 R_1$, *mit $R_1 \equiv (R)_{ij=1}^n$.*

Beweis. Es sei $A = QR$.
1. Ein Vergleich der k-ten Spalten in

$$[a_1 | \ldots | a_n] = [q_1 | \ldots | q_{n-1} | q_n | \ldots | q_m][r_1 | \ldots | r_n]$$

ergibt

$$a_k = [q_1 | \ldots | q_m][r_1 | \ldots | r_n]e_k = [q_1 | \ldots | q_m]r_k,$$

mit $r_k = (r_{1k}, r_{2k}, \ldots, r_{kk}, 0, \ldots, 0)^T$. Somit ist

$$a_k = \sum_{i=1}^k r_{ik}q_i, \tag{3.10}$$

d. h.,

$$\text{span}\{a_1, \ldots, a_k\} \subseteq \text{span}\{q_1, \ldots, q_k\},$$

wobei die rechte Seite die Dimension k besitzt, da Q eine orthogonale Matrix ist. Die Voraussetzung $\text{rang}(A) = n$ impliziert aber, dass die linke Seite ebenfalls die Dimension k aufweist. Somit ergibt sich

$$\text{span}\{a_1, \ldots, a_k\} = \text{span}\{q_1, \ldots, q_k\}.$$

2. Diese Beziehung ist trivial erfüllt, da Q eine orthogonale Matrix ist.
3.

$$A = [Q_1 \mid Q_2] \begin{bmatrix} R_1 \\ 0 \end{bmatrix} = Q_1 R_1. \qquad \square$$

Die Matrizen Q_1 und Q_2 lassen sich einfach aus einer faktorisierten Form von Q berechnen.

Satz 3.2. *Es sei $A \in \mathbb{R}^{m \times n}$ mit $\text{rang}(A) = n$. Die modifizierte QR-Faktorisierung*

$$A = Q_1 R_1 \qquad (3.11)$$

ist eindeutig bestimmt. Hierbei ist $Q_1 \in \mathbb{R}^{m \times n}$ eine Matrix mit orthonormalen Spalten und $R_1 \in \mathbb{R}^{n \times n}$ eine obere Δ-Matrix mit positiven Diagonalelementen. Des Weiteren ist $R_1 = G^T$, wobei G den unteren Cholesky-Faktor von $A^T A$ bezeichnet.

Beweis. Es ist

$$A^T A = (Q_1 R_1)^T (Q_1 R_1) = R_1^T Q_1^T Q_1 R_1 = R_1^T R_1.$$

Folglich stellt $G = R_1^T$ den Cholesky-Faktor von $A^T A$ dar. Dieser Faktor ist wegen der Eindeutigkeit der Cholesky-Faktorisierung eindeutig bestimmt. Da $Q_1 = AR_1^{-1}$ gilt, ist auch Q_1 eindeutig. $\qquad \square$

Im Weiteren wollen wir die Zerlegung (3.11) als die *reduzierte* QR-Faktorisierung der Matrix A bezeichnen.

3.3 Gram-Schmidt-Verfahren

In diesem Abschnitt sollen zwei numerische Techniken betrachtet werden, mit denen sich die reduzierte QR-Faktorisierung $A = Q_1 R_1$ direkt berechnen lässt.

Unter der Voraussetzung $\text{rang}(A) = n$ kann die Gleichung (3.10) nach q_k aufgelöst werden:

$$q_k = \frac{1}{r_{kk}} \underbrace{\left(a_k - \sum_{i=1}^{k-1} r_{ik} q_i \right)}_{\equiv z_k}.$$

Der Vektor q_k lässt sich als Basisvektor in Richtung von

$$z_k = a_k - \sum_{i=1}^{k-1} r_{ik} q_i \qquad (3.12)$$

interpretieren, da die Beziehung $\|q_k\|_2 = \sqrt{q_k^T q_k} = 1$ erfüllt ist. Damit nun

$$z_k \in \text{span}\{q_1, \ldots, q_{k-1}\}^\perp$$

gilt, wählt man

$$r_{ik} = q_i^T a_k, \quad i = 1, 2, \ldots, k-1. \tag{3.13}$$

Damit geht (3.12) über in

$$z_k = a_k - \sum_{i=1}^{k-1} (q_i^T a_k) q_i$$

und man sieht unmittelbar, dass die gewünschte Orthogonalität

$$q_j^T z_k = 0, \quad j = 1, 2, \ldots, k-1,$$

besteht. Aus diesen Überlegungen ergibt sich das sogenannte *klassische Gram*[1]-*Schmidt*[2]*-Verfahren*, das im m-File 3.1 als MATLAB-Funktion grasch dargestellt ist.

m-File 3.1: grasch.m

```
 1 function [Q,R]=grasch(A)
 2 % function [Q,R]=grasch(A)
 3 % Berechnet die reduzierte QR-Faktorisierung von A
 4 % mit dem Gram-Schmidt-Verfahren
 5 %
 6 % A: (m x n)-Matrix, m>=n
 7 % Q: spaltenorthonormale Matrix (m x n)-Matrix
 8 % R: obere (n x n)-Dreiecksmatrix
 9 %
10 [m,n]=size(A);
11 if n>m, error('Dimensionsfehler (n>m)'),end
12 Q=zeros(m,n);
13 R=zeros(n);
14 for k=1:n
15     Q(:,k)=A(:,k);
16     R(1:k-1,k)=Q(:,1:k-1)'*A(:,k);
17     Q(:,k)=Q(:,k)-Q(:,1:k-1)*R(1:k-1,k);
18     R(k,k)=norm(Q(:,k));
19     if R(k,k) == 0
20         error('Matrix A hat nicht vollen Rang')
21     end
22     Q(:,k)=Q(:,k)/R(k,k);
23 end
24 end
```

---

1 Jørgen Pedersen Gram (1850–1916), dänischer Mathematiker
2 Erhard Schmidt (1876–1959), deutscher Mathematiker

Die Abkürzung CGS wird auch sehr häufig für dieses Verfahren verwendet. Sie resultiert aus der englischen Bezeichnung, nämlich „**c**lassical **G**ram-**S**chmidt method".

Wie man sich leicht davon überzeugen kann, werden im k-ten Schritt des CGS die k-ten *Spalten* sowohl von Q_1 als auch von R_1 erzeugt.

Eine ausführliche Rundungsfehleranalyse des klassischen Gram-Schmidt-Verfahrens (siehe z. B. [82]) zeigt, dass dieses Verfahren extrem schlechte numerische Eigenschaften besitzt, d. h., die berechneten q_i verlieren durch den Einfluss der Rundungsfehler immer mehr die Eigenschaft der Orthogonalität.

Die Abänderung der Reihenfolge der Rechenoperationen führt zu einem verbesserten Stabilitätsverhalten. Diese verbesserte Variante ist unter dem Namen *modifiziertes Gram-Schmidt-Verfahren* (Abkürzung: MGS) bekannt.

Anhand einer (4×3)-Matrix A wollen wir die neue Verfahrensstrategie erklären. Die vollständige QR-Faktorisierung von A lautet:

$$
\begin{bmatrix} a_{11} & a_{12} & a_{13} \\ a_{21} & a_{22} & a_{23} \\ a_{31} & a_{32} & a_{33} \\ a_{41} & a_{42} & a_{43} \end{bmatrix} = \begin{bmatrix} q_{11} & q_{12} & q_{13} & q_{14} \\ q_{21} & q_{22} & q_{23} & q_{24} \\ q_{31} & q_{32} & q_{33} & q_{34} \\ q_{41} & q_{42} & q_{43} & q_{44} \end{bmatrix} \begin{bmatrix} r_{11} & r_{12} & r_{13} \\ 0 & r_{22} & r_{23} \\ 0 & 0 & r_{33} \\ 0 & 0 & 0 \end{bmatrix}.
$$

Bezeichnet r^i die i-te Zeile von R, dann lässt sich A in der Form

$$
A = \sum_{i=1}^{3} q_i r^i = [\underbrace{r_{11} q_1}_{z \in \mathbb{R}^4} \mid \underbrace{r_{12} q_1 + r_{22} q_2 \mid r_{13} q_1 + r_{23} q_2 + r_{33} q_3}_{B \in \mathbb{R}^{4 \times (3-1)}}]
$$

aufschreiben.

In einem ersten Schritt sei

$$
A^{(1)} \equiv [z \mid B] = A
$$

und man berechnet

$$
r_{11} = \|z\|_2, \quad q_1 = \frac{z}{r_{11}}, \quad (r_{12}, r_{13}) = q_1^T B.
$$

Für den zweiten Schritt werde

$$
m \begin{bmatrix} 0 \mid A^{(2)} \\ 1 \quad n-1 \end{bmatrix} \equiv A - \sum_{i=1}^{1} q_i r^i
$$

gesetzt. Es ist

$$
[0 \mid A^{(2)}] = [0 \mid \underbrace{r_{22} q_2}_{z \in \mathbb{R}^4} \mid \underbrace{r_{23} q_2 + r_{33} q_3}_{B \in \mathbb{R}^{4 \times (3-2)}}].
$$

Mit $A^{(2)} \equiv [z \mid B]$ berechnet man

$$
r_{22} = \|z\|_2, \quad q_2 = \frac{z}{r_{22}}, \quad (r_{23}) = q_2^T B.
$$

Der dritte und letzte Schritt basiert wieder auf der Darstellung

$$[0\,|\,A^{(3)}] \equiv A - \sum_{i=1}^{2} q_i r^i.$$

Es ist

$$[0\,|\,A^{(3)}] = [0\,|\,0\,|\,\underbrace{r_{33}q_3}_{z \in \mathbb{R}^4}].$$

Daraus folgt

$$r_{33} = \|z\|_2 \quad \text{und} \quad q_3 = \frac{z}{r_{33}}.$$

Allgemein definiert man für eine Matrix $A \in \mathbb{R}^{m \times n}$ im k-ten Schritt des Verfahrens die Matrix $A^{(k)} \in \mathbb{R}^{m \times (n-k+1)}$ durch

$$A - \sum_{i=1}^{k-1} q_i r^i = \sum_{i=k}^{n} q_i r^i = [0\,|\,A^{(k)}].$$

Mit

$$A^{(k)} = \begin{matrix} m \\ {} \end{matrix} \begin{bmatrix} z \,| & B \\ 1 & n-k \end{bmatrix}$$

bestimmen sich dann

$$r_{kk} = \|z\|_2, \quad q_k = \frac{z}{r_{kk}}, \quad (r_{k,k+1}, \ldots, r_{kn}) = q_k^T B.$$

Anschließend wird das dyadische Produkt

$$A^{(k+1)} = B - q_k(r_{k,k+1}, \ldots, r_{kn})$$

berechnet und zum nächsten Schritt übergegangen.

Im Unterschied zum CGS werden somit im k-ten Schritt des MGS die k-te *Spalte* von Q_1 (d. h. q_k) und die k-te *Zeile* von R_1 (d. h. r^k) berechnet. Im m-File 3.2 ist das modifizierte Gram-Schmidt-Verfahren als MATLAB-Funktion mgrasch dargestellt.

m-File 3.2: mgrasch.m

```
1  function [Q,R]=mgrasch(A)
2  % function [Q,R]=mgrasch(A)
3  % Berechnet die reduzierte QR-Faktorisierung von A
4  % mit dem modifizierten Gram-Schmidt-Verfahren
5  %
6  % A: (m x n)-Matrix, m>=n
7  % Q: spaltenorthonormale Matrix (m x n)-Matrix
8  % R: obere (n x n)-Dreiecksmatrix
9  %
10 [m,n]=size(A);
11 if n>m, error('Dimensionsfehler (n>m)'),end
```

```
12  Q=zeros(m,n);
13  R=zeros(n);
14  for k=1:n
15      Q(:,k)=A(:,k);
16      for i=1:k-1
17          R(i,k)=Q(:,i)'*Q(:,k);
18          Q(:,k)=Q(:,k)-R(i,k)*Q(:,i);
19      end
20      R(k,k)=norm(Q(:,k));
21      if R(k,k) == 0
22          error('Matrix A hat nicht vollen Rang')
23      end
24      Q(:,k)=Q(:,k)/R(k,k);
25  end
26  end
```

Wie man leicht nachrechnet, beträgt der zur Durchführung des MGS erforderliche *Rechenaufwand* für eine $(m \times n)$-Matrix (asymptotisch) $2mn^2$ flops.

Demgegenüber würde die Berechnung der Faktorisierung mittels Householder-Transformationen (wobei Q nur in faktorisierter Form abgespeichert ist!) einen Rechenaufwand von $2mn^2 - \frac{2}{3}n^3$ flops benötigen (siehe hierzu auch [35]). Ist man an einer orthonormalen Basis für $\mathcal{R}(A)$ interessiert, dann sind noch einmal $2mn^2 - \frac{2}{3}n^3$ flops erforderlich, um die ersten n Spalten von Q explizit zu berechnen. Damit ergibt sich ein Gesamtaufwand von $4mn^2 - \frac{4}{3}n^3$ flops. Somit ist bei einer Basisbestimmung das MGS etwa zweimal so effektiv wie die Faktorisierung mittels Householder-Matrizen, wenn man davon ausgeht, dass m viel größer als n ist.

Im Hinblick auf die Stabilität der beiden Verfahren gilt der folgende Sachverhalt (siehe z. B. [82]). Das MGS erzeugt eine berechnete Matrix $\hat{Q}_1 = [\hat{q}_1 \mid \ldots \mid \hat{q}_n]$, die die Gleichung

$$\hat{Q}_1^T \hat{Q}_1 = I + E_{\mathrm{MGS}}$$

exakt erfüllt, wobei die *Störungsmatrix* E_{MGS} wie folgt abgeschätzt werden kann:

$$\|E_{\mathrm{MGS}}\|_2 \approx \nu \operatorname{cond}_2(A).$$

Dabei bezeichnet ν wie bisher die relative Maschinengenauigkeit.

Demgegenüber erfüllt die mittels Householder-Transformationen berechnete Matrix $\hat{Q}_1$ exakt die Gleichung

$$\hat{Q}_1^T \hat{Q}_1 = I + E_{\mathrm{H}}$$

mit der Abschätzung für die *Störungsmatrix* E_{H}:

$$\|E_{\mathrm{H}}\|_2 \approx \nu.$$

Kommt es somit auf die Orthonormalität an, dann sollte das MGS nur zur Berechnung von orthonormalen Basen Verwendung finden, falls die zu transformierenden Vektoren $a_1, \ldots, a_n$ bereits streng linear unabhängig sind.

3.4 Kleinste Quadrate Probleme

Wir wollen nun wieder zu der im Abschnitt 3.1 erörterten Fragestellung zurückkehren.

Ein Vektor $x \in \mathbb{R}^n$ ist so zu bestimmen, dass das (genäherte) Gleichungssystem $Ax \approx b$ erfüllt ist, wobei $A \in \mathbb{R}^{m \times n}$ die zugehörige Design-Matrix und $b \in \mathbb{R}^m$ den Beobachtungsvektor bezeichnen. Es sei dabei stets $m \geq n$ erfüllt.

Liegen mehr Gleichungen als Unbekannte vor, dann sagt man, dass das Problem $Ax \approx b$ *überbestimmt* ist. Ein solches überbestimmtes System besitzt i. allg. keine exakte Lösung, da b in $\mathcal{R}(A)$ liegen muss, einem echten Teilraum vom $\mathbb{R}^m$.

Es ist deshalb sinnvoll, zu einer neuen Problemstellung überzugehen. Für ein geeignetes p bestimme man

$$\min_{x \in \mathbb{R}^n} \|b - Ax\|_p. \tag{3.14}$$

Es zeigt sich jedoch, dass die Verwendung unterschiedlicher Normen in (3.14) zu verschiedenen optimalen Lösungen führt.

Beispiel 3.1. Gegeben sei das überbestimmte lineare Gleichungssystem

$$\begin{pmatrix} 1 \\ 1 \\ 1 \end{pmatrix} x \approx \begin{pmatrix} b_1 \\ b_2 \\ b_3 \end{pmatrix} \quad \text{mit } b_1 \geq b_2 \geq b_3 \geq 0.$$

- Für $p = 1$ nimmt (3.14) die Form

$$\min_{x \in \mathbb{R}} (|x - b_1| + |x - b_2| + |x - b_3|)$$

an. Als Lösung ergibt sich offensichtlich $x_{\text{opt}} = b_2$.
- Für $p = 2$ ergibt sich aus (3.14)

$$\min_{x \in \mathbb{R}} \sqrt{\sum_{i=1}^{3} (x - b_i)^2}.$$

Wir setzen $f(x) \equiv \sum_{i=1}^{3} (x - b_i)^2$ und berechnen $\min f(x)$ aus der notwendigen Bedingung $f'(x) = 0$. Es resultiert

$$f'(x) = 2 \sum_{i=1}^{3} (x - b_i) = 0,$$

woraus $3x = b_1 + b_2 + b_3$ folgt. Somit ist $x_{\text{opt}} = \frac{1}{3}(b_1 + b_2 + b_3)$.
- Schließlich ergibt sich für $p = \infty$ die optimale Lösung $x_{\text{opt}} = \frac{1}{2}(b_1 + b_3)$. $\qquad \square$

Die Minimierung in der 1-Norm und in der ∞-Norm wird durch den Sachverhalt kompliziert, dass die Funktion $f(x) \equiv \|b - Ax\|_p$ für diese Werte von p nicht differenzierbar ist. Obwohl es heute bereits ausgefeilte und effektive Techniken zur Behandlung dieser Problemstellungen gibt, wollen wir uns im Rahmen dieses einführenden Textes nicht mit derartigen Minimierungsmethoden beschäftigen.

Im Mittelpunkt der nachfolgenden Betrachtungen steht deshalb das *Kleinste-Quadrate-Problem* (die Abkürzung LS-Problem leitet sich aus der englischen Bezeichnung „**l**east **s**quares problem" ab), das sich aus (3.14) für $p = 2$ ergibt:

$$\min_{x \in \mathbb{R}^n} \|b - Ax\|_2.$$ (3.15)

Das Kleinste-Quadrate-Problem ist aus zwei Gründen einfacher zu behandeln:

- die Funktion $f(x) \equiv \frac{1}{2}\|b - Ax\|_2^2$ ist eine bezüglich x differenzierbare und konvexe Funktion. Der Minimierungspunkt wird deshalb durch die Gradientenbedingung

$$\text{grad}\, f(x) = 0$$

charakterisiert.

- Die 2-Norm ist unter orthogonalen Transformationen invariant. Man kann somit versuchen, eine orthogonale Matrix Q zu konstruieren, für die das äquivalente Minimierungsproblem

$$\min_{x \in \mathbb{R}^n} \|(Q^T b) - (Q^T A)x\|_2$$

leichter zu lösen ist.

Wir wollen uns nun den Eigenschaften des LS-Problems zuwenden und beginnen mit der Charakterisierung der Lösungsmenge von (3.15).

Satz 3.3. *Die Menge aller Lösungen von (3.15) werde mit*

$$S \equiv \{x \in \mathbb{R}^n : \|b - Ax\|_2 = \min\}$$ (3.16)

bezeichnet. Es ist $x \in S$ genau dann, wenn die Orthogonalitätsbedingung

$$A^T(b - Ax) = 0$$ (3.17)

erfüllt ist.

Beweis. Es werde vorausgesetzt, dass für $\hat{x}$ die Gleichung $A^T \hat{r} = 0$ erfüllt ist, mit $\hat{r} \equiv b - A\hat{x}$. Dann haben wir für jedes $x \in \mathbb{R}^n$ die Beziehung

$$r = b - Ax = \hat{r} + A(\hat{x} - x) \equiv \hat{r} + Ae.$$

Daraus folgt

$$r^T r = (\hat{r} + Ae)^T (\hat{r} + Ae) = \hat{r}^T \hat{r} + \|Ae\|_2^2.$$

Dieser Ausdruck wird für $x = \hat{x}$ minimal.

Es werde nun umgekehrt $A^T \hat{r} = z \neq 0$ angenommen und $x \equiv \hat{x} + \varepsilon z$ gesetzt. Dann ist $r = \hat{r} - \varepsilon Az$ und es ergibt sich

$$r^T r = \hat{r}^T \hat{r} - 2\varepsilon z^T z + \varepsilon^2 (Az)^T Az < \hat{r}^T \hat{r}$$

für hinreichend kleines ε. Deshalb kann $\hat{x}$ keine LS-Lösung sein. $\square$

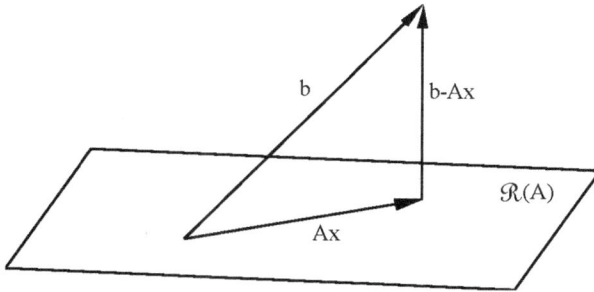

Abb. 3.1: Geometrische Interpretation des LS-Problems

Die wichtige Aussage des Satzes 3.3 ist, dass der Residuenvektor $r = b - Ax$ der LS-Lösung im Nullraum $\mathcal{N}(A^T)$ liegt. Somit zerlegt jede LS-Lösung x die rechte Seite b eindeutig in zwei orthogonale Komponenten

$$b = Ax + r, \quad Ax \in \mathcal{R}(A), \ r \in \mathcal{N}(A^T). \tag{3.18}$$

Die geometrische Interpretation von (3.18) ist für $n = 2$ in der Abbildung 3.1 dargestellt.

Insbesondere folgt aus (3.17), dass jede LS-Lösung die sogenannten *Normalgleichungen*

$$A^T Ax = A^T b \tag{3.19}$$

erfüllt. Die zugehörige Systemmatrix $A^T A \in \mathbb{R}^{n \times n}$ ist offensichtlich symmetrisch und nichtnegativ definit. Die Normalgleichungen sind immer konsistent, da

$$A^T b \in \mathcal{R}(A^T) = \mathcal{R}(A^T A)$$

trivial erfüllt ist. Darüber hinaus gilt die folgende, für die numerische Lösung der Normalengleichungen wichtige Aussage.

Satz 3.4. *Die Matrix $A^T A$ ist genau dann positiv definit, wenn die Spalten von A linear unabhängig sind, d. h., falls* rang$(A) = n$ *gilt.*

Beweis. Wenn die Spalten von A linear unabhängig sind, dann folgt aus $x \neq 0$ unmittelbar $Ax \neq 0$. Somit impliziert $x \neq 0$, dass $x^T A^T Ax = \|Ax\|_2^2 > 0$ ist. Folglich ist $A^T A$ positiv definit.

Sind umgekehrt die Spalten von A linear abhängig, dann gibt es einen Vektor $x_0 \neq 0$ mit $Ax_0 = 0$, woraus $x_0^T A^T Ax_0 = 0$ folgt. Dies bedeutet aber, dass $A^T A$ nicht positiv definit ist. $\qquad\square$

Im Falle rang$(A) = n$ ergibt sich mit dem Satz 3.4, dass die eindeutige LS-Lösung x_{LS} und das *minimale Residuum* r_{LS} explizit wie folgt angegeben werden können:

$$x_{\text{LS}} = (A^T A)^{-1} A^T b \quad \text{und} \quad r_{\text{LS}} = b - A(A^T A)^{-1} A^T b. \tag{3.20}$$

Im Weiteren werden wir die Bezeichnung

$$\rho_{LS} \equiv \|b - Ax_{LS}\|_2 = \|r_{LS}\|_2$$

verwenden, um ein Maß für die Größe des Residuums in der Hand zu haben.

Gilt rang(A) < n, dann besitzt A einen nichttrivialen Nullraum und die LS-Lösung ist nicht eindeutig. Bezeichnet $\hat{x}$ eine spezielle LS-Lösung, dann ist die Menge aller LS-Lösungen von der Gestalt

$$S = \{x = \hat{x} + z, \ z \in \mathcal{N}(A)\}. \tag{3.21}$$

Ist nun $\hat{x}$ orthogonal zu $\mathcal{N}(A)$, dann berechnet sich $\|x\|_2^2 = \|\hat{x}\|_2^2 + \|z\|_2^2$. Somit stellt $\hat{x}$ die eindeutige LS-Lösung mit minimaler Norm dar. Für derartige Aufgaben besteht dann die Zielstellung, diese eindeutige LS-Lösung mit minimaler 2-Norm zu berechnen.

Aber selbst wenn rang(A) = n vorausgesetzt wird, ist mit Schwierigkeiten bei der numerischen Bestimmung der (theoretisch noch eindeutigen) LS-Lösung x_{LS} zu rechnen, wenn die Matrix A beinahe einen Rangabfall hat.

Eine wichtige Rolle spielt dabei auch die Frage nach der Kondition eines LS-Problems. Um diese zu betrachten, müssen wir den Begriff der Konditionszahl cond$_2$(A) einer quadratischen, nichtsingulären Matrix A (siehe die Formel (2.108) im Band 1 dieses Textes) auf rechteckige Matrizen mit Vollrang übertragen.

Ist $U^T A V = \Sigma \in \mathbb{R}^{m \times n}$ die im ersten Band, Formel (2.102), definierte Singulärwertzerlegung der Matrix $A \in \mathbb{R}^{m \times n}$ mit rang(A) = n, dann werde

$$\text{cond}_2(A) \equiv \frac{\sigma_1}{\sigma_p}, \quad p = \min\{m, n\} \tag{3.22}$$

gesetzt. Die Formel (3.22) geht offensichtlich für $m = n$ in die oben genannte Formel für quadratische Matrizen über. Man erkennt unmittelbar: Sind die Spalten von A beinahe abhängig, dann wird dies auch durch eine große Konditionszahl cond$_2$(A) angezeigt.

Wir kommen nun zur Kondition des LS-Problems.

Satz 3.5. *Die Matrix $A \in \mathbb{R}^{m \times n}$, mit $m \geq n$, besitze vollen Rang. Weiter werde vorausgesetzt, dass x_{LS} die 2-Norm $\|b - Ax\|_2$ minimiert. Wie bisher bezeichne $r_{LS} = b - Ax_{LS}$ das zugehörige Residuum. Des Weiteren minimiere der Vektor $\bar{x}_{LS}$ die 2-Norm eines etwas gestörten Problems $\|(b + \Delta b) - (A + \Delta A)\bar{x}\|_2$. Die Störungen $\Delta A \in \mathbb{R}^{m \times n}$ und $\Delta b \in \mathbb{R}^m$ mögen klein im folgenden Sinne sein:*

$$\varepsilon \equiv \max\left(\frac{\|\Delta A\|_2}{\|A\|_2}, \frac{\|\Delta b\|_2}{\|b\|_2}\right) < \frac{1}{\text{cond}_2(A)} = \frac{\sigma_{\min}(A)}{\sigma_{\max}(A)}.$$

Dann ist

$$\frac{\|\bar{x}_{LS} - x_{LS}\|_2}{\|x_{LS}\|_2} \leq \varepsilon\left(\frac{2\,\text{cond}_2(A)}{\cos(\theta)} + \tan(\theta)\,\text{cond}_2(A)^2\right) + O(\varepsilon^2) \equiv \varepsilon\kappa_{LS} + O(\varepsilon^2), \tag{3.23}$$

wobei $\sin(\theta) = \frac{\|r_{LS}\|_2}{\|b\|_2}$ *gilt. Mit anderen Worten, θ ist der Winkel zwischen den Vektoren b und Ax. Somit stellt θ ein Maß dafür dar, ob ρ_{LS} groß (in der Nähe von $\|b\|_2$) oder klein (in der Nähe von 0) ist.*

Beweis. Siehe zum Beispiel die Monografie von Åke Björck [8]. □

Bemerkung 3.1. Die Größe

$$\kappa_{LS} \equiv \frac{2\,\mathrm{cond}_2(A)}{\cos(\theta)} + \tan(\theta)\,\mathrm{cond}_2(A)^2 \qquad (3.24)$$

wird die *Konditionszahl* des LS-Problems genannt. □

Bemerkung 3.2. Die Voraussetzung

$$\varepsilon\,\mathrm{cond}_2(A) < 1 \qquad (3.25)$$

garantiert, dass die gestörte Matrix $A + \Delta A$ vollen Rang besitzt, so dass $\tilde{x}_{LS}$ eindeutig bestimmt ist. □

Die Schranke in der Formel (3.23) lässt nun die folgende Interpretation zu. Ist der Winkel θ gleich Null oder sehr klein, dann ist auch das Residuum klein und die Konditionszahl κ_{LS} des LS-Problems liegt bei etwa $2\,\mathrm{cond}_2(A)$. Dies stimmt mit den Resultaten aus dem Band 1, Kapitel 2, über die Lösung quadratischer Systeme mit einer nicht-singulären Matrix A überein. Ist jedoch θ nicht sehr klein und liegt auch nicht nahe bei $\frac{\pi}{2}$, dann wird die Größe des Residuums noch moderat sein, aber die Konditionszahl κ_{LS} kann einen viel größeren Wert annehmen, nämlich etwa $\mathrm{cond}_2(A)^2$. Nähert sich schließlich der Winkel θ der Zahl $\frac{\pi}{2}$, so dass die exakte Lösung des LS-Problems fast Null wird, dann ist die Konditionszahl κ_{LS} nach oben unbeschränkt. Dies trifft selbst im Falle einer kleinen Konditionszahl $\mathrm{cond}_2(A)$ der Matrix A zu.

3.5 Methode der Normalgleichungen

Im Abschnitt 3.4 wurde gezeigt, dass für eine Matrix $A \in \mathbb{R}^{m \times n}$ mit vollem Rang die Lösung x_{LS} des LS-Problems (3.15) die eindeutige Lösung der Normalgleichungen (3.19) darstellt. Mit

$$C \equiv A^T A \in \mathbb{R}^{n \times n} \quad \text{und} \quad d \equiv A^T b \qquad (3.26)$$

nehmen diese Normalgleichungen die Gestalt

$$Cx = d \qquad (3.27)$$

an, wobei die Koeffizientenmatrix C unter der Voraussetzung $\mathrm{rang}(A) = n$ symmetrisch und positiv definit ist. Wegen der Symmetrie braucht nur der obere Δ-Anteil von C berechnet und abgespeichert zu werden.

Ist $A = [a_1 \mid a_2 \mid \ldots \mid a_n]$ die Spaltenunterteilung der gegebenen Matrix A, dann ergeben sich die relevanten Elemente von C und d zu

$$c_{ij} = a_i^T a_j, \quad 1 \le i \le j \le n, \qquad d_i = a_i^T b, \quad 1 \le i \le n. \qquad (3.28)$$

Die Komprimierung der $(m \times n)$-Matrix A in die viel kleinere Matrix C (im Falle $m \gg n$) macht die Attraktivität dieses Verfahrens aus. Die Anzahl der Elemente im oberen Δ-Anteil von C ist $\frac{1}{2}n(n+1)$ und damit viel kleiner als mn, die Anzahl der Elemente in der gegebenen Matrix A.

Die auf den Spalten von A basierende Konstruktionsvorschrift (3.28) für die Matrix C ist jedoch für hochdimensionale Probleme nicht geeignet. Die Matrix A darf nicht überschrieben werden, da jede Spalte a_i bei der Berechnung von C mehrfach verwendet wird. Sie muss also gesondert abgespeichert werden. Durch eine einfache Abänderung der Rechenoperationen lässt sich aber eine zeilenorientierte Vorschrift für die Aufstellung der Normalgleichungen (3.27) angeben, bei der auf die Problemdaten nur einmal zurückgegriffen wird. An Speicherplatz fällt deshalb nur der zur Abspeicherung von $A^T A$ und $A^T b$ benötigte Platz an. Stellt man nämlich die Matrix A durch ihre Zeilen dar, d. h.,

$$A = \begin{bmatrix} a^1 \\ a^2 \\ \vdots \\ a^m \end{bmatrix},$$

dann lassen sich unter Verwendung des dyadischen Produktes die Matrix C und der Vektor d auch wie folgt berechnen:

$$C = \sum_{i=1}^{m} (a^i)^T a^i, \quad d = \sum_{i=1}^{m} b_i (a^i)^T. \tag{3.29}$$

Wegen der Symmetrie von C ist bei dieser Vorschrift auch nur der obere Δ-Anteil von C zu berechnen und abzuspeichern.

Das sachgemäße numerische Verfahren zur Lösung der Normalgleichungen stellt das im ersten Band, Abschnitt 2.4, dargestellt Cholesky-Verfahren (siehe auch das dortige m-File 2.8) dar, da es die speziellen Eigenschaften der Systemmatrix C berücksichtigt. Es basiert im Wesentlichen auf der GG^T-Faktorisierung (siehe die Formel (2.62) im ersten Band). Bezeichnet $C = GG^T$ diese Cholesky-Faktorisierung, wobei G eine untere Δ-Matrix mit positiven Diagonalelementen ist, dann bestimmt sich die Lösung x_{LS} des LS-Problems aus den beiden Δ-Systemen

$$Gz = d \quad \text{und} \quad G^T x = z. \tag{3.30}$$

Zur effektiven Behandlung des LS-Problems wird das Cholesky-Verfahren oftmals in einer etwas modifizierten Form verwendet. Dies ist die Aussage des folgenden Satzes.

Satz 3.6. *Es sei*

$$\bar{A} \equiv [A \mid b] \in \mathbb{R}^{m \times (n+1)}. \tag{3.31}$$

Die daraus gebildete Matrix $\bar{C} \equiv \bar{A}^T \bar{A}$ *ergibt sich dann zu*

$$\bar{C} = \bar{A}^T \bar{A} = \begin{bmatrix} C & d \\ d^T & b^T b \end{bmatrix}.$$

Bezeichnet

$$\bar{G} = \begin{bmatrix} G & 0 \\ z^T & \varrho \end{bmatrix}$$

den Cholesky-Faktor der Matrix $\bar{C}$, dann bestimmen sich für das LS-Problem (3.15) die Lösung x_{LS} und die Größe ϱ_{LS} nach der Vorschrift

$$G^T x = z, \quad \|b - Ax\|_2 = \varrho. \tag{3.32}$$

Beweis. Es gilt

$$\bar{G}\bar{G}^T = \begin{bmatrix} GG^T & Gz \\ z^T G^T & z^T z + \varrho^2 \end{bmatrix} \quad \text{und} \quad \bar{C} = \begin{bmatrix} A^T A & A^T b \\ b^T A & b^T b \end{bmatrix}.$$

Setzt man diese beiden Matrizen gleich, denn $\bar{G}$ sollte der Cholesky-Faktor von $\bar{C}$ sein, dann sieht man unmittelbar, dass G der Cholesky-Faktor von $A^T A$ ist. Weiter gilt

$$Gz = d, \quad b^T b = z^T z + \varrho^2.$$

Die Beziehung (3.30) impliziert, dass x_{LS} die erste Gleichung in (3.32) erfüllt. Da das Residuum $r = b - Ax$ orthogonal zu Ax ist, berechnet man

$$\|Ax\|_2^2 = (r + Ax)^T Ax = b^T Ax. \tag{3.33}$$

Aus den Normalgleichungen ergibt sich formal

$$x = C^{-1} A^T b.$$

Setzt man hier die Cholesky-Faktorisierung von C ein, so folgt

$$x = G^{-T} G^{-1} A^T b.$$

Wird diese Darstellung von x in (3.33) substituiert, dann erhält man

$$\|Ax\|_2^2 = b^T A G^{-T} G^{-1} A^T b.$$

Da nach (3.30) $z = G^{-1} d$ ist und $d = A^T b$ gilt, ergibt sich schließlich

$$\|Ax\|_2^2 = z^T z.$$

Nun bestimmt sich

$$\|r\|_2^2 = \|b - Ax\|_2^2 = \|b\|_2^2 - b^T(Ax) - (Ax)^T b + \|Ax\|_2^2.$$

Nutzt man wieder die Orthogonalität von $r = b - Ax$ und Ax aus, d. h.,

$$b^T(Ax) = (Ax)^T b = \|Ax\|_2^2,$$

so resultiert

$$\|r\|_2^2 = b^T b - z^T z$$

und die Aussage des Satzes ist damit gezeigt. $\qquad\qquad\square$

Algorithmus 3.1: Methode der Normalgleichungen

1. Schritt: Man konstruiere die geränderte Matrix $\bar{A} = [A \mid b]$.
2. Schritt: Auf der Basis der Formeln (3.28) bzw. (3.29) berechne man
              die Matrix $\bar{C} = \bar{A}^T \bar{A}$.
3. Schritt: Man bestimme die Cholesky-Faktorisierung $\bar{C} = \bar{G}\bar{G}^T$.
4. Schritt: Man bilde die führende Hauptuntermatrix der Dimension n von $\bar{G}$
              und bezeichne diese mit G. Des Weiteren bilde man den Vektor z
              aus den ersten n Elementen der letzten Zeile von $\bar{G}$.
5. Schritt: Man berechne die Lösung x_{LS} des LS-Problems aus dem oberen
              Δ-System $G^T x = z$ mittels Rückwärts-Substitution.
6. Schritt: Die zugehörige Norm des Residuums ϱ_{LS} ergibt sich zu
              $\varrho_{LS} = \bar{g}_{n+1,n+1}$, mit $\bar{G} \equiv (\bar{g}_{i,j})_{i,j=1}^{n+1}$.

Auf der Grundlage der geränderten Matrix (3.31) lassen sich auch andere Verfahren zur Lösung des LS-Problems vereinfachen. Man beachte jedoch, dass im Falle $b \in \mathcal{R}(A)$ der Cholesky-Faktor $\bar{G}$ singulär ist und auch $\varrho_{LS} = 0$ gilt.

Zusammenfassend ergibt sich damit der Algorithmus 3.1 zur Lösung des LS-Problems (3.15) mit der *Methode der Normalgleichungen*. Dieser Algorithmus benötigt zur Berechnung von x_{LS} einen Aufwand von $(m + \frac{n}{3})n^2$ flops.

In Bezug auf die Genauigkeit der nach der Methode der Normalgleichungen berechneten Lösung $\hat{x}_{LS}$ gilt das im Satz 3.7 formulierte Resultat.

Satz 3.7. *Es sei x_{LS} die exakte Lösung des LS-Problems (3.15)). Des Weiteren bezeichne $\hat{x}_{LS}$ diejenige numerische Lösung, die man mit der Methode der Normalgleichungen auf einem Computer mit der relativen Maschinengenauigkeit ν erhält. Dann kann der relative Fehler von $\hat{x}_{LS}$ wie folgt abgeschätzt werden:*

$$\frac{\|\hat{x}_{LS} - x_{LS}\|_2}{\|x_{LS}\|_2} \leq \gamma_{NG} \, \text{cond}_2(A)^2 \Big(1 + \frac{\|b\|_2}{\|A\|_2 \|x_{LS}\|_2}\Big)\nu. \tag{3.34}$$

Die Konstante γ_{NG} ist dabei eine nur langsam wachsende Funktion der Problemdimensionen.

Beweis. Siehe zum Beispiel die Monografie von G. W. Stewart [74].   □

Die wichtige Aussage des Satzes 3.7 ist, dass die mit den Normalgleichungen berechnete Lösung vom Quadrat der Konditionszahl von A abhängt. Deshalb wollen wir in den nächsten Abschnitten die Frage beantworten, ob es weniger rundungsfehleranfällige numerische Techniken gibt, mit denen eine Approximation von x_{LS} berechnet werden kann.

Oftmals gelingt es auch, durch eine Skalierung der Elemente von A die Konditionszahl signifikant zu reduzieren, so dass sich das Quadrat nicht so dramatisch auswirkt. Ein viel zitiertes Beispiel ergibt sich bei der im Abschnitt 2.1.1 beschriebenen Polynomapproximation (diskrete Kleinste-Quadrate-Approximation). Soll nämlich ein Polynom 5. Grades $P_5(x) = a_0 + a_1 x + \cdots + a_5 x^5$ an Messwerte angepasst werden, die an den Stützstellen $x_i = 0, 1, \ldots, 20$ vorliegen, dann resultiert dabei die Matrix $A \in \mathbb{R}^{21 \times 6}$ mit den Elementen

$$a_{ij} = (i - 1)^j, \quad 1 \leq i \leq 21, \ 1 \leq j \leq 6.$$

Wird nun A mit einer Skalierungsmatrix D so skaliert, dass die Spalten von AD alle auf Eins normiert sind, dann ergibt ein Vergleich der Konditionszahlen,

$$\mathrm{cond}_2(A) = 1.1349 \cdot 10^8, \quad \mathrm{cond}_2(AD) = 1.1047 \cdot 10^4,$$

dass sich durch diese Skalierung die Größenordnung der Konditionszahl um die Hälfte reduziert, d. h., die Quadrierung kann hierdurch abgemildert werden.

Oftmals wird die schlechte Kondition auch durch eine unsachgemäße Formulierung des Problems verursacht. In einem solchen Falle kann eine andere Wahl der Parametrisierung die Konditionszahl beträchtlich reduzieren. So sollte man bei der im Kapitel 2 dargestellten Kleinste-Quadrate-Approximation stets versuchen, orthogonale oder zumindest beinahe orthogonale Basisfunktionen zu verwenden. Wir wollen dies am Beispiel der Ausgleichsgeraden demonstrieren.

Beispiel 3.2. Wie im Abschnitt 2.1 beschrieben, soll die Gerade $P(x) = a_0 + a_1 x$ an die $M + 1$ Messpunkte (x_i, y_i), $i = 0, \ldots, M$, angepasst werden. Dies führt in der Terminologie dieses Kapitels auf das überbestimmte lineare Gleichungssystem

$$\begin{bmatrix} 1 & x_0 \\ 1 & x_1 \\ \vdots & \vdots \\ 1 & x_M \end{bmatrix} \begin{pmatrix} a_0 \\ a_1 \end{pmatrix} = \begin{pmatrix} y_0 \\ y_1 \\ \vdots \\ y_M \end{pmatrix}. \tag{3.35}$$

Der Übergang zu den Normalgleichungen (3.19) resultiert in dem folgenden System

$$(M + 1)a_0 + \left(\sum_{i=0}^{M} x_i \right) a_1 = \sum_{i=0}^{M} y_i,$$
$$\left(\sum_{i=0}^{M} x_i \right) a_0 + \left(\sum_{i=0}^{M} x_i^2 \right) a_1 = \sum_{i=0}^{M} x_i y_i. \tag{3.36}$$

Man beachte, dass die Gleichungen (3.36) mit den Gleichungen (2.3) übereinstimmen, die auf der Grundlage der Methode der Kleinsten Quadrate gewonnen wurden.

Bildet man die Mittelwerte

$$\bar{y} \equiv \frac{\sum_{i=0}^{M} y_i}{M + 1}, \quad \bar{x} \equiv \frac{\sum_{i=0}^{M} x_i}{M + 1}, \tag{3.37}$$

dann lässt sich die Kleinste-Quadrate-Lösung $(a_0^{(\mathrm{LS})}, a_1^{(\mathrm{LS})})^T$ von (3.35) bzw. (3.36) in der Form

$$a_0^{(\mathrm{LS})} = \bar{y} - a_1^{(\mathrm{LS})} \bar{x}, \quad a_1^{(\mathrm{LS})} = \frac{\sum_{i=0}^{M} x_i y_i - (M + 1)\bar{x}\bar{y}}{\sum_{i=0}^{M} x_i^2 - (M + 1)\bar{x}^2}, \tag{3.38}$$

aufschreiben (siehe auch die Darstellung (2.4)). Man überzeugt sich unmittelbar davon, dass der Punkt $(\bar{x}, \bar{y})$ auf der Ausgleichsgeraden $P(x) = a_0^{(\text{LS})} + a_1^{(\text{LS})} x$ liegt.

Man erhält eine numerisch günstigere Formel für den Koeffizienten a_1, indem die Variablentransformation $\tilde{x} = x - \bar{x}$ vorgenommen und das Modell in der Form $P(x) = \tilde{a}_0 + \tilde{a}_1 \tilde{x}$ aufgeschrieben wird. In diesem Falle ist $\sum_{i=0}^{M} \tilde{x}_i = 0$, d. h., die zwei Spalten von A sind orthogonal und die Systemmatrix der Normalgleichungen stellt eine Diagonalmatrix dar. Unter Beachtung der Identität

$$\sum_{i=0}^{M} (y_i - \bar{y})(x_i - \bar{x}) = \sum_{i=0}^{M} y_i (x_i - \bar{x})$$

erhält man schließlich die Formeln

$$a_0^{(\text{LS})} = \bar{y} - a_1^{(\text{LS})} \bar{x}, \quad a_1^{(\text{LS})} = \frac{\sum_{i=0}^{M} (y_i - \bar{y})(x_i - \bar{x})}{\sum_{i=0}^{M} (x_i - \bar{x})^2}. \tag{3.39}$$

$\square$

3.6 LS-Lösung mittels *QR*-Faktorisierung

Wie bisher sei $A \in \mathbb{R}^{m \times n}$, $m \geq n$, eine Matrix mit der Eigenschaft $\text{rang}(A) = n$. Mittels der in den Abschnitten 3.3.1 und 3.3.2 des ersten Bandes betrachteten Givens- und Householder-Transformationen werde die QR-Faktorisierung der Matrix A berechnet:

$$Q^T A = R = \begin{bmatrix} R_1 \\ 0 \end{bmatrix}.$$

Dabei sind $R_1 \in \mathbb{R}^{n \times n}$ eine obere Δ-Matrix und $Q \in \mathbb{R}^{m \times m}$ eine orthogonale Matrix. Unterteilt man entsprechend

$$Q^T b = \begin{pmatrix} y \\ z \end{pmatrix}, \quad y \in \mathbb{R}^n, \ z \in \mathbb{R}^{m-n},$$

dann ergibt sich aufgrund der Invarianz der 2-Norm gegenüber orthogonalen Matrizen

$$\|b - Ax\|_2^2 = \|Q^T(b - Ax)\|_2^2 = \|Q^T b - Q^T Ax\|_2^2$$

$$= \left\| \begin{pmatrix} y \\ z \end{pmatrix} - \begin{bmatrix} R_1 \\ 0 \end{bmatrix} x \right\|_2^2 = \left\| \begin{pmatrix} y - R_1 x \\ z \end{pmatrix} \right\|_2^2 = \|y - R_1 x\|_2^2 + \|z\|_2^2.$$

Der zweite Summand $\|z\|_2^2$ ist eine Konstante. Somit erhält man das Minimum genau dann, wenn $\|y - R_1 x\|_2^2$ minimiert wird. Wegen der Voraussetzung

$$n = \text{rang}(A) = \text{rang}(R_1)$$

ist die Matrix R_1 nichtsingulär. Dies wiederum impliziert, dass der Minimierungspunkt und damit die LS-Lösung x_{LS} die eindeutige Lösung des n-dimensionalen oberen Δ-Systems

$$R_1 x = y \tag{3.40}$$

darstellt. Des Weiteren ergibt sich ϱ_{LS} zu

$$\varrho_{LS} = \|z\|_2. \tag{3.41}$$

Unterteilt man die Matrix Q entsprechend

$$Q = [Q_1 \,|\, Q_2], \quad \text{mit } Q_1 \in \mathbb{R}^{m \times n}, \tag{3.42}$$

dann kann $b_{LS} \equiv Ax_{LS} = Q_1 R_1 x_{LS}$ in der Form $b_{LS} = Q_1 y$ dargestellt werden. Ähnlich lässt sich der Residuenvektor $r_{LS} = b - Ax_{LS}$ wegen

$$b = [Q_1 \,|\, Q_2]\binom{y}{z} = Q_1 y + Q_2 z$$

und

$$r_{LS} = b - Ax_{LS} = Q_1 y + Q_2 z - Q_1 y$$

in der Form $r_{LS} = Q_2 z$ aufschreiben. Wir haben damit das folgende Resultat erhalten.

Satz 3.8. *Die Matrix $A \in \mathbb{R}^{m \times n}$ besitze vollen Rang. Die zugehörige QR-Faktorisierung*

$$A = [Q_1 \,|\, Q_2]\begin{bmatrix} R_1 \\ 0 \end{bmatrix} = Q_1 R_1 \tag{3.43}$$

sei gegeben. Dann ist die Lösung x_{LS} des LS-Problems (3.15) eindeutig durch das obere Δ-System

$$R_1 x = Q_1^T b \equiv y \tag{3.44}$$

bestimmt. Die Kleinste-Quadrate-Approximation von b ergibt sich zu

$$b_{LS} = Ax_{LS} = Q_1 y. \tag{3.45}$$

Der Residuenvektor lässt sich in der Form

$$r_{LS} = b - Ax_{LS} = Q_2 z \tag{3.46}$$

angeben und die zugehörige Norm berechnet sich zu

$$\varrho_{LS} = \|r_{LS}\|_2 = \|z\|_2. \tag{3.47}$$

Schließlich ist das Residuum r_{LS} orthogonal zum Spaltenraum von A.

Somit kann das LS-Problem bei einer Matrix A mit vollem Rang sehr schnell gelöst werden, falls die QR-Faktorisierung von A bereits vorliegt. Die Einzelheiten sind abhängig von der speziellen Form des QR-Verfahrens (Householder- oder Givens-Transformationen).

Der Algorithmus 3.2 basiert auf der QR-Faktorisierung (3.43) und erzeugt neben der LS-Lösung x_{LS} auch die Kleinste-Quadrate-Approximation b_{LS} sowie den zugehörigen Residuenvektor.

Algorithmus 3.2: LS-Approximation mit QR-Faktorisierung

> 1. Schritt: Man berechne $y = Q_1^T b$ und $z = Q_2^T b$.
> 2. Schritt: Man bestimme die Lösung x_{LS} des linearen oberen Δ-Systems
> $$R_1 x = y.$$
> 3. Schritt: Man berechne $b_{LS} = Q_1 y$.
> 4. Schritt: Man bestimme $r_{LS} = Q_2 z$.

Der Hauptaufwand des Verfahrens besteht in der Konstruktion der QR-Faktorisierung der $(m \times n)$-Matrix A. Werden dazu beispielsweise Householder-Transformationen verwendet, dann fallen $2(m - \frac{n}{3})n^2$ flops an (siehe z. B. [35]). Der zur Bestimmung von x_{LS} notwendige Aufwand von $O(mn)$ flops im ersten Schritt und $O(n^2)$ flops für die Rückwärts-Substitution im zweiten Schritt des Algorithmus 3.2 ist im Vergleich mit dem genannten Aufwand für die Faktorisierung vernachlässigbar. Insgesamt benötigt somit die Householder LS-Lösung etwa den doppelten Aufwand wie die LS-Lösung auf der Basis der Normalgleichungen.

Über die Genauigkeit der berechneten Lösung $\hat{x}_{LS}$ gibt der folgende Satz Auskunft.

Satz 3.9. *Es sei x_{LS} die exakte Lösung des LS-Problems (3.15). Des Weiteren bezeichne $\hat{x}_{LS}$ diejenige numerische Lösung, die man auf der Basis der QR-Faktorisierung auf einem Computer mit der relativen Maschinengenauigkeit v erhält. Dann kann der relative Fehler von $\hat{x}_{LS}$ wie folgt abgeschätzt werden:*

$$\frac{\|\hat{x}_{LS} - x_{LS}\|_2}{\|x_{LS}\|_2} \le 2\gamma_{QR} \operatorname{cond}_2(A)v + \gamma_{QR} \operatorname{cond}_2(A)^2 \frac{\|r\|_2}{\|A\|_2 \|x_{LS}\|_2} v, \tag{3.48}$$

wobei $r = b - Ax_{LS}$ den zugehörigen Residuenvektor bezeichnet. Die Konstante γ_{QR} ist eine nur langsam wachsende Funktion der Problemdimensionen.

Beweis. Siehe zum Beispiel die Monografie von G. W. Stewart [74]. $\square$

Die beiden bisher betrachteten Verfahren zur Lösung des LS-Problems mit einer Vollrang-Matrix A wollen wir nun einem Vergleich unterziehen. Es wurde bereits darauf hingewiesen, dass die Methode der Normalgleichungen bezüglich der Anzahl der Rechenoperationen das günstigere Verfahren ist. Des Weiteren ist es auch einfacher, eine schwache Besetztheit (sparsity) der Matrix A bei der Implementierung der Methode der Normalgleichungen zu berücksichtigen. Im Hinblick auf die Stabilität ist das QR-Verfahren der Sieger. Die berechnete Lösung ist die exakte Lösung eines nur geringfügig gestörten Problems. Dies trifft jedoch nicht auf die Methode der Normalgleichungen zu. Wenn die Konditionszahl von A anwächst, müssen bei der Rückwärts-Fehleranalyse immer (betrags-)größere Elemente in der Störungsmatrix ΔA angenommen werden, um die Effekte der Rundungsfehler auf die Normalgleichungen zu modellieren. Ist $\operatorname{cond}_2(A) \approx \sqrt{v}$, dann lässt sich noch nicht einmal mehr garantieren, dass die Systemmatrix der berechneten Normalgleichungen positiv definit ist. Vergleicht man schließlich die Genauigkeit der beiden numerischen Techniken, dann liegt die Präferenz bei der QR-Faktorisierung, wobei der Unterschied nicht allzu groß ist. Die Störungstheorie für die Normalgleichungen zeigt (vergleiche die Formel (3.23)), dass $\text{cond}_2(A)^2$ die zu erwartende Größenordnung der Fehler beschreibt. Die Schranke für den relativen Fehler der mit dem QR-Verfahren berechneten Lösung (siehe (3.48)) enthält auch einen Term, der den Faktor $\text{cond}_2(A)^2$ enthält. Das Quadrat der Konditionszahl wird jedoch mit dem skalierten Residuum multipliziert, das die Wirkung dieser großen Zahl reduzieren kann. Schließlich ist in vielen Modellen aus den Anwendungen der Vektor b mit einem Fehler behaftet und das Residuum kann i. allg. nicht kleiner sein als die Größenordnung dieses Fehlers.

Will man somit einen möglichst universell einsetzbaren Algorithmus zur Lösung des LS-Problems konstruieren, dann sollte dieser auf der QR-Faktorisierung aufbauen. Die Anwendung der ökonomischeren Methode der Normalgleichungen erfordert andererseits eine eingehende Untersuchung des Problems, um sicher zu sein, dass das Verfahren auch zu zuverlässigen Ergebnissen führt.

In den nächsten Abschnitten wollen wir noch einige Modifikationen dieser beiden numerischen Basisverfahren betrachten.

3.7 LS-Lösung mittels MGS

Im Abschnitt 3.3 wurden das Gram-Schmidt-Verfahren und das Modifizierte Gram-Schmidt-Verfahren (MGS) betrachtet. Beide Verfahren erzeugen die reduzierte QR-Faktorisierung (3.11) einer Matrix $A \in \mathbb{R}^{m \times n}$ mit $\text{rang}(A) = n$. Da das MGS die besseren Stabilitätseigenschaften aufweist, wollen wir hier nur für das MGS aufzeigen, wie sich unter Verwendung der reduzierten Faktorisierung $A = Q_1 R_1$ das LS-Problem lösen lässt.

Der direkte Zugang besteht darin, in die Normalgleichungen (3.19),

$$A^T A x = A^T b,$$

die Faktorisierung $A = Q_1 R_1$ einzusetzen. Daraus resultiert

$$R_1^T Q_1^T Q_1 R_1 x = R_1^T Q_1^T b$$

bzw.

$$R_1 x = Q_1^T b. \tag{3.49}$$

Die Gleichung (3.49) stellt ein lineares oberes Δ-System der Dimension n dar, aus dem die LS-Lösung $x_{LS} \in \mathbb{R}^n$ berechnet werden kann. Da jedoch beim MGS mit größer werdender Dimension n die Spalten der Matrix Q_1 ihre Orthogonalität verlieren, wird die Berechnung von $Q_1^T b$ und x_{LS} aus (3.49) nicht zu einer hinreichend genauen Approximation für die LS-Lösung führen. Mit der folgenden Modifikation der Lösungsstrategie lässt sich jedoch ein stabiles Verfahren entwickeln.

Hierzu wollen wir davon ausgehen, dass das MGS nicht auf die Matrix A allein, sondern auf die geränderte Matrix $[A \mid b]$ angewendet wird. Dann resultiert

$$[A \mid b] = [Q_1 \mid q_{n+1}]\begin{bmatrix} R_1 & z \\ 0 & \rho \end{bmatrix}, \tag{3.50}$$

wobei offensichtlich $z = Q_1^T b$ gilt.

Es ist nun

$$b - Ax = [A \mid b]\begin{pmatrix} -x \\ 1 \end{pmatrix} = [Q_1 \mid q_{n+1}]\begin{bmatrix} R_1 & z \\ 0 & \rho \end{bmatrix}\begin{pmatrix} -x \\ 1 \end{pmatrix} = Q_1(z - R_1 x) + \rho q_{n+1}.$$

Da die Vektoren $Q_1(z - R_1 x)$ und ρq_{n+1} orthogonal sind, ergibt sich nach dem Satz von Pythagoras

$$\|b - Ax\|_2^2 = \|Q_1(z - R_1 x)\|_2^2 + \|\rho q_{n+1}\|_2^2 = \|z - R_1 x\|_2^2 + \|\rho q_{n+1}\|_2^2.$$

Das Minimum von $\|b - Ax\|_2^2$ wird angenommen, wenn $R_1 x = z$ gilt. Somit ist die Lösung des LS-Problems (3.15) durch

$$R_1 x = Q_1^T b, \quad r = \rho q_{n+1} \tag{3.51}$$

gegeben. Der Algorithmus 3.3 basiert auf der Formel (3.51).

Algorithmus 3.3: LS-Approximation mit MGS

---

1. Schritt: Man wende das MGS auf die Matrix $A \in \mathbb{R}^{m \times n}$, rang$(A) = n$, an, um die Faktoren $Q_1 = [q_1 \mid \ldots \mid q_n]$ und R_1 der reduzierten Faktorisierung $A = Q_1 R_1$ zu berechnen. Man setze $b^{(1)} \equiv b$.
2. Schritt: Man berechne den Vektor $z = (z_1, \ldots, z_n)^T$ nach der Vorschrift
   for $k = 1, 2, \ldots, n$
   $\quad z_k = q_k^T b^{(k)}; \; b^{(k+1)} = b^{(k)} - z_k q_k$
   end
3. Schritt: Man bestimme x_{LS} als Lösung des oberen Δ-Systems $R_1 x = z$.
4. Schritt: Das Residuum $r_{\text{LS}} = \rho q_{n+1}$ ergibt sich zu $r_{\text{LS}} = b^{(n+1)}$.

Die numerische Stabilität des Algorithmus 3.3 kann nachgewiesen werden, indem man das MGS als ein auf Householder-Transformationen basierendes QR-Verfahren interpretiert, das auf eine Erweiterung der Matrix A angewendet wird. Diese Erweiterung ergibt sich aus A durch Hinzufügen eines quadratischen n-dimensionalen Blockes von Nullelementen oberhalb von A. Somit berechnet das Householder-Verfahren die Zerlegung

$$\tilde{Q}^T \hat{A} \equiv \tilde{Q}^T \begin{bmatrix} 0 \\ A \end{bmatrix} = \begin{bmatrix} R_1 \\ 0 \end{bmatrix}, \quad \tilde{Q}^T = \tilde{H}_n \cdots \tilde{H}_2 \tilde{H}_1,$$

wobei

$$\tilde{H}_k \equiv I - \frac{2\hat{v}_k \hat{v}_k^T}{\|\hat{v}_k\|_2^2}, \quad k = 1, 2, \ldots, n,$$

die verwendeten Householder-Transformationen sind (siehe auch den Abschnitt 3.3.2 im ersten Band).

Die spezielle Struktur der erweiterten Matrix impliziert, dass die Householder-Vektoren $\hat{v}_k$ die Darstellung

$$\hat{v}_k = (-r_{kk} e^{(k)}, \hat{q}_k)^T, \quad r_{kk} = \|\hat{q}_k\|_2$$

besitzen, wobei $e^{(k)}$ den k-ten Einheitsvektor bezeichnet. Das Vorzeichen wird dabei so gewählt, dass in der oberen Δ-Matrix R_1 positive Diagonalelemente auftreten. Die Householder-Transformationen sind dann von der Gestalt

$$\tilde{H}_k = I - v_k v_k^T, \quad v_k = \begin{pmatrix} -e^{(k)} \\ q_k \end{pmatrix}, \quad \|v_k\|_2^2 = 2,$$

wobei $q_k \equiv \frac{\hat{q}_k}{r_{kk}}$ ist. Da die ersten n Zeilen von $A^{(1)} = \hat{A}$ nur aus Nullen bestehen, gehen bei der Bildung der Skalarprodukte des Vektors v_k mit den Spalten der transformierten Matrizen nur die q_k ein. Unter Berücksichtigung dieses Sachverhaltes ist es einfach zu zeigen, dass die Größen r_{kj} und q_k numerisch äquivalent zu den Größen im MGS sind.

Wegen der oben beschriebenen Äquivalenz kann die Wilkinsonsche Rückwärts-Fehleranalyse für die QR-Faktorisierung mit Householder-Matrizen (siehe z. B. [51]) auf den MGS-Algorithmus übertragen werden. Das Ergebnis ist im Satz 3.10 dargestellt.

Satz 3.10. *Zu der mit dem MGS berechneten Matrix $\tilde{R}_1$ gibt es eine Matrix $\hat{Q} \in \mathbb{R}^{m \times n}$ mit orthonormalen Spaltenvektoren, so dass in exakter Arithmetik*

$$A + E = \hat{Q}\tilde{R}_1, \quad \|E\|_2 \leq cv\|A\|_2$$

gilt, wobei $c = c(m, n)$ eine Konstante ist, die von den Problemdimensionen m und n sowie von der verwendeten Gleitpunkt-Arithmetik abhängt.

Beweis. Siehe die Arbeit von Björck und Paige [9]. □

Um das LS-Problem zu lösen, werden die orthogonalen Transformationen auch auf die rechte Seite angewendet, d. h.,

$$\begin{pmatrix} d_1 \\ d_2 \end{pmatrix} = \tilde{H}_n \cdots \tilde{H}_2 \tilde{H}_1 \begin{pmatrix} 0 \\ b \end{pmatrix}.$$

Die spezielle Gestalt der Householder-Matrizen $\tilde{H}_k$ impliziert wieder, dass dieses Vorgehen äquivalent zu der im Algorithmus 3.3 implementierten Strategie ist. Daraus ergibt sich $d_1 = z$. Somit ist der Algorithmus 3.3 ein stabiles Verfahren zur Lösung des LS-Problems (3.15). Des Weiteren haben numerische Experimente gezeigt, dass dieses Verfahren genauere Resultate liefert als die auf der Householder-Orthogonalisierung basierenden numerischen Techniken (siehe z. B. [8]).

Das im ersten Band enthaltene m-File 3.5 kann auch hier wieder verwendet werden, um das LS-Problem mittels des Gram-Schmidt und des modifizierten Gram-Schmidt Verfahrens sowie der Givens und der Householder QR-Faktorisierung zu lösen.

3.8 Schnelle Givens LS-Löser

Im Abschnitt 3.3.3, Band 1, wurden die Schnellen Givens-Transformationen (siehe die Definition 3.2) eingeführt. Wir wollen hier voraussetzen, dass mit diesen Schnellen Givens-Transformationen die QR-Faktorisierung $A = QR$ berechnet wurde.

Damit liegt ein Matrizenpaar (M, D) vor, für das gilt:

$$M^T M = D, \qquad \text{mit } D \in \mathbb{R}^{m \times m} \text{ Diagonalmatrix und } M \in \mathbb{R}^{m \times m},$$

$$M^T A = \begin{bmatrix} S_1 \\ 0 \end{bmatrix}, \quad \text{mit } S_1 \in \mathbb{R}^{n \times n} \text{obere } \Delta\text{-Matrix.}$$

Unterteilt man entsprechend

$$M^T b = \begin{pmatrix} c \\ d \end{pmatrix}, \quad c \in \mathbb{R}^n, \ d \in \mathbb{R}^{m-n}, \tag{3.52}$$

und beachtet, dass die Matrix $D^{-\frac{1}{2}} M^T$ orthogonal ist, dann folgt für alle $x \in \mathbb{R}^n$:

$$\|b - Ax\|_2^2 = \|D^{-\frac{1}{2}} M^T b - D^{-\frac{1}{2}} M^T A x\|_2^2 = \left\| D^{-\frac{1}{2}} \left(\begin{pmatrix} c \\ d \end{pmatrix} - \begin{bmatrix} S_1 \\ 0 \end{bmatrix} x \right) \right\|_2^2. \tag{3.53}$$

Somit ergibt sich die Lösung x_{LS} des LS-Problems (3.14) aus dem nichtsingulären oberen Δ-System

$$S_1 x = c. \tag{3.54}$$

Des Weiteren ist $r_{LS} = D^{-\frac{1}{2}} d$ bzw. $\rho_{LS} = \|D^{-\frac{1}{2}} d\|_2$.

Der Algorithmus 3.4 basiert auf der oben dargestellten Lösungsstrategie.

Algorithmus 3.4: LS-Approximation mittels Schneller Givens-Transformationen

---

1. Schritt: Man berechne die QR-Faktorisierung der Matrix $A \in \mathbb{R}^{m \times n}$, rang($A$) = n, mit Schnellen Givens-Transformationen und stelle die orthogonale Matrix Q durch das Matrizenpaar (M, D) dar. Es seien

$$M^T A = \begin{bmatrix} S_1 \\ 0 \end{bmatrix} \quad \text{und} \quad M^T b = \begin{pmatrix} c \\ d \end{pmatrix}.$$

2. Schritt: Man bestimme x_{LS} als Lösung des oberen Δ-Systems $S_1 x = c$.
3. Schritt: Das Residuum r_{LS} ergibt sich zu $r_{LS} = D^{-\frac{1}{2}} d$.

Analog wie beim Householder LS-Löser kann gezeigt werden, dass die mit dem Schnellen Givens LS-Löser *berechnete* Lösung $\tilde{x}_{LS}$ ein zu (3.14) benachbartes LS-Problem erfüllt. Dies ist insofern etwas überraschend, da bei der Berechnung der QR-Faktorisierung die Erzeugung großer Zahlen nicht ausgeschlossen werden kann. Es ist nämlich möglich, dass sich ein Element in der Skalierungsmatrix D nach einer Schnellen Givens Aufdatierung verdoppelt. Man muss jedoch beachten, dass die Größenordnung von D genau durch die Größenordnung von M kompensiert wird, da $D^{-\frac{1}{2}}M$ stets orthogonal ist.

3.9 Das LS-Problem für eine Matrix mit Rangabfall

Bis jetzt haben wir bei der Minimierung von $\|b - Ax\|_2$ stets vorausgesetzt, dass die Matrix $A \in \mathbb{R}^{m \times n}$ vollen Rang besitzt. Im Abschnitt 3.4 wurde bereits gezeigt, dass das LS-Problem im Falle rang$(A) = r < n$ eine unendliche Anzahl von Lösungen besitzt und die Menge aller LS-Lösungen von der Gestalt (3.21) ist. Diese Menge

$$S = \{x \in \mathbb{R}^n : \|b - Ax\|_2 = \min\}$$

ist konvex, da für $x_1, x_2 \in S$ und $\lambda \in [0, 1]$ gilt

$$\|b - A(\lambda x_1 + (1 - \lambda)x_2)\|_2 \leq \lambda\|b - Ax_1\|_2 + (1 - \lambda)\|b - Ax_2\|_2$$
$$= \min\|b - Ax\|_2,$$

d. h., $\lambda x_1 + (1 - \lambda)x_2 \in S$. Folglich muss in S ein eindeutiges Element liegen, das eine minimale 2-Norm besitzt. Dieses Element bezeichnen wir wieder mit x_{LS}. Bei dem zuvor betrachteten Fall einer Matrix A mit rang$(A) = n$ gibt es nur eine LS-Lösung, so dass diese trivialerweise in der 2-Norm minimal ist.

Der einfachste, wenngleich auch recht aufwendige Zugang, die minimale 2-Norm LS-Lösung x_{LS} numerisch zu berechnen, basiert auf der Bestimmung einer *vollständigen* orthogonalen Faktorisierung der Matrix $A \in \mathbb{R}^{m \times n}$:

$$Q^T A Z = B = \begin{bmatrix} B_{11} & 0 \\ 0 & 0 \end{bmatrix} \in \mathbb{R}^{m \times n} \tag{3.55}$$

mit den orthogonalen Matrizen $Q \in \mathbb{R}^{m \times m}$ und $Z \in \mathbb{R}^{n \times n}$ sowie der nichtsingulären Matrix $B_{11} \in \mathbb{R}^{r \times r}$. Daraus ergibt sich für das LS-Problem

$$\|b - Ax\|_2^2 = \|Q^T b - (Q^T A Z) Z^T x\|_2^2. \tag{3.56}$$

Setzt man nun

$$Z^T x \equiv \begin{pmatrix} w \\ y \end{pmatrix}, \quad Q^T b \equiv \begin{pmatrix} c \\ d \end{pmatrix}, \quad w, c \in \mathbb{R}^r, \; y, d \in \mathbb{R}^{m-r}, \tag{3.57}$$

dann geht (3.56) über in

$$\|b - Ax\|_2^2 = \|B_{11}w - c\|_2^2 + \|d\|_2^2.$$

Für jeden Vektor x, der die Summe der Quadrate minimiert, muss also $w = B_{11}^{-1}c$ gelten. Damit ein solcher Vektor x auch in der 2-Norm minimal wird, muss darüber hinaus der zweite Teilvektor y in (3.57) verschwinden. Die gesuchte LS-Lösung x_{LS} stellt sich dann wie folgt dar:

$$x_{LS} = Z \begin{bmatrix} B_{11}^{-1}c \\ 0 \end{bmatrix}. \tag{3.58}$$

Somit basiert diese numerische Lösungsstrategie auf den folgenden zwei Schritten:
- Man berechne die vollständige orthogonale Faktorisierung $A = QBZ^T$.
- Man löse das r-dimensionale lineare Gleichungssystem $B_{11}w = c$.

Offensichtlich wird der Hauptaufwand des Verfahrens für die Berechnung der orthogonalen Faktorisierung (3.55) benötigt.

Die im ersten Band, Satz 2.12, beschriebene Singulärwertzerlegung (SVD) ist eine spezielle vollständige orthogonale Faktorisierung. Wie wir gesehen haben, liefert sie eine Fülle von Informationen über die Matrix $A \in \mathbb{R}^{m \times n}$. Die SVD kann auch zur Darstellung der LS-Lösung x_{LS} sowie der zugehörigen Norm des Residuums $\varrho_{LS} \equiv \|b - Ax_{LS}\|_2$ herangezogen werden.

Satz 3.11. *Es sei $A = U\Sigma V^T$ die SVD der Matrix $A \in \mathbb{R}^{m \times n}$ mit rang$(A) = r$. Sind*

$$U = [u_1 | \ldots | u_m] \quad und \quad V = [v_1 | \ldots | v_n]$$

die Spaltenunterteilungen von U bzw. V und ist $b \in \mathbb{R}^m$, dann minimiert

$$x_{LS} = \sum_{i=1}^{r} \frac{u_i^T b}{\sigma_i} v_i \tag{3.59}$$

die Norm $\|b - Ax\|_2$. Darüber hinaus besitzt x_{LS} die kleinste 2-Norm von allen möglichen Minimierungspunkten. Schließlich gilt

$$\varrho_{LS}^2 = \|b - Ax_{LS}\|_2^2 = \sum_{i=r+1}^{m} (u_i^T b)^2. \tag{3.60}$$

Beweis. Für jedes $x \in \mathbb{R}^n$ ist

$$\|b - Ax\|_2^2 = \|U^T b - (U^T AV)(V^T x)\|_2^2 = \|U^T b - \Sigma \alpha\|_2^2$$

$$= \sum_{i=1}^{r} (u_i^T b - \sigma_i \alpha_i)^2 + \sum_{i=r+1}^{m} (u_i^T b)^2$$

mit $\alpha \equiv V^T x$. Löst x das LS-Problem, dann muss $\alpha_i = \frac{u_i^T b}{\sigma_i}$, $i = 1, 2, \ldots, r$, gelten. Offensichtlich hat eine solche Lösung genau dann eine minimale 2-Norm, falls $\alpha_{r+1} = \cdots = \alpha_n = 0$ ist. $\square$

Definiert man die Matrix $A^+ \in \mathbb{R}^{n \times m}$ zu

$$A^+ \equiv V \Sigma^+ U^T \tag{3.61}$$

mit

$$\Sigma^+ \equiv \mathrm{diag}\Big(\frac{1}{\sigma_1}, \dots, \frac{1}{\sigma_r}, 0, \dots, 0\Big) \in \mathbb{R}^{n \times m}, \quad r \equiv \mathrm{rang}(A),$$

dann lassen sich die Lösung x_{LS} aus (3.59) und ϱ_{LS} aus (3.60) in der Form

$$x_{LS} = A^+ b \quad \text{und} \quad \varrho_{LS} = \|(I - AA^+)b\|_2 \tag{3.62}$$

schreiben. Die so definierte Matrix A^+ wird *Pseudo-Inverse* der Matrix A genannt. Zur Bestimmung der Lösung x_{LS} reicht es offensichtlich aus, die Matrizen Σ^+ und V sowie den Vektor $U^T b$ zu berechnen. Die Pseudo-Inverse eines Skalars ergibt sich zu

$$\sigma^+ = \begin{cases} \frac{1}{\sigma}, & \text{falls } \sigma \neq 0, \\ 0, & \text{falls } \sigma = 0. \end{cases} \tag{3.63}$$

Dies zeigt insbesondere, dass die Pseudo-Inverse A^+ keine stetige Funktion von A ist. Die Pseudo-Inverse kann auch eindeutig durch die zwei geometrischen Bedingungen

$$A^+ b \perp \mathcal{N}(A), \quad (I - AA^+)b \perp \mathcal{R}(A) \quad \text{für alle } b \in \mathbb{R}^m \tag{3.64}$$

charakterisiert werden.

Die Pseudo-Inverse A^+ wird in der Literatur oftmals auch als *Moore*[3]-*Penrose*[4]-*Inverse* bezeichnet. Sie wurde von E. H. Moore [58] im Jahre 1920 eingeführt und 1951 von A. Bjerhammar [6] sowie 1955 von R. Penrose [63] in einem allgemeineren Kontext neu betrachtet. Von den letzteren Autoren stammt auch die folgende elegante algebraische Charakterisierung der Pseudo-Inversen.

Satz 3.12 (Bedingungen von Penrose). *Die Pseudo-Inverse $X \equiv A^+$ einer Matrix A ist durch die folgenden vier Bedingungen eindeutig bestimmt:*

$$\begin{array}{llll} (1) & AXA = A, & (2) & XAX = X, \\ (3) & (AX)^T = AX, & (4) & (XA)^T = XA. \end{array} \tag{3.65}$$

Beweis. Siehe die Arbeit von R. Penrose [63]. □

Hieraus folgt insbesondere, dass die Matrix A^+ in (3.61) nicht von der speziellen Wahl der orthogonalen Matrizen U und V in der SVD abhängt. Des Weiteren kann man unmittelbar verifizieren, dass A^+ nach (3.61) die vier Bedingungen in (3.65) befriedigt.

---

3 Eliakim Hastings Moore (1862–1932), US-amerikanischer Mathematiker
4 Sir Roger Penrose (geb. 1931), englischer Mathematiker und theoretischer Physiker. Im Jahre 1988 erhielt er zusammen mit Stephen Hawking den Wolf-Preis für Physik für ihren Beitrag zum heutigen Verständnis des Universum.

Erfüllt eine Matrix X nur einen Teil der Bedingungen von Penrose, dann wird sie *verallgemeinerte Inverse* genannt. Derartige Inverse werden dann üblicherweise mit den Nummern der Bedingungen indiziert, die sie tatsächlich erfüllt. So stellt $A_{1,3}^+$ eine verallgemeinerte Inverse dar, die den Bedingungen (1) und (3) in (3.65) genügt. Offensichtlich stimmt die verallgemeinerte Inverse $A_{1,2,3,4}^+$ mit der Pseudo-Inversen A^+ überein. Einen Überblick über die Theorie der verallgemeinerten Inversen findet man zum Beispiel in dem von M. Z. Nashed editierten Text [59].

Der Satz 3.13 enthält eine Zusammenstellung wichtiger Eigenschaften der Pseudo-Inversen.

Satz 3.13. *Es sei $A^+ = A_{1,2,3,4}^+$ die Pseudo-Inverse einer Matrix $A \in \mathbb{R}^{m \times n}$. Dann gilt:*
1. $(A^+)^+ = A$,
2. $(A^+)^T = (A^T)^+$,
3. $(\alpha A)^+ = \alpha^+ A^+$,
4. $(A^T A)^+ = A^+ (A^+)^T$,
5. *sind U und V orthogonal, dann ist $(UAV^T)^+ = VA^+U^T$,*
6. *der Rang von A, A^T, A^+ und A^+A ist gleich* spur(A^+A).

Beweis. Die Behauptungen folgen unmittelbar aus der Darstellung (3.61) der Pseudo-Inversen. $\qquad\square$

Für den Spezialfall $A \in \mathbb{R}^{m \times n}$ und rang$(A) = n$ gilt:

$$A^+ = (A^T A)^{-1} A^T \quad \text{und} \quad (A^T)^+ = A(A^T A)^{-1}. \qquad (3.66)$$

Ist $m = n = $ rang(A), dann stimmt die Pseudo-Inverse mit der gewöhnlichen Inversen überein, d. h., es ist $A^+ = A^{-1}$.

Zum Abschluss wollen wir nun eine Technik zur Lösung des LS-Problems vorstellen, die auf der QR-Faktorisierung mit *Pivotisierung* basiert. Sie erfordert einen geringeren Aufwand als die SVD, liefert aber manchmal weniger genaue Resultate.

Besitzt die Matrix $A \in \mathbb{R}^{m \times n}$ den Rang $r < n$ und sind die ersten r Spalten linear unabhängig, dann ist die QR-Faktorisierung in *exakter Arithmetik* von der Gestalt

$$A = QR = Q \begin{bmatrix} R_{11} & R_{12} \\ 0 & 0 \\ 0 & 0 \end{bmatrix}, \qquad (3.67)$$

mit $Q \in \mathbb{R}^{m \times m}$ orthogonale Matrix, $R_{11} \in \mathbb{R}^{r \times r}$ nichtsinguläre obere Δ-Matrix und $R_{12} \in \mathbb{R}^{r \times (n-r)}$. Unter Verwendung einer *Computer-Arithmetik*, d. h. bei Berücksichtigung von Rundungsfehlern, besteht immer noch die Hoffnung, eine Matrix

$$R = \begin{bmatrix} R_{11} & R_{12} \\ 0 & R_{22} \\ 0 & 0 \end{bmatrix}$$

zu erzeugen, für die $\|R_{22}\|_2$ sehr klein ist und zwar von der Größenordnung $v\|A\|_2$. In diesem Falle würde man sinnvollerweise $R_{22} = 0$ setzen und die Norm $\|b - Ax\|_2$ wie folgt minimieren.

Es sei $[Q \mid \tilde{Q}]$ quadratisch und orthogonal. Dann ist

$$\|b - Ax\|_2^2 = \left\| \begin{bmatrix} Q^T \\ \tilde{Q}^T \end{bmatrix} (b - Ax) \right\|_2^2 = \left\| \begin{bmatrix} Q^T b - Rx \\ \tilde{Q}^T b \end{bmatrix} \right\|_2^2 = \|Q^T b - Rx\|_2^2 + \|\tilde{Q}^T b\|_2^2.$$

Unterteilt man nun die Matrix $Q = [Q_1 \mid Q_2]$ und den Vektor $x = \binom{x_1}{x_2}$ in Übereinstimmung mit $R = \begin{bmatrix} R_{11} & R_{12} \\ 0 & 0 \end{bmatrix}$, dann kann man weiter schreiben

$$\|b - Ax\|_2^2 = \|Q_1^T b - R_{11} x_1 - R_{12} x_2\|_2^2 + \|Q_2^T b\|_2^2 + \|\tilde{Q}^T b\|_2^2.$$

Dieser Ausdruck wird minimal, wenn

$$x = \begin{pmatrix} R_{11}^{-1}(Q_1^T b - R_{12} x_2) \\ x_2 \end{pmatrix}, \quad x_2 \text{ beliebig,} \tag{3.68}$$

gesetzt wird. Man beachte aber, dass mit $x_2 = 0$ die zugehörige Norm $\|x\|_2$ nicht notwendigerweise ihr Minimum annimmt. Ist R_{11} gut konditioniert und $\|R_{11}^{-1} R_{12}\|$ klein, dann handelt es sich dabei um eine sinnvolle Wahl. Dieses Verfahren arbeitet aber nicht immer zuverlässig, da in R ein *numerischer* Rangabfall auftreten kann und zwar selbst in dem Falle, dass R_{22} nicht klein ist. J. W. Demmel [22] demonstriert dies am Beispiel der bidiagonalen Matrix

$$A = \begin{bmatrix} \frac{1}{2} & 1 & & & \\ & \ddots & \ddots & & \\ & & & \ddots & 1 \\ & & & & \frac{1}{2} \end{bmatrix} \in \mathbb{R}^{n \times n}.$$

Der zugehörige kleinste Singulärwert ist $\sigma_{\min}(A) \approx 2^{-n}$. Es gilt $A = QR$ mit $Q = I$ und $R = A$. Offensichtlich ist hier die Matrix R_{22} nicht klein.

Diese Schwierigkeiten lassen sich nun dadurch beseitigen, indem man bei der QR-Faktorisierung eine zusätzliche Pivotisierung realisiert. Der so modifizierte Algorithmus berechnet die Faktorisierung

$$A\Pi = QR = Q \begin{bmatrix} R_{11} & R_{12} \\ 0 & 0 \end{bmatrix}, \tag{3.69}$$

mit $Q \in \mathbb{R}^{m \times m}$ orthogonal, $R_{11} \in \mathbb{R}^{r \times r}$ obere nichtsinguläre Δ-Matrix, $R_{12} \in \mathbb{R}^{r \times (n-r)}$, $\Pi \in \mathbb{R}^{n \times n}$ Permutationsmatrix und $r = \text{rang}(A)$. Mit den Spaltenunterteilungen

$$A\Pi = [a_{c_1} \mid \ldots \mid a_{c_n}] \quad \text{und} \quad Q = [q_1 \mid \ldots \mid q_m]$$

ergibt sich für $k = 1, 2, \ldots, n$ aus (3.69)

$$a_{c_k} = \sum_{i=1}^{\min\{r,k\}} r_{ik} q_i \in \text{span}\{q_1, \ldots, q_r\}.$$

Somit ist $\mathcal{R}(A) = \text{span}\{q_1, \ldots, q_r\}$.

Die Matrizen Q und Π sind das Produkt von Householder- und Vertauschungsmatrizen und werden wie folgt berechnet. Für ein k mögen bereits die Householder-Matrizen $H_1, \dots, H_{k-1}$ und die Vertauschungsmatrizen $\Pi_1, \dots, \Pi_{k-1}$ berechnet worden sein, so dass

$$H_{k-1} \cdots H_1 A \Pi_1 \cdots \Pi_{k-1} = R^{(k-1)} = \begin{array}{c} k-1 \\ m-k+1 \end{array} \begin{bmatrix} \overset{k-1}{R_{11}^{(k-1)}} & \overset{n-k+1}{R_{12}^{(k-1)}} \\ 0 & R_{22}^{(k-1)} \end{bmatrix}$$

gilt, wobei $R_{11}^{(k-1)}$ eine nichtsinguläre obere Δ-Matrix ist. Es sei

$$R_{22}^{(k-1)} = [z_k^{(k-1)} | \dots | z_n^{(k-1)}]$$

eine Spaltenunterteilung und es bezeichne p den kleinsten Index mit $k \le p \le n$, für den

$$\|z_p^{(k-1)}\|_2 = \max\{\|z_k^{(k-1)}\|_2, \dots, \|z_n^{(k-1)}\|_2\}$$

gilt. Falls $\text{rang}(A) = k - 1$ ist, folgt $\max = 0$, d. h., das Verfahren endet an dieser Stelle. Anderenfalls bestimmt man die nächste Vertauschungsmatrix Π_k als $(n \times n)$-dimensionale Einheitsmatrix, bei der die Zeilen p und k vertauscht sind. Des Weiteren wird eine orthogonale Matrix

$$H_k = \begin{bmatrix} I_{k-1} & 0 \\ 0 & \hat{H}_k \end{bmatrix}, \quad \hat{H}_k \text{ Householder-Transformation,}$$

so konstruiert, dass die Matrix $R^{(k)} = H_k R^{(k-1)} \Pi_k$ die Gestalt

$$R^{(k)} = \begin{array}{c} k \\ m-k \end{array} \begin{bmatrix} \overset{k}{R_{11}^{(k)}} & \overset{n-k}{R_{12}^{(k)}} \\ 0 & R_{22}^{(k)} \end{bmatrix} = (r_{ij}^{(k)}) \quad \text{und} \quad r_{k+1,k}^{(k)} = \cdots = r_{m,k}^{(k)} = 0$$

besitzt. Somit transportiert Π_k die größte Spalte in $R_{22}^{(k-1)}$ an die führende Position und $\hat{H}_k$ transformiert alle ihre Subdiagonalelemente in Nullen.

Die Spaltennormen müssen nicht in jedem Schritt neu berechnet werden, wenn man die folgende Eigenschaft ausnutzt. Ist $Q \in \mathbb{R}^{s \times s}$ eine orthogonale Matrix und gilt

$$Q^T z = \begin{array}{c} 1 \\ s-1 \end{array} \begin{bmatrix} \alpha \\ w \end{bmatrix},$$

dann berechnet sich

$$\|Q^T z\|_2^2 = \alpha^2 + \|w\|_2^2 \implies \|w\|_2^2 = \|z\|_2^2 - \alpha^2.$$

Damit reduziert sich der zusätzliche Aufwand für die Pivotisierung von $O(mn^2)$ auf $O(mn)$ flops, da sich die neuen Spaltennormen durch eine einfache Aufdatierung der alten Spaltennormen gewinnen lassen. Beispielsweise bestimmt man die Norm von $z^{(j)}$ nach der Vorschrift

$$\|z^{(j)}\|_2^2 = \|z^{(j-1)}\|_2^2 - r_{kj}^2.$$

Wir wollen uns jetzt der Frage zuwenden, wie man für eine Matrix $A \in \mathbb{R}^{m \times n}$ mit rang$(A) = r$ auf der Grundlage der Faktorisierung (3.69), d. h.,

$$Q^T A \Pi = R = \begin{array}{c} \\ r \\ m-r \end{array} \overset{\displaystyle \overset{r \quad n-r}{}}{\begin{bmatrix} R_{11} & R_{12} \\ 0 & 0 \end{bmatrix}},$$

das LS-Problem numerisch lösen kann. Unter Verwendung der Teilvektoren

$$\begin{array}{c} r \\ n-r \end{array}\begin{pmatrix} y \\ z \end{pmatrix} = \Pi^T x \quad \text{und} \quad \begin{array}{c} r \\ m-r \end{array}\begin{pmatrix} c \\ d \end{pmatrix} = Q^T b \qquad (3.70)$$

ergibt sich für $x \in \mathbb{R}^n$

$$\|b - Ax\|_2^2 = \|Q^T b - (Q^T A \Pi)\Pi^T x\|_2^2 = \left\| \begin{pmatrix} c \\ d \end{pmatrix} - \begin{bmatrix} R_{11} & R_{12} \\ 0 & 0 \end{bmatrix}\begin{pmatrix} y \\ z \end{pmatrix} \right\|_2^2$$

$$= \|c - (R_{11}y + R_{12}z)\|_2^2 + \|d\|_2^2.$$

Die Norm des Residuums wird somit minimal, wenn

$$R_{11}y + R_{12}z = c$$

ist. Daraus ergibt sich wegen der Nichtsingularität von R_{11}

$$y = R_{11}^{-1}(c - R_{12}z).$$

Die erste Gleichung in (3.70) impliziert dann, dass für einen Minimierungspunkt x des LS-Problems

$$x = \Pi \begin{bmatrix} R_{11}^{-1}(c - R_{12}z) \\ z \end{bmatrix} \qquad (3.71)$$

gelten muss. Wird hier $z = 0$ gesetzt, dann erhält man die sogenannte *Basislösung*

$$x_B = \Pi \begin{pmatrix} x_b \\ 0 \end{pmatrix} \quad \text{mit } x_b \equiv R_{11}^{-1}c. \qquad (3.72)$$

In einigen Anwendungen ist tatsächlich nur diese Basislösung x_B gesucht. Ein Beispiel hierfür ist ein lineares Modell, bei dem die Spalten von A die zugehörigen Faktoren darstellen und eine Annäherung an den Beobachtungsvektor b mit so wenig wie möglich Variablen vorgenommen werden soll.

Offensichtlich besitzt die Basislösung x_B höchstens r nichtverschwindende Komponenten, so dass in dem Ausdruck Ax_B nur eine Teilmenge der Spalten von A eingeht.

Die Basislösung x_B stimmt jedoch mit der gesuchten minimalen 2-Norm Lösung x_{LS} nur dann überein, falls die Teilmatrix R_{12} nur aus Nullen besteht. Dies lässt sich wie folgt zeigen. Der Vektor x in (3.71) kann in der Form

$$x = x_B - \Pi \begin{bmatrix} S \\ -I_{n-r} \end{bmatrix} z, \quad \text{mit } S = R_{11}^{-1}R_{12},$$

geschrieben werden. Somit ist

$$\|x_{LS}\|_2 = \min_{z \in \mathbb{R}^{n-r}} \left\| x_B - \Pi \begin{bmatrix} S \\ -I_{n-r} \end{bmatrix} z \right\|_2. \tag{3.73}$$

Das Problem (3.73) stellt wiederum ein LS-Problem dar. Die darin enthaltene Matrix S und der Vektor x_b lassen sich mit etwa $\frac{1}{2} r^2 (n - r + 1)$ flops aus den oberen Δ-Systemen

$$R_{11}S = R_{12}, \quad R_{11}x_b = c = Q_1^T b \tag{3.74}$$

mittels der Rückwärts-Substitution berechnen.

Man beachte, dass bei einer effektiven Implementierung R_{12} und c durch S bzw. x_b überschrieben werden können.

Da die Matrix in (3.73) stets einen vollen Rang besitzt, ist es sachgemäß, den Vektor z_{LS} aus den Normalgleichungen

$$(S^T S + I_{n-r})z = S^T x_b \tag{3.75}$$

unter Verwendung der Cholesky-Faktorisierung von $(S^T S + I_{n-r})$ zu berechnen. Dieses Vorgehen erfordert etwa $\frac{1}{2} r(n - r)(n - r + 1) + \frac{1}{6}(n - r)^3$ flops. Hat man z_{LS} auf diese Weise bestimmt, dann ergibt sich y_{LS} unter Berücksichtigung von (3.70) und (3.73) zu

$$y_{LS} = x_b - Sz_{LS}. \tag{3.76}$$

Es ist auch möglich, das LS-Problem (3.73) auf der Basis einer QR-Faktorisierung

$$Q^T \Pi \begin{bmatrix} S \\ -I_{n-r} \end{bmatrix} = \begin{bmatrix} R_s \\ 0 \end{bmatrix}, \quad f = \begin{pmatrix} f_1 \\ f_2 \end{pmatrix} \equiv Q^T \Pi \begin{pmatrix} x_b \\ 0 \end{pmatrix} \tag{3.77}$$

zu berechnen. Hier ist R_s nichtsingulär und man sieht unmittelbar, dass daraus

$$z_{LS} = R_s^{-1} f_1 \tag{3.78}$$

folgt.

Der Aufwand dieser Lösungsstrategie ist nur geringfügig größer als jener, der für die Methode der Normalgleichungen erforderlich ist. Es werden etwa $r(n - r)^2$ flops benötigt.

Beide Verfahren besitzen gute Stabilitätseigenschaften, wenn davon ausgegangen werden kann, dass die Spaltenpivotisierung zu einer Matrix R_{11} führt, deren Konditionszahl $\text{cond}_2(R_{11})$ nicht viel größer als $\text{cond}_2(A)$ ist. Für die Mehrzahl der praktisch relevanten Probleme trifft dies auch zu, obwohl man spezielle Gegenbeispiele konstruieren kann, für die $\text{cond}_2(R_{11}) \approx 2^n \, \text{cond}_2(A)$ gilt.

3.10 Aufgaben

Aufgabe 3.1. Man berechne die LS-Lösung x_{LS} des folgenden, überbestimmten linearen Systems

$$\begin{bmatrix} 1 & -1 \\ 1 & 1 \\ 2 & 1 \end{bmatrix} \begin{pmatrix} x_1 \\ x_2 \end{pmatrix} = \begin{pmatrix} 2 \\ 4 \\ 8 \end{pmatrix}.$$

Aufgabe 3.2. Gegeben sei das überbestimmte lineare System

$$\begin{bmatrix} 1 & 0 & -1 \\ 1 & 0 & -3 \\ 0 & 1 & 1 \\ 0 & -1 & 1 \end{bmatrix} \begin{pmatrix} x_1 \\ x_2 \\ x_3 \end{pmatrix} = \begin{pmatrix} 4 \\ 6 \\ 1 \\ 2 \end{pmatrix}.$$

Man berechne die LS-Lösung x_{LS} dieses Systems und gebe ϱ_{LS} an. Des Weiteren bestimme man die Pseudo-Inverse A^+ der Koeffizientenmatrix $A \in \mathbb{R}^{4 \times 3}$.

Aufgabe 3.3. Besitzen die folgenden Matrizen vollen Rang?

$$1) \quad A = \begin{bmatrix} -1 & 2 \\ 3 & -6 \\ 2 & -1 \end{bmatrix}, \qquad 2) \quad \begin{bmatrix} -1 & 3 & 2 \\ 2 & -6 & -1 \end{bmatrix},$$

$$3) \quad A = \begin{bmatrix} D \\ B \end{bmatrix} \quad \text{mit } B \in \mathbb{R}^{m \times n} \text{ und } D \in \mathbb{R}^{n \times n}.$$

Dabei ist D eine Diagonalmatrix mit nichtverschwindenden Diagonalelementen. Über den Rang von B wird nichts vorausgesetzt!

$$4) \quad A = I_n - U, \quad \text{mit } U \in \mathbb{R}^{n \times n} \text{ und } \|U\|_2 < 1.$$

Aufgabe 3.4. Man formuliere die folgenden Aufgabenstellungen als LS-Probleme. Für jedes dieser Probleme gebe man explizit die Matrix A und den Vektor b an, so dass es in der Form

$$\min_{x \in \mathbb{R}^n} \|b - Ax\|_2$$

aufgeschrieben werden kann.
1. Man minimiere $2x_1^2 + 4x_2^2 + 3x_3^3 + (x_1 - 2x_2 + 3x_3)^2 + (-x_1 - 4x_2 + 5)^2$.
2. Man minimiere $(-3x_1 + 5)^2 + (x_2 + 3x_2 - 3)^2 + (8x_1 + x_2 - 7)^2$.
3. Man minimiere $x^T x + \|d - Bx\|_2$, wobei $B \in \mathbb{R}^{p \times n}$ und $d \in \mathbb{R}^p$ gegeben sind.
4. Man minimiere $\|d - Bx\|_2 + 2\|g - Fx\|_2$, wobei $B \in \mathbb{R}^{p \times n}$, $F \in \mathbb{R}^{l \times n}$, $d \in \mathbb{R}^p$ und $g \in \mathbb{R}^l$ gegeben sind.

Aufgabe 3.5. Gegeben sei das überbestimmte lineare System $Ax = b$, wobei wie bisher $b \in \mathbb{R}^m$ einen (i. allg. fehlerbehafteten) Beobachtungsvektor und $A \in \mathbb{R}^{m \times n}$ eine Design-Matrix bezeichnen. Die gewöhnliche LS-Methode bestimmt eine Lösung x_{LS}, die den

Ausdruck $\|b - Ax\|_2$ minimiert. Diese Lösungstechnik lässt sich auch äquivalent wie folgt beschreiben. Man löse das Problem

$$\min_{x \in \mathbb{R}^n} \|\Delta b\|_2 \quad \text{unter der Bedingung} \quad Ax = b + \Delta b. \tag{3.79}$$

Ist die Design-Matrix ebenfalls fehlerbehaftet, dann erweist sich die LS-Lösung nicht mehr als optimal. Die sogenannte *Totale LS-Methode* ermöglicht in diesem Falle eine sachgemäßere Problemformulierung. Man löse das Problem

$$\min_{x \in \mathbb{R}^n} \|[\Delta A \,|\, \Delta b]\|_F \quad \text{unter der Bedingung} \quad (A + \Delta A)x = b + \Delta b, \tag{3.80}$$

wobei $\|\cdot\|_F$ die Frobenius-Norm (siehe die Formel (2.86) im ersten Band) bezeichnet. Die Störungen ΔA und Δb werden hier dazu verwendet, die Fehler in A bzw. b zu kompensieren.

Man zeige: Das Minimierungsproblem (3.80) kann über eine SVD der erweiterten Matrix $[A \,|\, b] = U\Sigma V^T$ gelöst werden, wenn $v_{n+1,n+1} \neq 0$ gilt. Dabei sei $V = (v_{ij})_{i,j=1}^{n+1}$. Insbesondere lässt sich die (eindeutige) Lösung x_{TLS} von (3.80) in der Form

$$x_{\text{TLS}} = -\frac{1}{v_{n+1,n+1}} \begin{pmatrix} v_{1,n+1} \\ \vdots \\ v_{n+n+1} \end{pmatrix}$$

darstellen.

HINWEIS: Man verwende die Beziehungen zwischen den Faktoren der SVD und den fundamentalen Teilräumen einer Matrix.

Aufgabe 3.6. Es soll die Genauigkeit der LS-Lösungen, die man mit der Methode der Normalgleichungen (unter Verwendung der Cholesky-Faktorisierung) sowie mit der QR-Faktorisierung erhält, verglichen werden. Hierzu verwende man

$$A = \begin{bmatrix} 1 & 1 \\ 10^{-k} & 0 \\ 0 & 10^{-k} \end{bmatrix}, \quad b = \begin{pmatrix} -10^{-k} \\ 1 + 10^{-k} \\ 1 - 10^{-k} \end{pmatrix}$$

für $k = 6, 7$ und 8.

1. Man formuliere die zugehörigen Normalgleichungen und löse diese exakt (d. h., auf dem Papier – ohne Verwendung der MATLAB).
2. Man löse das LS-Problem für $k = 6, 7, 8$ mit der MATLAB unter Verwendung des Befehls x = A\b. Dieser Befehl basiert auf der QR-Faktorisierung.
3. Man wiederhole den 2. Teil unter Verwendung der Cholesky-Faktorisierung, d. h. mit dem MATLAB-Befehl x = (A'*A)\(A'*b).
    (Hierbei wird vorausgesetzt, dass die MATLAB automatisch erkennt, dass $A^T A$ symmetrisch und positiv definit ist und deshalb die Cholesky-Faktorisierung zur Lösung des linearen Gleichungssystems $A^T A x = A^T b$ verwendet.)
    Man vergleiche die hier erhaltenen Resultate mit den Ergebnissen aus 1. und 2.
    HINWEIS: Man sollte zuerst format long eingeben, damit die MATLAB mehr als 5 Stellen anzeigt.

Aufgabe 3.7. Es werde vorausgesetzt, dass $x_{LS} \in \mathbb{R}^n$ das LS-Problem

$$\min_{x \in \mathbb{R}^n} \| b - Ax \|_2$$

löst, wobei $A \in \mathbb{R}^{m \times n}$ eine Matrix vom Rang n ist und $b \in \mathbb{R}^m$ gilt.

1. Man zeige, dass sich die Lösung y_{LS} des Problems

$$\min_{y \in \mathbb{R}^n} \big(\| b - Ax \|_2^2 + (d - c^T y)^2 \big),$$

mit $c \in \mathbb{R}^n$ und $d \in \mathbb{R}$, wie folgt darstellt:

$$y_{LS} = x_{LS} + \frac{d - c^T x_{LS}}{1 + c^T (A^T A)^{-1} c} (A^T A)^{-1} c.$$

2. Man gebe ein effektives Verfahren zur Berechnung von x_{LS} und y_{LS} an, wenn A, b, c und d gegeben sind. Dieses Verfahren soll die *QR*-Faktorisierung von A verwenden. Man gebe die benötigten flops sowohl für jeden Teilschritt als auch für das gesamte Verfahren an. In die Gesamtanzahl der flops mögen alle Terme eingehen, die kubisch (n^3, mn^2, $m^2 n$, m^3) und quadratisch (m^2, mn, n^2) sind.

Aufgabe 3.8. Man formuliere das folgende Problem als LS-Problem. Zu bestimmen ist ein Polynom $P(t) = x_1 + x_2 t + x_3 t^2 + x_4 t^3$, das die folgenden Bedingungen erfüllt:

1. Die Werte $P(t_i)$ an 4 paarweise verschiedenen Stützstellen t_i im Intervall $[0, 1]$ sind näherungsweise gleich den vorgegebenen Stützwerten y_i:

$$P(t_i) \approx y_i, \quad i = 1, \dots, 4.$$

2. Die Ableitungswerte von P an den Stellen $t = 0$ und $t = 1$ sind klein:

$$P'(0) \approx 0, \quad P'(1) \approx 0.$$

3. Der Mittelwert von P über dem Intervall $[0, 1]$ ist näherungsweise gleich dem Wert von P an der Stelle $t = \frac{1}{2}$:

$$\int_0^1 P(t)\, dt \approx P\Big(\frac{1}{2} \Big).$$

Um die Koeffizienten x_i zu ermitteln, für die das Polynom $P(t)$ die obigen Eigenschaften besitzt, minimieren wir das Funktional

$$F(x) \equiv \frac{1}{4} \sum_{i=1}^4 (P(t_i) - y_i)^2 + P'(0)^2 + P'(1)^2 + \Big(\int_0^1 P(t)\, dt - P\Big(\frac{1}{2} \Big) \Big)^2.$$

Man gebe A und b explizit an, so dass $F(x)$ in der Form $F(x) = \| b - Ax \|_2^2$ geschrieben werden kann.

Aufgabe 3.9. Man zeige, dass die Pseudo-Inverse A^+ von $A \in \mathbb{R}^{m \times n}$ das Problem

$$\min_{X \in \mathbb{R}^{n \times m}} \|AX - I_m\|_F$$

löst, wobei $\| \cdot \|_F$ die Frobenius-Norm bezeichnet. Ist die Lösung eindeutig?

Aufgabe 3.10. Man zeige:
1. Ist $A \in \mathbb{R}^{n \times n}$ eine *normale* Matrix, d. h., $A^T A = A A^T$, dann erfüllt die Pseudo-Inverse A^+ die Beziehung $A^+ A = A A^+$.
2. Ist $A \in \mathbb{R}^{m \times n}$, dann erfüllt die Pseudo-Inverse die Beziehungen $(A^+)^T = (A^T)^+$ und $(A^+)^+ = A$.

Aufgabe 3.11. Es seien $A \in \mathbb{R}^{m \times n}$ und $b \in \mathbb{R}^m$ mit $m \geq n$ und rang$(A) = n$. Falls die auf der Basis einer QR-Faktorisierung berechnete Lösung x_{LS} des zugehörigen LS-Problems nicht den gestellten Genauigkeitsanforderungen entspricht, dann kann man nach Å. Bjørck [7] die Lösung mit einer Nachiteration weiter verbessern. Die Nachiteration wird mit dem erweiterten System

$$\begin{bmatrix} I_m & A \\ A^T & 0 \end{bmatrix} \begin{pmatrix} r \\ x \end{pmatrix} = \begin{pmatrix} b \\ 0 \end{pmatrix}$$

realisiert, wobei wie bisher $r = r(x) \equiv b - Ax$ das Residuum einer Näherungslösung x bezeichnet.
1. Man zeige, dass der Vektor $(r, x)^T$ genau dann eine Lösung des obigen Gleichungssystems ist, wenn $x = x_{LS}$ und $r = r_{LS}$ gilt.
2. Man entwickle einen Algorithmus zur Lösung des obigen Gleichungssystems, der die bereits berechnete QR-Faktorisierung der Matrix A verwendet. Geben Sie die Anzahl der flops an, die für einen Iterationsschritt erforderlich sind.

4 Numerische Differentiation und Integration

Die Mathematik handelt ausschließlich von den Beziehungen der Begriffe zueinander
ohne Rücksicht auf deren Bezug zur Erfahrung.

Albert Einstein

Die Differentiation und die Integration von Funktionen stellen *infinitesimale* Konzepte der Mathematik dar, d. h., sie sind durch bestimmte (unendliche) Grenzprozesse definiert. So wird die Ableitung einer reellen Funktion f über den Grenzwert des Differenzenquotienten und das Integral von f über die Grenzwerte der Riemannschen Summen eingeführt. Da derartige abstrakte Grenzprozesse auf einem Computer nicht realisierbar sind, müssen sie durch geeignete *endliche* Prozesse approximiert werden. Das wesentliche Hilfsmittel für die Konstruktion von Näherungsformeln zur numerischen Differentiation und Integration ist die im Kapitel 1 beschriebene Polynominterpolation. Sie liefert neben der eigentlichen Approximationsvorschrift auch Abschätzungen für den auftretenden Verfahrensfehler.

Mit den Methoden der Numerischen Mathematik ist es jedoch nur möglich, die Ableitung $f'(x_0)$ einer differenzierbaren Funktion $f(x)$ an einer fixierten Stelle $x = x_0$ bzw. das bestimmte Integral $\int_a^b f(x)\,dx$ einer integrierbaren Funktion $f(x)$ zu approximieren, da die numerischen Manipulationen nur im Bereich der Maschinenzahlen durchgeführt werden können und sich als Ergebnis der beiden genannten Aufgabenstellungen wieder eine Maschinenzahl ergibt. Ist man an dem analytischen Ausdruck für die Ableitung $f'(x)$ bzw. an der Stammfunktion $F(x)$ eines unbestimmten Integrals interessiert, dann sollte man auf Programmpakete zurückgreifen, die auf der Formelmanipulation basieren. Beispiele hierfür sind MAPLE und MATHEMATICA.

Neben der symbolischen und numerischen Differentiation wurde in den letzten Jahren von A. Griewank [36] die auf der Kettenregel basierende *automatische (algorithmische) Differentiation* entwickelt, mit der sich partielle Ableitungen mehrdimensionaler Funktionen, die durch ein Computerprogramm definiert sind, genau und sehr effektiv berechnen lassen. Da die zugehörige Theorie und deren algorithmische Umsetzung sehr umfangreich ist, verweisen wir den Leser auf die angegebene Literatur.

4.1 Numerische Differentiation

Wir wollen hier von der folgenden Aufgabenstellung ausgehen, die im Weiteren als *numerische Differentiation* bezeichnet wird.

https://doi.org/10.1515/9783110690378-004

ALLGEMEINES PRINZIP DER NUMERISCHE DIFFERENTIATION

Gegeben sei eine differenzierbare Funktion f sowie ein Stelle x_0. Es ist eine Näherung für die Ableitung $f'(x_0)$ zu finden, in die nur die Werte der Funktion an der Stelle x_0 sowie an weiteren n paarweise verschiedenen Stellen $x_1, \ldots, x_n$ aus der Umgebung von x_0 eingehen. Dabei ist es nicht erforderlich, dass die *Stützstellen* $x_0, \ldots, x_n$ gleichabständig verteilt sind oder in natürlicher Ordnung vorliegen.

Die numerische Differentiation wird man immer dann verwenden, wenn die gegebene Funktion f, für die die Ableitung berechnet werden soll, in Tabellenform gegeben ist oder wenn die funktionale Abhängigkeit durch einen sehr komplizierten analytischen Ausdruck beschrieben wird. Ein Beispiel für die Notwendigkeit einer solchen Näherungsformel für die Ableitung findet man im Abschnitt 1.8. So muss man bei der kubischen Spline-Interpolation mit eingespanntem Rand die Ableitungen der zu approximierenden Funktion f in den beiden Randpunkten x_0 und x_n vorgeben. Dies ist im Allgemeinen nur durch die Angabe von Näherungswerten möglich.

4.1.1 Beliebige Stützstellenverteilung

Als Ausgangspunkt für die Herleitung einer Formel zur Approximation von $f'(x_0)$ verwenden wir die auf den dividierten Differenzen und der Stützstellenmenge $x_0, \ldots, x_n$ basierende Form (1.27) des Interpolationspolynoms:

$$f(x) = P_n(x) + R_n(x) \tag{4.1}$$

mit

$$P_n(x) = f[x_0] + f[x_0, x_1](x - x_0) + f[x_0, x_1, x_2](x - x_0)(x - x_1)$$
$$+ \cdots + f[x_0, x_1, \ldots, x_n](x - x_0)(x - x_1)\cdots(x - x_{n-1}). \tag{4.2}$$

Der Restterm $R_n(x)$ kann nach (1.35) in der Form

$$R_n(x) = (x - x_0)(x - x_1)\cdots(x - x_n)f[x, x_0, x_1, \ldots, x_n]$$
$$\equiv \omega(x)f[x, x_0, x_1, \ldots, x_n] \tag{4.3}$$

angegeben werden. Zur Abkürzung setzen wir $z_i \equiv x - x_i$. Differenziert man nun beide Seiten der Gleichung (4.1) nach x, so ergibt sich

$$f'(x) = f[x_0, x_1] + (z_0 + z_1)f[x_0, x_1, x_2] + (z_0 z_1 + z_0 z_2 + z_1 z_2)f[x_0, x_1, x_2, x_3]$$
$$+ \cdots + (z_0 z_1 \cdots z_{n-2} + z_0 z_1 \cdots z_{n-3} z_{n-1}$$
$$+ \cdots + z_1 z_2 \cdots z_{n-1})f[x_0, x_1, \ldots, x_n]$$
$$+ \frac{d\omega(x)}{dx}f[x, x_0, \ldots, x_n] + \omega(x)\frac{df[x, x_0, \ldots, x_n]}{dx}. \tag{4.4}$$

Als Approximation für die erste Ableitung $f'(x)$ wird bei der numerischen Differentiation der Ausdruck

$$P'_n(x) = f[x_0, x_1] + (z_0 + z_1)f[x_0, x_1, x_2] + (z_0 z_1 + z_0 z_2 + z_1 z_2)f[x_0, x_1, x_2, x_3]$$
$$+ \cdots + (z_0 z_1 \cdots z_{n-2} + z_0 z_1 \cdots z_{n-3} z_{n-1}$$
$$+ \cdots + z_1 z_2 \cdots z_{n-1})f[x_0, x_1, \ldots, x_n] \tag{4.5}$$

verwendet. Der hierbei auftretende Approximationsfehler ist durch die Ableitung des Restterms

$$\tilde{R}_n(x) \equiv R'_n(x) = \frac{d\omega(x)}{dx}f[x, x_0, \ldots, x_n] + \omega(x)\frac{df[x, x_0, \ldots, x_n]}{dx} \tag{4.6}$$

bestimmt. Der zweite Summand in (4.6) kann wie folgt vereinfacht werden. Nach Definition ist

$$\frac{df[x, x_0, \ldots, x_n]}{dx} \equiv \lim_{x' \to x} \frac{f[x', x_0, \ldots, x_n] - f[x, x_0, \ldots, x_n]}{x' - x}$$
$$= \lim_{x' \to x} f[x', x, x_0, x_1, \ldots, x_n] = f[x, x, x_0, x_1, \ldots, x_n].$$

Damit lässt sich $\tilde{R}_n(x)$ wie folgt aufschreiben:

$$\tilde{R}_n(x) = \frac{d\omega(x)}{dx}f[x, x_0, \ldots, x_n] + \omega(x)f[x, x, x_0, x_1, \ldots, x_n]. \tag{4.7}$$

Verwendet man schließlich den Zusammenhang (1.36) zwischen den dividierten Differenzen und den Ableitungen von $f(x)$, so resultiert

$$\tilde{R}_n(x) = \frac{d\omega(x)}{dx}\frac{f^{(n+1)}(\xi(x))}{(n+1)!} + \omega(x)\frac{f^{(n+2)}(\xi_1(x))}{(n+2)!}. \tag{4.8}$$

Offensichtlich wird der zweite Summand in den Stützstellen $x_0, x_1, \ldots, x_n$ gleich Null, so dass sich in diesem Falle der Ausdruck für den Fehler weiter vereinfacht. Bevor wir die Approximation der zweiten Ableitung betrachten, wollen wir uns einige Beispiele ansehen.

Beispiel 4.1. Es sei $n = 1$. Wir setzen $x_1 = x_0 + h$. Nach der Formel (4.5) ergibt sich als Näherung für $f'(x_0)$ der Ausdruck

$$f'(x_0) \approx P'_1(x_0) = f[x_0, x_1] = \frac{f(x_0 + h) - f(x_0)}{h}, \tag{4.9}$$

d. h., es resultiert der bekannte vorwärtsgenommene Differenzenquotient. Der Approximationsfehler berechnet sich unter der Voraussetzung $f \in \mathbb{C}^2[x_0, x_1]$ nach (4.8) zu

$$\tilde{R}_1(x_0) = -h\frac{f^{(2)}(\xi(x_0))}{2}, \quad \text{d. h.} \quad \tilde{R}_1(x_0) = O(h) \quad \text{für } h \to 0,$$

so dass wir schreiben können:

$$f'(x_0) = \frac{f(x_0 + h) - f(x_0)}{h} + O(h). \tag{4.10}$$

$\square$

Tab. 4.1: Dividierte Differenzen für eine symmetrische Formel

x	$f(x)$	Ordnung 1	Ordnung 2
x_{-1}	$f(x_{-1})$		
		$\dfrac{f(x_0) - f(x_{-1})}{h}$	
x_0	$f(x_0)$		$\dfrac{f(x_1) - 2f(x_0) + f(x_{-1})}{2h^2}$
		$\dfrac{f(x_1) - f(x_0)}{h}$	
x_1	$f(x_1)$		

Beispiel 4.2. Es sei $n = 2$. Wir setzen $x_1 = x_0 + h$ und $x_2 = x_0 - h$. Nach der Formel (4.5) ergibt sich als Näherung für $f'(x_0)$ der Ausdruck

$$f'(x_0) \approx P_2'(x_0) = f[x_0, x_1] + (x_0 - x_1)f[x_0, x_1, x_2]. \tag{4.11}$$

Setzt man $x_2 \equiv x_{-1}$, dann resultiert die Tabelle 4.1, in der die zugehörigen dividierten Differenzen in der Reihenfolge ihrer Bestimmung eingetragen sind.

Damit ergibt sich unmittelbar aus (4.11)

$$f'(x_0) \approx P_2'(x_0) = \frac{f(x_1) - f(x_0)}{h} - h\frac{f(x_1) - 2f(x_0) + f(x_{-1})}{2h^2} = \frac{f(x_1) - f(x_{-1})}{2h}, \tag{4.12}$$

d. h., wir haben als Approximation für die erste Ableitung den zentralen Differenzenquotienten erhalten. Unter der Voraussetzung $f \in \mathbb{C}^3[x_{-1}, x_1]$ berechnet sich der zugehörige Fehler nach der Formel (4.8) zu

$$\tilde{R}_2(x_0) = -h^2\frac{f^{(3)}(\xi(x_0))}{6}, \quad \text{d. h.} \quad \tilde{R}_2(x_0) = O(h^2) \quad \text{für } h \to 0, \tag{4.13}$$

so dass wir schließlich

$$f'(x_0) = \frac{f(x_1) - f(x_{-1})}{2h} + O(h^2) \tag{4.14}$$

erhalten. Damit ist der zentrale Differenzenquotient um eine Ordnung genauer als der vorwärtsgenommene Differenzenquotient. □

Beispiel 4.3. Eine andere Möglichkeit, im Falle $n = 2$ eine geeignete Approximation für $f'(x_0)$ zu finden, geht von den modifizierten Stützstellen x_0, $x_1 = x_0 + h$ und $x_2 = x_0 + 2h$ aus. Für die dividierten Differenzen ergibt sich jetzt die Tabelle 4.2.

Aus der Formel (4.11) berechnet sich damit eine Näherung für $f'(x_0)$ zu

$$\begin{aligned} f'(x_0) \approx P_2'(x_0) &= \frac{f(x_1) - f(x_0)}{h} - h\frac{f(x_2) - 2f(x_1) + f(x_0)}{2h^2} \\ &= \frac{-f(x_2) + 4f(x_1) - 3f(x_0)}{2h}. \end{aligned} \tag{4.15}$$

Für den zugehörigen Approximationsfehler erhält man nach (4.8)

$$\tilde{R}_2(x_0) = h^2\frac{f^{(3)}(\xi(x_0))}{3}, \quad \text{d. h.} \quad \tilde{R}_2(x_0) = O(h^2) \quad \text{für } h \to 0. \tag{4.16}$$

Tab. 4.2: Dividierte Differenzen für eine unsymmetrische Formel

x	$f(x)$	Ordnung 1	Ordnung 2
x_0	$f(x_0)$		
		$\dfrac{f(x_1) - f(x_0)}{h}$	
x_1	$f(x_1)$		$\dfrac{f(x_2) - 2f(x_1) + f(x_0)}{2h^2}$
		$\dfrac{f(x_2) - f(x_1)}{h}$	
x_2	$f(x_2)$		

Wie im Beispiel 4.2 gilt deshalb auch hier

$$f'(x_0) = \frac{-f(x_2) + 4f(x_1) - 3f(x_0)}{2h} + O(h^2). \tag{4.17}$$

Ein Vergleich der Formeln (4.13) und (4.16) zeigt jedoch, dass der soeben ermittelte unsymmetrische Differenzenquotient einen doppelt so großen Fehler impliziert als der zentrale (symmetrische) Differenzenquotient. □

Wir wollen jetzt die numerische Approximation der zweiten Ableitung $f^{(2)}(x)$ betrachten. Hierzu werde die Gleichung (4.4) noch einmal beidseitig differenziert. Es ergibt sich

$$
\begin{aligned}
f^{(2)}(x) = {}& 2f[x_0, x_1, x_2] + 2(z_0 + z_1 + z_2)f[x_0, x_1, x_2, x_3] \\
& + \cdots + 2(z_0 z_1 \cdots z_{n-3} + z_0 z_1 \cdots z_{n-4} z_{n-2} \\
& \quad + \cdots + z_2 z_3 \cdots z_{n-1})f[x_0, x_1, \ldots, x_n] \\
& + \frac{d^2 \omega(x)}{dx^2} f[x, x_0, x_1, \ldots, x_n] + 2 \frac{d\omega(x)}{dx} \frac{df[x, x_0, x_1, \ldots, x_n]}{dx} \\
& + \frac{d^2 f[x, x_0, x_1, \ldots, x_n]}{dx^2} \omega(x).
\end{aligned} \tag{4.18}
$$

Als Näherung für die zweite Ableitung wird nun der Ausdruck

$$
\begin{aligned}
P_n''(x) = {}& 2f[x_0, x_1, x_2] + 2(z_0 + z_1 + z_2)f[x_0, x_1, x_2, x_3] \\
& + \cdots + 2(z_0 z_1 \cdots z_{n-3} + z_0 z_1 \cdots z_{n-4} z_{n-2} \\
& \quad + \cdots + z_2 z_3 \cdots z_{n-1})f[x_0, x_1, \ldots, x_n]
\end{aligned} \tag{4.19}
$$

verwendet. Damit stellt sich das Restglied $\hat{R}_n(x) \equiv R_n''(x)$ wie folgt dar:

$$
\begin{aligned}
\hat{R}_n(x) = {}& \frac{d^2 \omega(x)}{dx^2} f[x, x_0, x_1, \ldots, x_n] + 2 \frac{d\omega(x)}{dx} \frac{df[x, x_0, x_1, \ldots, x_n]}{dx} \\
& + \frac{d^2 f[x, x_0, x_1, \ldots, x_n]}{dx^2} \omega(x).
\end{aligned} \tag{4.20}
$$

Wir wollen diesen Ausdruck weiter vereinfachen. Der zweite Summand lässt sich genauso behandeln, wie dies bereits beim Restglied für die erste Ableitung gezeigt wurde. Für den dritten Summanden gilt wegen der Definition der Ableitung und der

Eigenschaften dividierter Differenzen

$$\frac{d^2}{dx^2}f[x, x_0, \ldots, x_n] = \frac{d}{dx}f[x, x, x_0, \ldots, x_n]$$

$$= \lim_{x' \to x} \frac{f[x', x', x_0, \ldots, x_n] - f[x, x, x_0, \ldots, x_n]}{x' - x}$$

$$= \lim_{x' \to x} \frac{f[x', x', x_0, \ldots, x_n] - f[x', x, x_0, \ldots, x_n]}{x' - x}$$

$$+ \lim_{x' \to x} \frac{f[x', x, x_0, \ldots, x_n] - f[x, x, x_0, \ldots, x_n]}{x' - x}$$

$$= \lim_{x' \to x} f[x', x', x, x_1, \ldots, x_n] + \lim_{x' \to x} f[x', x, x, x_0, \ldots, x_n]$$

$$= 2f[x, x, x, x_0, x_1, \ldots, x_n].$$

Somit nimmt das Restglied (4.20) die folgende Gestalt an:

$$\hat{R}_n(x) = \frac{d^2\omega(x)}{dx^2}f[x, x_0, \ldots, x_n] + 2\frac{d\omega(x)}{dx}f[x, x, x_0, \ldots, x_n]$$

$$+ 2\omega(x)f[x, x, x, x_0, \ldots, x_n], \tag{4.21}$$

beziehungsweise, wenn man hinreichende Glattheit von f voraussetzt:

$$\hat{R}_n(x) = \frac{d^2\omega(x)}{dx^2}\frac{f^{(n+1)}(\xi(x))}{(n+1)!} + 2\frac{d\omega(x)}{dx}\frac{f^{(n+2)}(\xi_1(x))}{(n+2)!} + 2\omega(x)\frac{f^{(n+3)}(\xi_2(x))}{(n+3)!}. \tag{4.22}$$

Der letzte Summand verschwindet, wenn x einen der Werte $x_0, \ldots, x_n$ annimmt, so dass sich der Fehlerterm in diesem Falle nochmals vereinfacht.

Näherungsformeln für die höheren Ableitungen von f lassen sich auf entsprechende Weise gewinnen. Allgemein ist dann

$$f^{(k)}(x) = P_n^{(k)}(x) + R_n^{(k)}(x)$$

$$= k! \{f[x_0, \ldots, x_k] + (z_0 + z_1 + \cdots + z_k)f[x_0, \ldots, x_{k+1}]$$

$$+ (z_0 z_1 + z_0 z_2 + \cdots + z_k z_{k+1})f[x_0, \ldots, x_{k+2}]$$

$$+ \cdots + (z_0 z_1 \cdots z_{n-k} + \cdots + z_{k+1} z_{k+2} \cdots z_{n-1})f[x_0, \ldots, x_n]\}$$

$$+ R_n^{(k)}(x), \tag{4.23}$$

wobei für den Restterm $\bar{R}_n(x) \equiv R_n^{(k)}(x)$ unter hinreichenden Glattheitseigenschaften an f gilt:

$$\bar{R}_n(x) = \frac{d^k}{dx^k}\{\omega(x)f[x, x_0, x_1, \ldots, x_n]\}$$

$$= \sum_{i=0}^{k} \frac{k!}{(k-i)!}f[\underbrace{x, x, \ldots, x}_{(i+1)\text{-mal}}, x_0, x_1, \ldots, x_n]\frac{d^{k-i}\omega(x)}{dx^{k-i}}$$

$$= \sum_{i=0}^{k} \frac{k!}{(k-i)!(n+i+1)!}f^{(n+i+1)}(\xi_i(x))\omega^{(k-i)}(x). \tag{4.24}$$

Als Approximation für $f^{(k)}(x)$ wird dann $P_n^{(k)}(x)$ aus der Formel (4.23) verwendet. Die im Restterm (4.24) auftretenden Zahlen $\xi_i(x)$ liegen in dem kleinsten Intervall, das die Punkte $x, x_0, \ldots, x_n$ enthält.

4.1.2 Äquidistante Stützstellenverteilung

Im Falle äquidistanter Stützstellen sollte man zur Herleitung numerischer Differentiationsformeln die Newtonschen Interpolationspolynome (1.38) oder (1.46) als Ausgangspunkt verwenden. Bevor wir genauer darauf eingehen, wollen wir die folgende Formel beweisen, die an späterer Stelle benötigt wird.

Lemma 4.1. *Es bezeichne „Δ" den durch die im ersten Band, Definition 4.9, erklärten Operator der vorwärtsgenommenen Differenzen. Des Weiteren sei die Funktion $\ln(1 + \Delta)$ formal wie folgt erklärt*

$$\ln(1 + \Delta) = \Delta - \frac{\Delta^2}{2} + \frac{\Delta^3}{3} - \cdots. \tag{4.25}$$

Dann gilt

$$f^{(n)}(x_0) = \frac{1}{h^n} \{\ln(1 + \Delta)\}^n f(x_0). \tag{4.26}$$

Beweis. Es sei $D \equiv \frac{d}{dx}$. Wir schreiben damit die Taylorsche Formel

$$f(x_0 + h) = f(x_0) + hf'(x_0) + \frac{h^2}{2} f^{(2)}(x_0) + \cdots$$

in der Form

$$f(x_0 + h) = \left(1 + hD + \frac{h^2}{2} D^2 + \cdots\right) f(x_0).$$

Hieraus ergibt sich

$$(1 + \Delta)f(x_0) = e^{hD} f(x_0).$$

Somit ist $1 + \Delta = e^{hD}$. Logarithmiert man diese Gleichung, so ergibt sich unmittelbar die Behauptung

$$\ln(1 + \Delta) = hD, \quad \text{bzw.} \quad (hD)^n = \{\ln(1 + \Delta)\}^n. \qquad \square$$

Anstelle der im vorangegangenen Abschnitt betrachteten Darstellung (1.27) des Interpolationspolynoms gehen wir nun von der Form (1.38) aus, d. h.,

$$f(x) = f(x_0 + sh) = f(x_0) + s\Delta f(x_0) + \frac{s(s - 1)}{2} \Delta^2 f(x_0)$$
$$+ \frac{s(s - 1)(s - 2)}{6} \Delta^3 f(x_0) + \cdots \tag{4.27}$$

Differenziert man beide Seiten dieser Gleichung, so ergeben sich sukzessive (unter Beachtung von $x = x_0 + sh$)

$$f'(x) = \frac{df}{ds}\frac{ds}{dx}$$
$$= \frac{1}{h}\left[\Delta f(x_0) + \frac{2s - 1}{2!} \Delta^2 f(x_0) + \frac{3s^2 - 6s + 2}{3!} \Delta^3 f(x_0)\right.$$
$$\left. + \frac{4s^3 - 18s^2 + 22s - 6}{4!} \Delta^4 f(x_0) + \cdots\right], \tag{4.28}$$

$$f^{(2)}(x) = \frac{1}{h^2}\left[\Delta^2 f(x_0) + \frac{6s-6}{3!}\Delta^3 f(x_0) + \frac{12s^2 - 36s + 22}{4!}\Delta^4 f(x_0) + \cdots\right], \quad (4.29)$$

$$f^{(3)}(x) = \frac{1}{h^3}\left[\Delta^3 f(x_0) + \frac{24s-36}{4!}\Delta^4 f(x_0) + \cdots\right]. \quad (4.30)$$

Für $x = x_0$, d. h. $s = 0$, erhält man daraus die speziellen Formeln

$$f'(x_0) = \frac{1}{h}\left[\Delta f(x_0) - \frac{1}{2}\Delta^2 f(x_0) + \frac{1}{3}\Delta^3 f(x_0) - \frac{1}{4}\Delta^4 f(x_0) + \cdots\right],$$

$$f^{(2)}(x_0) = \frac{1}{h^2}\left[\Delta^2 f(x_0) - \Delta^3 f(x_0) + \frac{11}{12}\Delta^4 f(x_0) - \cdots\right], \quad (4.31)$$

$$f^{(3)}(x_0) = \frac{1}{h^3}\left[\Delta^3 f(x_0) - \frac{3}{2}\Delta^4 f(x_0) + \cdots\right].$$

Ein Blick auf den Hilfssatz 4.1 zeigt: die so gewonnenen numerischen Differentiationsformeln (4.31), und analog auch die für noch höhere Ableitungen, sind von der einprägsamen symbolischen Form (4.26). Dabei hat man nur zu beachten, dass die Reihe (4.25), die soweit realisiert wird, bis konstante Differenzen auftreten, formal wie ein Polynom zu potenzieren ist.

Benutzt man als Grundlage für die numerische Differentiation andere Interpolationsformeln, dann resultieren i. allg. unterschiedliche Approximationsvorschriften für die Ableitungen. Um dies zu demonstrieren, wollen wir abschließend die Formel von Stirling in der Gestalt (1.51) betrachten. Durch einfache Differentiation dieser Formel erhält man

$$f'(x) = \frac{1}{h}\left(\mu\delta f(x_0) + s\delta^2 f(x_0) + \frac{3s^2-1}{3!}\mu\delta^3 f(x_0) + \frac{4s^3-2s}{4!}\delta^4 f(x_0) + \cdots\right),$$

$$f^{(2)}(x) = \frac{1}{h^2}\left(\delta^2 f(x_0) + s\mu\delta^3 f(x_0) + \frac{12s^2-2}{4!}\delta^4 f(x_0) + \cdots\right),$$

$$f^{(3)}(x) = \frac{1}{h^3}\left(\mu\delta^3 f(x_0) + s\delta^4 f(x_0) + \cdots\right)$$

und daraus ergeben sich speziell für $x = x_0$

$$f'(x_0) = \frac{1}{h}\left(\mu\delta f(x_0) - \frac{1}{3!}\mu\delta^3 f(x_0) + \frac{(2!)^2}{5!}\mu\delta^5 f(x_0) - \cdots\right),$$

$$f^{(2)}(x_0) = \frac{1}{h^2}\left(\delta^2 f(x_0) - \frac{2}{4!}\delta^4 f(x_0) + \cdots\right), \quad (4.32)$$

$$f^{(3)}(x_0) = \frac{1}{h^3}\left(\mu\delta^3 f(x_0) - \frac{3!\,(1^2+2^2)}{5!}\mu\delta^5 f(x_0) + \cdots\right).$$

4.1.3 Numerische Differentiation mit gestörten Daten

Betrachtet man die Restterme der numerischen Differentiationsformeln, dann kommt man unmittelbar zu der Schlussfolgerung: die berechneten Approximationen werden sicher immer dann genauer, wenn man nur den Abstand zwischen den Stützstellen weiter verkleinert. Dazu muss natürlich gewährleistet sein, dass die zu differenzierende Funktion f hinreichend glatt ist. Bei äquidistanten Stützstellen, die wir hier der Einfachheit halber nur zugrunde legen wollen, ist somit die Schrittweite h genügend klein zu wählen. Diese Aussage trifft aber leider nur in exakter Arithmetik, d. h. in der Theorie, zu. In der Praxis sind die Daten üblicherweise mit kleinen (Rundungs-)Fehlern behaftet, so dass es bei fortschreitender Verkleinerung von h zu einer Anhäufung dieser Fehler (engl.: „cancellation") kommen kann. Es ist deshalb bei der Verkleinerung von h ein Wert zu erwarten, ab dem sich nach der anfänglichen Verbesserung der Näherungswerte diese wieder verschlechtern. Wir wollen dieses Verhalten hier an einem einfachen Beispiel demonstrieren. Für die komplizierteren Formeln ist der Sachverhalt analog.

Gegeben sei die im Beispiel 4.2 hergeleitete symmetrische numerische Differentiationsformel (4.12):

$$f'(x_0) = \frac{f(x_1) - f(x_{-1})}{2h} + \tilde{R}_2(x_0), \quad \tilde{R}_2(x_0) \equiv -h^2 \frac{f^{(3)}(\xi(x_0))}{6}. \tag{4.33}$$

Wir wollen jetzt davon ausgehen, dass anstelle der exakten Funktionswerte $f(x_1)$ und $f(x_{-1})$ nur (wenig) gestörte Ausdrücke

$$\tilde{f}(x_1) \equiv f(x_1) + \delta_1 \quad \text{und} \quad \tilde{f}(x_{-1}) \equiv f(x_{-1}) + \delta_{-1}, \quad |\delta_{\pm 1}| \le \delta, \tag{4.34}$$

bekannt sind. Setzt man diese in die Formel (4.33) ein, so resultiert

$$f'(x_0) = \frac{\tilde{f}(x_1) - \tilde{f}(x_{-1})}{2h} - \frac{\delta_1 - \delta_{-1}}{2h} + \tilde{R}_2(x_0). \tag{4.35}$$

Der erste Summand auf der rechten Seite stellt das eigentliche numerische Rechenergebnis dar, wenn man vernachlässigt, dass bei der Bildung dieses Differenzenquotienten wiederum Rundungsfehler auftreten. Somit ist der Fehler der numerischen Rechnung von der Gestalt

$$E_2(x_0) \equiv f'(x_0) - \frac{\tilde{f}(x_1) - \tilde{f}(x_{-1})}{2h} = -\frac{\delta_1 - \delta_{-1}}{2h} + \tilde{R}_2(x_0)$$

und kann wie folgt abgeschätzt werden

$$|E_2(x_0)| \le \frac{\delta}{h} + \frac{C_3}{6} h^2 \equiv E(h), \quad C_3 \equiv \max_{x \in [x_{-1}, x_1]} |f^{(3)}(x)|. \tag{4.36}$$

Die Schranke $E(h)$ ist die bestmögliche. Sie setzt sich aus zwei qualitativ verschiedenen Teilen zusammen. Der erste Summand reflektiert die Störung der Eingabedaten, während der zweite Summand den Approximationsfehler (siehe auch den Abschnitt 1.1 im ersten Band) angibt, der bei der Ersetzung der Ableitung durch einen endlichen Differenzenausdruck entsteht.

In der Abbildung 4.1 ist das Verhalten dieser beiden Fehlerquellen sowie des sich daraus ergebenden Gesamtfehlers angegeben. Dabei wurde eine Störung der beiden

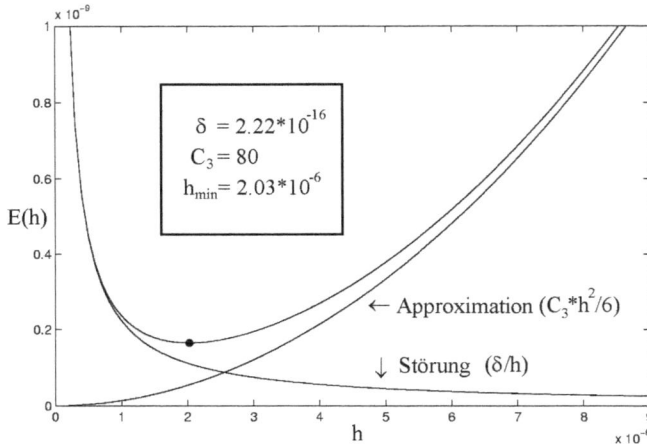

Abb. 4.1: Optimale Schrittweite („•") bei der numerischen Differentiation

Funktionswerte angenommen, die sich bei doppelt genauer Rechnung (8 Byte) auf den heute üblichen Computern ergibt.

Für die Funktion

$$E(h) = \frac{\delta}{h} + \frac{C_3}{6} h^2$$

lässt sich sehr einfach das Minimum berechnen. Man erhält

$$E(h) \geq E(h_{\min}), \quad h_{\min} \equiv \sqrt[3]{\frac{3\delta}{C_3}} \tag{4.37}$$

und

$$E(h_{\min}) = \frac{3}{2} \sqrt[3]{\frac{C_3}{3}} \sqrt[3]{\delta^2}.$$

Somit ist selbst unter den günstigsten Umständen, d. h. bei exakter Berechnung des Differenzenquotienten, der Gesamtfehler noch von der Größenordnung $O(\delta^{\frac{2}{3}})$. Dies stellt einen beträchtlichen Verlust an Genauigkeit bei praktischen Rechnungen dar. Die Schrittweite h sollte deshalb stets „moderat" gewählt werden, was jedoch einige Erfahrungen im Umgang mit den Werkzeugen zur numerischen Differentiation erfordert. Ist die Maschinengenauigkeit $\nu \approx 10^{-q}$, dann stellt etwa $h = 10^{-(\frac{q}{3}+1)}$ einen vernünftigen Richtwert dar.

Zum Abschluss dieses Abschnittes wollen wir noch die entsprechenden Ergebnisse für den vorwärtsgenommenen Differenzenquotienten angeben. Nach der Formel (4.9) gilt mit $x_1 = x_0 + h$:

$$f'(x_0) = \frac{f(x_1) - f(x_0)}{h} + \tilde{R}_1(x_0), \quad \tilde{R}_1(x_0) \equiv -h \frac{f^{(2)}(\xi(x_0))}{2}. \tag{4.38}$$

Sind die Funktionswerte analog (4.34) etwas gestört, d. h.

$$\tilde{f}(x_1) \equiv f(x_1) + \delta_1 \quad \text{und} \quad \tilde{f}(x_0) \equiv f(x_0) + \delta_0, \quad |\delta_{0,1}| \leq \delta, \tag{4.39}$$

dann ergibt sich für

$$E_1(x_0) \equiv f'(x_0) - \frac{\tilde{f}(x_1) - \tilde{f}(x_0)}{h}$$

die Abschätzung

$$|E_1(x_0)| \le \frac{2\delta}{h} + \frac{C_2}{2}h \equiv E(h), \quad C_2 \equiv \max_{x \in [x_0, x_1]} |f^{(2)}(x)|. \tag{4.40}$$

Das Minimum von $E(h)$ sowie der zugehörige Funktionswert $E(h_{min})$ berechnen sich schließlich zu

$$h_{min} = 2\sqrt{\frac{\delta}{C_2}}, \quad \text{und} \quad E(h_{min}) = 2\sqrt{C_2}\sqrt{\delta}. \tag{4.41}$$

4.1.4 Differentiationsformeln ohne Differenzen

Oftmals ist es günstiger, die Formeln zur numerischen Differentiation nicht durch vorwärtsgenommene, rückwärtsgenommene oder zentrale Differenzen auszudrücken, sondern direkt durch die Werte der Funktion $f(x)$. Dieses Ziel lässt sich am besten erreichen, wenn man auf die Lagrange-Darstellung des Interpolationspolynoms für den Fall äquidistanter Stützstellen zurückgreift. Wir wollen diese Variante hier kurz herleiten.

Es werde dazu vorausgesetzt, dass die Stützstellen $x_0, \ldots, x_n$ äquidistant verteilt sind, d. h., es gelte

$$x_1 - x_0 = x_2 - x_1 = \cdots = x_n - x_{n-1} = h. \tag{4.42}$$

Die Lagrange-Faktoren haben nach der Formel (1.9) die Gestalt

$$L_{n,k}(x) = \prod_{\substack{i=0 \\ i \ne k}}^{n} \frac{x - x_i}{x_k - x_i}$$

$$= \frac{(x - x_0)(x - x_1) \cdots (x - x_{k-1})(x - x_{k+1}) \cdots (x - x_n)}{(x_k - x_0)(x_k - x_1) \cdots (x_k - x_{k-1})(x_k - x_{k+1}) \cdots (x_k - x_n)}.$$

Mit $s \equiv \frac{x - x_0}{h}$ ergibt sich daraus

$$L_{n,k}(x) = \frac{sh(sh - h) \cdots [sh - (k-1)h][sh - (k+1)h] \cdots (sh - nh)}{kh(k-1)h \cdots h(-h) \cdots [-(n-k)h]}$$

$$= \frac{s(s-1) \cdots (s-n)}{s-k} \frac{(-1)^{n-k}}{k!\,(n-k)!}$$

$$= (-1)^{n-k} \binom{n}{k} \frac{s(s-1) \cdots (s-n)}{n!} \frac{1}{s-k}. \tag{4.43}$$

Damit lautet das Lagrangesche Interpolationspolynom (1.11) jetzt

$$P_n(x) = P_n(x_0 + sh) = \frac{s(s-1) \cdots (s-n)}{n!} \sum_{k=0}^{n} (-1)^{n-k} \frac{\binom{n}{k} f(x_k)}{s-k}, \tag{4.44}$$

so dass wir

$$f(x) = P_n(x) + h^{n+1}s(s-1)\cdots(s-n)f[x, x_0, \ldots, x_n] \tag{4.45}$$

schreiben können. Differenziert man nun (4.45) einmal, dann resultiert

$$f'(x) = \frac{1}{h}\left[\sum_{k=0}^{n}(-1)^{n-k}\frac{\binom{n}{k}f(x_k)}{n!}\frac{d}{ds}\left\{\frac{s(s-1)\cdots(s-n)}{s-k}\right\}\right]$$
$$+ h^n f[x, x_0, \ldots, x_n]\frac{d}{ds}[s(s-1)\cdots(s-n)]$$
$$+ h^{n+1}f[x, x, x_0, \ldots, x_n]s(s-1)\cdots(s-n). \tag{4.46}$$

Speziell für $x = x_i = x_0 + ih$ erhalten wir daraus

$$f'(x_i) = \frac{1}{h}\left[\sum_{k=0}^{n}(-1)^{n-k}\frac{\binom{n}{k}f(x_k)}{n!}\frac{d}{ds}\left\{\frac{s(s-1)\cdots(s-n)}{s-k}\right\}_{s=i}\right]$$
$$+ \frac{h^n f^{(n+1)}(\xi(x_i))}{(n+1)!}\frac{d}{ds}[s(s-1)\cdots(s-n)]_{s=i}. \tag{4.47}$$

Für die zweite Ableitung ergibt sich entsprechend

$$f^{(2)}(x) = \frac{1}{h^2}\left[\sum_{k=0}^{n}(-1)^{n-k}\frac{\binom{n}{k}f(x_k)}{n!}\frac{d^2}{ds^2}\left\{\frac{s(s-1)\cdots(s-n)}{s-k}\right\}\right]$$
$$+ h^{n-1}f[x, x_0, \ldots, x_n]\frac{d^2}{ds^2}[s(s-1)\cdots(s-n)]$$
$$+ 2h^n f[x, x, x_0, \ldots, x_n]\frac{d}{ds}[s(s-1)\cdots(s-n)]$$
$$+ h^{n+1}f[x, x, x, x_0, \ldots, x_n]s(s-1)\cdots(s-n), \tag{4.48}$$

so dass wir für $x = x_i$ die folgende Formel erhalten

$$f^{(2)}(x_i) = \frac{1}{h^2}\left[\sum_{k=0}^{n}(-1)^{n-k}\frac{\binom{n}{k}f(x_k)}{n!}\frac{d^2}{ds^2}\left\{\frac{s(s-1)\cdots(s-n)}{s-k}\right\}_{s=i}\right]$$
$$+ h^{n-1}\frac{f^{(n+1)}(\xi_1(x_i))}{(n+1)!}\frac{d^2}{ds^2}[s(s-1)\cdots(s-n)]_{s=i}$$
$$+ 2h^n\frac{f^{(n+2)}(\xi_2(x_i))}{(n+2)!}\frac{d}{ds}[s(s-1)\cdots(s-n)]_{s=i}. \tag{4.49}$$

Für verschiedene Werte von n ergeben sich aus (4.47) nun die folgenden Näherungsformeln für die erste Ableitung. Wir stellen diese in der Form

$$f'(x_i) = \beta\sum_{k=0}^{n}\alpha_{k,i}f(x_k) + R_i, \quad i = 0, \ldots, n, \tag{4.50}$$

dar und geben in Tabellenform (Tabellen 4.3–4.7) die Koeffizienten $\alpha_{k,i}$ und die zugehörigen Restterme R_i sowie den Faktor β an.

Tab. 4.3: $n = 2$ (3 Punkte), $\beta = \frac{1}{2h}$

i	$\alpha_{0,i}$	$\alpha_{1,i}$	$\alpha_{2,i}$	R_i
0	-3	4	-1	$h^2/3\, f^{(3)}(\xi)$
1	-1	0	1	$-h^2/6\, f^{(3)}(\xi)$
2	1	-4	3	$h^2/3\, f^{(3)}(\xi)$

Tab. 4.4: $n = 3$ (4 Punkte), $\beta = \frac{1}{6h}$

i	$\alpha_{0,i}$	$\alpha_{1,i}$	$\alpha_{2,i}$	$\alpha_{3,i}$	R_i
0	-11	18	-9	2	$-h^3/4\, f^{(4)}(\xi)$
1	-2	-3	6	-1	$h^3/12\, f^{(4)}(\xi)$
2	1	-6	3	2	$-h^3/12\, f^{(4)}(\xi)$
3	-2	9	-18	11	$h^3/4\, f^{(4)}(\xi)$

Tab. 4.5: $n = 4$ (5 Punkte), $\beta = \frac{1}{12h}$

i	$\alpha_{0,i}$	$\alpha_{1,i}$	$\alpha_{2,i}$	$\alpha_{3,i}$	$\alpha_{4,i}$	R_i
0	-25	48	-36	16	-3	$h^4/5\, f^{(5)}(\xi)$
1	-3	-10	18	-6	1	$-h^4/20\, f^{(5)}(\xi)$
2	1	-8	0	8	-1	$h^4/30\, f^{(5)}(\xi)$
3	-1	6	-18	10	3	$-h^4/20\, f^{(5)}(\xi)$
4	3	-16	36	-48	25	$h^4/5\, f^{(5)}(\xi)$

Tab. 4.6: $n = 5$ (6 Punkte), $\beta = \frac{1}{60h}$

i	$\alpha_{0,i}$	$\alpha_{1,i}$	$\alpha_{2,i}$	$\alpha_{3,i}$	$\alpha_{4,i}$	$\alpha_{5,i}$	R_i
0	-137	300	-300	200	-75	12	$-h^5/6\, f^{(6)}(\xi)$
1	-12	-65	120	-60	20	-3	$h^5/30\, f^{(6)}(\xi)$
2	3	-30	-20	60	-15	2	$-h^5/60\, f^{(6)}(\xi)$
3	-2	15	-60	20	30	-3	$h^5/60\, f^{(6)}(\xi)$
4	3	-20	60	-120	65	12	$-h^5/30\, f^{(6)}(\xi)$
5	-12	75	-200	300	-300	137	$h^5/6\, f^{(6)}(\xi)$

Tab. 4.7: $n = 6$ (7 Punkte), $\beta = \frac{1}{60h}$

i	$\alpha_{0,i}$	$\alpha_{1,i}$	$\alpha_{2,i}$	$\alpha_{3,i}$	$\alpha_{4,i}$	$\alpha_{5,i}$	$\alpha_{6,i}$	R_i
0	-147	360	-450	400	-225	72	-10	$h^6/7\, f^{(7)}(\xi)$
1	-10	-77	150	-100	50	-15	2	$-h^6/42\, f^{(7)}(\xi)$
2	2	-24	-35	80	-30	8	-1	$h^6/105\, f^{(7)}(\xi)$
3	-1	9	-45	0	45	-9	1	$-h^6/140\, f^{(7)}(\xi)$
4	1	-8	30	-80	35	24	-2	$h^6/105\, f^{(7)}(\xi)$
5	-2	15	-50	100	-150	77	10	$-h^6/42\, f^{(7)}(\xi)$
6	10	-72	225	-400	450	-360	147	$h^6/7\, f^{(7)}(\xi)$

Offensichtlich ergeben sich die einfachsten Ausdrücke für gerades n in den mittleren Punkten. In diesem Falle sind auch die Koeffizienten vor der Ableitung in den Resttermen am kleinsten. Somit sollte man möglichst diese Näherungsformeln in der Praxis verwenden.

Wir wollen jetzt entsprechende Formeln für die zweite Ableitung von f angeben. Diese erhält man aus (4.49) für verschiedene Werte von n. Um die Schreibweise zu vereinheitlichen, werde die zweite Ableitung analog zur Formel (4.50) für die erste Ableitung wie folgt in kompakter Form dargestellt:

$$f^{(2)}(x_i) = \gamma \sum_{k=0}^{n} \varphi_{k,i} f(x_k) + Q_i, \quad i = 0, \ldots, n. \tag{4.51}$$

Damit lassen sich nun die speziellen numerischen Näherungsformeln für $f^{(2)}(x_i)$ in Tabellenform (Tabellen 4.8–4.10) aufschreiben.

Auch für die zweite Ableitung sind die günstigsten Formeln für gerades n und für die mittleren Punkte zu finden.

Tab. 4.8: $n = 2$ (3 Punkte), $\gamma = \frac{1}{h^2}$

i	$\varphi_{0,i}$	$\varphi_{1,i}$	$\varphi_{2,i}$	Q_i
0	1	−2	1	$-h f^{(3)}(\xi_1) + h^2/6 \, f^{(4)}(\xi_2)$
1	1	−2	1	$-h^2/12 \, f^{(4)}(\xi)$
2	1	−2	1	$h f^{(3)}(\xi_1) + h^2/6 \, f^{(4)}(\xi_2)$

Tab. 4.9: $n = 3$ (4 Punkte), $\gamma = \frac{1}{6h^2}$

i	$\varphi_{0,i}$	$\varphi_{1,i}$	$\varphi_{2,i}$	$\varphi_{3,i}$	Q_i
0	12	−30	24	−6	$11h^2/12 \, f^{(4)}(\xi_1) - h^3/10 \, f^{(5)}(\xi_2)$
1	6	−12	6	0	$-h^2/12 \, f^{(4)}(\xi_1) + h^3/30 \, f^{(5)}(\xi_2)$
2	0	6	−12	6	$-h^2/12 \, f^{(4)}(\xi_1) - h^3/30 \, f^{(5)}(\xi_2)$
3	−6	24	−30	12	$11h^2/12 \, f^{(4)}(\xi_1) + h^3/10 \, f^{(5)}(\xi_2)$

Tab. 4.10: $n = 4$ (5 Punkte), $\gamma = \frac{1}{24h^2}$

i	$\varphi_{0,i}$	$\varphi_{1,i}$	$\varphi_{2,i}$	$\varphi_{3,i}$	$\varphi_{4,i}$	Q_i
0	70	−208	228	−112	22	$-5h^3/6 \, f^{(5)}(\xi_1) + h^4/15 \, f^{(6)}(\xi_2)$
1	22	−40	12	8	−2	$h^3/12 \, f^{(5)}(\xi_1) - h^4/60 \, f^{(6)}(\xi_2)$
2	−2	32	−60	32	−2	$h^4/90 \, f^{(6)}(\xi)$
3	−2	8	12	−40	22	$-h^3/12 \, f^{(5)}(\xi_1) - h^4/60 \, f^{(6)}(\xi_2)$
4	22	−112	228	−208	70	$5h^3/6 \, f^{(5)}(\xi_1) + h^4/15 \, f^{(6)}(\xi_2)$

4.1.5 Extrapolation nach Richardson

Wir wollen die Darstellung numerischer Verfahren für die Differentiation mit einer Technik abschließen, die in der Numerischen Mathematik sehr häufig zur Anwendung kommt und auch hier eingesetzt werden kann. Die Grundidee dieser Technik lässt sich wie folgt beschreiben. Viele Approximationsformeln hängen von einem reellen Parameter h ab, der die Genauigkeit des Verfahrens steuert. Lässt man in diesen Formeln h gegen Null gehen, dann konvergiert die numerische Lösung i. allg. gegen die gesuchte exakte Lösung des gegebenen Problems. Beispiele für diesen Sachverhalt sind u. a. die in den vorangegangenen Abschnitten betrachteten Differenzenformeln zur Approximation der Ableitungen von f. In der Praxis berechnet man jedoch verschiedene Approximationen ein und derselben Lösung, die unterschiedlichen Werten von h entsprechen, um Informationen über die Genauigkeit zu erhalten. Es ist daher naheliegend, auf den Grenzwert $h = 0$ zu extrapolieren, d. h., eine Linearkombination dieser Approximationen zu konstruieren, die genauer ist als jede einzelne von ihnen.

Dieses allgemeine Prinzip soll nun etwas exakter gefasst werden. Dazu sei die Approximationsvorschrift durch eine skalarwertige Funktion $P(h)$ gegeben. Die exakte Lösung bestimme sich zu $P(0)$. Der Approximation liege des Weiteren eine Menge diskreter Werte von h zugrunde, die $h = 0$ als Grenzwert besitzt. Man nennt diese die zulässigen Werte von h. Mit der Symbolik $h \to 0$ soll dann ausgedrückt werden, dass h über diese zulässigen Werte gegen Null strebt. Ein Beispiel hierfür ist $h = \frac{b-a}{n}$, $n = 1, 2, \ldots$ Wir wollen nun voraussetzen, dass von h unabhängige Konstanten c_0 und c_1 sowie zwei positive Zahlen p und p' ($p' > p$) existieren, so dass

$$P(h) = c_0 + c_1 h^p + O(h^{p'}), \quad h \to 0. \tag{4.52}$$

Der Wert p möge dabei explizit bekannt sein. Offensichtlich ist $c_0 = P(0)$ die exakte Lösung. Gegeben seien nun eine fixierte positive Zahl $q < 1$ und ein zulässiger Parameter $q^{-1}h$. Dann ist

$$\begin{aligned}
P(h) &= c_0 + c_1 h^p + O(h^{p'}), \\
P(q^{-1}h) &= c_0 + c_1 q^{-p} h^p + O(h^{p'}), \quad h \to 0.
\end{aligned} \tag{4.53}$$

Multipliziert man die erste Gleichung mit q^{-p} und subtrahiert die zweite von der resultierenden Gleichung, dann folgt

$$q^{-p}P(h) - P(q^{-1}h) = (q^{-p} - 1)c_0 + O(h^{p'}), \quad h \to 0.$$

Hieraus ergibt sich

$$\begin{aligned}
c_0 = P(0) &= \frac{q^{-p}P(h) - P(q^{-1}h)}{q^{-p} - 1} + O(h^{p'}) \\
&= \frac{q^{-p}P(h) - P(q^{-1}h)}{q^{-p} - 1} - P(h) + P(h) + O(h^{p'}) \\
&= \frac{q^{-p}P(h) - P(q^{-1}h) - q^{-p}P(h) + P(h)}{q^{-p} - 1} + P(h) + O(h^{p'})
\end{aligned}$$

$$= P(h) + \frac{P(h) - P(q^{-1}h)}{q^{-p} - 1} + O(h^{p'}).$$

Somit erhält man aus den beiden Approximationen $P(h)$ und $P(q^{-1}h)$, deren Fehler von der Größenordnung $O(h^p)$ sind, eine verbesserte Approximation

$$P_{\text{neu}}(h) \equiv P(h) + \frac{P(h) - P(q^{-1}h)}{q^{-p} - 1} \tag{4.54}$$

mit dem kleineren Fehlerterm $O(h^{p'})$. Dieser Übergang von $P(h)$ zu $P_{\text{neu}}(h)$ wird *Extrapolation nach Richardson*[1] genannt.

Soll dieser Extrapolationsprozess wiederholt werden, um eine noch genauere Approximation zu bestimmen, dann benötigt man eine detailliertere Darstellung von $P(h)$ in Potenzen von h. Wir wollen deshalb annehmen, dass $P(h)$ die folgende asymptotische Entwicklung besitzt:

$$P(h) = c_0 + c_1 h^{p_1} + c_2 h^{p_2} + \cdots, \quad 0 < p_1 < p_2 < \cdots, \quad h \to 0. \tag{4.55}$$

Dies bedeutet einerseits, dass die Koeffizienten c_i von h unabhängig sind und andererseits, dass für $k = 1, 2, \ldots$ gilt:

$$P(h) - (c_0 + c_1 h^{p_1} + \cdots + c_k h^{p_k}) = O(h^{p_{k+1}}), \quad h \to 0.$$

Wie zuvor werde ein $q < 1$ fixiert. Die verbesserten Approximationen berechnen sich nun mittels der Iterationsvorschrift:

$$P^{(1)}(h) = P(h),$$
$$P^{(k+1)}(h) = P^{(k)}(h) + \frac{P^{(k)}(h) - P^{(k)}(q^{-1}h)}{q^{-p_k} - 1}, \quad k = 1, 2, \ldots \tag{4.56}$$

Für jedes $k = 1, 2, \ldots$ besitzt dann $P^{(k)}(h)$ die asymptotische Entwicklung

$$P^{(k)}(h) = c_0 + c_k^{(k)} h^{p_k} + c_{k+1}^{(k)} h^{p_{k+1}} + \cdots, \quad h \to 0,$$

mit gewissen Koeffizienten $c_k^{(k)}, c_{k+1}^{(k)}, \ldots$, die nicht von h abhängen. Bei der praktischen Realisierung dieser Technik wird in einem ersten Schritt $P(h)$ für die Folge von Parameterwerten

$$h_0, q h_0, q^2 h_0, \ldots \quad (q < 1)$$

berechnet. Dann setzt man

$$P^{(k,m)} \equiv P^{(k+1)}(q^m h_0), \quad k, m = 0, 1, 2, \ldots$$

Durch die Vergrößerung von m wird der Parameter h reduziert und die Vergrößerung von k führt zu einer genaueren Approximation. Die Steuerung der beiden Parameter

---

[1] Lewis Fry Richardson (1881–1953), englischer Mathematiker und Naturwissenschaftler

Tab. 4.11: Extrapolations-Tableau

$P^{(0,0)}$			
$P^{(0,1)}$	$P^{(1,1)}$		
$P^{(0,2)}$	$P^{(1,2)}$	$P^{(2,2)}$	
$P^{(0,3)}$	$P^{(1,3)}$	$P^{(2,3)}$	$P^{(3,3)}$
$\vdots$			

erfolgt üblicherweise simultan, so dass die Diagonalelemente $P^{(m,m)}$ die eigentlichen Kenngrößen des Verfahrens sind. Verwendet man in (4.56) den Wert $h = q^m h_0$, dann ergibt sich die folgende Vorschrift

$$P^{(k,m)} = P^{(k-1,m)} + \frac{P^{(k-1,m)} - P^{(k-1,m-1)}}{q^{-p_k} - 1}, \quad m \geq k \geq 1,$$

$$P^{(0,m)} = P(q^m h_0).$$
(4.57)

Diese Rechenvorschrift lässt sich nun, wie in der Tabelle 4.11 angegeben, aufschreiben.

Wir wollen abschließend anhand eines einfachen Beispiels die Anwendung der Extrapolation nach Richardson im Falle der numerischen Differentiation aufzeigen.

Beispiel 4.4. Gegeben sei die symmetrische Formel (4.14) zur Approximation der ersten Ableitung. Für den zugehörigen Restterm lässt sich mittels Taylor-Entwicklungen von $f(x + h)$ und $f(x - h)$ eine etwas detailliertere Darstellung finden, als in (4.13) angegeben:

$$\tilde{R}_2(x_0) = -\frac{h^2}{3!}f^{(3)}(x_0) - \frac{h^4}{5!}f^{(5)}(x_0) - \frac{h^6}{7!}f^{(7)}(x_0) - \cdots,$$

d. h., es liegt hier offensichtlich eine Entwicklung in Potenzen von h^2 vor. Damit erhalten wir

$$f'(x_0) = \frac{f(x_0 + h) - f(x_0 - h)}{2h} - \frac{h^2}{3!}f^{(3)}(x_0) - \frac{h^4}{5!}f^{(5)}(x_0) - \cdots.$$
(4.58)

Wir setzen

$$c_0 \equiv f'(x_0), \quad P(h) \equiv \frac{f(x_0 + h) - f(x_0 - h)}{2h}, \quad q \equiv \frac{1}{2} < 1$$

und erhalten aus (4.52) die Darstellung

$$P(h) - c_0 = \frac{1}{3!}f^{(3)}(x_0)h^2 + O(h^4),$$

mit $p = 2$ und $p' = 4$. Eine verbesserte Approximation ergibt sich nun nach Formel (4.57) zu

$$P_{\text{neu}}(h) = \frac{f(x_0 + h) - f(x_0 - h)}{2h} + \frac{\frac{f(x_0+h)-f(x_0-h)}{2h} - \frac{f(x_0+2h)-f(x_0-2h)}{4h}}{\left(\frac{1}{2}\right)^{-2} - 1}$$

$$= \frac{f(x_0 + h) - f(x_0 - h)}{2h}$$
$$+ \frac{2f(x_0 + h) - 2f(x_0 - h) - f(x_0 + 2h) + f(x_0 - 2h)}{12h}$$
$$= \frac{-f(x_0 + 2h) + 8f(x_0 + h) - 8f(x_0 - h) + f(x_0 - 2h)}{12h}. \tag{4.59}$$

Für diese Approximation gilt jetzt

$$f'(x_0) = \frac{-f(x_0 + 2h) + 8f(x_0 + h) - 8f(x_0 - h) + f(x_0 - 2h)}{12h} + O(h^4). \tag{4.60}$$

Reicht die so erzielte Genauigkeit noch nicht aus, so muss der Extrapolationsprozess weiter fortgesetzt werden. Zur Vereinfachung und zur besseren Übersichtlichkeit sollte man die zugehörigen Berechnungen dann anhand der Tabelle 4.11 durchführen. ☐

4.2 Numerische Integration

In der angewandten Mathematik ist es oft erforderlich, zu einer gegebenen skalaren integrierbaren Funktion $f(x)$ das bestimmte Integral

$$I(f) \equiv \int_a^b f(x)\,dx \tag{4.61}$$

zu berechnen. Nach den Methoden der Differential- und Integralrechnung hat man zuerst eine differenzierbare Funktion F mit der Eigenschaft $F'(x) = f(x)$ zu bestimmen. Mit dieser sogenannten *Stammfunktion* F berechnet sich dann das Integral $I(f)$ zu

$$\int_a^b f(x)\,dx = F(b) - F(a).$$

In vielen Situationen ist F aber nicht explizit bekannt oder kann nur äußerst aufwendig berechnet werden. Betrachtet man zum Beispiel die spezielle Funktion $f(x) = e^{x^2}$, dann ist die zugehörige Stammfunktion F durch die unendliche Summe

$$F(x) = \sum_{k=0}^{\infty} \frac{x^{2k+1}}{(2k+1)k!}$$

gegeben. Dies legt nahe, in solchen Fällen den Integralwert $I(f)$ numerisch, d. h. approximativ zu berechnen.

Ein sachgemäßer Zugang, eine Approximation von $I(f)$ numerisch zu bestimmen, besteht in der Überführung von (4.61) in ein zugeordnetes Anfangswertproblem für gewöhnliche Differentialgleichungen und der Anwendung moderner schrittgesteuerter Integrationstechniken, wie Runge-Kutta-Verfahren, Verfahren vom Adams-Typ, Extrapolationsverfahren oder BDF-Verfahren (siehe das Kapitel 5 sowie die weiterführenden

Monografien [38, 40, 44, 45]). Die Überführung in ein solches Anfangswertproblem kann wie folgt vorgenommen werden.

Wir definieren

$$\xi(t) \equiv \int_a^t f(\tau)\,d\tau \tag{4.62}$$

und erhalten durch Differentiation beider Seiten die Differentialgleichung

$$\frac{d}{dt}\xi(t) \equiv \dot{\xi}(t) = f(t).$$

Offensichtlich gilt nach (4.62) $\xi(a) = 0$, so dass damit der noch fehlende Anfangswert gefunden ist. Das resultierende Anfangswertproblem

$$\dot{\xi}(t) = f(t), \quad \xi(a) = 0 \tag{4.63}$$

integriert man nun mit einem numerischen Anfangswertproblem-Löser bis zur Stelle $t = b$ und erhält schließlich mit $\xi(b)$ eine Näherung für $I(f)$. Da die modernen Anfangswertproblem-Löser den lokalen Fehler schätzen und diesen durch die Veränderung der Integrationsschrittweite unter einer vorgegebenen Toleranz halten, lässt sich mit dieser Technik $\xi(b)$ hinreichend genau bestimmen. Damit könnte man eigentlich die Ausführungen zur numerischen Integration beenden und auf das Kapitel 5 über die numerische Behandlung von Anfangswertproblemen gewöhnlicher Differentialgleichungen verweisen. Wir wollen hier jedoch die direkten numerischen Verfahren zur Lösung von (4.61) kurz darstellen, da diese in der Praxis immer noch zum Einsatz kommen und zu den Standardtechniken der Numerischen Mathematik zählen. Sie sind auch oftmals der Ausgangspunkt für die Konstruktion numerischer Methoden zur Lösung anderer Problemstellungen, wie zum Beispiel die numerische Behandlung gewöhnlicher und partieller Differentialgleichungen.

4.2.1 Grundformeln zur Integration

Bei der numerischen Integration approximiert man das Integral (4.61) durch eine endliche Summe von gewichteten Funktionswerten

$$I(f) \approx \sum_{k=0}^n a_k f(x_k). \tag{4.64}$$

Die in diesem Abschnitt betrachteten Techniken basieren auf dem Lagrangeschen Interpolationspolynom (1.11)

$$P_n(x) = \sum_{k=0}^n L_{n,k}(x)f(x_k), \tag{4.65}$$

wobei für die Interpolation $n + 1$ paarweise verschiedene Stützstellen $x_0, \ldots, x_n$ aus dem Intervall $[a, b]$ zugrunde gelegt werden. Integriert man nun anstelle von $f(x)$ die Ersatzfunktion $P_n(x)$ über $[a, b]$, dann ergibt sich die *Quadraturformel*

$$Q(f) \equiv \int_a^b \sum_{k=0}^n L_{n,k}(x)f(x_k)\, dx = \sum_{k=0}^n a_k f(x_k) \tag{4.66}$$

mit $a_k \equiv \int_a^b L_{n,k}(x)\, dx$, $k = 0, 1, \ldots, n$. Eine Formel vom Typ (4.66) wird *Newton-Côtes[2]-Formel* genannt, wenn die Stützstellen $x_0, \ldots, x_n$ äquidistant verteilt sind. Bevor der allgemeine Fall weiter untersucht wird, wollen wir zeigen, welche Newton-Côtes-Formeln sich für die Lagrangeschen Interpolationspolynome 1. und 2. Grades ergeben.

Es seien $x_0 \equiv a$, $x_1 \equiv b$ und $h \equiv b - a$. Das Lagrangesche Interpolationspolynom 1. Grades ist

$$P_1(x) = \frac{x - x_1}{x_0 - x_1} f(x_0) + \frac{x - x_0}{x_1 - x_0} f(x_1).$$

Somit ergibt sich

$$I(f) = \int_a^b f(x)\, dx \approx \int_a^b P_1(x)\, dx = \int_{x_0}^{x_1} \left[\frac{x - x_1}{x_0 - x_1} f(x_0) + \frac{x - x_0}{x_1 - x_0} f(x_1) \right] dx.$$

Um dieses Integral einfacher berechnen zu können, führen wir eine Variablentransformation $x \to t$ durch:

$$x = x_0 + th, \quad dx = h\, dt.$$

Die neuen Integrationsgrenzen sind $t = 0$ und $t = 1$. Mit

$$x - x_0 = th, \quad x - x_1 = (t - 1)h$$

ergibt sich

$$I(f) = -\frac{f(x_0)h^2}{h} \int_0^1 (t - 1)\, dt + \frac{f(x_1)h^2}{h} \int_0^1 t\, dt$$

$$= -f(x_0)h \left[\frac{t^2}{2} - t \right]_0^1 + f(x_1)h \left[\frac{t^2}{2} \right]_0^1$$

$$= \frac{h}{2}f(x_0) + \frac{h}{2}f(x_1) = \frac{h}{2}[f(x_0) + f(x_1)]. \tag{4.67}$$

Die Formel (4.67) ist unter dem Namen *Trapez-Regel* bekannt. Sie ist in der Abbildung 4.2 grafisch dargestellt. Da hier als Approximation der Fläche unter der Kurve $f(x)$ die Fläche unter der Geraden $P_1(x)$ verwendet wird, ist die Bezeichnung des Verfahrens naheliegend.

---

[2] Roger Côtes (1682–1716), englischer Mathematiker

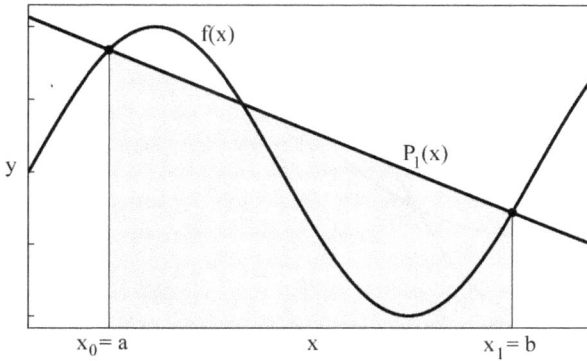

Abb. 4.2: Trapez-Regel

Es seien jetzt die drei Stützstellen $x_0 \equiv a$, $x_1 \equiv a + h$ und $x_2 \equiv b$ gegeben, mit $h \equiv \frac{b-a}{2}$. Das zugehörige Lagrangesche Interpolationspolynom 2. Grades bestimmt sich nach (4.65) zu

$$P_2(x) = \frac{(x - x_1)(x - x_2)}{(x_0 - x_1)(x_0 - x_2)}f(x_0) + \frac{(x - x_0)(x - x_2)}{(x_1 - x_0)(x_1 - x_2)}f(x_1)$$
$$+ \frac{(x - x_0)(x - x_1)}{(x_2 - x_0)(x_2 - x_1)}f(x_2).$$

Damit ergibt sich

$$\int_a^b f(x)\, dx \approx \int_a^b P_2(x)\, dx = \int_{x_0}^{x_2} \Big[\frac{(x - x_1)(x - x_2)}{(x_0 - x_1)(x_0 - x_2)}f(x_0) + \frac{(x - x_0)(x - x_2)}{(x_1 - x_0)(x_1 - x_2)}f(x_1)$$
$$+ \frac{(x - x_0)(x - x_1)}{(x_2 - x_0)(x_2 - x_1)}f(x_2) \Big]\, dx.$$

Um dieses Integral einfacher berechnen zu können führen wir wie zuvor eine Variablentransformation $x \to t$ durch:

$$x = x_0 + ht, \quad dx = h\, dt.$$

Als neue Integrationsgrenzen ergeben sich damit $t = 0$ und $t = 2$. Für die Stützstellen gilt $x_j = x_0 + hj$. Folglich können wir $x_j - x_k = h(j - k)$ und $x - x_j = h(t - j)$ schreiben. Wird nun diese Transformation auf das obige Integral angewendet, so resultiert

$$\int_a^b f(x)\, dx \approx \frac{f(x_0)}{2h^2} \int_0^2 h(t - 1)h(t - 2)h\, dt - \frac{f(x_1)}{h^2} \int_0^2 h(t - 0)h(t - 2)h\, dt$$
$$+ \frac{f(x_2)}{2h^2} \int_0^2 h(t - 0)h(t - 1)h\, dt$$
$$= \frac{f(x_0)h}{2} \int_0^2 (t^2 - 3t + 2)\, dt - f(x_1)h \int_0^2 (t^2 - 2t)\, dt + \frac{f(x_2)h}{2} \int_0^2 (t^2 - t)\, dt.$$

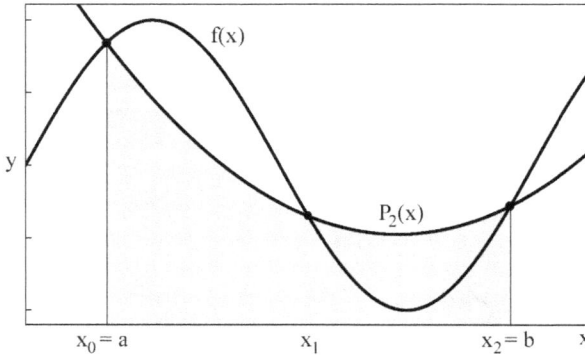

Abb. 4.3: Simpson-Regel

Daraus folgt

$$\int_a^b f(x)\,dx \approx \frac{f(x_0)h}{2}\left[\frac{t^3}{3} - \frac{3t^2}{2} + 2t\right]_0^2 - f(x_1)h\left[\frac{t^3}{3} - t^2\right]_0^2 + \frac{f(x_2)h}{2}\left[\frac{t^3}{3} - \frac{t^2}{2}\right]_0^2$$

$$= \frac{f(x_0)h}{2} \cdot \frac{2}{3} - f(x_1)h \cdot \left(\frac{-4}{3}\right) + f(x_2)\frac{h}{2} \cdot \frac{2}{3}$$

$$= \frac{h}{3}[f(x_0) + 4f(x_1) + f(x_2)]. \tag{4.68}$$

Die Quadraturformel (4.68) wird *Simpson*[3]*-Regel* genannt. Sie ist in der Abbildung 4.3 grafisch dargestellt.

Die Approximationsfehler der obigen Quadraturformeln lassen sich unmittelbar aus dem Restterm (1.12) des Lagrangeschen Interpolationspolynoms berechnen. So gilt unter der Voraussetzung $f \in \mathbb{C}^2[a, b]$ nach dem Satz 1.3 für $P_1(x)$ die Darstellung

$$f(x) = P_1(x) + \frac{f^{(2)}(\xi(x))}{2}(x - x_0)(x - x_1)$$

mit einem $\xi(x) \in (x_0, x_1)$. Damit erhält man

$$\int_a^b f(x)\,dx = \int_{x_0}^{x_1} P_1(x)\,dx + \int_{x_0}^{x_1} \frac{f^{(2)}(\xi(x))}{2}(x - x_0)(x - x_1)\,dx. \tag{4.69}$$

Wir benötigen jetzt den Mittelwertsatz der Integralrechnung, der wie folgt lautet.

Lemma 4.2 (Mittelwertsatz der Integralrechnung). *Es seien $f, g \in \mathbb{C}[a, b]$ und $g(x)$ besitze keinen Vorzeichenwechsel auf $[a, b]$. Dann gibt es ein $\xi \in (a, b)$ mit*

$$\int_a^b f(x)g(x)\,dx = f(\xi)\int_a^b g(x)\,dx. \tag{4.70}$$

---

3 Thomas Simpson (1710–1761), englischer Mathematiker

Beweis. Siehe zum Beispiel das Lehrbuch von G. M. Fichtenholz [31, Seite 118]. □

Da der auf der rechten Seite von (4.69) stehende Term $(x - x_0)(x - x_1)$ auf dem Intervall $[a, b]$ sein Vorzeichen nicht ändert, folgt aus dem Hilfssatz 4.2 für die Trapez-Regel ein Approximationsfehler

$$E[\text{Trapez-Regel}](f) = \frac{f^{(2)}(\xi)}{2} \int_{x_0}^{x_1} (x - x_0)(x - x_1)\, dx = -\frac{h^3}{12} f^{(2)}(\xi) \qquad (4.71)$$

mit $\xi \in (x_0, x_1) = (a, b)$.

Die nachfolgende Rechnung zeigt, dass die Simpson-Regel (4.68) unter der Voraussetzung $f \in \mathbb{C}^4[a, b]$ den Approximationsfehler

$$E[\text{Simpson-Regel}](f) = -\frac{h^5}{90} f^{(4)}(\xi) \qquad (4.72)$$

besitzt, mit $\xi \in (x_0, x_2) = (a, b)$. Die Formel (4.68) nimmt unter Berücksichtigung der gewählten Stützstellen $x_0 = a$, $x_1 = a + h$ und $x_2 = a + 2h$ die Gestalt

$$\int_{a}^{a+2h} f(x)\, dx \approx \frac{h}{3}[f(a) + 4f(a + h) + f(a + 2h)] \qquad (4.73)$$

an. Entwickelt man die auf der rechten Seite stehenden Funktionen $f(a + h)$ und $f(a + 2h)$ an der Stelle $x = a$ in Taylor-Reihen, dann ergibt sich

$$\frac{h}{3}[f(a) + 4f(a + h) + f(a + 2h)]$$
$$= 2f(a)h + 2f'(a)h^2 + \frac{4}{3}f''(a)h^3 + \frac{2}{3}f'''(a)h^4 + \frac{5}{18}f^{(4)}(a)h^5 + \cdots. \qquad (4.74)$$

Wird

$$F(x) \equiv \int_{a}^{x} f(t)\, dt$$

gesetzt, dann folgt $F' = f$. Die linke Seite von (4.73) lässt sich damit in der Form $F(a + 2h)$ darstellen. Man entwickelt nun $F(a + 2h)$ ebenfalls in eine Taylor-Reihe an der Stelle $x = a$ und nutzt den Zusammenhang $F' = f$ aus. Es resultiert

$$F(a + 2h) = 2f(a)h + 2f'(a)h^2 + \frac{4}{3}f''(a)h^3 + \frac{2}{3}f'''(a)h^4 + \frac{4}{15}f^{(4)}(a)h^5 + \cdots. \qquad (4.75)$$

Somit ist

$$\int_{a}^{a+2h} f(x)\, dx - \frac{h}{3}[f(a) + 4f(a + h) + f(a + 2h)] = -\frac{1}{90}f^{(4)}(a)h^5 + \cdots,$$

woraus der Fehlerterm (4.72) unmittelbar folgt. Mit der Beobachtung, dass die Simpson-Regel für alle Polynome vom Grad 3 oder kleiner das exakte Resultat liefert, wollen wir zur allgemeinen Problemstellung zurückkehren.

Wir haben bereits mit der Formel (4.66) eine Quadraturformel vom Newton-Côtes-Typ kennengelernt. Üblicherweise teilt man die Newton-Côtes-Formeln in zwei unterschiedliche Klassen ein. Wir wollen mit der Darstellung der sogenannten *abgeschlossenen Newton-Côtes-Formeln* beginnen. Hier wählt man ein Gitter, das aus den $n + 1$ äquidistanten Stützstellen

$$x_k \equiv x_0 + kh, \quad k = 0, 1, \dots, n, \quad \text{mit} \quad x_0 = a, \ x_n = b, \quad h \equiv \frac{b - a}{n} \qquad (4.76)$$

besteht. Somit sind die Integrationsgrenzen a und b mit in diesem Gitter enthalten. Die zugehörigen Quadraturformeln bestimmen sich dann aus dem Lagrangeschen Interpolationspolynom zu

$$\int_a^b f(x)\, dx \approx \sum_{k=0}^n a_k f(x_k)$$

mit

$$a_k \equiv \int_{x_0}^{x_n} L_{n,k}(x)\, dx = \int_{x_0}^{x_n} \prod_{\substack{j=0 \\ j \neq k}}^n \frac{x - x_j}{x_k - x_j}\, dx. \qquad (4.77)$$

Das Integral lässt sich vereinfachen, wenn man wiederum die Variablentransformation $t \equiv \frac{x - x_0}{h}$ verwendet. Man berechnet

$$a_k = h \int_0^n \prod_{\substack{j=0 \\ j \neq k}}^n \frac{t - j}{k - j}\, dt = h \int_0^n \frac{t(t - 1) \cdots (t - k + 1)(t - k - 1) \cdots (t - n)}{k(k - 1) \cdots 1(-1) \cdots (k - n)}\, dt$$

$$= \frac{h}{k!} \int_0^n \frac{t(t - 1) \cdots (t - k + 1)(t - k - 1) \cdots (t - n)}{(-1)(-2) \cdots (-(n - k))}\, dt,$$

so dass sich schließlich

$$a_k = \frac{(-1)^{n-k} h}{k!\, (n - k)!} \int_0^n t(t - 1) \cdots (t - k + 1)(t - k - 1) \cdots (t - n)\, dt \qquad (4.78)$$

ergibt.

Die Fehlerterme der abgeschlossenen Newton-Côtes-Formeln sind im Satz 4.1 angegeben. Bevor wir diesen Satz formulieren, wollen wir noch einen wichtigen Begriff einführen.

Definition 4.1. Unter dem *Genauigkeitsgrad* einer Quadraturformel versteht man die positive ganze Zahl n, für die gilt:

- für alle Polynome P_i vom maximalen Grad i ist $E(P_i) = 0$, $i = 0, \dots, n$;
- für mindestens ein Polynom vom Grad $n + 1$ ist $E(P_{n+1}) \neq 0$. □

Da die Integration und die Summation lineare Operationen sind, d. h., da für jedes Paar integrierbarer Funktionen f und g und jedes Paar reeller Konstanten α und β die

Beziehungen

$$\int_a^b (\alpha f(x) + \beta g(x))\, dx = \alpha \int_a^b f(x)\, dx + \beta \int_a^b g(x)\, dx, \qquad (4.79)$$

$$\sum_{k=0}^n (\alpha f(x_k) + \beta g(x_k)) = \alpha \sum_{k=0}^n f(x_k) + \beta \sum_{k=0}^n g(x_k) \qquad (4.80)$$

erfüllt sind, ist der Genauigkeitsgrad einer Quadraturformel genau dann n, wenn für den Approximationsfehler gilt: $E(x^i) = 0$ für $i = 0, 1, \ldots, n$, jedoch $E(x^{n+1}) \neq 0$. Ein Blick auf die Formeln (4.71) und (4.72) zeigt, dass die Trapez-Regel den Genauigkeitsgrad 1 und die Simpson-Regel den Genauigkeitsgrad 3 besitzen. Wir kommen nun zum folgenden Satz.

Satz 4.1. *Es sei*

$$Q(f) = \sum_{k=0}^n a_k f(x_k)$$

die abgeschlossene Newton-Côtes-Formel zu den $n + 1$ Stützstellen (4.76). Dann existiert ein $\xi \in [a, b]$, so dass gilt:
- *für n geradzahlig und $f \in \mathbb{C}^{n+2}[a, b]$ ist*

$$\int_a^b f(x)\, dx = Q(f) + \frac{h^{n+3} f^{(n+2)}(\xi)}{(n+2)!} \int_0^n t^2 (t-1) \cdots (t-n)\, dt; \qquad (4.81)$$

- *für n ungeradzahlig und $f \in \mathbb{C}^{n+1}[a, b]$ ist*

$$\int_a^b f(x)\, dx = Q(f) + \frac{h^{n+2} f^{(n+1)}(\xi)}{(n+1)!} \int_0^n t(t-1) \cdots (t-n)\, dt. \qquad (4.82)$$

Beweis. Siehe zum Beispiel die Monografie von Isaacson und Keller [53]. $\qquad \square$

Für die Verbesserung der Genauigkeit einer Quadraturformel ergibt sich daraus die folgende Strategie.

Folgerung 4.1. *Für eine gerade Zahl n besitzt die abgeschlossene Newton-Côtes-Formel den Genauigkeitsgrad $n + 1$, obwohl das zugehörige Interpolationspolynom vom maximalen Grad n ist. Weiter ergibt sich aus dem Satz 4.1, dass für eine ungerade Zahl n der Genauigkeitsgrad nur n ist. Will man deshalb bei einem geraden n die Genauigkeit der Approximation durch Hinzunahme weiterer Stützstellen vergrößern, dann macht es keinen Sinn, das Gitter nur um einen Punkt zu vergrößern. Vielmehr muss die Anzahl der Stützstellen in Vielfachen von 2 erhöht werden.* $\qquad \square$

In der Tabelle 4.12 sind die bekanntesten abgeschlossenen Newton-Côtes-Formeln mit den zugehörigen Approximationsfehlern aufgelistet.

Tab. 4.12: Abgeschlossene Newton-Côtes-Formeln (es gilt jeweils $x_0 < \xi < x_n$)

n	Name	Quadraturformel $I_{n+1}(f)$	Fehlerterm $E(f)$
1	Trapez-Regel	$h/2\,[f(x_0) + f(x_1)]$	$-h^3/12\,f^{(2)}(\xi)$
2	Simpson-Regel	$h/3\,[f(x_0) + 4f(x_1) + f(x_2)]$	$-h^5/90\,f^{(4)}(\xi)$
3	3/8-Regel	$3h/8\,[f(x_0) + 3f(x_1) + 3f(x_2) + f(x_3)]$	$-3h^5/80\,f^{(4)}(\xi)$
4	Boole-Regel	$2h/45\,[7f(x_0) + 32f(x_1) + 12f(x_2) + 32f(x_3) + 7f(x_4)]$	$-8h^7/945\,f^{(6)}(\xi)$

Wir kommen jetzt zur zweiten Verfahrensklasse, den sogenannten *offenen Newton-Côtes-Formeln*. Anstelle von (4.76) wählt man hier ein Gitter, das aus den $n + 1$ Stützstellen

$$x_k \equiv x_0 + kh, \quad k = 0, 1, \ldots, n,$$
$$\text{mit} \quad x_0 \equiv a + h, \quad x_n \equiv b - h, \quad h \equiv \frac{b - a}{n + 2} \qquad (4.83)$$

besteht. Offensichtlich werden die Integrationsgrenzen nicht mit in das Gitter einbezogen. Setzt man $x_{-1} \equiv a$ und $x_{n+1} \equiv b$, dann ergibt sich

$$\int_a^b f(x)\, dx = \int_{x_{-1}}^{x_{n+1}} f(x)\, dx \approx \sum_{k=0}^n a_k f(x_k),$$

wobei wiederum

$$a_k = \int_a^b L_{n,k}(x)\, dx$$

ist. Ein zum Satz 4.1 analoges Resultat ist im Satz 4.2 angegeben.

Satz 4.2. *Es sei*

$$Q(f) = \sum_{k=0}^n a_k f(x_k)$$

die offene Newton-Côtes-Formel zu den $n + 1$ Stützstellen (4.83) sowie $x_{-1} = a$ und $x_{n+1} = b$. Dann existiert ein $\xi \in (a, b)$, so dass gilt:

- *für n geradzahlig und $f \in \mathbb{C}^{n+2}[a, b]$ ist*

$$\int_a^b f(x)\, dx = Q(f) + \frac{h^{n+3} f^{(n+2)}(\xi)}{(n + 2)!} \int_{-1}^{n+1} t^2(t - 1) \cdots (t - n)\, dt; \qquad (4.84)$$

- *für n ungeradzahlig und $f \in \mathbb{C}^{n+1}[a, b]$ ist*

$$\int_a^b f(x)\, dx = Q(f) + \frac{h^{n+2} f^{(n+1)}(\xi)}{(n + 1)!} \int_{-1}^{n+1} t(t - 1) \cdots (t - n)\, dt. \qquad (4.85)$$

Beweis. Siehe zum Beispiel die Monografie von Isaacson und Keller [53]. □

Tab. 4.13: Offene Newton-Côtes-Formeln (es gilt jeweils $x_{-1} < \xi < x_{n+1}$)

n	Name	Quadraturformel $I_{n+1}(f)$	Fehlerterm $E(f)$
0	*Mittelpunkts-Regel*	$2hf(x_0)$	$h^3/3\, f^{(2)}(\xi)$
1	ohne	$3h/2\,[f(x_0) + f(x_1)]$	$3h^3/4\, f^{(2)}(\xi)$
2	ohne	$4h/3\,[2f(x_0) - f(x_1) + 2f(x_2)]$	$14h^5/45\, f^{(4)}(\xi)$
3	ohne	$5h/24\,[11f(x_0) + f(x_1) + f(x_2) + 11f(x_3)]$	$95h^5/144\, f^{(4)}(\xi)$

Ein Vergleich der Formeln (4.84) und (4.85) mit (4.81) und (4.82) lehrt, dass auch hier die in der Folgerung 4.1 angegebene Strategie zur Verbesserung der Genauigkeit sachgemäß ist.

Anhand von Beispielen kann gezeigt werden, dass sich mit den abgeschlossenen Formeln im Allgemeinen genauere Resultate erzielen lassen, als dies mit den offenen Formeln gleicher Ordnung möglich ist. Aus diesem Grunde werden die abgeschlossenen Formeln in der Praxis viel häufiger verwendet. Die offenen Formeln spielen dagegen eine hervorgehobene Rolle bei der Konstruktion numerischer Verfahren für gewöhnliche Differentialgleichungen (siehe hierzu u. a. die Monografie von M. Hermann [44]).

In der Tabelle 4.13 sind die bekanntesten offenen Newton-Côtes-Formeln mit den zugehörigen Fehlertermen angegeben.

Zum Abschluss wollen wir noch kurz die Stabilität der Newton-Côtes-Formeln untersuchen, d. h., der Frage nachgehen, wie sich die unvermeidbaren Rundungsfehler auf das Ergebnis einer numerischen Integration auswirken. Um die offenen und abgeschlossenen Formeln einheitlich beschreiben zu können, führen wir die folgende Bezeichnungsweise ein. Die Integrationsgrenzen mögen in der Form $a = x_0 + qh$ und $b = x_0 + ph$ dargestellt werden, wobei $q = 0$, $p = n$ für die abgeschlossenen Formeln und $q = -1$, $p = n + 1$ für die offenen Formeln zu setzen ist. Für die Newton-Côtes-Formeln verwenden wir wieder die übliche Schreibweise

$$\int_a^b f(x)\, dx \approx \sum_{k=0}^n a_k f(x_k). \tag{4.86}$$

Die Koeffizienten a_k ergeben sich dann zu

$$a_k = \frac{(-1)^{n-k} h}{k!\,(n-k)!} \int_q^p t(t-1)\cdots(t-k+1)(t-k-1)\cdots(t-n)\, dt.$$

Wir schreiben abkürzend $a_k = h z_k$, mit den von h unabhängigen Größen

$$z_k \equiv \frac{(-1)^{n-k}}{k!\,(n-k)!} \int_q^p t(t-1)\cdots(t-k+1)(t-k-1)\cdots(t-n)\, dt.$$

Damit nimmt die Quadraturformel (4.86) die Form

$$\int_a^b f(x)\,dx \approx h\left(\sum_{k=0}^n z_k f(x_k)\right) \tag{4.87}$$

an. Es möge nun $\tilde{f}(x_k)$ den gerundeten Wert von $f(x_k)$ bezeichnen. Wir schreiben

$$f(x_k) = \tilde{f}(x_k) + e_k, \quad k = 0, 1, \ldots, n.$$

Setzt man dies in (4.87) ein, dann ergibt sich

$$\int_a^b f(x)\,dx \approx h\left(\sum_{k=0}^n z_k \tilde{f}(x_k)\right) + h\left(\sum_{k=0}^n z_k e_k\right).$$

Somit wird durch den Term

$$r_{n+1} \equiv h\left(\sum_{k=0}^n z_k e_k\right)$$

der akkumulierte Rundungsfehler dargestellt. Ist nun $|e_k| \le \varepsilon$, $k = 0, 1, \ldots, n$, dann erhält man

$$|r_{n+1}| \le h\varepsilon\left(\sum_{k=0}^n |z_k|\right). \tag{4.88}$$

Da für die abgeschlossenen Newton-Côtes-Formeln niedriger Ordnung, aber auch für einige der offenen Formeln $z_k \ge 0$, $k = 0, 1, \ldots, n$, gilt, wollen wir zuerst diesen Spezialfall betrachten. Die Formel (4.88) vereinfacht sich dann zu

$$|r_{n+1}| \le h\varepsilon\left(\sum_{k=0}^n z_k\right).$$

Berücksichtigt man des Weiteren, dass alle Quadraturformeln für $f(x) \equiv 1$ exakt sind, so ergibt sich

$$\int_a^b dx = h\left(\sum_{k=0}^n z_k\right) \quad \text{und} \quad b - a = h\left(\sum_{k=0}^n z_k\right).$$

Dies wiederum impliziert

$$|r_{n+1}| \le \varepsilon(b - a).$$

Die Schranke auf der rechten Seite der obigen Ungleichung ist unabhängig von der Schrittweite h, woraus unmittelbar die numerische Stabilität für $h \to 0$ folgt. Im Gegensatz zur numerischen Differentiation (vergleiche die Formel (4.36)) ist die numerische Integration ein gutartiger Prozess. Dies trifft auch auf Quadraturformeln zu, bei denen einige der z_k negativ sind. Die Schranke in der Ungleichung (4.88) ist dann nicht mehr ganz so gut, aber es kann wiederum gezeigt werden, dass sich das Verfahren stabil verhält.

4.2.2 Zusammengesetzte Quadraturformeln

Die Newton-Côtes-Formeln eignen sich i. allg. für große Integrationsintervalle nicht. Um die Integrale hinreichend genau zu approximieren, müsste man Formeln mit großem Genauigkeitsgrad verwenden, deren Koeffizienten dann nur noch sehr aufwendig zu bestimmen sind. Des Weiteren basieren die Newton-Côtes-Formeln auf der Lagrange-Interpolation mit äquidistanter Stützstellenverteilung. Im Abschnitt 1.2 haben wir gezeigt, dass die zugehörigen Interpolationspolynome höheren Grades an den Rändern stark schwingen und somit als Grundlage für die numerische Integration nicht herangezogen werden sollten. Da es sich bei der Integration um eine lineare Operation handelt (siehe die Formel (4.79)), liegt es nahe, das Integrationsintervall in kleine Segmente zu unterteilen, auf jedem Segment eine Newton-Côtes-Formel niedrigen Grades zu verwenden und anschließend die Teilresultate aufzuaddieren. Derartige numerische Integrationstechniken werden als *zusammengesetzte Quadraturformeln* bezeichnet. Sie gehören zu den in der Praxis am häufigsten eingesetzten Quadraturformeln.

Wir wollen diese verbesserte Strategie anhand der Simpson-Regel demonstrieren. Hierzu werde $f \in \mathbb{C}^4[a, b]$ vorausgesetzt und das Intervall $[a, b]$ durch die Festlegung von $2m + 1$ äquidistanten Gitterpunkten $x_0, x_1, \ldots, x_{2m}$ in $2m$ Segmente unterteilt:

$$a = x_0 < x_1 < \cdots < x_{2m} = b,$$
$$\text{mit} \quad h \equiv \frac{b-a}{2m}, \quad x_k \equiv x_0 + kh, \quad k = 0, \ldots, 2m. \qquad (4.89)$$

Das zu berechnende Integral $I(f)$ kann nun als Summe der Integrale über jeweils zwei dieser Segmente dargestellt werden:

$$I(f) = \int_a^b f(x)\, dx = \sum_{k=1}^m \int_{x_{2k-2}}^{x_{2k}} f(x)\, dx.$$

Verwendet man die Darstellung (4.81) mit $n = 2$ (siehe die Tabelle 4.12) für die Integrale auf der rechten Seite, dann ergibt sich mit einem ξ_k, $x_{2k-2} < \xi_k < x_{2k}$:

$$I(f) = \sum_{k=1}^m \left\{ \frac{h}{3}[f(x_{2k-2}) + 4f(x_{2k-1}) + f(x_{2k})] - \frac{h^5}{90}f^{(4)}(\xi_k) \right\}.$$

Da in der obigen Summe Terme mit den gleichen Funktionswerten mehrmals auftreten, können wir diese wie folgt zusammenfassen

$$I(f) = \frac{h}{3}\left[f(x_0) + 2\sum_{k=1}^{m-1} f(x_{2k}) + 4\sum_{k=1}^m f(x_{2k-1}) + f(x_{2m}) \right] - \frac{h^5}{90}\sum_{k=1}^m f^{(4)}(\xi_k). \qquad (4.90)$$

Die daraus resultierende Näherungsformel

$$\int_a^b f(x)\, dx \approx \frac{h}{3}\left[f(x_0) + 2\sum_{k=1}^{m-1} f(x_{2k}) + 4\sum_{k=1}^m f(x_{2k-1}) + f(x_{2m}) \right] \qquad (4.91)$$

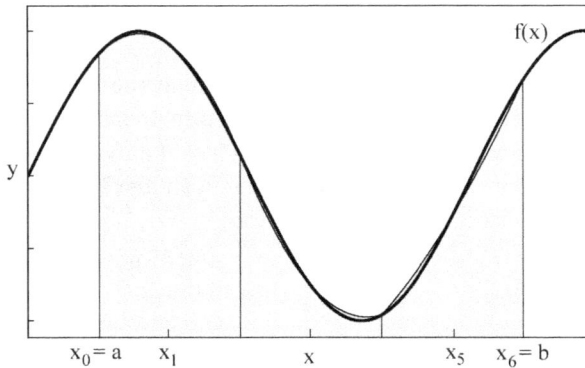

Abb. 4.4: Zusammengesetzte Simpson-Regel

wird *zusammengesetzte Simpson-Regel* genannt. Sie ist in der Abbildung 4.4 grafisch dargestellt.

Der Fehlerterm in der Formel (4.90),

$$E(f) = -\frac{h^5}{90} \sum_{k=1}^{m} f^{(4)}(\xi_k), \quad \text{mit } x_{2k-2} < \xi_k < x_{2j}, \quad k = 1, 2, \ldots, m,$$

lässt sich weiter vereinfachen. Da wir $f \in \mathbb{C}^4[a, b]$ vorausgesetzt haben, gilt

$$\min_{x \in [a,b]} f^{(4)}(x) \le f^{(4)}(\xi_k) \le \max_{x \in [a,b]} f^{(4)}(x).$$

Dies wiederum impliziert

$$m \min_{x \in [a,b]} f^{(4)}(x) \le \sum_{k=1}^{m} f^{(4)}(\xi_k) \le m \max_{x \in [a,b]} f^{(4)}(x),$$

woraus

$$\min_{x \in [a,b]} f^{(4)}(x) \le \frac{1}{m} \sum_{k=1}^{m} f^{(4)}(\xi_k) \le \max_{x \in [a,b]} f^{(4)}(x)$$

folgt. Nach dem Zwischenwertsatz existiert nun ein $\mu \in [a, b]$, so dass

$$f^{(4)}(\mu) = \frac{1}{m} \sum_{k=1}^{m} f^{(4)}(\xi_k)$$

gilt. Folglich ist $E(f) = -\frac{h^5}{90} m f^{(4)}(\mu)$. Mit $h = \frac{b-a}{2m}$ erhält man schließlich

$$E(f) = -\frac{h^4(b-a)}{180} f^{(4)}(\mu). \tag{4.92}$$

Die mit den Formeln (4.91) und (4.92) dargestellten Resultate lassen sich wie folgt zusammenfassen.

Satz 4.3. *Es sei $f \in \mathbb{C}^4[a, b]$. Dann existiert ein $\mu \in [a, b]$, so dass die zusammenge-setzte Simpson-Regel über $2m$ Teilintervalle von $[a, b]$ mit dem zugehörigen Fehlerterm $E(f)$ in der Form*

$$\int_a^b f(x)\, dx = \frac{h}{3}\left[f(a) + 2\sum_{k=1}^{m-1} f(x_{2k}) + 4\sum_{k=1}^{m} f(x_{2k-1}) + f(b) \right] - \frac{h^4(b-a)}{180} f^{(4)}(\mu) \quad (4.93)$$

dargestellt werden kann, mit $a = x_0 < x_1 < \cdots < x_{2m} = b$, $h \equiv \frac{b-a}{2m}$ und $x_k \equiv x_0 + kh$, $k = 0, 1, \ldots, 2m$.

Im m-File 4.1 ist die zusammengesetzte Simpson-Regel noch einmal als MATLAB-Funktion `simp` angegeben. Hierbei wird vorausgesetzt, dass der Anwender die zu integrierende Funktion $f(x)$ als MATLAB-Funktion `f` (`function y = f(x)`) bereitstellt.

m-File 4.1: simp.m

```
 1 function s = simp(a,b,m)
 2 % function s = simp(a,b,m)
 3 % Berechnet int_a^b f(x) dx mit der zusammengesetzten
 4 % Simpson-Regel
 5 %
 6 % a,b: Integrationsgrenzen
 7 % m: Intervall [a,b] wird in 2m Segmente unterteilt
 8 % s: Approximation des Integrals
 9 %
10 h=(b-a)/(2*m); s0=f(a)+f(b); s1=0; s2=0;
11 for k=1:2*m-1
12     x=a+k*h;
13     if mod(k,2)==0
14         s1=s1+f(x); % k gerade
15     else
16         s2=s2+f(x); % k ungerade
17     end
18 end
19 s=h*(s0+2*s1+4*s2)/3;
20 end
```

Völlig analog lassen sich auch eine zusammengesetzte Trapez-Regel sowie eine zusammengesetzte Mittelpunkts-Regel konstruieren. Wir wollen hier nur die grundlegenden Formeln sowie die dem Satz 4.3 entsprechenden Aussagen angeben.

Bei der *zusammengesetzten Trapez-Regel* wird das Intervall $[a, b]$ in m Segmente durch die Festlegung von $m + 1$ äquidistanten Gitterpunkten $x_0, x_1, \ldots, x_m$ unterteilt:

$$a = x_0 < x_1 < \cdots < x_m = b,$$
$$\text{mit}\quad h \equiv \frac{b-a}{m}, \quad x_k \equiv x_0 + kh, \quad k = 0, \ldots, m. \quad (4.94)$$

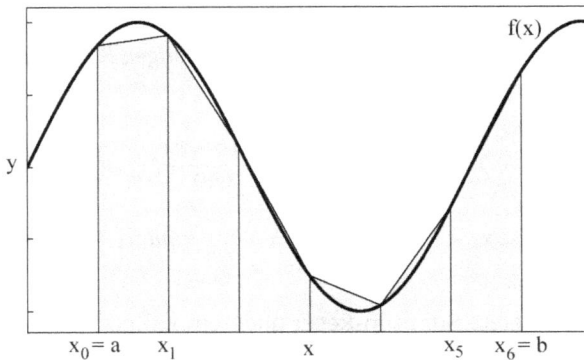

Abb. 4.5: Zusammengesetzte Trapez-Regel

Die Näherung für den Integralwert $I(f)$ berechnet sich nach der Vorschrift

$$\int_a^b f(x)\,dx \approx \frac{h}{2}\left[f(a) + f(b) + 2\sum_{k=1}^{m-1} f(x_k)\right]. \qquad (4.95)$$

In der Abbildung 4.5 ist die zusammengesetzte Trapez-Regel beispielhaft dargestellt. Es gilt nun der folgende Satz.

Satz 4.4. *Es sei* $f \in \mathbb{C}^2[a,b]$. *Dann existiert ein* $\mu \in [a,b]$, *so dass die zusammengesetzte Trapez-Regel über m Teilintervalle von* $[a,b]$ *mit dem zugehörigen Fehlerterm* $E(f)$ *in der Form*

$$\int_a^b f(x)\,dx = \frac{h}{2}\left[f(a) + f(b) + 2\sum_{k=1}^{m-1} f(x_k)\right] - \frac{h^2(b-a)}{12}f^{(2)}(\mu) \qquad (4.96)$$

dargestellt werden kann, mit $a = x_0 < x_1 < \cdots < x_m = b$, $h \equiv \frac{b-a}{m}$ *und* $x_k \equiv x_0 + kh$, $k = 0, 1, \dots, m$.

Wir kommen jetzt zur Mittelpunkts-Regel. Da es sich hierbei um eine offene Newton-Côtes-Formel handelt, werden bei der *zusammengesetzten Mittelpunkts-Regel* ebenfalls keine Funktionswerte an den Integrationsgrenzen berechnet. Als zugehöriges Gitter verwendet man deshalb

$$a = x_{-1} < x_0 < \cdots < x_{2m} < x_{2m+1} = b,$$
$$\text{mit}\quad h \equiv \frac{b-a}{2m+2},\quad x_k \equiv x_{-1} + (k+1)h,\quad k = -1, 0, \dots, 2m+1, \qquad (4.97)$$

wobei die beiden Randsegmente $[x_{-1}, x_0]$ und $[x_{2m}, x_{2m+1}]$ bei der Approximation unberücksichtigt bleiben. Die Näherung für den Integralwert $I(f)$ berechnet sich jetzt nach der Vorschrift

$$\int_a^b f(x)\,dx \approx 2h\sum_{k=0}^{m} f(x_{2k}). \qquad (4.98)$$

Der zugehörige Approximationsfehler ist im Satz 4.5 angegeben.

Satz 4.5. *Es sei $f \in \mathbb{C}^2[a, b]$. Dann existiert ein $\mu \in [a, b]$, so dass die zusammengesetzte Mittelpunkts-Regel über $2m$ Teilintervalle von $[a, b]$ mit dem zugehörigen Fehlerterm $E(f)$ in der Form*

$$\int_a^b f(x)\, dx = 2h \sum_{k=0}^{m} f(x_{2k}) + \frac{h^2(b-a)}{6} f^{(2)}(\mu) \tag{4.99}$$

dargestellt werden kann, mit $a = x_{-1} < x_0 < x_1 < \cdots < x_{2m} < x_{2m+1} = b$, $h \equiv \frac{b-a}{2m+2}$ und $x_k \equiv x_{-1} + (k+1)h$, $k = -1, 0, \ldots, 2m+1$.

Bemerkung 4.1.

1. Ein Vergleich der beiden abgeschlossenen Newton-Côtes-Formeln (4.93) und (4.96) zeigt, dass der Genauigkeitsgrad der zusammengesetzten Simpson-Regel um zwei Ordnungen größer ist – und dies ohne eine signifikante Erhöhung des Arbeitsaufwandes (die Anzahl der Funktionswertberechnungen ändert sich nicht). Dies ist auch der Grund, warum die Simpson-Regel noch heute zu den am meisten verwendeten Integrationstechniken gehört.

2. Obwohl die zusammengesetzte Trapez-Regel den Genauigkeitsgrad 1 besitzt (sie integriert nur Polynome 1. Grades exakt), gibt es Spezialfälle, bei denen sie ein weitaus besseres Approximationsverhalten aufweist. Hierzu gehören die auf dem Intervall $[a, b] = [0, 2\pi]$ definierten trigonometrischen Polynome vom Grad n,

$$T_n[0, 2\pi] \equiv \{T(x) : T(x) = a_0 + a_1 \cos(x) + \cdots + a_m \cos(nx)$$
$$+ b_1 \sin(x) + \cdots + b_m \sin(nx)\}.$$

Es lässt sich nämlich für den in der Formel (4.96) angegebenen Fehlerterm

$$E(f) = -\frac{h^2(b-a)}{12} f^{(2)}(\mu)$$

die folgende Aussage beweisen (siehe z. B. das Buch von W. Gautschi [33]):

$$E(f) = 0 \quad \text{für alle } f \in T_{m-1}[0, 2\pi]. \qquad \square$$

4.2.3 Adaptive Techniken

Bisher wurde für die numerische Approximation eines bestimmten Integrals $I(f)$ auf Formeln mit konstanter Schrittweite h zurückgegriffen. Besitzt die zu integrierende Funktion sehr unterschiedliches Wachstumsverhalten, dann sollte die Schrittweite der jeweiligen Situation automatisch angepasst werden. In den Bereichen, in denen sich die Funktionswerte nur wenig ändern, kann h relativ groß gewählt werden. Jedoch ist h stark zu verkleinern, wenn man in Bereichen mit großen Funktionswertschwankungen integriert. Durch die Überführung von (4.61) in ein Anfangswertproblem gewöhnlicher Differentialgleichungen (siehe die Formel (4.63)) kann man dieser Zielstellung dadurch Rechnung tragen, indem man auf die modernen schrittgesteuerten numerischen Integrationsroutinen zurückgreift. Wir haben dies in der Einleitung genauer beschrieben. Es ist jedoch auch möglich, die Quadraturformeln der vorangegangenen Abschnitte mit einer solchen automatischen Schrittweitensteuerung zu versehen. Man spricht dann von *adaptiven Integrationsverfahren*. Wir wollen diese Strategie hier beispielhaft für die zusammengesetzte Simpson-Regel beschreiben. Die Übertragung auf andere Quadraturformeln kann problemlos vorgenommen werden.

Es werde angenommen, dass

$$I(f) \equiv \int_a^b f(x)\,dx$$

innerhalb einer vorgegebenen Toleranz $\varepsilon > 0$ zu approximieren ist, d. h., es soll

$$|I(f) - I_{\text{num}}(f)| < \varepsilon \tag{4.100}$$

gelten, wenn $I_{\text{num}}(f)$ das Ergebnis eines numerischen Quadraturverfahrens bezeichnet. Der erste Schritt besteht in der Anwendung der Simpson-Regel (4.68) mit der Schrittweite $h = \frac{b-a}{2}$. Unter Beachtung des Approximationsfehlers (4.72) erhält man dann

$$\int_a^b f(x)\,dx = S(a, b) - \frac{h^5}{90} f^{(4)}(\xi), \tag{4.101}$$

mit

$$S(a, b) \equiv \frac{h}{3}[f(a) + 4f(a + h) + f(b)], \quad \text{und} \quad \xi \in (a, b).$$

Geht man an dieser Stelle einmal davon aus, dass die Genauigkeit einer solchen Approximation abgeschätzt werden kann, dann lässt sich die Grundidee des adaptiven Verfahrens wie folgt beschreiben. Erfüllt die berechnete Näherung die vorgegebene Anforderung an die Genauigkeit nicht, dann wird das Intervall in zwei gleichgroße Teile zerlegt und die Simpson-Regel auf jedem dieser beiden Teilintervalle realisiert. Diese Strategie wird solange beibehalten, bis eine Approximation des Integrals mit der gleichen Genauigkeit über alle Teilintervalle vorliegt. Am Ende hat man das Integral mit n Anwendungen der Simpson-Regel berechnet, d. h.,

$$\int_a^b f(x)\,dx = \sum_{k=1}^n \int_{x_{k-1}}^{x_k} f(x)\,dx = \sum_{k=1}^n (S_k + e_k) = \sum_{k=1}^n S_k + \sum_{k=1}^n e_k,$$

wobei S_k eine Approximation des Integrals auf dem Intervall $[x_{k-1}, x_k]$ darstellt und e_k der zugehörige *lokale Fehler* ist. Gilt nun

$$|e_k| < \varepsilon \frac{x_k - x_{k-1}}{b - a}, \tag{4.102}$$

dann wird der *Gesamtfehler* wie folgt beschränkt sein

$$\left| \sum_{k=1}^{n} e_k \right| \le \sum_{k=1}^{n} |e_k| < \frac{\varepsilon}{b-a} \sum_{k=1}^{n} (x_k - x_{k-1}) = \varepsilon. \tag{4.103}$$

Folglich führt das lokale Fehlerkriterium (4.102) zu einer numerischen Lösung, die genau die Forderung (4.100) erfüllt.

Wir wollen uns jetzt der Frage zuwenden, wie sich die Genauigkeit der berechneten Approximation $S(a, b)$ abschätzen lässt. Insbesondere muss dabei vermieden werden, die Ableitung $f^{(4)}(\xi)$ im Fehlerterm (siehe die Formel (4.101)) explizit zu berechnen. Hierzu wird die zusammengesetzte Simpson-Regel mit der Schrittweite $\hat{h} \equiv \frac{b-a}{4} = \frac{h}{2}$ und $m = 2$ noch einmal auf das ursprüngliche Problem angewendet, d. h., man berechnet

$$\int_a^b f(x)\, dx = \frac{h}{6}\left[f(a) + 4f\left(a + \frac{h}{2} \right) + 2f(a+h) + 4f\left(a + \frac{3h}{2} \right) + f(b) \right]$$
$$- \left(\frac{h}{2} \right)^4 \frac{b-a}{180} f^{(4)}(\bar{\xi}), \quad \bar{\xi} \in (a, b). \tag{4.104}$$

Zur Vereinfachung der Notation setzen wir

$$S\left(a, \frac{a+b}{2} \right) = \frac{h}{6}\left[f(a) + 4f\left(a + \frac{h}{2} \right) + f(a+h) \right],$$
$$S\left(\frac{a+b}{2}, b \right) = \frac{h}{6}\left[f(a+h) + 4f\left(a + \frac{3h}{2} \right) + f(b) \right].$$

Mit diesen Bezeichnungen nimmt die Gleichung (4.104) die Gestalt

$$\int_a^b f(x)\, dx = S\left(a, \frac{a+b}{2} \right) + S\left(\frac{a+b}{2}, b \right) - \frac{1}{16} \frac{h^5}{90} f^{(4)}(\bar{\xi}) \tag{4.105}$$

an. Da man i. allg. davon ausgehen kann, dass die letztendlich erzeugten Teilintervalle sehr klein sind, kann man dort $f^{(4)}(x)$ als konstant voraussetzen. Insbesondere gilt dann $f^{(4)}(\xi) = f^{(4)}(\bar{\xi})$ in den Gleichungen (4.101) und (4.105). Der Erfolg der adaptiven Schrittweitensteuerung hängt offensichtlich von dieser Voraussetzung ab. Aus den beiden genannten Gleichungen folgt

$$S\left(a, \frac{a+b}{2} \right) + S\left(\frac{a+b}{2}, b \right) - \frac{1}{16} \frac{h^5}{90} f^{(4)}(\xi) \approx S(a, b) - \frac{h^5}{90} f^{(4)}(\xi),$$

so dass sich damit nach Umordnung der Terme als Approximation für die Ableitung

$$\frac{h^5}{90} f^{(4)}(\xi) \approx \frac{16}{15}\left[S(a, b) - S\left(a, \frac{a+b}{2} \right) - S\left(\frac{a+b}{2}, b \right) \right]$$

ergibt. Setzt man diese Schranke in (4.105) ein, dann erhält man

$$\int_a^b f(x)\, dx \approx S\left(a, \frac{a+b}{2} \right) + S\left(\frac{a+b}{2}, b \right)$$
$$- \frac{1}{15}\left[S(a, b) - S\left(a, \frac{a+b}{2} \right) - S\left(\frac{a+b}{2}, b \right) \right] \tag{4.106}$$

und daraus die Schätzung für den lokalen Fehler e_1

$$|e_1| \equiv \left| \int_a^b f(x)\,dx - S\left(a, \frac{a+b}{2}\right) - S\left(\frac{a+b}{2}, b\right) \right|$$

$$\approx \frac{1}{15}\left| S(a, b) - S\left(a, \frac{a+b}{2}\right) - S\left(\frac{a+b}{2}, b\right) \right|. \tag{4.107}$$

Nach der Formel (4.102) hat man nun die Ungleichung

$$\frac{1}{15}\left| S(a, b) - S\left(a, \frac{a+b}{2}\right) - S\left(\frac{a+b}{2}, b\right) \right| < \frac{2h}{b-a}\varepsilon,$$

d. h.

$$\left| S(a, b) - S\left(a, \frac{a+b}{2}\right) - S\left(\frac{a+b}{2}, b\right) \right| < 15\varepsilon, \tag{4.108}$$

zu testen. Ist diese Testungleichung erfüllt, dann gilt für den Fehler die Ungleichung (4.103), und mit

$$I_{\text{num}} \equiv S\left(a, \frac{a+b}{2}\right) + S\left(\frac{a+b}{2}, b\right) \tag{4.109}$$

auch die Beziehung (4.100). Somit wird I_{num} als eine hinreichend genaue Approximation für $I(f)$ akzeptiert und das Verfahren abgebrochen. Wenn andererseits (4.108) nicht erfüllt ist, dann wird das Intervall $[a, b]$ in zwei gleich große Teilintervalle $[a, \frac{a+b}{2}]$ und $[\frac{a+b}{2}, b]$ unterteilt und die oben dargestellte Fehlerschätzung für jedes dieser Teilintervalle separat durchgeführt. Man bestimmt dabei, ob die jeweilige Approximation innerhalb der Toleranz von $\frac{\varepsilon}{2}$ liegt. Ist dies der Fall, dann kann man I_{num} gleich der Summe der Approximationen auf den beiden Intervallen $[a, \frac{a+b}{2}]$ und $[\frac{a+b}{2}, b]$ setzen. Mit diesem I_{num} ist offensichtlich (4.100) erfüllt.

Bemerkung 4.2. An dieser Stelle liegen jedoch für 5 äquidistant verteilte Punkte bereits Funktionswerte vor. Daher ist es im Hinblick auf die Genauigkeit besser, anstelle die jeweils mit der Simpson-Regel auf den beiden Teilintervallen bestimmten zwei Approximationen zu addieren, eine zusätzliche Integration mit der Boole-Regel (siehe die Tabelle 4.12) über das gesamte Intervall zu realisieren. □

Liegt auf mindestens einem der beiden Teilintervalle die berechnete Approximation nicht innerhalb der Toleranz $\frac{\varepsilon}{2}$, so halbiert man dieses Teilintervall noch einmal und berechnet eine zugehörige Approximation mit der Genauigkeit $\frac{\varepsilon}{4}$. Diese Halbierungsprozedur wird solange fortgesetzt, bis auf jedem Teilintervall die zugehörige Approximation innerhalb der geforderten Genauigkeit liegt. Eine mögliche Implementierung dieses adaptiven Integrationsverfahrens ist im m-File 4.2 angegeben.

Es gibt eine Vielzahl von unterschiedlichen algorithmischen Darstellungen und Implementierungen des beschriebenen adaptiven Verfahrens. Wir wollen hier nur auf die entsprechende Literatur verweisen [12, 34, 54].

m-File 4.2: simpadap.m

```
1  function I=simpadap(a,b,tol)
2  % function [I,t]=simpadap(a,b,tol)
3  % Berechnet int_a^b f(x) dx mit einem adaptiven
4  % Verfahren. Basiert auf dem rekursiven Aufruf
5  % der Simpson-Regel und Verbesserung des Ergebnisses
6  % mit der Boole-Regel.
7  %
8  % a,b: Integrationsgrenzen
9  % tol: geforderte Genauigkeit fuer das Integral
10 % I: Approximation des Integrals
11 %
12 m=(a+b)/2;
13 ab=[a,b];
14 fw(3)=f(b);
15 fw(1)=f(a);
16 fw(2)=f(m);
17 I=(b-a)/6*(fw(1)+4*fw(2)+fw(3));
18 I=simprek(I,ab,fw,tol);
19 end
20 function I=simprek(I,ab,fw,tol)
21 fl=fw(1);fm=fw(2);fr=fw(3);
22 a=ab(1);b=ab(2);m=(a+b)/2;
23 h=b-a;
24 lm=(a+m)/2;
25 rm=(m+b)/2;
26 flm=f(lm);
27 frm=f(rm);
28 Il=h/12*(fl+4*flm+fm);
29 Ir=h/12*(fm+4*frm+fr);
30 if abs(I-(Il+Ir)) < 15*tol
31 % klassisches adaptives Simpson
32 %     I=Il+Ir;
33 % Boole-Verbesserung
34     I=(h/90)*(7*fl + 32*flm + 12*fm + 32*frm + 7*fr);
35 else
36     Il=simprek(Il,[a,m],[fl,flm,fm],tol/2);
37     Ir=simprek(Ir,[m,b],[fm,frm,fr],tol/2);
38     I=Il+Ir;
39 end
40 end
```

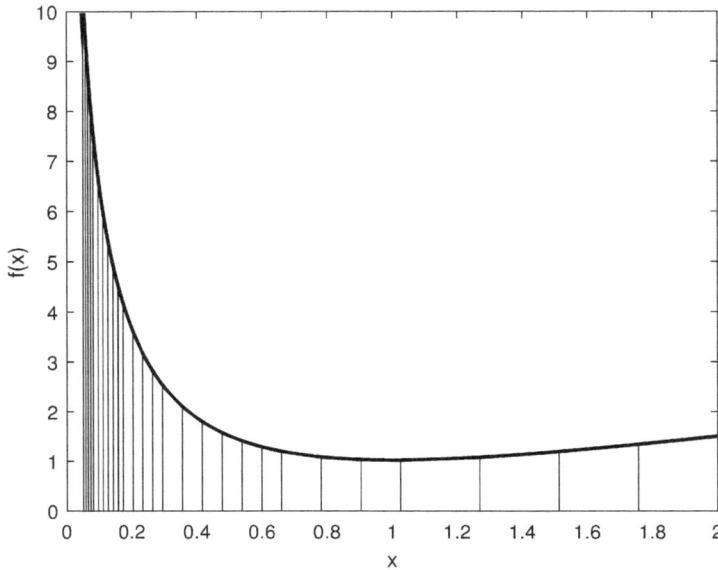

Abb. 4.6: Automatisch erzeugtes Gitter

Beispiel 4.5. Es soll eine numerische Approximation für das bestimmte Integral

$$I = \int_{0.05}^{2} (\ln(x)^2 + 1)\, dx$$

berechnet werden. Bei der Anwendung des adaptiven Simpson-Verfahrens (unter Verwendung der Boole-Regel) mittels der MATLAB-Funktion simpadap (siehe das m-File 4.2) und einer Fehlertoleranz tol = $2 \cdot 10^{-6}$ ergeben sich die in der Abbildung 4.6 dargestellten Schrittweiten.

Dabei sind die kleinste Schrittweite (links) $h_{\min} = 0.0076171875$ und die größte Schrittweite (rechts) $h_{\max} = 0.24375$, d. h., $h_{\max}$ ist 2^5 mal größer als $h_{\min}$. Es ist an diesem Beispiel sehr gut zu erkennen, dass bei einer starken Änderung der Funktionswerte die Schrittweiten sehr klein werden, während in den Bereichen geringer Variabilität des Integranden die Schrittweiten relativ groß sind. Dies zeigt, dass man bei der numerischen Integration auf die adaptiven Techniken unbedingt zurückgreifen sollte. Als numerische Approximation des obigen Integrals ergibt sich schließlich $I \approx 3.290023498$. Der zugehörige Fehler ist $1.28 \cdot 10^{-8}$.

Kommentiert man im m-File 4.2 in der Zeile 34 die Boole-Regel aus und aktiviert in der Zeile 32 stattdessen die klassische Variante (d. h., zweimal die Simpson-Regel), dann ergibt sich $I \approx 3.290024174$ mit einem Fehler von $6.88 \cdot 10^{-7}$. Somit wird die geforderte Genauigkeit tol = $2 \cdot 10^{-6}$ in beiden Fällen eingehalten. Jedoch ist das Ergebnis bei Verwendung der Boole-Regel um etwa eine Stelle genauer.

Bei komplizierteren Problemen ist es besser, einen Anfangswertproblem-Löser mit automatischer Schrittweitensteuerung zu verwenden (siehe das nachfolgende Kapitel) und dazu das bestimmte Integral in ein äquidistantes Anfangswertproblem zu überführen. Im vorliegenden Fall lautet das zugehörige Anfangswertproblem

$$\dot{x}(t) = \ln(t)^2 + 1, \quad x(0.05) = 0.$$

Der Integralwert ergibt sich dann zu $I = x(2)$. □

4.2.4 Romberg-Integration

In den vorangegangenen Abschnitten haben wir gezeigt, dass bei der numerischen Integration die Genauigkeit entweder durch die Verkleinerung der Schrittweite h oder durch die Erhöhung der Ordnung des Verfahrens (indem man verlangt, dass auch Monome höherer Ordnung exakt integriert werden) verbessert werden kann. Dadurch erhöht sich jedoch auch gleichzeitig der Rechenaufwand signifikant. Des Weiteren haben wir gesehen, dass die Trapez-Regel die wohl am einfachsten anzuwendende Newton-Côtes-Formel darstellt, deren Genauigkeit aber i. allg. den Anforderungen in der Praxis nicht genügt. Die Romberg[4]-Integration ist nun eine neue Strategie, um ausgehend von den mit der Trapez-Regel berechneten Resultaten und unter Zuhilfenahme der Richardson-Extrapolation (siehe auch den Abschnitt 4.1.5), verbesserte Approximationen für $I(f)$ zu bestimmen.

Im Satz 4.4 haben wir bereits die zusammengesetzte Trapez-Regel zur Approximation von $I(f)$ auf einem Intervall $[a, b]$ unter Verwendung von m Segmenten angegeben. Die zentrale Formel lautet

$$\int_a^b f(x)\, dx = \frac{h}{2}\left[f(a) + f(b) + 2\sum_{k=1}^{m-1} f(x_k)\right] - \frac{h^2(b-a)}{12} f^{(2)}(\mu),$$

wobei $a < \mu < b$, $h = \frac{b-a}{m}$ und $x_k = a + kh$, $k = 0, 1, \ldots, m$, gilt. Wir wollen hier die Trapez-Regel in der Form

$$T(h) \equiv h\left[\frac{1}{2}f(a) + \sum_{k=1}^{m-1} f(x_k) + \frac{1}{2}f(b)\right] \tag{4.110}$$

aufschreiben, um ihre Abhängigkeit von der Schrittweite h explizit auszudrücken. Zur Anwendung der Richardson-Extrapolation benötigt man eine der Formel (4.55)

---

4 Werner Romberg (1909–2003), deutscher Mathematiker. Er emigrierte 1937 aus politischen Gründen nach Russland und später nach Norwegen. Von 1950 bis 1968 war er Professor an der Universität Trondheim und von 1968 bis 1977 Inhaber des Lehrstuhls für mathematische Methoden der Naturwissenschaften und Numerik in Heidelberg.

entsprechende Entwicklung von $T(h)$ in Potenzen von h. Die Autoren A. Ralston und P. Rabinowitz [64] haben für die Trapez-Regel die Gültigkeit der Euler-Maclaurinschen Summenformel

$$\int_a^b f(x)\,dx = T(h) + \sum_{k=1}^{N} c_k h^{2k} + R_{N+1}(h) \tag{4.111}$$

gezeigt, mit bestimmten, von h unabhängigen Koeffizienten c_k und einem Restglied $R_{N+1}(h)$, wobei $R_{N+1}(h) = O(h^{2N+2})$ für jedes feste N und $h \to 0$ ist.

Der erste Schritt bei der Romberg-Integration besteht nun in der Anwendung der Trapez-Regel mit den Schrittweiten h und $2h$. Man erhält nach (4.111)

$$\int_a^b f(x)\,dx = T(h) + c_1 h^2 + c_2 h^4 + c_3 h^6 + \cdots, \tag{4.112}$$

$$\int_a^b f(x)\,dx = T(2h) + 4c_1 h^2 + 16c_2 h^4 + 64c_3 h^6 + \cdots. \tag{4.113}$$

Multipliziert man (4.112) mit 4 und subtrahiert (4.113) von dem Ergebnis, so resultiert

$$3\int_a^b f(x)\,dx = 4T(h) - T(2h) - 12c_2 h^4 - 60c_3 h^6 - \cdots. \tag{4.114}$$

Hieraus ergibt sich nach einer Umbezeichnung der Koeffizienten

$$\int_a^b f(x)\,dx = \frac{4T(h) - T(2h)}{3} + d_1 h^4 + d_2 h^6 + \cdots. \tag{4.115}$$

Ein Blick auf die Formel (4.93) zeigt, dass der erste Summand auf der rechten Seite von (4.115), den wir mit

$$S(h) \equiv \frac{4T(h) - T(2h)}{3} \tag{4.116}$$

abkürzen wollen, genau die zusammengesetzte Simpson-Regel ist. Mit dieser Bezeichnung nimmt die Formel (4.115) die Gestalt

$$\int_a^b f(x)\,dx = S(h) + d_1 h^4 + d_2 h^6 + d_3 h^8 + \cdots \tag{4.117}$$

an. Der Genauigkeitsgrad der so erzeugten Näherung $S(h)$ ist um zwei Einheiten besser als der von $T(h)$. Weiter ergibt die obige Formel, dass der Fehlerterm der Simpson-Regel nur geradzahlige Potenzen von h enthält.

Im nächsten Schritt der Romberg-Integration berechnet man neben (4.117) die zusammengesetzte Simpson-Regel noch einmal mit doppelter Schrittweite. Es resultiert

$$\int_a^b f(x)\,dx = S(2h) + 16d_1 h^4 + 64d_2 h^6 + 256d_3 h^8 + \cdots. \tag{4.118}$$

Analog wie im ersten Schritt verwendet man nun die beiden Gleichungen (4.117) und (4.118), um den Term mit der kleinsten h-Potenz zu eliminieren. Das Ergebnis ist

$$\int_a^b f(x)\,dx = \frac{16S(h) - S(2h)}{15} - \frac{1}{15}(48d_2 h^6 + 240d_3 h^8 + \cdots). \tag{4.119}$$

Der erste Summand auf der rechten Seite ist genau die *zusammengesetzte Boole-Regel* (siehe die Tabelle 4.12). Bezeichnen wir ihn mit

$$B(h) \equiv \frac{16S(h) - S(2h)}{15} \tag{4.120}$$

und geben den Koeffizienten wieder neue Namen, dann resultiert aus (4.119) die Darstellung

$$\int_a^b f(x)\,dx = B(h) + e_1 h^6 + e_2 h^8 + e_3 h^{10} + \cdots. \tag{4.121}$$

Der Formel (4.121) ist unmittelbar abzulesen, dass wir mit $B(h)$ den Genauigkeitsgrad wiederum vergrößert haben, nämlich um zwei Einheiten gegenüber $S(h)$ und um vier Einheiten gegenüber $T(h)$. Dieser Prozess kann entsprechend fortgesetzt werden.

Wir wollen jetzt die Romberg-Integration formalisieren und in einer dem Neville-Schema ähnlichen Tabellenform (siehe den Abschnitt 1.3) aufschreiben. Die Grundlage hierfür stellt die Aussage des Satzes 4.6 dar.

Satz 4.6. *Es seien die beiden Approximationen $R(h, k)$ und $R(2h, k)$ für die Größe Q gegeben, die den Beziehungen*

$$Q = R(h, k) + c_1 h^{2k} + c_2 h^{2k+2} + \cdots,$$
$$Q = R(2h, k) + 4^k c_1 h^{2k} + 4^{k+1} c_2 h^{2k+2} + \cdots$$

genügen. Dann ist der erste Summand von

$$Q = \frac{4^k R(h, k) - R(2h, k)}{4^k - 1} + O(h^{2k+2}) \tag{4.122}$$

eine verbesserte Approximation für Q.

Beweis. Das Resultat ergibt sich analog den oben ausgeführten ersten beiden Schritten. $\square$

Der Ausgangspunkt sei wieder die Trapez-Regel (4.110). Zu einer vorgegeben positiven ganzen Zahl n bestimmt man die Folge $m_k \equiv 2^{k-1}$, $k = 1, \ldots, n$, sowie die zugehörigen Schrittweiten $h_k \equiv \frac{b-a}{m_k} = \frac{b-a}{2^{k-1}}$. Nun werden unter Verwendung dieser Schrittweiten h_k und der Trapez-Regel (4.110) Approximationen $R_{k,1}$ für $I(f)$ berechnet. Beginnend mit

$$R_{1,1} = \frac{h_1}{2}[f(a) + f(b)] = \frac{b-a}{2}[f(a) + f(b)] \tag{4.123}$$

Tab. 4.14: Romberg-Tableau

i	$R_{i,1}$ Trapez-Regel	$R_{i,2}$ Simpson-Regel	$R_{i,3}$ Boole-Regel	$R_{i,4}$ Stufe 4	$R_{i,5}$ Stufe 5	$\cdots$	$R_{i,n}$ Stufe n
1	$R_{1,1}$						
2	$R_{2,1}$	$R_{2,2}$					
3	$R_{3,1}$	$R_{3,2}$	$R_{3,3}$				
4	$R_{4,1}$	$R_{4,2}$	$R_{4,3}$	$R_{4,4}$			
5	$R_{5,1}$	$R_{5,2}$	$R_{5,3}$	$R_{5,4}$	$R_{5,5}$		
$\vdots$	$\vdots$	$\vdots$	$\vdots$	$\vdots$	$\vdots$	$\ddots$	
n	$R_{n,1}$	$R_{n,2}$	$R_{n,3}$	$R_{n,4}$	$R_{n,5}$	$\cdots$	$R_{n,n}$

können die Approximationen $R_{k,1}$ auch rekursiv erzeugt werden:

$$R_{k,1} = \frac{1}{2}\left[R_{k-1,1} + h_{k-1} \sum_{i=1}^{2^{k-2}} f\left(a + \left(i - \frac{1}{2} \right) h_{k-1} \right) \right] \qquad (4.124)$$

für $k = 2, 3, \ldots, n$. Nun werden diese Approximationen (Stufe 1: Trapez-Regel) nach der Vorschrift (4.122) verbessert, d. h., man berechnet die Approximationen (Stufe 2: Simpson-Regel)

$$R_{k,2} = \frac{4 R_{k,1} - R_{k-1,1}}{3} \qquad (4.125)$$

für $k = 2, 3, \ldots, n$. Für die weiteren Stufen kann man auf die allgemeine Vorschrift

$$R_{i,j} = \frac{4^{j-1} R_{i,j-1} - R_{i-1,j-1}}{4^{j-1} - 1}, \quad i = 2, 3, \ldots, n, \quad j = 2, \ldots, i, \qquad (4.126)$$

zurückgreifen, die sich ebenfalls aus (4.122) unmittelbar ergibt. Die Werte $R_{i,j}$ ordnet man schließlich der besseren Übersicht halber in Form eines sogenannten *Romberg-Tableaus* an (siehe die Tabelle 4.14).

Bezüglich der Genauigkeit der Romberg-Integration gilt der folgende Satz.

Satz 4.7. *Es sei $f \in \mathbb{C}^{2j}[a, b]$. Dann bestimmt sich der Fehlerterm der Romberg-Approximation nach der Formel*

$$\int_a^b f(x)\, dx = R_{i,j} + b_j h_i^{2j} f^{(2j)}(c_{i,j}) = R_{i,j} + O(h_i^{2j}), \qquad (4.127)$$

mit $h_i = \frac{b-a}{2^{i-1}}$. Dabei ist b_j eine von j abhängige Konstante und es gilt $c_{i,j} \in [a, b]$.

Beweis. Siehe zum Beispiel die Monografie von Ralston und Rabinowitz [64]. $\square$

Weiter kann gezeigt werden (siehe [64]), dass die Terme auf der Diagonalen im Romberg-Tableau gegen $I(f)$ konvergieren, falls die mit der Trapez-Regel berechneten Approximationen $R_{i,1}$, $i = 1, 2, \ldots$, gegen diesen Wert konvergieren. Es ist i. allg. zu erwarten, dass die Diagonalfolge $\{R_{i,i}\}_{i=1}^{\infty}$ schneller konvergiert als die Folge $\{R_{i,1}\}_{i=1}^{\infty}$.

Ist die Genauigkeit bei der Romberg-Integration noch nicht erreicht, dann braucht zur Bestimmung einer neuen Zeile des Tableaus nur eine zusätzliche Berechnung mit der Trapez-Regel ausgeführt werden. Die anderen Werte der entsprechenden Zeile ergeben sich aus den zuvor ermittelten Größen. Dies ist ein entscheidender Vorteil dieses Verfahrens. Man wird den Wert von n möglichst nicht vorgeben, sondern den Algorithmus solange durch Hinzufügen einer neuen Zeile fortsetzen, bis ein Wert von n erhalten wurde, für den $|R_{n,n} - R_{n-1,n-1}| < \varepsilon$ gilt, wobei ε eine vom Anwender festzulegende Toleranz bezeichnet. Schließlich sollte noch bemerkt werden, dass es hierzu erforderlich ist, die Tabelle 4.14 zeilenweise aufzubauen, d. h., in der Reihenfolge $R_{1,1}, R_{2,1}, R_{2,2}, R_{3,1}, R_{3,2}, R_{3,3}, \ldots$

Die Romberg-Integration besitzt den Vorteil, einfach durchführbar zu sein, doch ist sie oft sehr aufwendig, wenn Integrale mit hoher Genauigkeit berechnet werden müssen. Eine Verbesserung der Effektivität lässt sich oftmals mit der von R. Bulirsch (siehe [11]) vorgeschlagenen Folge von Schrittweiten

$$h_0 = b - a, \quad h_1 = \frac{h_0}{2}, \quad h_2 = \frac{h_0}{3}, \quad h_3 = \frac{h_0}{4},$$

$$h_4 = \frac{h_0}{6}, \quad h_5 = \frac{h_0}{8}, \quad h_6 = \frac{h_0}{12}, \quad h_7 = \frac{h_0}{16}, \quad \ldots \tag{4.128}$$

$$\text{allgemein:} \quad h_i = \frac{h_0}{n_i} \quad \text{mit } n_i = 2n_{i-2} \quad \text{für } i \geq 4.$$

erreichen. Die unter dem Namen *Bulirsch-Folge* bekannte Schrittweitenwahl (4.128) hat den Vorteil, dass der Rechenaufwand zur Bestimmung der nachfolgenden Trapez-Summen langsamer ansteigt.

Im m-File 4.3 ist das Verfahren noch einmal als MATLAB-Funktion rom dargestellt, wobei wiederum die Funktion $f(x)$ als MATLAB-Funktion f formuliert werden muss.

m-File 4.3: rom.m

```
 1 function r = rom(a,b,n)
 2 %function r = rom(a,b,n)
 3 % Zur Berechnung von int_a^b f(x) dx wird mit der
 4 % Romberg-Integration die Tabelle 4.14 erzeugt
 5 %
 6 % a,b: Integrationsgrenzen
 7 % n: Tableau-Tiefe
 8 % r: Romberg-Tableau
 9 %
10 h=(b-a); r=zeros(n); r(1,1)=h*(f(a)+f(b))/2;
11 for i=2:n
12     s=0;
13     for k=1:2^(i-2), s=s+f(a+(k-.5)*h); end
14     r(i,1)=(r(i-1,1)+h*s)/2;
```

```
15      for j=2:i
16          r(i,j)=(4^(j-1)*r(i,j-1)-r(i-1,j-1))/(4^(j-1)-1);
17      end
18      h=h/2;
19  end
20  end
```

4.2.5 Gaußsche Quadraturformeln

In den vorangegangenen Abschnitten haben wir für vorgegebene, insbesondere für äquidistante Stützstellen $x_0, x_1, \ldots, x_n$ aus $[a, b]$ Quadraturformeln der Gestalt (4.64) betrachtet und dabei die Koeffizienten a_k so bestimmt, dass der zugehörige Fehlerterm $E(f)$ für Polynome vom Grad kleiner oder gleich n verschwindet. Dieses Ziel konnten wir dadurch erreichen, indem wir die zu integrierende Funktion f durch ihr Lagrangesches Interpolationspolynom P_n vom maximalen Grad n ersetzten und dieses anstelle von f integrierten. Die resultierenden Quadraturformeln gehören zur Klasse der Newton-Côtes-Formeln. Die Voraussetzung, dass die Werte von f an den *äquidistanten* Stützstellen bekannt sind, ist bei einer tabellierten Funktion i. allg. erfüllt. Liegt die Funktion f jedoch explizit vor, dann stellt sich die natürliche Frage, ob man durch eine geeignete Wahl der Stützstellen $x_0, \ldots, x_n$ aus $[a, b]$ die Genauigkeit der Quadraturformel noch weiter erhöhen kann. Dies führt auf die sogenannten *Gaußschen Quadraturformeln*.

Wir wollen hier eine etwas allgemeinere Fragestellung untersuchen, nämlich die numerische Approximation eines *gewichteten* Integrals

$$I(f, w) \equiv \int_a^b f(x)w(x)\,dx \approx \sum_{k=0}^n a_k f(x_k), \tag{4.129}$$

wobei $w(x)$ eine *Gewichtsfunktion* im Sinne der Definition 2.1 ist, d. h., es gilt $w(x) \geq 0$ auf $[a, b]$ und $w(x) > 0$ für $x \in (a, b)$. Einige Beispiele für häufig verwendete Gewichtsfunktionen (siehe z. B. [1]) sind in der Tabelle 4.15 angegeben.

Durch die Berücksichtigung der Gewichtsfunktion $w(x)$ lassen sich dann sogar Integrale mit singulären Integranden und/oder unendlichen Integrationsintervallen betrachten.

Tab. 4.15: Beispiele von Gewichtsfunktionen $w(x)$

$w(x)$	$[a, b]$	$w(x)$	$[a, b]$
$\ln \frac{1}{x}$	$[0, 1]$	$x^k, k = 0, 1, \ldots, 5$	$[0, 1]$
e^{-x}	$[0, \infty)$	$\sqrt{1 - x^2}$	$[-1, 1]$
e^{-x^2}	$(-\infty, \infty)$		

Bisher haben wir stets den Fall $w(x) \equiv 1$ betrachtet. Analog zu (4.77) ergeben sich hier die a_k zu

$$a_k = \int_{x_0}^{x_n} L_{n,k}(x)w(x)\,dx, \quad k = 0, 1, \ldots, n. \tag{4.130}$$

Da in (4.129) die $n + 1$ reellen Koeffizienten $a_0, \ldots, a_n$ vollständig frei wählbar sind und über die $n + 1$ Stützstellen $x_0, \ldots, x_n$ nur vorausgesetzt werden muss, dass die Funktion f auch an diesen Stellen berechenbar ist, kann man im obigen Problem über $2n + 2$ freie Parameter verfügen. Andererseits enthält die Klasse der Polynome vom maximalen Grad $2n + 1$ genau $2n + 2$ Parameter (Koeffizienten). Man erwartet deshalb, dass es sich dabei um die größte Klasse von Polynomen handelt, für die (4.129) exakt erfüllt werden kann. Tatsächlich lässt sich durch die geeignete Wahl der Größen a_k und x_k die Exaktheit in (4.129) erreichen, d. h., es entstehen Quadraturformeln mit dem Genauigkeitsgrad $2n + 1$.

Um dies zu zeigen, wollen wir voraussetzen, dass die zur Gewichtsfunktion $w(x)$ gehörenden *Momente*

$$\int_a^b x^k w(x)\,dx, \quad k = 0, 1, \ldots, \tag{4.131}$$

existieren und absolut konvergent sind. Entsprechend (4.129) betrachten wir Quadraturformeln der Gestalt

$$\int_a^b f(x)w(x)\,dx = \sum_{k=0}^n a_k f(x_k) + E(f) \equiv Q(f) + E(f). \tag{4.132}$$

Man nennt nun $Q(f)$ eine *Gaußsche Quadraturformel*, wenn die folgenden $2n + 2$ Bedingungen erfüllt sind:

$$\beta_j \equiv \int_a^b x^j w(x)\,dx = \sum_{k=0}^n a_k x_k^j \Longleftrightarrow E(x^j) = 0, \quad j = 0, \ldots, 2n + 1, \tag{4.133}$$

d. h., wenn die Quadraturformel mindestens den Genauigkeitsgrad $2n + 1$ aufweist und folglich für Polynome $(2n + 1)$-ten Grades exakt ist. Die Koeffizienten $a_0, \ldots, a_n$ sowie die Stützstellen $x_0, \ldots, x_n$ lassen sich somit als Lösung des nichtlinearen Gleichungssystems (4.133) der Dimension $2n + 2$ berechnen. Die Größen β_j findet man für die unterschiedlichen Gewichtsfunktionen tabelliert vor (siehe z. B. M. Abramowitz und I. A. Stegun [1]).

Zur Bestimmung spezieller Gaußscher Quadraturformeln greifen wir auf die im Abschnitt 2.2.4 eingeführten *orthogonalen* Polynome $\phi_0, \ldots, \phi_n$ zurück. Bevor wir eine wichtige Eigenschaft dieser Polynome formulieren und beweisen, soll auf den folgenden, einfach zu zeigenden Sachverhalt hingewiesen werden. Bezeichnet $\{\phi_0, \ldots, \phi_n\}$ ein auf $[a, b]$ definiertes System orthogonaler Polynome und besitzt ϕ_i den Grad i, $i = 0, \ldots, n$, dann existieren zu jedem Polynom Q vom maximalen Grad n eindeutig bestimmte Konstanten $\alpha_0, \ldots, \alpha_n$, so dass $Q(x) = \sum_{i=0}^n \alpha_i \phi_i(x)$.

Satz 4.8. *Es bezeichne* $\{\phi_0, \ldots, \phi_n\}$ *ein System von* $n + 1$ *Polynomen, die auf dem Intervall* $[a, b]$ *definiert und bezüglich der Gewichtsfunktion* $w(x)$ *orthogonal sind. Dabei sei* ϕ_k *ein Polynom vom Grad* k, $k = 0, 1, \ldots, n$. *Dann besitzt* ϕ_k *genau* k *relle und paarweise verschiedene Wurzeln, die alle im Intervall* (a, b) *liegen.*

Beweis. Da ϕ_0 ein Polynom vom Grad 0 ist, existiert eine Konstante $C \neq 0$, mit $\phi_0(x) \equiv C$. Somit folgt für $k \geq 1$

$$0 = \int_a^b \phi_k(x)\phi_0(x)w(x)\, dx = C \int_a^b \phi_k(x)w(x)\, dx.$$

Nach Voraussetzung ist w eine Gewichtsfunktion und erfüllt deshalb $w(x) \geq 0$ und $w(x) \not\equiv 0$. Folglich muss ϕ_k mindestens einmal in (a, b) das Vorzeichen wechseln. Es werde vorausgesetzt, dass ϕ_k das Vorzeichen genau j mal in (a, b) wechselt und zwar an den Stellen $r_1, r_2, \ldots, r_j$, mit $a < r_1 < r_2 < \cdots < r_j < b$ und $j < k$. Ohne Beschränkung der Allgemeinheit lässt sich $\phi_k(x) > 0$ auf (a, r_1) annehmen. Dann gilt $\phi_k(x) < 0$ auf (r_1, r_2), $\phi_k(x) > 0$ auf (r_2, r_3), etc.

Es sei nun P_j ein Polynom vom Grad j, das durch

$$P_j(x) \equiv \prod_{i=1}^{j}(x - r_i)$$

erklärt ist. Offensichtlich stimmt das Vorzeichen von P_j mit dem von ϕ_k auf jedem der Segmente (a, r_1), (r_1, r_2), $\ldots$, (r_j, b) überein, so dass dort auch $P_j(x)\phi_k(x) > 0$ gilt. Hieraus und aus den Eigenschaften der Gewichtsfunktion $w(x)$ ergibt sich

$$\int_a^b P_j(x)\phi_k(x)w(x)\, dx > 0. \tag{4.134}$$

Andererseits ist P_j ein Polynom vom Grad $j < k$, das sich mit gewissen Konstanten $\alpha_0, \ldots, \alpha_j$ in der Form

$$P_j(x) = \sum_{i=0}^{j} \alpha_i \phi_i(x)$$

schreiben lässt. Somit erhält man

$$\int_a^b P_j(x)\phi_k(x)w(x)\, dx = \sum_{i=0}^{j} \alpha_i \int_a^b \phi_i(x)\phi_k(x)w(x)\, dx = 0,$$

was im Widerspruch zu (4.134) steht. Die einzige Voraussetzung, die bisher gemacht wurde, bestand in der Annahme, dass ϕ_k im Intervall (a, b) das Vorzeichen j mal wechselt, mit $j < k$. Somit muss ϕ_k mindestens k mal das Vorzeichen in (a, b) wechseln. Mit dem Zwischenwertsatz ergibt sich nun die Behauptung. $\qquad\square$

Wir wollen jetzt annehmen, dass ein spezielles System orthogonaler Polynome

$$\phi_0(x), \phi_1(x), \phi_2(x), \ldots \tag{4.135}$$

vorgegeben ist. Diese Polynome seien auf dem Intervall $[a, b]$ definiert und bezüglich der Gewichtsfunktion $w(x)$ orthogonal. Im Abschnitt 2.2.4 haben wir mit dem Satz 2.5 eine allgemeine Vorschrift für die Konstruktion eines solchen orthogonalen Systems sowie einige konkrete Beispiele (u. a. Legendre-Polynome, Tschebyschow-Polynome) angegeben. Es gilt der folgende Satz.

Satz 4.9. *Die numerische Quadraturformel $Q(f)$ (siehe die Formel (4.132)) ist genau dann eine Gaußsche Quadraturformel, wenn*
- *die Stützstellen $x_0, \ldots, x_n$ gleich den Wurzeln des orthogonalen Polynoms $\phi_{n+1}(x)$ aus dem System (4.135) sind, und*
- *mit den zugehörigen Lagrange-Faktoren $L_{n,0}(x), \ldots, L_{n,n}(x)$ (siehe die Formel (1.9)) die Koeffizienten $a_0, a_1, \ldots, a_n$ die Darstellung*

$$a_k = \int_a^b L_{n,k}(x)w(x)\,dx = \int_a^b L_{n,k}(x)^2 w(x)\,dx > 0, \quad k = 0, \ldots, n, \tag{4.136}$$

besitzen. Das Restglied $E(f)$ der Gaußschen Quadraturformel $Q(f)$ hat für Funktionen $f \in \mathbb{C}^{2n+2}[a, b]$ die Gestalt

$$E(f) = \int_a^b f[x_0, \ldots, x_n, x_0, \ldots, x_n, x](\phi_{n+1}(x))^2 w(x)\,dx$$

und kann mit einem $\xi \in (a, b)$ in der Form

$$E(f) = \frac{f^{(2n+2)}(\xi)}{(2n+2)!} \int_a^b (\phi_{n+1}(x))^2 w(x)\,dx$$

geschrieben werden.

Beweis. Der Beweis basiert auf den im Abschnitt 1.7 betrachteten Hermite-Polynomen und kann der relevanten Literatur entnommen werden (siehe u. a. F. Stummel und K. Hainer [78]). □

Zum Abschluss wollen wir einige Beispiele für die Gaußschen Quadraturformeln angeben. Wir beginnen mit den im Abschnitt 2.2.4 studierten Legendre-Polynomen. Diese basieren auf der Gewichtsfunktion $w(x) \equiv 1$ und sind auf dem Intervall $[-1, 1]$ erklärt. Das spezielle Intervall $[-1, 1]$ stellt keine echte Einschränkung dar, da man mit der Variablentransformation

$$x = \frac{a+b}{2} + \frac{b-a}{2}t, \quad dx = \frac{b-a}{2}\,dt$$

das Integral $I(f)$ wie folgt aufschreiben kann

$$\int_a^b f(x)\,dx = \frac{b-a}{2}\int_{-1}^1 f\left(\frac{b-a}{2}t + \frac{a+b}{2}\right) dt \equiv \frac{b-a}{2}\int_{-1}^1 \varphi(t)\,dt. \qquad (4.137)$$

Die Transformation (4.137) braucht nicht explizit durchgeführt werden. Nach (4.132), (4.137) und der im Satz 4.9 angegebenen Form des Fehlertermes ist nämlich

$$\int_a^b f(x)\,dx = \frac{b-a}{2}\int_{-1}^1 \varphi(t)\,dt$$

$$= \frac{b-a}{2}\sum_{k=0}^n a_k\varphi(t_k)$$

$$+ \frac{b-a}{2}\frac{\varphi^{(2n+2)}(\xi)}{(2n+2)!}\int_{-1}^1 (\phi_{n+1}(t))^2\,dt, \quad -1 \le \xi \le 1, \qquad (4.138)$$

wobei $\phi_{n+1}(t)$ das Legendre-Polynom vom Grad $n+1$ bezeichnet. Aus den Eigenschaften der Legendre-Polynome folgt

$$\int_{-1}^1 (\phi_{n+1}(t))^2\,dt = \frac{2^{2n+3}[(n+1)!]^4}{(2n+3)[(2n+2)!]^2}.$$

Weiter ist

$$\varphi^{(2n+2)}(t) = \left(\frac{b-a}{2}\right)^{2n+2} f^{(2n+2)}(x), \quad x = \frac{b-a}{2}t + \frac{a+b}{2},$$

so dass sich nach (4.138) schließlich

$$\int_a^b f(x)\,dx = v\sum_{k=0}^n a_k f(u + vt_k) + \frac{(b-a)^{2n+3}[(n+1)!]^4}{(2n+3)[(2n+2)!]^3}f^{(2n+2)}(\xi_1) \qquad (4.139)$$

ergibt, mit

$$a \le \xi_1 \le b, \quad u \equiv \frac{a+b}{2} \quad \text{und} \quad v \equiv \frac{b-a}{2}. \qquad (4.140)$$

Wir wollen jetzt mit der Herleitung der ersten drei *Gauß-Legendre-Quadraturformeln* beginnen. Dazu benötigen wir die Legendre-Polynome

$$\phi_0(x) = 1, \quad \phi_1(x) = x, \quad \phi_2(x) = x^2 - \frac{1}{3} \quad \text{und} \quad \phi_3(x) = x^3 - \frac{3}{5}x. \qquad (4.141)$$

Für die Einpunkt-Formel ($n = 0$) bestimmt sich die gesuchte Stützstelle t_0 im Intervall $[-1, 1]$ als die Nullstelle der Funktion $\phi_1(x) = x$. Offensichtlich ist $t_0 = 0$. Den zugehörigen Koeffizienten a_0 berechnen wir nach (4.133) zu ($j = 0$)

$$a_0 = \int_{-1}^1 dx = 2.$$

Setzt man nun die Werte von a_0, t_0 und n in (4.139) ein, dann ergibt sich die erste Gauß-Legendre-Formel zu

$$\int_a^b f(x)\,dx = (b-a)f\left(\frac{a+b}{2}\right) + \frac{(b-a)^3}{24}f^{(2)}(\xi_1), \quad a \le \xi_1 \le b. \tag{4.142}$$

Ein Vergleich mit den offenen Newton-Côtes-Formeln in der Tabelle 4.13 zeigt, dass wir genau die *Mittelpunkts-Regel* erhalten haben.

Für die Konstruktion der Zweipunkt-Formel ($n = 1$) hat man die beiden Nullstellen der Funktion $\phi_2(x) = x^2 - \frac{1}{3}$ zu bestimmen. Diese sind $x_{1,2} = \pm\frac{1}{\sqrt{3}}$, so dass sich daraus die Stützstellen $t_0 = -\frac{1}{\sqrt{3}}$ und $t_1 = \frac{1}{\sqrt{3}}$ im Intervall $[-1, 1]$ ergeben. Um die zugehörigen Koeffizienten a_k zu berechnen, verwenden wir die Formel (4.133). Es resultieren die beiden linearen Gleichungen (für $j = 0, 1$)

$$2 = a_0 + a_1 \quad \text{und} \quad 0 = -\frac{1}{\sqrt{3}}a_0 + \frac{1}{\sqrt{3}}a_1.$$

Als Lösung erhält man unmittelbar $a_0 = 1$ und $a_1 = 1$. Substituiert man diese Lösung, die zuvor berechneten Stützstellen t_0, t_1 und $n = 1$ in (4.139), dann resultiert die folgende Zweipunkt-Formel

$$\int_a^b f(x)\,dx = \frac{b-a}{2}\left[f\left(u - \frac{v}{\sqrt{3}}\right) + f\left(u + \frac{v}{\sqrt{3}}\right)\right] + \frac{(b-a)^5}{4320}f^{(4)}(\xi_1), \tag{4.143}$$

wobei wir wieder die Abkürzungen aus (4.140) verwendet haben.

Wir wollen abschließend die entsprechende Dreipunkt-Formel ($n = 2$) ableiten. Die Nullstellen von $\phi_3(x) = x^3 - \frac{3x}{5}$ sind $x_1 = 0$, $x_{2,3} = \pm\sqrt{\frac{3}{5}}$, so dass sich die Stützstellen $t_0 = -\sqrt{\frac{3}{5}}$, $t_1 = 0$ und $t_2 = \sqrt{\frac{3}{5}}$ im Intervall $[-1, 1]$ ergeben. Zur Berechnung der zugehörigen Koeffizienten a_0, a_1, a_2 verwenden wir wieder die Formel (4.133). Wir erhalten damit das folgende lineare Gleichungssystem (für $j = 0, 1, 2$)

$$2 = a_0 + a_1 + a_2, \quad 0 = -\sqrt{\frac{3}{5}}a_0 + \sqrt{\frac{3}{5}}a_2, \quad \frac{2}{3} = \frac{3}{5}a_0 + \frac{3}{5}a_2.$$

Die Lösung ist $a_0 = a_2 = \frac{5}{9}$ und $a_1 = \frac{8}{9}$. Wir setzen diese Resultate und $n = 2$ wieder in (4.139) ein und erhalten damit die gesuchte Dreipunkt-Formel

$$\int_a^b f(x)\,dx = \frac{b-a}{18}\left[5f\left(u - v\frac{\sqrt{15}}{5}\right) + 8f(u) + 5f\left(u + v\frac{\sqrt{15}}{5}\right)\right]$$
$$+ \frac{(b-a)^7}{2016000}f^{(6)}(\xi_2). \tag{4.144}$$

Wie auch bei den Newton-Côtes-Formeln werden in der Praxis hauptsächlich zusammengesetzte Gaußsche Quadraturformeln verwendet. Unterteilt man das Integrationsintervall $[a, b]$ in m äquidistante Teilintervalle mit der Schrittweite $h = \frac{b-a}{m}$

und wendet auf jedem dieser Segmente eine Gaußsche Quadraturformel mit $n + 1$ Stützstellen an, dann ergibt sich die *zusammengesetzte Gaußsche Quadraturformel*

$$\int_a^b f(x)\,dx \approx \frac{h}{2} \sum_{j=0}^{m-1} \sum_{k=0}^{n} a_k f\left(a + jh + \frac{h}{2} + \frac{h}{2}x_k\right) \tag{4.145}$$

mit einem Fehler der Ordnung $O(h^{2n})$.

Als ein weiteres Beispiel wollen wir die Gaußschen Quadraturformeln auf der Basis von Tschebyschow-Polynomen betrachten. Im Abschnitt 2.2.4 haben wir gesehen, dass diese Polynome auf dem Intervall $[-1, 1]$ definiert und bezüglich der Gewichtsfunktion

$$w(x) = \frac{1}{\sqrt{1 - x^2}}, \quad x \in [-1, 1],$$

orthogonal sind. Die Nullstellen von $T_n(x)$ und somit die Stützstellen für die Quadraturformel der Ordnung $n - 1$ sind

$$x_k = \cos\left(\frac{2k + 1}{2n}\pi\right), \quad k = 0, \ldots, n - 1. \tag{4.146}$$

Die zugehörigen Koeffizienten a_k lassen sich sehr einfach aus der Forderung bestimmen, dass die Polynome $T_0(x), \ldots, T_{n-1}(x)$ durch eine Quadraturformel der Ordnung $n - 1$ exakt integriert werden müssen, d. h.,

$$\sum_{k=1}^{n-1} a_k T_j(x_k) = \int_{-1}^{1} \frac{T_j(x)}{\sqrt{1 - x^2}}\,dx, \quad j = 0, \ldots, n - 1. \tag{4.147}$$

Die Integrale auf der rechten Seite berechnen sich nach (2.81) zu

$$\int_{-1}^{1} \frac{T_j(x)}{\sqrt{1 - x^2}}\,dx = \int_{-1}^{1} \frac{T_0(x)T_j(x)}{\sqrt{1 - x^2}}\,dx = \begin{cases} \pi, & j = 0, \\ 0, & j = 1, \ldots, n - 1. \end{cases}$$

Andererseits kann der Term $T_j(x_k)$ auf der linken Seite von (4.147) nach der Definition (2.78) der Tschebyschow-Polynome folgendermaßen aufgeschrieben werden

$$T_j(x_k) = \cos\left(j \arccos\left(\cos\left(\frac{2k + 1}{2n}\pi\right)\right)\right) = \cos\left(\frac{(2k + 1)j}{2n}\pi\right).$$

Damit nimmt das lineare Gleichungssystem (4.147) die Gestalt

$$\sum_{k=0}^{n-1} a_k \cos\left(\frac{(2k + 1)j}{2n}\pi\right) = \begin{cases} \pi, & j = 0, \\ 0, & j = 1, \ldots, n - 1, \end{cases}$$

an. Als Lösung berechnet man

$$a_k = \frac{\pi}{n}, \quad k = 0, 1, \ldots, n - 1. \tag{4.148}$$

Für $n = 1, 2, \ldots$ ergeben sich nun unter Beachtung des im Satz 4.9 angegebenen Fehlerterms die sogenannten *Gauß-Tschebyschow-Formeln* der Ordnung $n - 1$:

$$\int_{-1}^{1} \frac{f(x)}{\sqrt{1 - x^2}}\, dx = \frac{\pi}{n} \sum_{k=0}^{n-1} f\left(\cos\left(\frac{2k+1}{2n}\pi\right)\right) + \frac{\pi f^{(2n)}(\xi)}{2^{2n-1}(2n)!} \qquad (4.149)$$

mit einem $\xi \in [-1, 1]$.

4.3 Aufgaben

Aufgabe 4.1. Im Handbuch von Abramowitz und Stegun [1] findet man die folgende Beziehung für die Gamma-Funktion

$$\Gamma(x + 1) = 1 + \sum_{i=1}^{5} a_i x^i + \varepsilon(x) \equiv P_5(x) + \varepsilon(x), \qquad 0 \leq x \leq 1,$$

mit $|\varepsilon(x)| \leq 5 \times 10^{-5}$ und

$$a_1 = -0.5748646, \quad a_2 = 0.9512363, \quad a_3 = -0.6998588,$$
$$a_4 = -0.6998588, \quad a_5 = -0.1010678.$$

Man verwende die Formel (4.14), um eine Näherung für die Ableitung von $\Gamma(x + 1)$ an der Stelle $x = 0.45$ mit der Schrittweite $h = 10^{-3}$ zu berechnen. Die dazu erforderlichen Werte der Gamma-Funktion approximiere man mit dem obigen Polynom $P_5(x)$. Die so ermittelte Schätzung für die Ableitung vergleiche man mit dem Resultat, das sich durch die direkte Differentiation von $P_5(x)$ ergibt.

Aufgabe 4.2. Man betrachte die folgenden zwei Techniken zur Approximation der zweiten Ableitung einer Funktion $f(x)$ an der Stelle $x = x_0$:
1. Berechne den Differenzenquotienten

$$\frac{f(x_0 + h) - 2f(x_0) + f(x_0 - h)}{h^2}.$$

2. Interpoliere $f(x)$ an den Stellen $x_0 - h$, x_0 und $x_0 + h$ mittels eines quadratischen Polynoms $P(x)$ und bestimme anschließend $P''(x)$.
Führen beide Techniken zum gleichen Ergebnis und warum?

Aufgabe 4.3. Durch die Entwicklung der Funktion $f(x)$ an der Stelle $x = x_0$ in ein Taylor-Polynom vierten Grades und der Bestimmung der Polynomwerte an den Stellen $x_0 \pm h$ und $x_0 \pm 2h$ konstruiere man eine Differenzenformel für $f^{(3)}(x_0)$, deren Fehlerterm von der Ordnung h^2 ist.

Aufgabe 4.4. Man wende die Richardson-Extrapolation auf die in der Aufgabe 4.3 bestimmte Differenzenformel an, um eine Formel der Ordnung h^4 zur Approximation von $f^{(3)}(x_0)$ zu bestimmen.

Aufgabe 4.5. Man führe die im Abschnitt 4.1.3 vorgenommenen Fehlerbetrachtungen für die numerische Differentiationsformel

$$f'(x_0) \approx \frac{-f(x_2) + 8f(x_1) - 8f(x_{-1}) + f(x_{-2})}{12h}$$

durch. Insbesondere zeige man, dass sich hier die Schranke $E(h)$ wie folgt zusammensetzt

$$E(h) = \frac{3\delta}{2h} + \frac{C_5}{30}h^4, \quad C_5 \equiv \max_{x \in [x_{-2}, x_2]} |f^{(5)}(x)|.$$

Man ermittle die zugehörige optimale Schrittweite $h_{\min}$ sowie $E(h_{\min})$.

Aufgabe 4.6. Wie in der Aufgabe 4.5 analysiere man den Einfluss von Rundungsfehlern auf die Quadraturformel

$$f'(x_0) \approx \frac{f(x_0 + h) - f(x_0)}{h}.$$

Aufgabe 4.7. Es gehört zum mathematischen Grundwissen, dass die Ableitung einer Funktion f wie folgt definiert ist

$$f'(x) \equiv \lim_{h \to 0} \frac{f(x + h) - f(x)}{h}.$$

Man wähle eine Funktion f, eine nichtverschwindende Zahl x und berechne mit der MATLAB die Folge von Approximationen $f_n'(x)$ für $f'(x)$ nach der Vorschrift

$$f_n'(x) \equiv \frac{f(x + 10^{-n}) - f(x)}{10^{-n}}, \quad n = 1, 2, \ldots, 20.$$

Man interpretiere die Ergebnisse.

Aufgabe 4.8. Aus der Analysis ist die Formel $e = \lim_{h \to 0}(1 + h)^{\frac{1}{h}}$ bekannt. Man bestimme für $h = 0.08, 0.04, 0.01$ Approximationen für e. Unter der Voraussetzung, dass Konstanten $c_1, c_2, \ldots$ existieren, so dass

$$e = (1 + h)^{\frac{1}{h}} + c_1 h + c_2 h^2 + c_3 h^3 + \cdots$$

gilt, wende man die Extrapolationstechnik auf die berechneten Näherungen an, um eine Approximation der Ordnung $O(h^3)$ für e zu erhalten, mit $h = 0.08$.

Aufgabe 4.9. Die partielle Ableitung $\frac{\partial f}{\partial x}(x, y)$ von $f(x, y)$ bezüglich x wird dadurch erhalten, indem man die Variable y fixiert und bezüglich x differenziert. Analog ergibt sich $\frac{\partial f}{\partial y}(x, y)$ durch das Festhalten der Variablen x und der Differentiation bezüglich y. Die Formel (4.14) kann auch zur Approximation dieser partiellen Ableitungen wie folgt verwendet werden

$$\frac{\partial f}{\partial x}(x, y) = \frac{f(x + h, y) - f(x - h, y)}{2h} + O(h^2),$$

$$\frac{\partial f}{\partial y}(x, y) = \frac{f(x, y + h) - f(x, y - h)}{2h} + O(h^2).$$

Man entwickle eine MATLAB-Funktion zur Berechnung dieser Ableitungen. Diese Funktion sollte von der Form

```
[pdx,pdy]=pardiff('func',x,y,h)
```

sein. Unter Verwendung dieser MATLAB-Funktion und den Schrittweiten $h = 0.1, 0.01$ und 0.001 berechne man für $f(x, y) = \frac{xy}{x+y}$ Approximationen für die beiden partiellen Ableitungen an der Stelle $(x, y) = (2, 3)$. Die erhaltenen Resultate vergleiche man mit den Werten, die sich mittels exaktem Differenzieren ergeben.

Aufgabe 4.10. Es seien $h = \frac{b-a}{3}$, $x_0 = a$, $x_1 = a + h$ und $x_2 = b$. Man bestimme den Genauigkeitsgrad der Quadraturformel

$$\int_a^b f(x)\, dx \approx \frac{9}{4} h f(x_1) + \frac{3}{4} h f(x_2).$$

Aufgabe 4.11. Man bestimme die Konstanten c_0, c_1 und x_1, so dass die Quadraturformel

$$\int_0^1 f(x)\, dx \approx c_0 f(0) + c_1 f(x_1)$$

den höchstmöglichen Genauigkeitsgrad besitzt.

Aufgabe 4.12. Auf den indischen Mathematiker Ramanujan geht die folgende Vermutung zurück. Die Anzahl der Zahlen zwischen a und b, die entweder Quadratzahlen oder Summen von zwei Quadratzahlen sind, wird durch das Integral

$$N = 0.764 \int_a^b \frac{dx}{\sqrt{\log_e(x)}}$$

angenähert. Man teste diese Vermutung für die folgenden Kombinationen von a und b: $(1, 10)$, $(1, 50)$ und $(1, 100)$. Zur Berechnung des Integrals verwende man eine zusammengesetzte numerische Quadraturformel mit mindestens 101 Stützstellen.

Aufgabe 4.13. Man schreibe eine MATLAB-Funktion für das im Abschnitt 4.2.3 angegebene adaptive Verfahren. Mit dieser Funktion berechne man das Integral

$$\int_0^1 (e^{-50(x-0.5)^2} + e^{-2x})\, dx,$$

wobei $\varepsilon = 10^{-4}$ gesetzt werde. Man skizziere das automatisch erzeugte Gitter.

Aufgabe 4.14. Man approximiere die folgenden Integrale mit den verschiedenen Quadraturformeln aus der Tabelle 4.12

$$1)\quad \int_0^1 \sqrt{1+x}\, dx, \qquad 2)\quad \int_{1.1}^{1.5} e^x\, dx, \qquad 3)\quad \int_0^1 \frac{4}{1+x^2}\, dx,$$

4) $\displaystyle\int_0^{\frac{\pi}{2}} x\cos(x)\,dx,$ 5) $\displaystyle\int_0^1 \frac{\tan^{-1}(x)}{x}\,dx,$ 6) $\displaystyle\int_1^2 \frac{e^x}{x}\,dx,$

7) $\displaystyle\int_0^1 \frac{\sin(x)}{x}\,dx,$ 8) $\displaystyle\int_1^{10} \frac{1}{x}\,dx,$ 9) $\displaystyle\int_1^{5.5} \frac{1}{x}\,dx + \int_{5.5}^{10} \frac{1}{x}\,dx.$

Sind die Genauigkeiten der berechneten Approximationen mit den entsprechenden Fehlerformeln konsistent? Welches der Integrale 8) oder 9) ergibt eine bessere Approximation?

Aufgabe 4.15. Mit der Gauß-Tschebyschow-Formel (4.149) zeige man, dass die Einheits-Kreisscheibe den Flächeninhalt π besitzt.

Aufgabe 4.16. Es sei $H_3(x)$ das kubische Hermite-Polynom von $f(x)$ mit den Stützstellen $x = a$ und b (siehe den Abschnitt 1.7). Man zeige, dass man damit die Quadraturformel

$$\int_a^b f(x)\,dx \approx \int_a^b H_3(x)\,dx = \frac{h}{2}(f(a) + f(b)) + \frac{h^2}{12}(f'(a) - f'(b)) \qquad (4.150)$$

erhält. Diese Formel wird häufig als *verbesserte Trapez-Regel* bezeichnet. Man schreibe eine MATLAB-Funktion für diese Quadraturformel. Der Fehlerterm der verbesserten Trapez-Regel ist von der Form $ch^4 f^{(4)}(\xi)$, $\xi \in (a, b)$. Man bestimme die Konstante c näherungsweise anhand von numerischen Experimenten.

Aufgabe 4.17. Es werde angenommen, dass ein einfaches Pendel der Länge l bei einem Winkel α zur Vertikalen freigelassen wird. Dann kann gezeigt werden, dass die Zeit T, die das Pendel bis zum Erreichen der vertikalen Position benötigt, gegeben ist durch

$$T = \sqrt{\frac{l}{g}} \int_0^{\frac{\pi}{2}} \frac{dx}{\sqrt{1 - \sin^2(\frac{\alpha}{2})\sin^2(x)}},$$

wobei g die durch die Gravitation hervorgerufene Beschleunigung ist. Man verwende die zusammengesetzte Trapez-Regel mit 5, 7 und 9 Punkten, um Näherungen für das Integral zu berechnen. Man setze zum Beispiel $\alpha = 20^0$.

Aufgabe 4.18. Die Periode eines einfachen Pendels ist durch das vollständige elliptische Integral erster Art

$$K(\alpha) = \int_0^{\frac{\pi}{2}} \frac{dx}{1 - \alpha^2 \sin^2(x)}$$

bestimmt. Man verwende eine adaptive Quadraturformel und berechne dieses Integral für soviel Werte von α, dass sich eine glatte Kurve der Funktion $K(\alpha)$ über dem Intervall $0 \le \alpha \le 1$ zeichnen lässt. Man vergleiche den erhaltenen Funktionsverlauf mit den

Ergebnissen, die man direkt beim Aufruf einer Standard-Routine zur Berechnung des elliptischen Integrals erhält.

Aufgabe 4.19. Ein wichtiges Integral der reinen Mathematik ist

$$\int_{-\infty}^{\infty} e^{-x^2}\, dx = \sqrt{\pi}.$$

Man überprüfe diese Formel numerisch unter Verwendung einer der Quadraturformeln aus der Tabelle 4.13. Da der Integrand sehr schnell abklingt, ist es möglich, das Integral sukzessive über die Intervalle $[-2, 2]$, $[-3, 3]$, $[-4, 4]$, ... solange zu berechnen, bis sich eine hinreichend genaue Näherung einstellt.

Aufgabe 4.20. Es sei $N = 10$. Man wende zur Approximation des Integrals $I(f)$ die Romberg-Integration solange an, bis $|R_{n,n} - R_{n-1,n-1}| \le 10^{-5}$ oder $i > N$ gilt. Folgende Funktionen und Intervallgrenzen mögen den Berechnungen zugrunde liegen:

1) $f(x) = \dfrac{x^2}{1 + x^3}$, $\qquad a = 0, \quad b = 1$,

2) $f(x) = \dfrac{\cos(x) - e^x}{\sin(x)}$, $\qquad a = -1,\, b = 1$,

3) $f(x) = \dfrac{e^{-9x^2} + e^{-1024(x-\frac{1}{4})^2}}{\sqrt{\pi}}$, $\qquad a = 0, \quad b = 1$,

4) $f(x) = \begin{cases} e^{10x} & \text{für } -1 \le x \le 0.5, \\ e^{10(1-x)} & \text{für } 0.5 \le x \le 1.5, \end{cases}$ $\qquad a = -1,\, b = 1.5$.

Aufgabe 4.21. Man zeichne die Kurven der beiden *Fresnel*[5]*-Integrale* $C(t)$ und $S(t)$ für Werte von t aus dem Intervall $[0, 5]$:

$$C(t) \equiv \int_0^t \cos\left(\frac{\pi x^2}{2}\right) dx, \quad S(t) \equiv \int_0^t \sin\left(\frac{\pi x^2}{2}\right) dx.$$

---

5 Augustin Jean Fresnel (1788–1827), französischer Physiker und Ingenieur. Er trug wesentlich zur Begründung der Wellentheorie des Lichts und zur Optik bei.

5 Anfangs- und Randwertprobleme gewöhnlicher Differentialgleichungen

> Das Instrument, welches die Vermittlung bewirkt zwischen Theorie und Praxis, zwischen Denken und Beobachten, ist die Mathematik; sie baut die verbindende Brücke und gestaltet sie immer tragfähiger.
>
> *David Hilbert*, deutscher Mathematiker (1862–1943)

5.1 Anfangswertprobleme

Im Abschnitt 4.2 haben wir numerische Verfahren vorgestellt, mit denen bestimmte Integrale berechnet werden können. Es wurde bereits darauf hingewiesen, dass sich die Problemstellung (4.61) äquivalent als ein Anfangswertproblem für eine gewöhnliche Differentialgleichung darstellen lässt (siehe die Formel (4.63)). Man beachte jedoch, dass die rechte Seite $f(t)$ dieser Differentialgleichung bei einer reinen Integration nur von der Variablen t abhängt. In diesem Kapitel wollen wir einen Überblick über die wichtigsten numerischen Verfahren zur Lösung von Anfangs- und Randwertproblemen präsentieren. Eine ausführlichere Darstellung der numerischen Verfahren für gewöhnliche Differentialgleichungen findet man in dem zweibändigen Lehrbuch [44, 45] des Autors. Von den zugehörigen Webseiten des Verlages[1] kann sich der Leser die MATLAB-Implementierungen der hier dargestellten Verfahren herunterladen und mit diesen numerische Experimente durchführen.

Die im Folgenden beschriebenen numerischen Techniken sind nicht auf Probleme der Form (4.61) beschränkt. So kann die rechte Seite der Differentialgleichung auch von der gesuchten Funktion abhängen. Darüber hinaus ist die Beschränkung auf eine skalare Differentialgleichung erster Ordnung nicht zwingend, d. h., die Verfahren sind auf Systeme von n Differentialgleichungen erster Ordnung anwendbar.

Wir wollen somit von einem System von n gewöhnlichen Differentialgleichungen (DGLn) erster Ordnung für n unbekannte Funktionen $x_1(t), x_2(t), \ldots, x_n(t)$ ausgehen, das sich ausführlich in der Form

$$
\begin{aligned}
\dot{x}_1(t) &= f_1(t, x_1(t), \ldots, x_n(t)), \\
\dot{x}_2(t) &= f_2(t, x_1(t), \ldots, x_n(t)), \\
&\ \ \vdots \\
\dot{x}_n(t) &= f_n(t, x_1(t), \ldots, x_n(t))
\end{aligned}
\tag{5.1}
$$

---

1 https://www.degruyter.com/view/product/477157 bzw. https://www.degruyter.com/view/product/477161

https://doi.org/10.1515/9783110690378-005

angeben lässt. Dabei bezeichnet $\dot{x}_i(t)$ die Ableitung der Funktion $x_i(t)$ nach der Variablen t, $i = 1, \ldots, n$. Setzt man $x \equiv x(t) = (x_1(t), \ldots, x_n(t))^T$ und ist analog $f(t, x) \equiv (f_1(t, x), \ldots, f_n(t, x))^T$, dann kann ein solches System in der übersichtlicheren Vektordarstellung wie folgt aufgeschrieben werden

$$\dot{x}(t) \equiv \frac{d}{dt}x(t) = f(t, x(t)). \tag{5.2}$$

Im weiteren Text werde stets vorausgesetzt, dass $t \in J \subset \mathbb{R}$ und $x(t) \in \Omega \subset \mathbb{R}^n$ gilt.

Treten in mathematischen Modellen skalare DGLn höherer Ordnung

$$u^{(n)} = G(t, u, \dot{u}, \ddot{u}, \ldots, u^{(n-1)}) \tag{5.3}$$

auf, dann setze man $x = (x_1, x_2, \ldots, x_n)^T \equiv (u, \dot{u}, \ddot{u}, \ldots, u^{(n-1)})^T$, so dass das System (5.1) in diesem Falle die Gestalt

$$\begin{aligned} \dot{x}_1 &= x_2, \\ \dot{x}_2 &= x_3, \\ &\;\;\vdots \\ \dot{x}_{n-1} &= x_n, \\ \dot{x}_n &= G(t, x_1, x_2, \ldots, x_n) \end{aligned} \tag{5.4}$$

annimmt. Fügt man zu den DGLn (1.2) eine Anfangsbedingung $x(t_0) = x_0$, $t_0 \in J$, $x_0 \in \Omega$, hinzu, dann resultiert daraus ein sogenanntes *Anfangswertproblem* (AWP):

$$\begin{aligned} \dot{x}(t) &= f(t, x(t)), \quad t \in J, \\ x(t_0) &= x_0. \end{aligned} \tag{5.5}$$

In der Regel ist die Variable t physikalisch als Zeit interpretierbar. Anfangswertprobleme stellen somit reine Evolutionsprobleme dar, d. h., an späteren Zeitpunkten $t > t_0$ hängt die Lösung $x(t)$ nur vom Zustand des Systems zur Startzeit t_0 ab.

Der Satz von Picard-Lindelöf (siehe z. B. [44]) gibt Bedingungen an, unter denen das AWP (5.5) eine eindeutige Lösung auf dem Intervall $[t_0, t_0 + \alpha]$ besitzt, $\alpha \equiv \min(a, \frac{b}{M})$. Diese Bedingungen sind:

- $\|f(t, x)\| \le M$ auf S, und
- $f(t, x)$ ist auf S stetig und gleichmäßig Lipschitz-stetig bezüglich x,

wobei S das Parallelepiped

$$S \equiv \{(t, x) : t_0 \le t \le t_0 + a, \ \|x - x_0\| \le b\}$$

bezeichnet. Des Weiteren heißt eine Funktion $f(t, x)$, $t \in J \subset \mathbb{R}$, $x(t) \in \Omega \subset \mathbb{R}^n$, *gleichmäßig Lipschitz-stetig* auf $J \times \Omega$ bezüglich x, falls eine Konstante $L \ge 0$ existiert, so dass

$$\|f(t, x_1) - f(t, x_2)\| \le L\|x_2 - x_1\| \tag{5.6}$$

gilt, für alle $(t, x_i) \in J \times \Omega$, $i = 1, 2$. Jede Konstante L, die der Ungleichung (5.6) genügt, heißt *Lipschitz-Konstante* (für f auf $J \times \Omega$).

Im Folgenden wollen wir stets annehmen, dass die Bedingungen des Satzes von Picard-Lindelöf erfüllt sind. Somit gibt es stets ein (zumindest kleines) Intervall $[t_0, t_0 + a]$, auf dem die Existenz und Eindeutigkeit einer Lösung des AWPs (5.5) garantiert ist. Die vorausgesetzte Lipschitz-Stetigkeit ist keine einschneidende Voraussetzung, da für die Konstruktion der numerischen Verfahren eine viel stärkere Glattheit der Funktion $f(t, x)$ gefordert werden muss.

5.2 Diskretisierung einer Differentialgleichung

In den meisten Anwendungen ist es nicht möglich, die exakte Lösung $x(t)$ des AWPs (5.5) in geschlossener Form darzustellen. Deshalb muss $x(t)$ mit numerischen Verfahren approximiert werden. Es bezeichne $[t_0, T]$ dasjenige Intervall, auf dem eine eindeutige Lösung von (5.5) existiert. Dieses Intervall werde durch die Festlegung von $N + 1$ Zeitpunkten

$$t_0 < t_1 < \cdots < t_N \equiv T \tag{5.7}$$

in N Segmente unterteilt. Die Punkte (5.7) definieren ein *Gitter*

$$J_h \equiv \{t_0, t_1, \ldots, t_N\} \tag{5.8}$$

und werden deshalb auch *Gitterpunkte* oder *Knoten* genannt. Dabei bezeichnet

$$h_j \equiv t_{j+1} - t_j, \quad j = 0, \ldots, N - 1, \tag{5.9}$$

die *Schrittweite* vom Gitterpunkt t_j zum nächsten Gitterpunkt t_{j+1}. Sind die Schrittweiten h_j konstant, d. h., $h_j = h$, $h = \frac{t_N - t_0}{N}$, dann spricht man von einem *äquidistanten* Gitter. Im Falle eines nichtäquidistanten Gitters setzt man üblicherweise

$$h \equiv \max h_j, \quad j = 0, \ldots, N - 1. \tag{5.10}$$

Da es auf einem Computer nur möglich ist, mit diskreten Werten einer Funktion zu arbeiten, benötigt man das Konzept der Diskretisierung von $x(t)$.

Definition 5.1. Unter einer *Diskretisierung* der Funktion $x(t)$, $t_0 \le t \le t_N$, versteht man die Projektion von $x(t)$ auf das Gitter J_h. Es entsteht dabei eine Folge $\{x(t_i)\}_{i=0}^{N}$, mit $t_i \in J_h$. Eine Funktion, die nur auf einem Gitter definiert ist, wird *Gitterfunktion* genannt.

□

Im weiteren Text wird nun das Ziel verfolgt, für die im Allgemeinen unbekannte Gitterfunktion $\{x(t_i)\}_{i=0}^{N}$ eine genäherte Gitterfunktion $\{x_i\}_{i=0}^{N}$ zu bestimmen. Mit anderen Worten, es sind Approximationen x_i für $x(t_i)$, $t_i \in J_h$, zu berechnen. Dies wird mit einem sogenannten numerischen Diskretisierungsverfahren realisiert.

Definition 5.2. Ein *numerisches Diskretisierungsverfahren* zur Approximation der Lösung $x(t)$ des AWPs (5.5) ist eine Vorschrift, die eine Gitterfunktion $\{x_i\}_{i=0}^{N}$ erzeugt, mit $x_i \approx x(t_i)$, $t_i \in J_h$.

□

Um die Abhängigkeit der jeweiligen Approximation von der aktuellen Schrittweite zu kennzeichnen, werden wir auch x_i^h anstelle von x_i schreiben.

Wir wollen uns hier ausschließlich auf die sogenannten *Einschrittverfahren* (ESVn) beschränken (siehe die Definition 5.3). Dabei handelt es sich um Verfahren, die nur auf diejenige Information zurückgreifen, die in einem Zeitschritt zuvor explizit angefallen ist (im Unterschied zu den Linearen Mehrschrittverfahren (LMVn), die die Information aus mehreren vorangegangenen Zeitschritten verwenden (siehe z. B. [38, 44, 77]).

Definition 5.3. Ein Einschrittverfahren ist ein numerisches Diskretisierungsverfahren der Form

$$x_{i+1} = x_i + h_i \Phi(t_i, x_i, x_{i+1}; h_i), \quad i = 0, \dots, N - 1. \tag{5.11}$$

Da in (5.11) die *Inkrementfunktion* Φ sowohl von x_i als auch von x_{i+1} abhängt, spricht man genauer von einem *impliziten* ESVn. Folglich ist ein *explizites* ESV durch die Vorschrift

$$x_{i+1} = x_i + h_i \Phi(t_i, x_i; h_i), \quad i = 0, \dots, N - 1 \tag{5.12}$$

charakterisiert. □

Bei impliziten Verfahren kann x_{i+1} nicht auf direktem Wege berechnet werden. Setzt man $y \equiv x_{i+1}$, dann ist der unbekannte Vektor $y \in \mathbb{R}^n$ die Lösung des n-dimensionalen Systems nichtlinearer algebraischer Gleichungen

$$F(y) \equiv y - x_i - h_i \Phi(t_i, x_i, y; h_i) = 0. \tag{5.13}$$

Zur numerischen Bestimmung von y werden im Allgemeinen Varianten des bekannten Newton-Verfahrens (siehe das Kapitel 4 im ersten Band dieses Textes) verwendet.

Eine spezielle Klasse der Einschrittverfahren sind die Runge-Kutta-Verfahren, die wir in dem folgenden Abschnitt diskutieren wollen.

5.3 Runge-Kutta-Verfahren

Der direkte Zugang für die Entwicklung eines Diskretisierungsverfahrens besteht in der Überführung der DGL (5.2) in die äquivalente Integralform

$$x(T) = x(t) + \int_t^T f(\tau, x(\tau)) d\tau. \tag{5.14}$$

Der Integrand $f(t, x)$ wird nun durch ein zugehöriges Interpolationspolynom ersetzt. Die Substitution dieses Polynoms in (5.14) vereinfacht die Berechnung des Integrals auf der rechten Seite signifikant, selbst dann, wenn hohe Genauigkeitsanforderungen gestellt werden.

Es sei $[t, T] \equiv [t_i, t_{i+1}]$. Weiter werde vorausgesetzt, dass ein äquidistantes Gitter mit der Schrittweite $h = t_{i+1} - t_i$ gegeben ist. Unter Verwendung von m paarweise verschiedenen Zahlen $\varrho_1, \dots, \varrho_m, 0 \leq \varrho_j \leq 1$, mögen im Intervall $[t_i, t_{i+1}]$ die folgenden

Gitterpunkte festgelegt sein:

$$t_{ij} := t_i + \varrho_j h, \quad j = 1, \ldots, m. \tag{5.15}$$

Wir nehmen zunächst einmal an, dass bereits in allen Gitterpunkten gewisse Approximationen x_{ij}^h für die exakte Lösung $x(t_{ij})$ des AWPs (5.5) bekannt sind. Dann lässt sich das Interpolationspolynom vom Grad höchstens $m - 1$ konstruieren, das durch die Punkte $(t_{ij}, f(t_{ij}, x_{ij}^h))$ verläuft. Substituiert man dieses Polynom in die Integralgleichung (5.14) und berechnet das Integral auf der rechten Seite, dann erhält man eine algebraische Gleichung der Form

$$x_{i+1}^h = x_i^h + h \sum_{j=1}^{m} \beta_j f(t_{ij}, x_{ij}^h). \tag{5.16}$$

Da jedoch die Näherungen x_{ij}^h noch nicht alle bekannt sind (entgegen unserer obigen Annahme), muss die obige Strategie unter Verwendung des gleichen Gitters $\{t_{ij}\}_{j=1}^{m}$ noch einmal auf den m Intervallen $[t, T] \equiv [t_i, t_{ij}], j = 1, \ldots, m$, wiederholt werden. Man erhält daraus die folgenden m algebraischen Gleichungen

$$x_{ij}^h = x_i^h + h \sum_{l=1}^{m} \gamma_{il} f(t_{il}, x_{il}^h), \quad j = 1, \ldots, m. \tag{5.17}$$

Die Formeln (5.16) und (5.17) stellen eine spezielle Klasse von AWP-Lösern dar, die zu der allgemeineren Klasse der sogenannten Runge-Kutta-Verfahren gehören.

Heute definiert man unabhängig vom Zugang über die Integraldarstellung (5.14), die nur der Motivation dienen sollte, die Klasse der Runge-Kutta-Verfahren viel allgemeiner.

Definition 5.4. Es sei $m \in \mathbb{N}$. Ein Einschrittverfahren der Form

$$x_{i+1}^h = x_i^h + h \sum_{j=1}^{m} \beta_j k_j,$$
$$k_j = f\left(t_i + \varrho_j h, x_i^h + h \sum_{l=1}^{m} \gamma_{jl} k_l\right), \quad j = 1, \ldots, m, \tag{5.18}$$

wird *m-stufiges Runge-Kutta-Verfahren* (RKV) genannt. Die noch unbestimmten Parameter γ_{ij}, ϱ_j und β_j des Verfahrens müssen dabei so gewählt werden, dass die Gleichungen (5.18) gegen die Gleichung des AWPs (5.5) konvergieren, wenn die Schrittweite h gegen Null geht. Die Vektoren k_j werden *Steigungen* genannt. □

Man nennt nun ein RKV

- *explizit* (ERK) genau dann, wenn $\gamma_{ij} = 0$ für $i \leq j$ gilt,
- *diagonal-implizit* (DIRK) genau dann, wenn $\gamma_{ij} = 0$ für $i < j$ ist,
- *einfach diagonal-implizit* (SDIRK) genau dann, wenn es diagonal-implizit ist und zusätzlich $\gamma_{ii} = \gamma$ gilt, wobei $\gamma \neq 0$ eine Konstante ist,

- *voll-implizit* bzw. *implizit* (FIRK) genau dann, wenn mindestens ein $\gamma_{ij} \neq 0$ für $i < j$ ist, und schließlich
- *linear implizit* (LIRK) genau dann, wenn es implizit ist und das Newton-Verfahren zur Lösung des zugehörigen nichtlinearen algebraischen Gleichungssystems nach dem ersten Iterationsschritt abgebrochen wird.

Es ist üblich, die Parameter eines RKVs in kompakter Form als sogenanntes *Butcher-Diagramm* darzustellen. Das Butcher-Diagramm eines m-stufigen RKVs ist

$$
\begin{array}{c|ccc}
\varrho_1 & \gamma_{11} & \cdots & \gamma_{1m} \\
\vdots & \vdots & \ddots & \vdots \\
\varrho_m & \gamma_{m1} & \cdots & \gamma_{mm} \\
\hline
 & \beta_1 & \cdots & \beta_m
\end{array}
\qquad \text{oder} \qquad
\begin{array}{c|c}
\varrho & \Gamma \\
\hline
 & \beta^T
\end{array}
\tag{5.19}
$$

Im Folgenden sind einige Beispiele bekannter RKVn angegeben.

Euler(vorwärts)-Verfahren:

$$
x_{i+1}^h = x_i^h + hf(t_i, x_i^h).
$$

Dieses Verfahren wurde erstmals von Leonard Euler im Jahre 1768 (siehe [28]) vorgeschlagen. Da man hier $x_{i+1}^h = x_i^h + h \cdot 1 \cdot k_1$, mit $k_1 = f(t_i + 0 \cdot h, x_i^h + h \cdot 0 \cdot k_1)$, schreiben kann, resultiert das Butcher-Diagramm

$$
\begin{array}{c|c}
0 & 0 \\
\hline
 & 1
\end{array}
\tag{5.20}
$$

Euler(rückwärts)-Verfahren:

$$
x_{i+1}^h = x_i^h + hf(t_{i+1}, x_{i+1}^h).
$$

Hier kann man $x_{i+1}^h = x_i^h + h \cdot 1 \cdot k_1$, mit $k_1 = f(t_i + 1 \cdot h, x_i^h + h \cdot 1 \cdot k_1)$, schreiben, so dass sich das Butcher-Diagramm

$$
\begin{array}{c|c}
1 & 1 \\
\hline
 & 1
\end{array}
\tag{5.21}
$$

ergibt.

Mittelpunktsregel:

$$
x_{i+1}^h = x_i^h + hf\left(t_i + \frac{1}{2}h, \frac{1}{2}(x_i^h + x_{i+1}^h)\right).
$$

Somit ist $x_{i+1}^h = x_i^h + h \cdot 1 \cdot k_1$, mit $k_1 = f(t_i + \frac{1}{2} \cdot h, x_i^h + \frac{1}{2} \cdot h \cdot k_1)$. Das zugehörige Butcher-Diagramm ist

$$
\begin{array}{c|c}
\frac{1}{2} & \frac{1}{2} \\
\hline
 & 1
\end{array}
\tag{5.22}
$$

Trapezregel:

$$x_{i+1}^h = x_i^h + \frac{h}{2}f(t_i, x_i^h) + \frac{h}{2}f(t_{i+1}, x_{i+1}^h).$$

Es ist $x_{i+1}^h = x_i^h + h\{\frac{1}{2}k_1 + \frac{1}{2}k_2\}$, mit

$$k_1 = f(t_i + 0 \cdot h, x_i^h + h(0 \cdot k_1 + 0 \cdot k_2)),$$

$$k_2 = f\left(t_i + 1 \cdot h, x_i^h + h\left(\frac{1}{2} \cdot k_1 + \frac{1}{2} \cdot k_2\right)\right).$$

Das zugehörige Butcher-Diagramm ist

$$
\begin{array}{c|cc}
0 & 0 & 0 \\
1 & \frac{1}{2} & \frac{1}{2} \\
\hline
 & \frac{1}{2} & \frac{1}{2}
\end{array}
\tag{5.23}
$$

Heun-Verfahren:

$$x_{i+1}^h = x_i^h + h\left\{\frac{1}{2}f(t_i, x_i^h) + \frac{1}{2}f(t_{i+1}, x_i^h + hf(t_i, x_i^h))\right\}.$$

Ersetzt man in der Trapezregel auf der rechten Seite x_{i+1}^h durch den Ausdruck des Euler(vorwärts)-Verfahrens, dann erhält man das erstmals von Heun im Jahre 1900 (siehe [50]) vorgeschlagene explizite RKV

$$
\begin{array}{c|cc}
0 & 0 & 0 \\
1 & 1 & 0 \\
\hline
 & \frac{1}{2} & \frac{1}{2}
\end{array}
\tag{5.24}
$$

Klassisches Runge-Kutta-Verfahren:

$$x_{i+1}^h = x_i^h + h\left\{\frac{1}{6}k_1 + \frac{1}{3}k_2 + \frac{1}{3}k_3 + \frac{1}{6}k_4\right\},$$

$$k_1 = f(t_i, x_i^h), \quad k_2 = f\left(t_i + \frac{h}{2}, x_i^h + \frac{h}{2}k_1\right),$$

$$k_3 = f\left(t_i + \frac{h}{2}, x_i^h + \frac{h}{2}k_2\right), \quad k_4 = f(t_i + h, x_i^h + hk_3).$$

$$\tag{5.25}$$

Dieses Verfahren ist wohl das in der Praxis bisher am häufigsten verwendete RKV. Es wurde von Runge im Jahre 1895 (siehe [67]) konstruiert und von Kutta 1901 (siehe [55]) in der heute üblichen Form aufgeschrieben. Viele Naturwissenschaftler und Ingenieure verstehen unter einem RKV genau diesen Spezialfall aus der oben angegebenen allgemeinen Klasse der RKVn. Das Butcher-Diagramm des klassischen RKVs ist

$$
\begin{array}{c|cccc}
0 & 0 & 0 & 0 & 0 \\
\frac{1}{2} & \frac{1}{2} & 0 & 0 & 0 \\
\frac{1}{2} & 0 & \frac{1}{2} & 0 & 0 \\
1 & 0 & 0 & 1 & 0 \\
\hline
 & \frac{1}{6} & \frac{1}{3} & \frac{1}{3} & \frac{1}{6}
\end{array}
\tag{5.26}
$$

Eingebettete RKVn: Für die automatische Steuerung der Schrittweite h eines RKVs sind die sogenannten *eingebetteten* RKVn von großer Bedeutung (siehe den Abschnitt 5.8). Dabei handelt es sich um ganze Familien von Runge-Kutta Formeln, bei denen die Parameter der Verfahren geringerer Stufenzahl (bzw. Ordnung; siehe den Abschnitt 5.4) in den Butcher-Diagrammen der Verfahren höherer Stufenzahl (bzw. Ordnung) enthalten sind. Dies hat zur Konsequenz, dass bei der Ausführung eines Verfahrens höherer Ordnung auf die (als bekannt vorausgesetzten) Funktionswertberechnungen eines Verfahrens niedrigerer Ordnung zurückgegriffen werden kann. Zum Einsatz kommt dann ein Formel-Paar, das aus einem RKV der Ordnung p und einem RKV der Ordnung q (gewöhnlich $q = p + 1$) besteht. Die Ordnungen der beiden verwendeten Vertreter aus der jeweiligen Familie werden an den Namen der Familie in der Form Name $p(q)$ angefügt. Wir wollen nun einige dieser Familien von RKVn betrachten:

1. Eine in der Praxis häufig verwendete Familie eingebetteter RKVn ist die Runge-Kutta-Fehlberg Familie (siehe z. B. [29, 30, 38]). Zwei solche Formel-Paare sind Runge-Kutta-Fehlberg 3(2),

$$
\begin{array}{c|ccc}
0 & 0 & 0 & 0 \\
1 & 1 & 0 & 0 \\
\frac{1}{2} & \frac{1}{4} & \frac{1}{4} & 0 \\
\hline
 & \frac{1}{2} & \frac{1}{2} & \\
\hline
 & \frac{1}{6} & \frac{1}{6} & \frac{4}{6}
\end{array}
\quad
\begin{array}{l}
\text{zusätzliche Spalte bei RKF3} \\[2mm]
\text{zusätzliche Zeile bei RKF3} \\[2mm]
\beta_i \text{ (für RKF2)} \\[2mm]
\beta_i \text{ (für RKF3)}
\end{array}
\qquad (5.27)
$$

und Runge-Kutta-Fehlberg 5(4),

$$
\begin{array}{c|cccccc}
0 & 0 & 0 & 0 & 0 & 0 & 0 \\
\frac{1}{4} & \frac{1}{4} & 0 & 0 & 0 & 0 & 0 \\
\frac{3}{8} & \frac{3}{32} & \frac{9}{32} & 0 & 0 & 0 & 0 \\
\frac{12}{13} & \frac{1932}{2197} & -\frac{7200}{2197} & \frac{7296}{2197} & 0 & 0 & 0 \\
1 & \frac{439}{216} & -8 & \frac{3680}{513} & -\frac{845}{4104} & 0 & 0 \\
\frac{1}{2} & -\frac{8}{27} & 2 & -\frac{3544}{2565} & \frac{1859}{4104} & -\frac{11}{40} & 0 \\
\hline
 & \frac{25}{216} & 0 & \frac{1408}{2565} & \frac{2197}{4104} & -\frac{1}{5} & \\
\hline
 & \frac{16}{135} & 0 & \frac{6656}{12825} & \frac{28561}{56430} & -\frac{9}{50} & \frac{2}{55}
\end{array}
\quad
\begin{array}{l}
\text{zusätzliche Spalte} \\
\text{bei RKF5} \\[4mm]
(5.28) \\[4mm]
\text{zusätzliche Zeile bei RKF5} \\[2mm]
\beta_i \text{ für RKF4} \\[2mm]
\beta_i \text{ für RKF5}
\end{array}
$$

2. Als weiteres Beispiel für eingebettete RKVn soll die Dormand-Prince Familie [26] genannt werden. Diese Familie wurde so entwickelt, dass der lokale Fehler der mit dem Verfahren höherer Ordnung erzeugten Näherung minimal wird, da diese Näherung im nächsten Integrationsschritt verwendet wird. Das in dem Diagramm (5.29) dargestellte eingebettete RKV Dormand-Prince 5(4) besitzt 7 Stufen, wobei die letzte Stufe mit der ersten Stufe des nächsten Schrittes übereinstimmt. Deshalb unterscheidet sich der Aufwand nicht von dem eines 6-stufigen Verfahrens.

$$
\begin{array}{c|ccccccc|l}
0 & 0 & 0 & 0 & 0 & 0 & 0 & 0 & \\
\frac{1}{5} & \frac{1}{5} & 0 & 0 & 0 & 0 & 0 & 0 & \\
\frac{3}{10} & \frac{3}{40} & \frac{9}{40} & 0 & 0 & 0 & 0 & 0 & \text{zusätzliche Spalte} \\
\frac{4}{5} & \frac{44}{45} & -\frac{56}{15} & \frac{32}{9} & 0 & 0 & 0 & 0 & \text{bei DOPRI5} \\
\frac{8}{9} & \frac{19372}{6561} & -\frac{25360}{2187} & \frac{64448}{6561} & -\frac{212}{729} & 0 & 0 & 0 & \\
1 & \frac{9017}{3168} & -\frac{355}{33} & \frac{46732}{5247} & \frac{49}{176} & -\frac{5103}{18656} & 0 & 0 & \\
\hline
1 & \frac{35}{384} & 0 & \frac{500}{1113} & \frac{125}{192} & -\frac{2187}{6748} & \frac{11}{84} & 0 & \text{zusätzliche Zeile} \\
 & & & & & & & & \text{bei DOPRI5} \\
\hline
 & \frac{35}{384} & 0 & \frac{500}{1113} & \frac{125}{192} & -\frac{2187}{6784} & \frac{11}{84} & & \beta_i \ \text{für DOPRI4} \\
 & \frac{5179}{57600} & 0 & \frac{7571}{16695} & \frac{393}{640} & -\frac{92097}{339200} & \frac{187}{2100} & \frac{1}{40} & \beta_i \ \text{für DOPRI5}
\end{array}
\tag{5.29}
$$

5.4 Lokaler Diskretisierungsfehler und Konsistenz

Gegeben sei das implizite ESV

$$
x_{i+1}^h = x_i^h + h\Phi(t_i, x_i^h, x_{i+1}^h; h).
\tag{5.30}
$$

Der Differenzenoperator

$$
\Delta_h u(t_{i+1}) \equiv \frac{1}{h}[u(t_{i+1}) - u(t_i) - h\Phi(t_i, u(t_i), u(t_{i+1}); h)]
\tag{5.31}
$$

werde für $i = 0, 1, \ldots, N$ auf eine Gitterfunktion u angewendet, für die $u(t_0)$ fixiert ist. Des Weiteren sei x^h eine approximierende Gitterfunktion, die den Wert x_i^h an der Stelle t_i, $i = 0, 1, \ldots, N$, annimmt. Dann erfüllt das ESV (5.30) die Beziehung

$$
\Delta_h x^h(t_{i+1}) = 0.
$$

Die numerische Analyse gewöhnlicher DGLn beschäftigt sich schwerpunktmäßig mit den Fehlern, die bei jedem Integrationsschritt durch die Differenzenapproximation hervorgerufen werden und wie diese sich während der Rechnung akkumulieren. Ein Maß für den Fehler, der in einem Schritt zu verzeichnen ist, stellt der *lokale Diskretisierungsfehler* dar.

Definition 5.5. Der lokale Diskretisierungsfehler $\delta(\cdot)$ ist das Residuum des Differenzenoperators Δ_h, wenn dieser auf die exakte Lösung des AWPs (5.5) angewendet wird, d. h.

$$
\delta(t_{i+1}, x(t_{i+1}); h) \equiv \Delta_h x(t_{i+1}) = \frac{1}{h}[x(t_{i+1}) - x(t_i) - h\Phi(t_i, x(t_i), x(t_{i+1}); h)].
\tag{5.32}
$$

□

Der lokale Diskretisierungsfehler gibt an, wie gut der Differenzenoperator den Differentialoperator approximiert. Es erweist sich, dass die grundlegende Voraussetzung, die ein ESV erfüllen muss, dessen *Konsistenz* ist. Diese wichtige Eigenschaft der ESVn wird auf der Basis des lokalen Diskretisierungsfehlers definiert.

Definition 5.6. Das ESV (5.30) ist konsistent (bezüglich des AWPs (5.5)) mit der Konsistenzordnung p, wenn p die größte ganze Zahl bezeichnet, für die der lokale Diskretisierungsfehler die Beziehung

$$\delta(t_{i+1}, x(t_{i+1}); h) = O(h^p), \quad h \to 0, \tag{5.33}$$

erfüllt. Dabei impliziert $O(h^p)$ die Existenz endlicher Konstanten C und $h_0 > 0$, so dass

$$\delta(t_{i+1}, x(t_{i+1}); h) \le C h^p$$

ist, für $h \le h_0$. Konsistenz bedeutet im Allgemeinen, dass für die Ordnung des Verfahrens $p \ge 1$ gilt. $\qquad\square$

Ist die exakte Lösung des AWPs hinreichend glatt, dann lässt sich die Konsistenzordnung eines ESVs wie folgt ermitteln. Zuerst werden die exakte Lösung $x(t_{i+1}) = x(t_i + h)$ bzw. $x(t_i) = x(t_{i+1} - h)$ des AWPs und die Inkrementfunktion Φ des ESVs in Taylorreihen entwickelt. Dann setzt man diese Reihenentwicklungen in (5.32) ein und fasst alle Terme zusammen, die in der gleichen h-Potenz stehen. Das betrachtete Verfahren besitzt nun die Ordnung p, falls die Koeffizienten vor den h-Potenzen $h^0, \ldots, h^p$ verschwinden.

Zur Vereinfachung wollen wir jetzt annehmen, dass $f(t, x)$ eine *autonome* Funktion ist, d. h., es möge $f(t, x) = f(x)$ gelten. Hierdurch werden im Folgenden partielle Ableitungen bezüglich t vermieden. Ist das nicht der Fall, dann lässt sich (5.2) mittels einer sogenannten *Autonomisierung* stets in ein autonomes Problem der Dimension $n + 1$ überführen. Man setzt $y = (y_1, y_2, \ldots, y_{n+1})^T \equiv (t, x_1, x_2, \ldots, x_n)^T$ und fügt die triviale DGL $\frac{d}{dt} t = 1$ zum System (5.1) hinzu. Damit geht das DGL-System über in

$$\begin{aligned} \dot{y}_1 &= 1, \\ \dot{y}_2 &= f_1(y_1, \ldots, y_{n+1}), \\ &\vdots \\ \dot{y}_{n+1} &= f_n(y_1, \ldots, y_{n+1}) \end{aligned} \quad \Longleftrightarrow \quad \dot{y} = g(y). \tag{5.34}$$

Offensichtlich ist das Problem (5.34) autonom, so dass wir diese Eigenschaft ohne Beschränkung der Allgemeinheit voraussetzen können. Um die Darstellung noch etwas zu vereinfachen, wollen wir im Weiteren von einem *skalaren* Problem ausgehen, d. h., es sei $f(x) \in \mathbb{R}$. Die unter dieser Bedingung gezeigten Eigenschaften der ESVn behalten ihre Gültigkeit auch bei n-dimensionalen AWPn der Form (5.5).

Es ist

$$x(t_{i+1}) = x(t_i + h) = x(t_i) + h\dot{x}(t_i) + \frac{h^2}{2}\ddot{x}(t_i) + \frac{h^3}{6}\dddot{x}(t_i) + O(h^4),$$

$$x(t_i) = x(t_{i+1} - h) = x(t_{i+1}) - h\dot{x}(t_{i+1}) + \frac{h^2}{2}\ddot{x}(t_{i+1}) - \frac{h^3}{6}\dddot{x}(t_{i+1}) + O(h^4).$$

Da $\dot{x}(t)$ mit $f(x)$ über die DGL (5.2) in Beziehung steht, lassen sich die höheren Ableitungen der exakten Lösung $x(t)$ in Ausdrücken der Funktion $f(x)$ und deren Ableitungen darstellen. Man erhält

$$\dot{x} = f(x) := f,$$

$$\ddot{x} = f_x \dot{x} = f_x f \quad \left(f_x \equiv \frac{df(x)}{dx}, \text{ etc.} \right),$$

$$\dddot{x} = f_{xx}f^2 + (f_x)^2 f,$$

$$\vdots$$

Wir wollen jetzt für zwei der zuvor dargestellten ESVn die zugehörige Konsistenzordnung bestimmen. Dabei verwenden wir die folgenden Abkürzungen

$$f_i \equiv f(x(t_i)), \quad (f_x)_i \equiv \frac{df}{dx}(x(t_i)), \quad (f_{xx})_i \equiv \frac{d^2f}{dx^2}(x(t_i)), \quad \text{etc.}$$

- *Euler(rückwärts)-Verfahren*: $x_{i+1}^h = x_i^h + hf(x_{i+1}^h)$. Man erhält

$$\delta(\cdot) = \frac{1}{h}[x(t_{i+1}) - x(t_i) - hf(x(t_{i+1}))] = \frac{1}{h}[h\dot{x}(t_{i+1}) + O(h^2) - hf(x(t_{i+1}))]$$

$$= \frac{1}{h}[hf(x(t_{i+1})) + O(h^2) - hf(x(t_{i+1}))] = O(h^1)$$

Somit besitzt das Verfahren die Konsistenzordnung $p = 1$.

- *Trapezregel*: $x_{i+1}^h = x_i^h + h[\frac{1}{2}f(x_i^h) + \frac{1}{2}f(x_{i+1}^h)]$. Es ist

$$\delta(\cdot) = \frac{1}{h}\left[x(t_{i+1}) - x(t_i) - h\left(\frac{1}{2}f(x(t_i)) + \frac{1}{2}f(x(t_{i+1})) \right) \right],$$

woraus folgt

$$\delta(\cdot) = \frac{1}{h}\left[h\dot{x}(t_i) + \frac{h^2}{2}\ddot{x}(t_i) + \frac{h^3}{6}\dddot{x}(t_i) + O(h^4) - h\left(\frac{1}{2}f(x(t_i)) + \frac{1}{2}f(x(t_{i+1})) \right) \right].$$

Daraus erhält man

$$\delta(\cdot) = \frac{1}{h}\left[hf_i + \frac{h^2}{2}(f_x)_i f_i + \frac{h^3}{6}((f_{xx})_i f_i^2 + (f_x)_i^2 f_i) + O(h^4) - \frac{h}{2}(f_i + f_{i+1}) \right].$$

Es gilt

$$f_{i+1} = f(x(t_{i+1})) = f(x(t_i + h))$$

$$= f\left(x(t_i) + \underbrace{hf_i + \frac{h^2}{2}(f_x)_i f_i + O(h^3)}_{\equiv \bar{h}} \right)$$

$$= f(x(t_i) + \bar{h}) = f_i + (f_x)_i \bar{h} + \frac{1}{2}(f_{xx})_i \bar{h}^2 + \cdots$$

$$= f_i + h(f_x)_i f_i + \frac{h^2}{2}(f_x)_i^2 f_i + \frac{h^2}{2}(f_{xx})_i f_i^2 + O(h^3).$$

Setzt man diesen Ausdruck in $\delta(\cdot)$ ein, so resultiert

$$\delta(\cdot) = \frac{1}{h}\left[hf_i + \frac{h^2}{2}(f_x)_i f_i + \frac{h^3}{6}((f_{xx})_i f_i^2 + (f_x)_i^2 f_i) \right.$$

$$\left. - hf_i - \frac{h^2}{2}(f_x)_i f_i - \frac{h^3}{4}((f_{xx})_i f_i^2 + (f_i)_x^2 f_i) + O(h^4) \right] = O(h^2).$$

Folglich besitzt das Verfahren die Konsistenzordnung $p = 2$.

Tab. 5.1: Minimale Stufenzahl expliziter RKVn

p	1	2	3	4	5	6	7	8	...	≥ 9
m_p	1	2	3	4	6	7	9	11	...	$\geq p + 3$

Auf entsprechende Weise kann man zeigen, dass die 5- und 6-stufigen Runge-Kutta-Fehlberg Formeln RKF4 und RKF5 (siehe das Butcher-Diagramm (5.28)) die Konsistenzordnung 4 bzw. 5 besitzen. Somit muss die Stufenzahl nicht mit der Ordnung des RKVs übereinstimmen. Damit kommen wir zu einem wichtigen Ergebnis, das in den Arbeiten von Butcher [15, 16] bewiesen wurde. Bezeichnet m die Anzahl der Stufen eines RKVs, dann existiert für $p \geq 5$ kein explizites RKV der Ordnung p mit $m = p$. Das Hinzufügen weiterer Stufen führt zu einer Erhöhung des numerischen Aufwandes. Deshalb sind die Verfahren 4. Ordnung mit $m = 4$ optimal. Ein Beispiel hierfür ist das klassische Runge-Kutta-Verfahren (5.25). Dem Diagramm (5.28) ist zu entnehmen, dass RKF4 nicht optimal ist, da dieses Verfahren der Ordnung 4 die Stufenzahl $m = 5$ besitzt. Dem gegenüber ist RKF5 optimal, denn nach der Aussage von Butcher kann ein Verfahren der Ordnung 5 nicht mit 5 Stufen realisiert werden. Das Verfahren RKF5 benötigt aber nur eine zusätzliche Stufe, denn es gilt hier $m = 6$.

Der Zusammenhang zwischen der Ordnung eines expliziten RKVs und seiner Stufenzahl ist in der Tabelle 5.1 dargestellt.

Dabei bezeichnet m_p die *minimale* Stufenzahl, mit der ein optimales (explizites) RKV der Konsistenzordnung p konstruiert werden kann. Die Zahlen m_p werden üblicherweise als *Butcher-Schranken* bezeichnet.

Wir wollen uns nun wieder den allgemeinen Runge-Kutta Formeln (5.18) zuwenden. Sie gehören zur Klasse der ESVn, denn es gilt

$$\Phi(t_i, x_i^h, x_{i+1}^h; h) = \sum_{j=1}^{m} \beta_j k_j. \tag{5.35}$$

In der Definition 5.4 ist nichts dazu ausgesagt, wie die Parameter γ_{ij}, ϱ_j und β_j im konkreten Fall festzulegen sind. Wie wir jedoch oben gesehen haben, erweist sich die Konsistenz als eine Minimalforderung, die an ein ESV zu stellen ist. Es besteht nun folgender Zusammenhang zwischen den Parametern und der Konsistenz eines RKVs.

Satz 5.1. *Das m-stufige Runge-Kutta-Verfahren (5.18) ist konsistent mit dem AWP (5.5) genau dann, falls*

$$\beta_1 + \beta_2 + \cdots + \beta_m = 1 \tag{5.36}$$

gilt.

Beweis. Siehe zum Beispiel die Monografie [44]. □

Anhand der Formeln (5.34) haben wir gesehen, wie man aus einem n-dimensionalen System nichtautonomer DGLn mittels des Autonomisierungsprozesses ein äquivalentes $(n + 1)$-dimensionales System autonomer DGLn erzeugen kann. Es stellt sich nun die

Frage, ob die Anwendung eines RKVs auf das ursprüngliche (nichtautonome) und auf das autonomisierte (autonome) Problem zu den gleichen Ergebnissen führt. Der Satz 5.2 gibt darauf eine Antwort.

Satz 5.2. *Ein ERK ist genau dann invariant gegenüber einer Autonomisierung, wenn es konsistent ist und die folgende Beziehung zwischen den Parametern in ρ und Γ besteht*

$$\varrho_j = \sum_{l=1}^{m} \gamma_{jl}, \quad j = 1, \ldots, m. \tag{5.37}$$

Beweis. Siehe zum Beispiel die Monografie [44]. □

5.5 Entwicklung von Runge-Kutta-Verfahren

In diesem Abschnitt wollen wir eine Antwort auf die Frage geben, wie sich zu einer vorgegebenen Konsistenzordnung p die zugehörigen RKVn entwickeln lassen. Die Konstruktion basiert auf zwei Schritten:

- Aufstellen von Bedingungsgleichungen (die sogenannten Ordnungsbedingungen) an die Parameter ϱ, Γ und β, so dass das resultierende RKV die vorgegebene Konsistenzordnung p besitzt.
- Lösen dieses im Allgemeinen unterbestimmten nichtlinearen Gleichungssystems, d. h., die Bestimmung konkreter Parametersätze. Dabei ist es wichtig, dass die Lösungen der Ordnungsbedingungen exakt in Form von *rationalen* Ausdrücken angegeben werden.

Den ersten Schritt wollen wir anhand der Konsistenzordnung $p = 4$ beispielhaft demonstrieren. Gegeben sei hierzu ein System von n autonomen DGLn 1. Ordnung

$$\dot{x} = f(x). \tag{5.38}$$

Um die Taylorentwicklung der exakten Lösung $x(t)$ zu berechnen, benötigen wir die folgenden Beziehungen zwischen den Ableitungen von $x(t)$ und der Funktion $f(x)$:

$$
\begin{aligned}
\dot{x} &= f(x) \equiv f, \\
\ddot{x} &= f_x f, \\
\dddot{x} &= f_{xx}(f, f) + f_x f_x f, \\
\ddddot{x} &= f_{xxx}(f, f, f) + 3 f_{xx}(f_x f, f) + f_x f_{xx}(f, f) + f_x f_x f_x f, \\
&\vdots
\end{aligned}
\tag{5.39}
$$

Offensichtlich führt die Fortsetzung dieses Prozesses, obwohl theoretisch möglich, zu sehr komplizierten und unübersichtlichen Ausdrücken. Es ist deshalb vorteilhaft, auf eine von Butcher [14, 16] sowie Hairer und Wanner [39] entwickelte *algebraische* Theorie der RKVn zurückzugreifen, die auch als *Technik der monoton indizierten Wurzel-Bäume* bekannt ist. Für unsere Zwecke ist es jedoch ausreichend, den Formelsatz (5.39) zur Hand zu haben.

Unter Verwendung der Abkürzung $f^i \equiv f(x(t_i))$ erhält man die folgende Taylorentwicklung für $x(t_{i+1})$:

$$
\begin{aligned}
x(t_{i+1}) = {}& x(t_i) + hf^i + \frac{h^2}{2!}f_x^i f^i + \frac{h^3}{3!}[f_{xx}^i(f^i, f^i) + f_x^i f_x^i f^i] \\
& + \frac{h^4}{4!}[f_{xxx}^i(f^i, f^i, f^i) + 3f_{xx}^i(f_x^i f^i, f^i) + f_x^i f_{xx}^i(f^i, f^i) + f_x^i f_x^i f_x^i f^i] \\
& + O(h^5).
\end{aligned}
\tag{5.40}
$$

Um auch die Inkrementfunktion Φ des RKVs in Potenzen von h zu entwickeln, benutzen wir nicht die Taylorreihen-Technik, da die fortgesetzte Differentiation schnell unübersichtlich wird. Stattdessen verwenden wir eine völlig andere Strategie, die im Englischen als *boot-strapping process* bezeichnet wird. Eine direkte deutsche Übersetzung gibt es nicht. Der Begriff *Münchhausen-Methode* beschreibt das Vorgehen aber recht gut. Dabei wird Bezug genommen auf eine Erzählung des Barons von Münchhausen, in der er sich (angeblich!) selbst an den Haaren aus einem Sumpf zieht. Im Gegensatz zu der Lügengeschichte des Barons handelt es sich bei diesem Verfahren um eine durchaus praktikable Methode[2]. Man kann nämlich in den rekursiven Gleichungen

$$
k_j = f\left(x(t_i) + h\sum_{l=1}^{m} \gamma_{jl} k_l\right), \quad j = 1, \ldots, m,
\tag{5.41}
$$

die Tatsache ausnutzen, dass die Stufen k_j innerhalb der Funktion f mit h multipliziert werden.

Die Stetigkeit von f impliziert

$$
k_j = O(1) \quad \text{für } j = 1, \ldots, m, \quad h \to 0.
$$

Verwendet man diese Information in der rechten Seite von (5.41), so folgt

$$
k_j = f(x(t_i) + O(h)) = f^i + O(h), \quad j = 1, \ldots, m.
\tag{5.42}
$$

Im nächsten Schritt wird diese neue Information wieder in (5.41) verwendet. Es ergibt sich nun mit $\varrho_j \equiv \sum_j \gamma_{jl}$:

$$
k_j = f\left(x(t_i) + h\sum_l \gamma_{jl} f^i + O(h^2)\right) = f^i + h\varrho_j f_x^i f^i + O(h^2).
\tag{5.43}
$$

Der dritte Schritt führt zu

$$
\begin{aligned}
k_j &= f\left(x(t_i) + h\sum_l \gamma_{jl}(f^i + h\varrho_l f_x^i f^i) + O(h^3)\right) \\
&= f^i + h\varrho_j f_x^i f^i + h^2 \sum_l \gamma_{jl}\varrho_l f_x^i f_x^i f^i + \frac{h^2}{2}\varrho_j^2 f_{xx}^i(f^i, f^i) + O(h^3).
\end{aligned}
\tag{5.44}
$$

---

2 siehe u. a. die Webseite http://de.wikipedia.org/wiki/Bootstrapping

Schließlich erhält man im (letzten) vierten Schritt

$$k_j = f\Big(x(t_i) + h\varrho_j f^i + h^2 \sum_l \gamma_{jl}\varrho_l f_x^i f^i + h^3 \sum_l \sum_r \gamma_{jl}\gamma_{lr}\varrho_r f_x^i f_x^i f^i$$
$$+ \frac{h^3}{2} \sum_l \gamma_{jl}\varrho_l^2 f_{xx}^i(f^i, f^i) + O(h^4)\Big)$$

$$= f^i + h\varrho_j f_x^i f^i + h^2 \sum_l \gamma_{jl}\varrho_l f_x^i f_x^i f^i + \frac{h^2}{2}\varrho_j^2 f_{xx}^i(f^i, f^i)$$

$$+ h^3 \sum_l \sum_r \gamma_{jl}\gamma_{lr}\varrho_r f_x^i f_x^i f_x^i f^i + \frac{h^3}{2} \sum_l \gamma_{jl}\varrho_l^2 f_x^i f_{xx}^i(f^i, f^i)$$

$$+ h^3 \sum_l \varrho_l \gamma_{jl}\varrho_j f_{xx}^i(f_x^i f^i, f^i) + \frac{h^3}{6}\varrho_j^3 f_{xxx}^i(f^i, f^i, f^i) + O(h^4). \tag{5.45}$$

Mit dieser rekursiven Vorgehensweise erhält man von Schritt zu Schritt immer mehr Informationen über die Stufen k_j. Setzt man nun (5.45) in den Ausdruck $h\Phi(\cdot)$ ein (siehe die Formel (5.35)), so resultiert

$$h\Phi(\cdot) = h \sum_j \beta_j f^i + h^2 \sum_j \beta_j \varrho_j f_x^i f^i$$
$$+ \frac{h^3}{3!}\Big(3 \sum_j \beta_j \varrho_j^2 f_{xx}^i(f^i, f^i) + 6 \sum_j \sum_l \beta_j \gamma_{jl}\varrho_l f_x^i f_x^i f^i\Big)$$
$$+ \frac{h^4}{4!}\Big(4 \sum_j \beta_j \varrho_j^3 f_{xxx}^i(f^i, f^i, f^i) + 24 \sum_j \sum_l \beta_j \varrho_j \gamma_{jl}\varrho_l f_{xx}^i(f_x^i f^i, f^i)$$
$$+ 12 \sum_j \sum_l \beta_j \gamma_{jl}\varrho_l^2 f_x^i f_{xx}^i(f^i, f^i)$$
$$+ 24 \sum_j \sum_l \sum_r \beta_j \gamma_{jl}\gamma_{lr}\varrho_r f_x^i f_x^i f_x^i f^i\Big) + O(h^5). \tag{5.46}$$

Jetzt kann man die Entwicklungen (5.40) und (5.46) in die Formel (5.32) des lokalen Diskretisierungsfehlers einsetzen und fordern, dass alle Terme, die h, h^2, h^3 und h^4 enthalten, verschwinden. Hieraus folgt unmittelbar die Aussage des Satzes 5.3. Insbesondere erhält man Forderungen an die freien Parameter des RKVs, die eine bestimmte Konsistenzordnung garantieren. Diese Forderungen werden *Ordnungsbedingungen* genannt.

Satz 5.3. *Es sei f eine hinreichend glatte Funktion. Ein RKV besitzt genau dann die Konsistenzordnung*

- *$p = 1$, falls die Parameter die folgende Bedingung erfüllen:*

$$\sum_j \beta_j = 1; \tag{5.47}$$

- *$p = 2$, falls die Parameter zusätzlich die folgende Bedingung erfüllen:*

$$\sum_j \beta_j \varrho_j = \frac{1}{2}; \tag{5.48}$$

Tab. 5.2: Anzahl der Ordnungsbedingungen N_p in Abhängigkeit von der Ordnung p

p	1	2	3	4	5	6	7	8	9	10	20
N_p	1	2	4	8	17	37	85	200	486	1,205	20,247,374

- $p = 3$, *falls die Parameter zusätzlich die folgenden zwei Bedingungen erfüllen:*

$$\sum_j \beta_j \varrho_j^2 = \frac{1}{3}, \quad \sum_j \sum_l \beta_j \gamma_{jl} \varrho_l = \frac{1}{6}; \tag{5.49}$$

- $p = 4$, *falls die Parameter zusätzlich die folgenden vier Bedingungen erfüllen:*

$$\sum_j \beta_j \varrho_j^3 = \frac{1}{4}, \qquad \sum_j \sum_l \beta_j \varrho_j \gamma_{jl} \varrho_l = \frac{1}{8},$$

$$\sum_j \sum_l \beta_j \gamma_{jl} \varrho_l^2 = \frac{1}{12}, \quad \sum_j \sum_l \sum_r \beta_j \gamma_{jl} \gamma_{lr} \varrho_r = \frac{1}{24}. \tag{5.50}$$

Die Summationen erstrecken sich jeweils von 1 bis m.

Offensichtlich vergrößert sich die Anzahl der Bedingungen, die die Parameter erfüllen müssen, mit wachsender Konsistenzordnung signifikant. Die Tabelle 5.2 vermittelt einen Eindruck davon.

Der zweite Schritt bei der Konstruktion von RKVn besteht nun in der Lösung der Ordnungsbedingungen. Um die Darstellung zu vereinfachen, wollen wir nur die Parameter eines (expliziten) ERK bestimmen. Somit sind $\frac{4(4+1)}{2} = 10$ Parameter β und Γ eines 4-stufigen RKVs gesucht, die die 8 nichtlinearen algebraischen Gleichungen (5.47) bis (5.50) erfüllen. Da wir ein explizites Verfahren bestimmen wollen, sind diese Gleichungen von der folgenden Gestalt

$$\beta_1 + \beta_2 + \beta_3 + \beta_4 = 1, \qquad \beta_2 \varrho_2 + \beta_3 \varrho_3 + \beta_4 \varrho_4 = \frac{1}{2}, \tag{5.51}$$

$$\beta_2 \varrho_2^2 + \beta_3 \varrho_3^2 + \beta_4 \varrho_4^2 = \frac{1}{3}, \qquad \beta_3 \gamma_{32} \varrho_2 + \beta_4 (\gamma_{42} \varrho_2 + \gamma_{43} \varrho_3) = \frac{1}{6}, \tag{5.52}$$

$$\beta_2 \varrho_2^3 + \beta_3 \varrho_3^3 + \beta_4 \varrho_4^3 = \frac{1}{4}, \qquad \begin{aligned} & \beta_3 \varrho_3 \gamma_{32} \varrho_2 \\ & + \beta_4 \varrho_4 (\gamma_{42} \varrho_2 + \gamma_{43} \varrho_3) = \frac{1}{8}, \end{aligned} \tag{5.53}$$

$$\beta_3 \gamma_{32} \varrho_2^2 + \beta_4 (\gamma_{42} \varrho_2^2 + \gamma_{43} \varrho_3^2) = \frac{1}{12}, \qquad \beta_4 \gamma_{43} \gamma_{32} \varrho_2 = \frac{1}{24}. \tag{5.54}$$

Zusätzlich müssen noch die Gleichungen (5.37) erfüllt sein, d. h.

$$\varrho_1 = 0, \quad \varrho_2 = \gamma_{21}, \quad \varrho_3 = \gamma_{31} + \gamma_{32}, \quad \varrho_4 = \gamma_{41} + \gamma_{42} + \gamma_{43}. \tag{5.55}$$

Um nun spezielle Parametersätze aus den obigen Gleichungen herzuleiten, wollen wir die Formeln (5.51), (5.52) (a) und (5.53) (a) aus dem Blickwinkel einer reinen Integration betrachten. Es seien die Parameter $\beta_1, \beta_2, \beta_3$ und β_4 die Gewichte sowie die Parameter $\varrho_1 = 0, \varrho_2, \varrho_3$ und ϱ_4 die Knoten einer auf dem Intervall $[0, 1]$ definierten

Quadraturformel

$$\int_0^1 f(t)\, dt \approx \sum_{j=1}^4 \beta_j f(\varrho_j), \tag{5.56}$$

die Polynome 3. Grades exakt integriert. Die Simpson-Regel (siehe die Formel (4.68))

$$\int_0^1 f(t)\, dt \approx \frac{1}{6}\left[f(0) + 4f\left(\frac{1}{2}\right) + f(1)\right] = \frac{1}{6}\left[f(0) + 2f\left(\frac{1}{2}\right) + 2f\left(\frac{1}{2}\right) + f(1)\right],$$

stellt eine solche Quadraturformel dar. Da die Simpson-Regel mit nur 3 Knoten arbeitet, wenden wir den folgenden Trick an. Wir schreiben den mittleren Knoten aus Symmetriegründen doppelt und erhalten damit für die rechte Seite von (5.56) die folgende Parameterkonstellation

$$\varrho = \left(0, \frac{1}{2}, \frac{1}{2}, 1\right)^T, \quad \beta = \left(\frac{1}{6}, \frac{2}{6}, \frac{2}{6}, \frac{1}{6}\right)^T.$$

Setzt man diese (vordefinierten) Parameter in die Ordnungsbedingungen ein, dann erhält man nach kurzer Rechnung (siehe auch [44])

$$y_{21} = \frac{1}{2}, \quad y_{31} = 0, \quad y_{32} = \frac{1}{2}, \quad y_{41} = 0, \quad y_{42} = 0, \quad y_{43} = 1.$$

Ein Blick auf das Diagramm (5.26) zeigt, dass wir auf diese Weise das klassische Runge-Kutta-Verfahren erhalten haben.

Eine andere Quadraturformel (5.56) mit der oben postulierten Eigenschaft ist die Newtonsche 3/8-Regel (siehe die Tabelle 4.12)

$$\int_0^1 f(t)\, dt \approx \frac{1}{8}\left[f(0) + 3f\left(\frac{1}{3}\right) + 3f\left(\frac{2}{3}\right) + f(1)\right].$$

Hieraus leiten sich die folgenden Parameter ab

$$\varrho = \left(0, \frac{1}{3}, \frac{2}{3}, 1\right)^T, \quad \beta = \left(\frac{1}{8}, \frac{3}{8}, \frac{3}{8}, \frac{1}{8}\right)^T.$$

Substituiert man diese in die Ordnungsbedingungen, dann führt wieder eine kurze Rechnung zu dem Ergebnis

$$y_{21} = \frac{1}{3}, \quad y_{31} = -\frac{1}{3}, \quad y_{32} = 1, \quad y_{41} = 1, \quad y_{42} = -1, \quad y_{43} = 1.$$

Das resultierende RKV wird in Anlehnung an die Quadraturformel ebenfalls als 3/8-*Regel* bezeichnet. Das zugehörige Butcher-Diagramm ist

$$
\begin{array}{c|cccc}
0 & 0 & 0 & 0 & 0 \\
\frac{1}{3} & \frac{1}{3} & 0 & 0 & 0 \\
\frac{2}{3} & -\frac{1}{3} & 1 & 0 & 0 \\
1 & 1 & -1 & 1 & 0 \\
\hline
 & \frac{1}{8} & \frac{3}{8} & \frac{3}{8} & \frac{1}{8}
\end{array}
\tag{5.57}
$$

5.6 Kollokation und implizite Runge-Kutta-Verfahren

Wir beginnen mit der folgenden Definition.

Definition 5.7. Es seien m paarweise verschiedene reelle Zahlen $\varrho_1, \dots, \varrho_m$ gegeben, mit $0 \leq \varrho_j \leq 1$, $j = 1, \dots, m$. Unter einem Kollokationspolynom $P_m(t)$ versteht man ein Polynom vom Grad höchstens m, welches die Kollokationsbedingungen

$$P_m(t_i) = x_i, \tag{5.58}$$

$$\dot{P}_m(t_i + \varrho_j h) = f(t_i + \varrho_j h, P_m(t_i + \varrho_j h)), \quad j = 1, \dots, m, \tag{5.59}$$

erfüllt. Als numerisches Kollokationsverfahren wird nun

$$x_{i+1} \equiv P_m(t_i + h) \tag{5.60}$$

definiert. □

Für $m = 1$ hat das Kollokationspolynom die Form

$$P_m(t) = x_i + (t - t_i)k, \quad \text{mit } k \equiv f(t_i + \varrho_1 h, x_i + h\varrho_1 k).$$

Somit sind

- das *Euler(vorwärts)-Verfahren* (siehe das Diagramm (5.20)) mit $\varrho_1 = 0$,
- das *Euler(rückwärts)-Verfahren* (siehe das Diagramm (5.21)) mit $\varrho_1 = 1$, und
- die *Mittelpunktsregel* (siehe das Diagramm (5.22)) mit $\varrho_1 = \frac{1}{2}$

Kollokationsverfahren. Für $m = 2$ ergibt sich mit $\varrho_1 = 0$ und $\varrho_2 = 1$ die Trapezregel (siehe das Diagramm (5.23)).

Der Zusammenhang zwischen den Kollokationsverfahren und den RKVn wird mit dem folgenden Satz aufgezeigt.

Satz 5.4. *Das Kollokationsverfahren ist zu einem m-stufigen FIRK mit den Parametern*

$$\gamma_{jl} \equiv \int_0^{\varrho_j} L_l(\tau)d\tau, \quad \beta_j \equiv \int_0^1 L_j(\tau)d\tau, \quad j, l = 1, \dots, m, \tag{5.61}$$

äquivalent, wobei $L_j(\tau)$ den j-ten Lagrange-Faktor (siehe die Formel (1.9)) bezeichnet:

$$L_j(\tau) = \prod_{l=1, l \neq j}^{m} \frac{\tau - \varrho_l}{\varrho_j - \varrho_l}.$$

Beweis. Siehe zum Beispiel [44]. □

Wegen $\tau^{k-1} = \sum_{j=1}^m \varrho_j^{k-1} L_j(\tau)$, $k = 1, \dots, m$, sind die Gleichungen (5.61) zu den linearen Systemen

$$C(q): \quad \sum_{l=1}^m \gamma_{jl} \varrho_l^{k-1} = \frac{\varrho_j^k}{k}, \quad k = 1, \dots, q, \quad j = 1, \dots, m,$$

$$B(p): \quad \sum_{j=1}^m \beta_j \varrho_j^{k-1} = \frac{1}{k}, \quad k = 1, \dots, p, \tag{5.62}$$

äquivalent, mit $q = m$ und $p = m$. Die Gleichungen (5.62) sind Bestandteil der sogenannten *vereinfachenden Bedingungen*, die von Butcher im Jahre 2003 [14] eingeführt
wurden. Zu ihnen gehören noch die Gleichungen

$$D(r): \quad \sum_{j=1}^{m} \beta_j \varrho_j^{k-1} \gamma_{jl} = \frac{1}{k} \beta_l (1 - \varrho_l^k), \quad l = 1, \ldots, m, \quad k = 1, \ldots, r. \quad (5.63)$$

Die vereinfachenden Bedingungen ermöglichen die Konstruktion von RKVn sehr hoher
Konsistenzordnung. Sind sie erfüllt, dann lässt sich die Anzahl der Ordnungsbedingungen wesentlich reduzieren.

Die grundlegende Beziehung zwischen den RKVn und den Kollokationsverfahren
ist im Satz 5.5 formuliert.

Satz 5.5. *Ein m-stufiges RKV mit paarweise verschiedenen Knoten $\varrho_1, \ldots, \varrho_m$ und der
Konsistenzordnung $p \geq m$ ist genau dann ein Kollokationsverfahren, falls die vereinfachende Bedingung $C(m)$ erfüllt ist.*

Beweis. Siehe zum Beispiel [77]. □

Über die Konsistenzordnung eines FIRK, die durch die Parameter (5.61) bestimmt ist,
lässt sich folgendes aussagen.

Satz 5.6. *Ist die vereinfachende Bedingung $B(p)$ für ein $p \geq m$ erfüllt, dann hat das
Kollokationsverfahren die Konsistenzordnung p. Mit anderen Worten, in diesem Fall be-
sitzt das Kollokationsverfahren die gleiche Konsistenzordnung wie die zugrundeliegende
Quadraturformel.*

Beweis. Siehe zum Beispiel [38]. □

Der Satz 5.6 zeigt, dass die Wahl einer geeigneten Quadraturformel sehr entscheidend
für die Konstruktion von FIRKs ist. Eine wichtige Klasse von FIRKs basiert auf den
Gauß-Legendre-Quadraturformeln (siehe den Abschnitt 4.2.5). Man nennt sie deshalb
auch *Gauß-Verfahren*. Die Knoten $\varrho_1, \ldots, \varrho_m$ eines Gauß-Verfahrens sind die paarweise
verschiedenen Nullstellen des verschobenen (engl. *shifted*) Legendre-Polynoms vom
Grad m,

$$\hat{\phi}_m(t) \equiv \phi_m(2t - 1) = \frac{1}{m!} \frac{d^m}{dt^m} (t^m (t - 1)^m),$$

d. h., es handelt sich um die Gauß-Legendre-Punkte im Intervall $(0, 1)$. Diese Nullstellen
findet man tabelliert in den gängigen Handbüchern mathematischer Funktionen, so
zum Beispiel in [1].

Da die hier verwendete Quadraturformel von der Genauigkeitsordnung $2m$ ist, folgt
aus dem Satz 5.6, dass ein auf diesen Knoten ϱ_j basierendes FIRK ebenfalls die Ordnung
$p = 2m$ besitzt. Für $m = 1$ ergibt sich die Mittelpunktsregel (siehe das Diagramm (5.22))
mit der Konsistenzordnung $p = 2m = 2$. Sie gehört damit auch zu den Gauß-Verfahren.
Die Parameter der FIRKs mit der Stufenzahl $m = 2$ (Konsistenzordnung 4) und $m = 3$

(Konsistenzordnung 6) sind

$$
\begin{array}{c|cc}
\frac{1}{2} - \frac{\sqrt{3}}{6} & \frac{1}{4} & \frac{1}{4} - \frac{\sqrt{3}}{6} \\
\frac{1}{2} + \frac{\sqrt{3}}{6} & \frac{1}{4} + \frac{\sqrt{3}}{6} & \frac{1}{4} \\
\hline
& \frac{1}{2} & \frac{1}{2}
\end{array}
\quad \text{und} \quad
\begin{array}{c|ccc}
\frac{1}{2} - \frac{\sqrt{15}}{10} & \frac{5}{36} & \frac{2}{9} - \frac{\sqrt{15}}{15} & \frac{5}{36} - \frac{\sqrt{15}}{30} \\
\frac{1}{2} & \frac{5}{36} + \frac{\sqrt{15}}{24} & \frac{2}{9} & \frac{5}{36} - \frac{\sqrt{15}}{24} \\
\frac{1}{2} + \frac{\sqrt{15}}{10} & \frac{5}{36} + \frac{\sqrt{15}}{30} & \frac{2}{9} + \frac{\sqrt{15}}{15} & \frac{5}{36} \\
\hline
& \frac{5}{18} & \frac{4}{9} & \frac{5}{18}
\end{array}
$$

Zu einer vorgegebenen Stufenzahl m besitzen die Gauß-Verfahren die höchste Konsistenzordnung, die mit einem FIRK erreicht werden kann. Da ihre Stabilitätseigenschaften jedoch nicht optimal sind, lassen sich Verfahren der Konsistenzordnung $p = 2m - 1$ konstruieren, die ein besseres Stabilitätsverhalten aufweisen. Dies ist insbesondere dann von Bedeutung, wenn die gegebene DGL steif ist.

Die theoretische Grundlage für die Entwicklung derartiger FIRKs liefert der Satz 5.7.

Satz 5.7. *Die Konsistenzordnung eines FIRK sei* $p = 2m - 1$. *Dann sind die Knoten* $\varrho_1, \ldots, \varrho_m$ *die Nullstellen des Polynoms*

$$
\phi_{m,\xi}(2t - 1) = \phi_m(2t - 1) + \xi \phi_{m-1}(2t - 1), \quad \xi \in \mathbb{R}.
$$

Beweis. Siehe [77]. $\qquad\square$

Von besonderem Interesse sind hierbei die Fälle $\xi = 1$ und $\xi = -1$. Als Quadraturformeln ergeben sich dann die linksseitige ($\varrho_1 = 0$) sowie die rechtsseitige ($\varrho_m = 1$) Radau-Quadraturformel, die beide von der Genauigkeitsordnung $2m - 1$ sind. Die darauf aufbauenden FIRKs heißen *Radau-I-Verfahren* bzw. *Radau-II-Verfahren*. Die Knoten eines Radau-Verfahrens sind paarweise verschieden und liegen im Intervall $[0, 1)$.

Genauer gilt:

- Die Knoten $\varrho_1 = 0, \varrho_2, \ldots, \varrho_m$ eines Radau-I-Verfahrens sind die Nullstellen des Polynoms

$$
\phi_1(t) \equiv \frac{d^{m-1}}{dt^{m-1}} (t^m (t - 1)^{m-1}).
$$

- Die Knoten $\varrho_1, \ldots, \varrho_{m-1}, \varrho_m = 1$ eines Radau-II-Verfahrens sind die Nullstellen des Polynoms

$$
\phi_2(t) \equiv \frac{d^{m-1}}{dt^{m-1}} (t^{m-1} (t - 1)^m).
$$

Die Parameter β_j eines Radau-Verfahrens werden durch die vereinfachende Bedingung $B(m)$ (siehe die Formel (5.62)) festgelegt. Für die Wahl der Elemente von Γ gibt es in der Literatur verschiedene Vorschläge:

- Radau-I-Verfahren: Γ wird mit der vereinfachenden Bedingung $C(m)$ bestimmt [15],
- Radau-IA-Verfahren: Γ wird mit der vereinfachenden Bedingung $D(m)$ bestimmt [27],

- Radau-II-Verfahren: Γ wird mit der vereinfachenden Bedingung $D(m)$ bestimmt [15],
- Radau-IIA-Verfahren: Γ wird mit der vereinfachenden Bedingung $C(m)$ bestimmt [27].

Da die Radau-IA- und Radau-IIA-Verfahren im Hinblick auf die numerische Stabilität verbesserte Varianten der Radau-I- bzw. Radau-II-Verfahren sind, werden sie in der Praxis häufiger verwendet. Schließlich impliziert die Genauigkeitsordnung der verwendeten Quadraturformeln, dass die m-stufigen Radau I-, Radau IA-, Radau II- und Radau IIA-Verfahren die Konsistenzordnung $p = 2m - 1$ besitzen.

Die Parameter der Radau-IA-Verfahren mit $m = 1, 2, 3$ (die jeweilige Konsistenzordnung ist 1, 3 bzw. 5) sind

$$
\begin{array}{c|c}
0 & 1 \\ \hline
  & 1
\end{array}
\qquad
\begin{array}{c|cc}
0 & \frac{1}{4} & -\frac{1}{4} \\
\frac{2}{3} & \frac{1}{4} & \frac{5}{12} \\ \hline
 & \frac{1}{4} & \frac{3}{4}
\end{array}
\qquad
\begin{array}{c|ccc}
0 & \frac{1}{9} & \frac{-1-\sqrt{6}}{18} & \frac{-1+\sqrt{6}}{18} \\
\frac{6-\sqrt{6}}{10} & \frac{1}{9} & \frac{88+7\sqrt{6}}{360} & \frac{88-43\sqrt{6}}{360} \\
\frac{6+\sqrt{6}}{10} & \frac{1}{9} & \frac{88+43\sqrt{6}}{360} & \frac{88-7\sqrt{6}}{360} \\ \hline
 & \frac{1}{9} & \frac{16+\sqrt{6}}{36} & \frac{16-\sqrt{6}}{36}
\end{array}
$$

Die Parameter der Radau-IIA-Verfahren mit $m = 1, 2, 3$ (die jeweilige Konsistenzordnung ist 1, 3 bzw. 5) sind

$$
\begin{array}{c|c}
1 & 1 \\ \hline
  & 1
\end{array}
\qquad
\begin{array}{c|cc}
\frac{1}{3} & \frac{5}{12} & -\frac{1}{12} \\
1 & \frac{3}{4} & \frac{1}{4} \\ \hline
 & \frac{3}{4} & \frac{1}{4}
\end{array}
\qquad
\begin{array}{c|ccc}
\frac{4-\sqrt{6}}{10} & \frac{88-7\sqrt{6}}{360} & \frac{296-169\sqrt{6}}{1800} & \frac{-2+3\sqrt{6}}{225} \\
\frac{4+\sqrt{6}}{10} & \frac{296+169\sqrt{6}}{1800} & \frac{88+7\sqrt{6}}{360} & \frac{-2-3\sqrt{6}}{225} \\
1 & \frac{16-\sqrt{6}}{36} & \frac{16+\sqrt{6}}{36} & \frac{1}{9} \\ \hline
 & \frac{16-\sqrt{6}}{36} & \frac{16+\sqrt{6}}{36} & \frac{1}{9}
\end{array}
$$

Zum Abschluss dieses Abschnittes wollen wir noch eine weitere Klasse von FIRKs betrachten, deren theoretische Grundlage der folgende Satz darstellt.

Satz 5.8. *Besitzt ein RKV die Konsistenzordnung $p = 2m - 2$, dann sind die Knoten $\varrho_1, \dots, \varrho_m$ die Nullstellen eines Polynoms der Form*

$$
\phi_{m,\xi,\mu}(2t - 1) \equiv \phi_m(2t - 1) + \xi \phi_{m-1}(2t - 1) + \mu \phi_{m-2}(2t - 1), \quad \xi, \mu \in \mathbb{R}.
$$

Beweis. Siehe zum Beispiel [77]. □

Setzt man nun $\xi = 0$ und $\mu = -1$, dann erhält man daraus die wichtigen *Lobatto-Formeln*. Aus der Integrationstheorie ist bekannt, dass die Lobatto-Quadraturformeln genau dann die größtmögliche Genauigkeitsordnung besitzen, falls die beiden Knoten an den Rändern mit zum Gitter gehören, was wiederum $\varrho_1 = 0$ und $\varrho_m = 1$ impliziert. Die resultierenden FIRK werden *Lobatto-III-Verfahren* genannt.

Die Knoten eines Lobatto-Verfahrens sind paarweise verschieden und liegen im Intervall $[0, 1]$. Weiter ist bekannt, dass bei einem Lobatto-III-Verfahren die zugehörigen Knoten $\varrho_1 = 0, \varrho_2, \dots, \varrho_{m-1}, \varrho_m = 1$ die Nullstellen des Polynoms

$$
\phi_3(t) \equiv \frac{d^{m-2}}{dt^{m-2}}\left(t^{m-1}(t - 1)^{m-1}\right)
$$

sind. Die Parameter β_j ergeben sich aus der jeweiligen Quadraturformel. Für die Wahl der Elemente γ_{jk} der Parametermatrix Γ gibt es in der Literatur verschiedene Vorschläge:

- *Lobatto-IIIA-Verfahren*: Γ wird mittels der vereinfachenden Bedingung $C(m)$ bestimmt [27],
- *Lobatto-IIIB-Verfahren*: Γ wird mittels der vereinfachenden Bedingung $D(m)$ bestimmt [27],
- *Lobatto-IIIC-Verfahren*: Γ wird mittels der vereinfachenden Bedingung $C(m-1)$ sowie den Gleichungen $\gamma_{j1} = \beta_1, j = 1, \dots, m$, bestimmt [17].

Schließlich impliziert die Genauigkeitsordnung der zugrundeliegenden Quadraturformel, dass die m-stufigen Lobatto-IIIA-, Lobatto-IIIB- und Lobatto-IIIC-Verfahren die Konsistenzordnung $p = 2m - 2$ besitzen.

Die Parameter der Lobatto-IIIA-Verfahren mit $m = 3$ (Konsistenzordnung 4) und $m = 4$ (Konsistenzordnung 6) sind

$$
\begin{array}{c|ccc}
0 & 0 & 0 & 0 \\
\frac{1}{2} & \frac{5}{24} & \frac{1}{3} & -\frac{1}{24} \\
1 & \frac{1}{6} & \frac{2}{3} & \frac{1}{6} \\
\hline
 & \frac{1}{6} & \frac{2}{3} & \frac{1}{6}
\end{array}
\quad\text{und}\quad
\begin{array}{c|cccc}
0 & 0 & 0 & 0 & 0 \\
\frac{5-\sqrt{5}}{10} & \frac{11+\sqrt{5}}{120} & \frac{25-\sqrt{5}}{120} & \frac{25-13\sqrt{5}}{120} & \frac{-1+\sqrt{5}}{120} \\
\frac{5+\sqrt{5}}{10} & \frac{11-\sqrt{5}}{120} & \frac{25+13\sqrt{5}}{120} & \frac{25+\sqrt{5}}{120} & \frac{-1-\sqrt{5}}{120} \\
1 & \frac{1}{12} & \frac{5}{12} & \frac{5}{12} & \frac{1}{12} \\
\hline
 & \frac{1}{12} & \frac{5}{12} & \frac{5}{12} & \frac{1}{12}
\end{array}
$$

Die entsprechenden Parameter der Lobatto-IIIB-Verfahren für $m = 3$ (Konsistenzordnung 4) und $m = 4$ (Konsistenzordnung 6) sind

$$
\begin{array}{c|ccc}
0 & \frac{1}{6} & -\frac{1}{6} & 0 \\
\frac{1}{2} & \frac{1}{6} & \frac{1}{3} & 0 \\
1 & \frac{1}{6} & \frac{5}{6} & 0 \\
\hline
 & \frac{1}{6} & \frac{2}{3} & \frac{1}{6}
\end{array}
\quad\text{und}\quad
\begin{array}{c|cccc}
0 & \frac{1}{12} & \frac{-1-\sqrt{5}}{24} & \frac{-1+\sqrt{5}}{24} & 0 \\
\frac{5-\sqrt{5}}{10} & \frac{1}{12} & \frac{25+\sqrt{5}}{120} & \frac{25-13\sqrt{5}}{120} & 0 \\
\frac{5+\sqrt{5}}{10} & \frac{1}{12} & \frac{25+13\sqrt{5}}{120} & \frac{25-\sqrt{5}}{120} & 0 \\
1 & \frac{1}{12} & \frac{11-\sqrt{5}}{24} & \frac{11+\sqrt{5}}{24} & 0 \\
\hline
 & \frac{1}{12} & \frac{5}{12} & \frac{5}{12} & \frac{1}{12}
\end{array}
$$

Ein Blick auf den Satz 5.5 zeigt, dass die Gauß-Verfahren, die Radau-I-Verfahren, die Radau-IIA-Verfahren und die Lobatto-IIIA-Verfahren zur Klasse der Kollokationsverfahren gehören.

5.7 Globaler Fehler und Konvergenz

Beim Studium des lokalen Diskretisierungsfehlers wurde die numerische Integration des AWPs (5.5) über ein einzelnes Intervall $[t_i, t_{i+1}]$ der Länge h des Gitters J_h betrachtet und dabei vorausgesetzt, dass am Anfang dieses Intervalls der exakte Wert der Lösung $x(t)$ gegeben ist. Das entspricht natürlich nicht der Realität. Vielmehr findet der Integrationsprozess sukzessive auf allen durch das Gitter definierten Intervallen $[t_j, t_{j+1}]$, $j = 0, \ldots, N-1$, statt. Bereits am Ende des ersten Intervalls $[t_0, t_1]$ liegt dann nur noch eine Approximation x_1^h für $x(t_1)$ vor. Wichtig dabei ist, dass sich in der Näherung x_{i+1}^h alle vorangegangenen lokalen Fehler aufsummiert haben. Diese Akkumulation der lokalen Fehler wird mit dem *globalen Fehler* gemessen.

Definition 5.8. Es bezeichne wie bisher x_{i+1}^h die mit einem ESV und der Schrittweite h bestimmte Approximation der exakten Lösung $x(t_{i+1})$. Der globale Fehler dieser Approximation ist durch den Ausdruck

$$e_{i+1}^h \equiv x(t_{i+1}) - x_{i+1}^h \qquad (5.64)$$

definiert. □

Eine sehr wichtige Aussage über den globalen Fehler ist in dem folgenden Satz formuliert.

Satz 5.9. *Die Funktion f sei auf $J \times \Omega$ gleichmäßig Lipschitz-stetig (siehe die Formel (5.6)) und L bezeichne die zugehörige Lipschitz-Konstante. Die Integrationsgrenze T $(< \infty)$ sei so gewählt, dass die Lösungstrajektorie in dem abgeschlossenen Gebiet Ω verbleibt. Dann gibt es eine Konstante C, so dass für alle i mit $t_0 + (i+1)h \leq T$ die Abschätzung*

$$\|e_{i+1}^h\| \leq C \max_{j \leq i} \|\delta(t_{j+1}, x_j(t_{j+1}); h)\| \qquad (5.65)$$

gilt. Insbesondere ist $\|e_{i+1}^h\| = O(h^p)$, wobei p die Konsistenzordnung des verwendeten ESVs bezeichnet.

Beweis. Siehe zum Beispiel [44]. □

Die bereits im Abschnitt 5.4 betrachtete Konsistenz sagt aus, dass die Differenzengleichung eines ESVs für $h \to 0$ gegen das gegebene AWP (5.5) konvergiert. Wir kommen nun zur *Konvergenz* eines ESVs, die den Sachverhalt beschreibt, dass die exakte Lösung dieser Differenzengleichung auch gegen die exakte Lösung des AWPs für $h \to 0$ konvergiert.

Definition 5.9. Ein ESV wird konvergent genannt, wenn ein Gebiet Ω wie im Satz 5.9 existiert, so dass für ein fixiertes $t \equiv t_0 + (i+1)h \leq T$ gilt

$$\lim_{\substack{h \to 0 \\ i \to \infty}} e_{i+1}^h = 0. \qquad (5.66)$$

Die größte positive ganze Zahl q, für die $e_{i+1}^h = O(h^q)$ erfüllt ist, heißt *Konvergenzordnung* des ESVs. □

Aus dem Satz 5.9 folgt nun die wichtige Aussage, dass ein ESV genau dann konvergent mit der Konvergenzordnung p ist, wenn es konsistent ist und die Konsistenzordnung p besitzt. Da somit die Konvergenzordnung mit der Konsistenzordnung übereinstimmt, spricht man oftmals nur noch von der *Ordnung* eines ESVs bzw. RKVs.

5.8 Schätzung des lokalen Diskretisierungsfehlers und Schrittweitensteuerung

In den vorangegangenen Abschnitten wurde stets von einer konstanten Schrittweite h bei der Integration des AWPs (5.5) ausgegangen. Wir wollen jetzt ein *nicht-äquidistantes Gitter* betrachten und die Schrittweite dem jeweiligen Wachstumsverhalten der exakten Lösung $x(t)$ des AWPs anpassen. Um eine geeignete Strategie für die Schrittweitensteuerung entwickeln zu können, benötigt man hinreichend genaue Abschätzungen für den lokalen Diskretisierungsfehler, die sich zudem ohne zu großen zusätzlichen numerischen Aufwand berechnen lassen. Die heute am häufigsten verwendete Methode zur Schätzung des lokalen Fehlers eines RKVs basiert auf den eingebetteten RKVn (siehe die Diagramme (5.27)–(5.29) im Abschnitt 5.3). Sie wird deshalb auch als Schätzung mittels des *Einbettungsprinzips* bezeichnet. Diese Technik kann jedoch auch allgemeiner mit zwei ESVn *unterschiedlicher* Ordnung realisiert werden. Wir wollen deshalb an dieser Stelle davon ausgehen, dass zwei explizite ESVn der Form

$$x_{i+1}^h = x_i^h + h\Phi_1(t_i, x_i^h; h) \quad \text{und} \quad \bar{x}_{i+1}^h = x_i^h + h\Phi_2(t_i, x_i^h; h)$$

gegeben sind, mit

$$x_{i+1}^h = x_i(t_{i+1}) - h\delta(t_{i+1}, x_i(t_{i+1}); h), \quad \delta(\cdot) = O(h^p),$$
$$\bar{x}_{i+1}^h = x_i(t_{i+1}) - h\bar{\delta}(t_{i+1}, x_i(t_{i+1}); h), \quad \bar{\delta}(\cdot) = O(h^q)$$

und $q \geq p + 1$. Die Subtraktion beider Gleichungen führt auf

$$\bar{x}_{i+1}^h - x_{i+1}^h = h\delta(\cdot) - h\bar{\delta}(\cdot).$$

Somit ist

$$\frac{1}{h}(\bar{x}_{i+1}^h - x_{i+1}^h) + \underbrace{\bar{\delta}(\cdot)}_{O(h^q)} = \underbrace{\delta(\cdot)}_{O(h^p)}.$$

Als eine geeignete Schätzung für den lokalen Diskretisierungsfehler ergibt sich daraus

$$\text{EST} \equiv \frac{1}{h}(\bar{x}_{i+1}^h - x_{i+1}^h). \tag{5.67}$$

Verwendet man für diese Schätzung ein benachbartes Paar aus einer Klasse eingebetteter RKVn, dann muss man nicht unabhängig voneinander zwei verschiedene RKVn berechnen. So führen zum Beispiel die Verfahren RKF4 und RKF5 (siehe das Diagramm (5.28)) mit $p = 4$ bzw. $q = 5$ auf die nur mit geringem zusätzlichen Aufwand zu berechnende Schätzung

$$\delta(t_{i+1}, x_i(t_{i+1}); h) \approx \text{EST} = \sum_{j=1}^{6}(\bar{\beta}_j - \beta_j)k_j, \tag{5.68}$$

wobei $\{\beta_j\}_{j=1}^{5}$ ($\beta_6 = 0$) zu RKF4 und $\{\bar{\beta}_j\}_{j=1}^{6}$ zu RKF5 gehören.

Eine andere Strategie, eine Schätzung des lokalen Diskretisierungsfehlers zu bestimmen, ist das sogenannte *Runge-Prinzip*. Hier verwendet man nur ein einziges ESV, berechnet aber mit diesem zwei Näherungen an der Stelle t_{i+1}, indem die Integration sowohl mit der Schrittweite h als auch mit der Schrittweite $\frac{h}{2}$ durchgeführt wird. Als eine Schätzung für den Fehler ergibt sich dann (siehe z. B. [44])

$$\text{EST} \equiv \frac{1}{(1 - (\frac{1}{2})^p)h}(\bar{x}_{i+1}^h - x_{i+1}^h), \tag{5.69}$$

wobei x_{i+1}^h die mit der Schrittweite h und $\bar{x}_{i+1}^h$ die mit der Schrittweite $\frac{h}{2}$ berechnete Näherung für $x(t_{i+1})$ bezeichnen.

Wir kommen nun zur Steuerung der Schrittweite und vereinfachen die Darstellung wiederum dadurch, dass wir nur explizite ESVn betrachten. Die lokalen Schrittweiten mögen mit $h_i \equiv t_{i+1} - t_i$ bezeichnet werden. Zu einer vorgegebenen (absoluten) Toleranz TOL für die Norm des lokalen Diskretisierungsfehlers werden üblicherweise die folgenden zwei Kriterien zur Schrittweitensteuerung verwendet.

- *Fehler pro Schritt* (EPS): Die Schrittweite h_i wird so bestimmt, dass

$$\|h_i \delta(t_{i+1}, x_i^{h_i}(t_{i+1}); h_i)\| \approx \text{TOL} \tag{5.70}$$

gilt.

- *Fehler pro Einheitsschritt* (EPUS): Die Schrittweite h_i wird so bestimmt, dass

$$\|\delta(t_{i+1}, x_i^{h_i}(t_{i+1}); h_i)\| \approx \text{TOL} \tag{5.71}$$

gilt.

Für die Realisierung des EPS-Kriteriums werde vorausgesetzt, dass eine Schätzung NEST für $\|h_i \delta(t_{i+1}, x_i^{h_i}(t_{i+1}); h_i)\|$, mit NEST $\neq 0$, bekannt ist. Des Weiteren bezeichne α eine wie folgt zu berechnende Konstante:

$$\alpha \equiv 0.9 \left(\frac{\text{TOL}}{\text{NEST}}\right)^{\frac{1}{p+1}}. \tag{5.72}$$

Die Schrittweite wird nun nach der folgenden Strategie gesteuert:

- Ist NEST/TOL ≤ 1 erfüllt, dann wird die aktuelle Schrittweite h_i akzeptiert und die Schrittweite h_{i+1} für den nächsten Integrationsschritt auf dem Intervall $[t_{i+1}, t_{i+1} + h_{i+1}]$ nach der Vorschrift

$$h_{i+1} = \alpha h_i \tag{5.73}$$

vergrößert.

- Gilt jedoch NEST/TOL > 1, dann wird die aktuelle Schrittweite $h_i^{\text{alt}} \equiv h_i$ nicht akzeptiert. Stattdessen verkleinert man die Schrittweite nach der Vorschrift

$$h_i^{\text{neu}} = \alpha h_i^{\text{alt}}. \tag{5.74}$$

Anschließend wendet man das ESV auf dem verkleinerten Intervall $[t_i, t_i + h_i^{\text{neu}}]$ an und schätzt den lokalen Diskretisierungsfehler der am Ende dieses Intervalls erhaltenen Näherung.

Die Formeln (5.73) und (5.74) basieren auf dem Sachverhalt, dass $\|h\delta(\,\cdot\,)\|$ von der Ordnung $p + 1$ ist, d. h., $h \equiv h_{i+1}$ bzw. $h \equiv h_i^{\text{neu}}$ werden so ermittelt, dass gilt

$$\left[\frac{h}{h_i}\right]^{p+1} \approx \frac{\text{TOL}}{\text{NEST}}. \tag{5.75}$$

In der Praxis hat es sich als sinnvoll erwiesen, in die Formel (5.72) einen sogenannten *Sicherheitsfaktor* einzuführen, der hier 0.9 beträgt. In machen Implementierungen findet man auch den Wert 0.8.

Ist NEST ≈ 0 ist, dann lässt sich α nicht nach der Formel (5.72) berechnen. Deshalb hat der Anwender in den Implementierungen dieser Strategie eine maximale Schrittweite $h_{\max}$ sowie eine minimale Schrittweite $h_{\min}$ vorzugeben, die in dieser Ausnahmesituation Verwendung finden.

In einigen Computerprogrammen wird der sich nach (5.72) ergebende Wert von α nicht immer verwendet. So setzen zum Beispiel die AWP-Codes in der MATLAB nach einer erfolglosen Verkleinerung der Schrittweite α auf den konstanten Wert 0.5 und verwenden diesen solange, bis wieder der Fall NEST/TOL ≤ 1 eintritt.

Beim EPUS-Kriterium geht man analog wie beim EPS-Kriterium vor. NEST ist aber jetzt eine Schätzung für $\|\delta(t_{i+1}, x_i^{h_i}(t_{i+1}); h_i)\|$, mit NEST $\neq 0$. Des Weiteren hat man in den Formeln (5.72) und (5.75) den Ausdruck $p + 1$ durch p zu ersetzen.

Neben der Schrittweitensteuerung mittels geeigneter Schätzungen des absoluten lokalen Diskretisierungsfehlers, wie dies oben ausgeführt ist, berücksichtigt man in der Praxis oftmals auch noch den relativen lokalen Diskretisierungsfehler. Hierzu werden zwei entsprechende Kriterien verwendet.

- *Relativer Fehler pro Schritt* (REPS): Die Schrittweite h_i wird so bestimmt, dass

$$\frac{\|h_i\delta(t_{i+1}, x_i^{h_i}(t_{i+1}); h_i)\|}{\|x_{i+1}^{h_i}\|} \approx \text{TOL} \tag{5.76}$$

  gilt.
- *Relativer Fehler pro Einheitsschritt* (REPUS): Die Schrittweite h_i wird so bestimmt, dass

$$\frac{\|\delta(t_{i+1}, x_i^{h_i}(t_{i+1}); h_i)\|}{\|x_{i+1}^{h_i}\|} \approx \text{TOL} \tag{5.77}$$

  gilt.

Um die Steuerung so effektiv wie möglich zu machen, arbeitet man im Allgemeinen mit einer Kombination aus dem EPS-Kriterium und dem REPS-Kriterium (bzw. EPUS-Kriterium und REPUS-Kriterium). Es ist dann neben einer absoluten Toleranz TOL auch noch eine relative Toleranz RTOL vorzugeben. Die Schrittweite bestimmt sich dann aus der Forderung, dass

$$\text{NEST} \approx \text{TOL} + \text{RTOL}\|x_{i+1}^{h_i}\| \tag{5.78}$$

gelten muss.

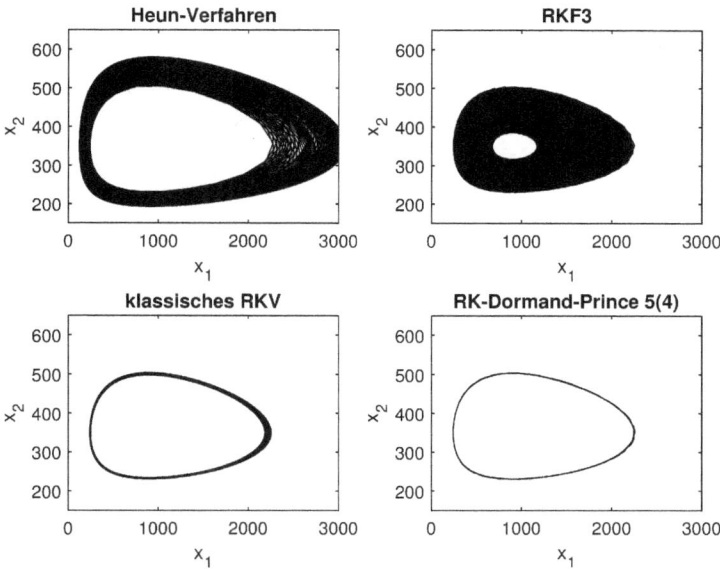

Abb. 5.1: Der Einfluss der Konsistenzordnung auf die Genauigkeit

Beispiel 5.1. Der Einfluss der Konsistenzordnung eines RKVs sowie der verwendeten Schrittweitensteuerung auf die Rechengenauigkeit soll anhand der bekannten Räuber-Beute-Gleichungen[3]

$$\dot{x}_1(t) = x_1(t)(\varepsilon_1 - \gamma_1 x_2(t)), \quad \dot{x}_2(t) = -x_2(t)(\varepsilon_2 - \gamma_2 x_1(t)),$$
$$x_1(0) = 700, \qquad\qquad x_2(0) = 500$$

demonstriert werden. Dabei bezeichnen $x_1(t)$ die Anzahl der Beutetiere und $x_2(t)$ die Anzahl der Räuber zum Zeitpunkt t. Dieses AWP besitzt für bestimmte Parameterkonfigurationen eine zeitlich periodische Lösung. Die den Testrechnungen zugrundeliegenden Parameterwerte waren: $\varepsilon_1 = 0.7$, $\varepsilon_2 = 0.09$, $\gamma_1 = 0.002$ und $\gamma_2 = 0.0001$.

In der Abbildung 5.1 sind die Ergebnisse für vier explizite Runge-Kutta-Verfahren unterschiedlicher Konsistenzordnung dargestellt, wobei die Integration von $t = 0$ bis $t = 10{,}000$ durchgeführt wurde. Dargestellt ist jeweils x_2 versus x_1. Die ersten drei Verfahren wurden mit der gleichen konstanten Schrittweite $h = 1$ realisiert, während beim vierten Verfahren die Schrittweite anhand des lokalen Diskretisierungsfehlers automatisch gesteuert wurde. Bei der verwendeten Toleranz TOL = 10^{-6} ergaben sich als minimale und maximale Schrittweite $h_{\min} = 0.17$ bzw. $h_{\max} = 1.4$. Offensichtlich gibt das vierte Bild in der Abbildung 5.1 den exakten Lösungsverlauf relativ gut wieder, während die ersten drei Bilder zeigen, wie sich die Fehler dahingehend anhäufen, dass sich keine periodische Lösung einstellt. □

---

3 siehe auch http://de.wikipedia.org/wiki/Lotka-Volterra-Gleichung

5.9 Absolute Stabilität und Steifheit

Die bisher betrachteten Eigenschaften eines ESVs, wie Konsistenz und Konvergenz, sind asymptotische Begriffe, d. h., sie müssen für $h \to 0$ erfüllt sein. Wenn man jedoch auf einem Computer mit dem jeweiligen ESV rechnet, dann ist die Schrittweite zwar sehr klein, in jedem Fall aber ungleich Null. Deshalb ist man auch an Kenngrößen interessiert, die das Verhalten eines ESVs bei Schrittweiten $h \neq 0$ charakterisieren. Eine solche Kenngröße stellt die *absolute Stabilität* dar. Dieser Stabilitätsbegriff basiert auf dem folgenden, von Dahlquist im Jahre 1963 (siehe [19]) erstmals betrachteten Testproblem

$$\dot{x}(t) = \lambda x(t), \quad x(0) = 1, \tag{5.79}$$

mit $\lambda \in \mathbb{R}$. Offensichtlich ist $x(t) = e^{\lambda t}$ die exakte Lösung dieses AWPs.

Wir wollen zuerst untersuchen, wie sich das klassische RKV (5.16) verhält, wenn man mit ihm eine Approximation der Lösung des Testproblems (5.79) bestimmt. Da die zugehörigen DGLn autonom sind, vereinfachen sich die Differenzengleichungen des klassischen RKVs wie folgt:

$$x_{i+1}^h = x_i^h + h\left\{\frac{1}{6}k_1 + \frac{1}{3}k_2 + \frac{1}{3}k_3 + \frac{1}{6}k_4\right\},$$

mit

$$k_1 = f(x_i^h), \quad k_2 = f\left(x_i^h + \frac{1}{2}hk_1\right), \quad k_3 = f\left(x_i^h + \frac{1}{2}hk_2\right), \quad k_4 = f(x_i^h + hk_3).$$

Für das AWP (5.79) ergeben sich damit

$$k_1 = \lambda x_i^h,$$

$$k_2 = \lambda\left(x_i^h + \frac{1}{2}hk_1\right) = \left(\lambda + \frac{1}{2}h\lambda^2\right)x_i^h,$$

$$k_3 = \lambda\left(x_i^h + \frac{1}{2}hk_2\right) = \left(\lambda + \frac{1}{2}h\lambda^2 + \frac{1}{4}h^2\lambda^3\right)x_i^h,$$

$$k_4 = \lambda(x_i^h + hk_3) = \left(\lambda + h\lambda^2 + \frac{1}{2}h^2\lambda^3 + \frac{1}{4}h^3\lambda^4\right)x_i^h,$$

sowie

$$x_{i+1}^h = \left(1 + h\lambda + \frac{1}{2}h^2\lambda^2 + \frac{1}{6}h^3\lambda^3 + \frac{1}{24}h^4\lambda^4\right)x_i^h. \tag{5.80}$$

Mit

$$\Psi(h\lambda) \equiv 1 + h\lambda + \frac{1}{2}h^2\lambda^2 + \frac{1}{6}h^3\lambda^3 + \frac{1}{24}h^4\lambda^4 \tag{5.81}$$

lässt sich die Formel (5.80) in der Form

$$x_{i+1}^h = \Psi(h\lambda)x_i^h \tag{5.82}$$

aufschreiben. Die Funktion $\Psi(h\lambda)$ wird *Stabilitätsfunktion* genannt.

Die exakte Lösung $x(t)$ des Testproblems erfüllt demgegenüber die Beziehung

$$x(t_{i+1}) = e^{\lambda(t_i+h)} = e^{h\lambda}e^{\lambda t_i} = (e^{h\lambda})x(t_i). \tag{5.83}$$

Ein Vergleich von (5.82) mit (5.83) ergibt, dass die Stabilitätsfunktion (5.81) mit der abgebrochenen Taylorreihe von $e^{h\lambda}$ bis einschließlich des Terms 4. Ordnung in h übereinstimmt. Somit stellt sie für betragskleine $h\lambda$ eine gute Approximation für $e^{h\lambda}$ dar.

Ist $\lambda > 0$ (d. h. $z \equiv h\lambda > 0$), dann gilt $\Psi(z) > 1$. In diesem Fall wächst die numerisch berechnete Gitterfunktion $\{x_i^h\}_{i=0}^\infty$ und stimmt im Wachstumsverhalten mit der Gitterfunktion der exakten Lösung überein. Man sagt: „wachsende Lösungen werden auch wachsend integriert". Da hier das qualitative Verhalten beider Gitterfunktionen ohne Restriktionen an die Stabilitätsfunktion $\Psi(h\lambda)$ identisch ist, stellt $\lambda > 0$ sicher nicht den interessanten Fall dar. Des Weiteren erweist sich das AWP (5.79) für große positive λ als schlecht konditioniert, da selbst bei sehr kleinen Unterschieden in den Anfangswerten die Differenzen zwischen den zugehörigen Lösungskurven für $t > t_0$ stark anwachsen können.

Ist andererseits $\lambda < 0$, dann fällt die exakte Lösung des AWPs (5.79), das in diesem Falle ein gut konditioniertes Problem darstellt. Noch wichtiger ist aber die Tatsache, dass die numerisch berechnete Gitterfunktion $\{x_i^h\}_{i=0}^\infty$ dann und nur dann das gleiche Wachstumsverhalten wie $\{x(t_i)\}_{i=0}^\infty$ aufweist, wenn für die Stabilitätsfunktion $|\Psi(z)| < 1$ gilt. Ist dies der Fall, dann sagt man: „fallende Lösungen werden auch fallend integriert". Die Stabilitätsfunktion (5.81) des klassischen RKVs ist ein Polynom 4. Grades, für das gilt:

$$\lim_{z \to -\infty} \Psi(z) = +\infty.$$

Somit ist die Beziehung $|\Psi(z)| < 1$ nicht für alle negativen Werte von z erfüllt. Sie erweist sich als eine wichtige Forderung, die auch für alle anderen numerischen Integrationsverfahren von Bedeutung ist.

Die obigen Ausführungen legen nun den Gedanken nahe, im Testproblem (5.79) nur den Fall $\lambda < 0$ zu berücksichtigen. Des Weiteren sollte man auch komplexe Werte für den Problemparameter λ zulassen, da in den Anwendungen häufig oszillierende Lösungen auftreten. Damit kommen wir zu der folgenden Modifikation des Testproblems (5.79):

$$\dot{x}(t) = \lambda x(t), \quad x(0) = 1, \quad \lambda \in \mathbb{C} \text{ mit } \mathfrak{Re}(\lambda) < 0. \tag{5.84}$$

Der Satz 5.10 sagt nun aus, dass nicht nur das klassische RKV, sondern alle RKVn bei ihrer Anwendung auf das Testproblem (5.84) zu einer Gleichung der Form (5.82) führen.

Satz 5.10. *Die Parameter eines m-stufigen RKVs (5.18) seien durch ein Butcher-Diagramm, das durch die Matrix $\Gamma \in \mathbb{R}^{m \times m}$ sowie die Vektoren $\beta, \varrho \in \mathbb{R}^m$ charakterisiert ist (siehe das Diagramm (5.19)), gegeben. Dann gilt für die Stabilitätsfunktion*

$$\Psi(h\lambda) = 1 + \beta^T h\lambda(I - h\lambda\Gamma)^{-1}\mathbb{1}, \quad \mathbb{1} \equiv (1, 1, \ldots, 1)^T. \tag{5.85}$$

Beweis. Siehe zum Beispiel [20]. □

Ist das RKV *explizit*, dann gilt $\Gamma^m = 0$, so dass sich die Inverse in der Formel (5.85) für kleine h mittels der Neumannschen Reihe darstellen lässt. Die Gleichung (5.85) geht dann über in

$$\Psi(h\lambda) = 1 + \beta^T h\lambda \sum_{j=0}^{m-1} (h\lambda\Gamma)^j \mathbb{1}. \tag{5.86}$$

Somit ist die Stabilitätsfunktion wie beim klassischen RKV ein Polynom in $h\lambda$ vom Grad m. Darüber hinaus kann gezeigt werden:

- Wird ein p-stufiges RKV der Ordnung $p \leq 4$ auf das Testproblem (5.84) angewendet, dann stimmt die Stabilitätsfunktion $\Psi(h\lambda)$ stets mit den ersten $p + 1$ Termen der Taylorreihe von $e^{h\lambda}$ überein.
- RKVn der Ordnung $p > 4$ besitzen $m > p$ Stufen (siehe die Tabelle 5.1), so dass dann $\Psi(h\lambda)$ ein Polynom vom Grad m ist, das in den ersten $p + 1$ Termen mit der Taylorreihe von $e^{h\lambda}$ übereinstimmt. Die Koeffizienten der sich daran anschließenden Terme hängen vom speziellen Verfahren ab.

Wir kommen nun zu den folgenden Definitionen.

Definition 5.10. Die Menge

$$S \equiv \{z \in \mathbb{C} : |\Psi(z)| \leq 1\} \tag{5.87}$$

wird das zu dem ESV gehörende *Gebiet der absoluten Stabilität* genannt. □

Im Falle $\mathfrak{Re}(\lambda) < 0$ muss die Schrittweite h stets so gewählt werden, dass $z = h\lambda$ im Gebiet der absoluten Stabilität S liegt. Die Näherungen x_i^h sind dann für $i \to \infty$ beschränkt, d. h., das numerische Verfahren verhält sich stabil.

Definition 5.11. Ein ESV, dessen Gebiet der absoluten Stabilität S der Beziehung

$$S \supset \mathbb{C}^- \equiv \{z \in \mathbb{C} : \mathfrak{Re}(z) \leq 0\} \tag{5.88}$$

genügt, wird *absolut stabil* bzw. *A-stabil* genannt. Die Stabilitätsfunktion $\Psi(z)$ heißt in diesem Falle *A-verträglich*. □

Bei einem absolut stabilen ESV kann die Schrittweite h im Hinblick auf das richtige qualitative Verhalten der numerischen Gitterfunktion ohne Einschränkungen gewählt werden. Die Wahl der Schrittweite hängt dann nur noch von den Anforderungen an die Genauigkeit ab. Jedoch sind alle *expliziten* RKVn nicht absolut stabil, wie der Satz 5.11 zeigt.

Satz 5.11. *Das Gebiet der absoluten Stabilität eines konsistenten, m-stufigen expliziten RKVs ist nicht leer, beschränkt und liegt lokal links vom Nullpunkt.*

Beweis. Siehe zum Beispiel [44]. □

Das Gebiet der absoluten Stabilität des Euler(vorwärts)-Verfahrens ist der Kreis mit dem Mittelpunkt $z = -1$ und dem Radius Eins in der komplexen Ebene. Die Gebiete der absoluten Stabilität für $p = 1, \ldots, 4$ sind in der Abbildung 5.2 angegeben. Verwendet wurden dabei für

- $p = 1$: das Euler(vorwärts)-Verfahren (siehe das Diagramm (5.20)),
- $p = 2$: das Heun-Verfahren (siehe das Diagramm (5.24)),
- $p = 3$: das RKF3 (siehe das Diagramm (5.27)),
- $p = 4$: das klassische Runge-Kutta-Verfahren (siehe das Diagramm (5.26)).

Es könnte nun der Eindruck entstehen, dass sich mit weiter wachsender Stufenzahl m bzw. Ordnung p das Gebiet der absoluten Stabilität vergrößert. Dass dies nicht der Fall sein muss, zeigt die Abbildung 5.3. Dargestellt sind die Gebiete der absoluten Stabilität für die folgenden Verfahren:

- $p = 10$: EH10 (siehe [37]) und HO10 (siehe [60]),
- $p = 12$: HO12 (siehe [61]) und TF12 (siehe http://sce.uhcl.edu/rungekutta),
- $p = 14$: TF14 (siehe http://www.peterstone.name/Maplepgs/RKcoeff.html).

Die eingezeichneten Stabilitätsgebiete können wie folgt ermittelt werden. Man beachte dabei, dass sich alle komplexen Zahlen vom Betrag Eins in der komplexen Ebene durch $e^{i\theta}$, $0 \leq \theta \leq 2\pi$, darstellen lassen. Die Stabilitätsbedingung lautet $|\Psi(z)| \leq 1$, wobei $\Psi(z)$ durch (5.86) gegeben ist. Um nun den Rand des Gebietes der absoluten Stabilität zu berechnen, sind die Nullstellen $z(\theta)$ der Gleichung

$$\Psi(z) - e^{i\theta} = 0 \qquad (5.89)$$

für eine Folge von θ-Werten zu berechnen. Man startet sinnvollerweise mit dem Wert $\theta = 0$, für den $z = 0$ ist. Dann vergrößert man sukzessive θ um einen kleinen Zuwachs und berechnet in jedem Schritt das zugehörige z mit einem Verfahren zur Nullstellenbestimmung (zum Beispiel mit dem Newton-Verfahren), wobei als Startwert das Ergebnis des vorangegangenen Schrittes verwendet wird. Den Prozess führt man solange durch, bis man auf dem Rand des Stabilitätsgebietes wieder an den Ausgangspunkt zurück kommt.

Eine andere Strategie für die Bestimmung des Gebietes der absoluten Stabilität besteht darin, über einen recht großen Teil der linken Halbebene ein feinmaschiges Gitter zu legen. In jedem Gitterpunkt berechnet man dann den Wert der Stabilitätsfunktion $\Psi(z)$ und kennzeichnet diejenigen Gitterpunkte z_{ij} als zum Stabilitätsgebiet gehörend, für die $|\Psi(z_{ij})| < 1$ gilt.

Ein Maß für die Größe des Gebietes der absoluten Stabilität ist auch das sogenannte *Stabilitätsintervall*. Für die in der Abbildung 5.1 berücksichtigten expliziten RKVn sind in der Tabelle 5.3 die zugehörigen Stabilitätsintervalle angegeben.

Es soll nun das Gebiet der absoluten Stabilität *impliziter* ESVn untersucht werden. Wendet man die Trapezregel (siehe das Diagramm (5.23)) auf das Testproblem (5.84) an, dann ergibt sich

$$x_{i+1}^h = x_i^h + \frac{h}{2}\{\lambda x_i^h + \lambda x_{i+1}^h\} \quad \text{bzw.} \quad x_{i+1}^h = \frac{1 + \frac{1}{2}h\lambda}{1 - \frac{1}{2}h\lambda}x_i^h \equiv \Psi(h\lambda)x_i^h. \qquad (5.90)$$

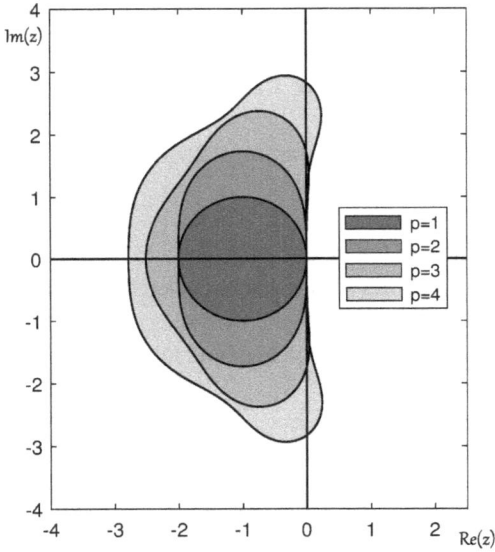

Abb. 5.2: Gebiete der absoluten Stabilität expliziter RKVn der Ordnung 1 bis 4

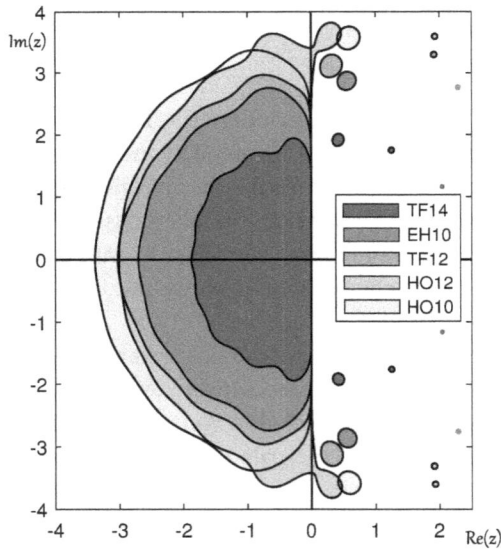

Abb. 5.3: Gebiete der absoluten Stabilität expliziter RKVn hoher Ordnung

Tab. 5.3: Stabilitätsintervalle einiger expliziter RKVn

Ordnung p	1	2	3	4	5
Stabilitätsintervall	$[-2, 0]$	$[-2, 0]$	$[-2.51, 0]$	$[-2.78, 0]$	$[-3.21, 0]$

Offensichtlich ist jetzt die zugehörige Stabilitätsfunktion $\Psi(z)$ gebrochen rational. Sie erfüllt die Beziehung

$$|\Psi(z)| = \left|\frac{2+z}{2-z}\right| < 1 \quad \text{für alle } z \text{ mit } \mathfrak{Re}(z) < 0,$$

da der Realteil des Zählers für $\mathfrak{Re}(z) < 0$ betragsmäßig stets kleiner als der Realteil des Nenners ist, während sich die Imaginärteile nur im Vorzeichen unterscheiden. Somit enthält das Gebiet der absoluten Stabilität die gesamte linke Halbebene, d. h., die Trapezregel ist A-stabil.

Ein anderes Beispiel für implizite ESVn ist die Mittelpunktsregel (siehe das Diagramm (5.22)). Wendet man sie auf das Testproblem (5.84) an, so resultiert

$$k_1 = \lambda\left(x_i^h + \frac{1}{2}hk_1\right), \quad \text{d. h.,} \quad k_1 = \frac{\lambda}{1 - \frac{1}{2}h\lambda}x_i^h,$$

woraus unmittelbar

$$x_{i+1}^h = x_i^h + hk_1 = \frac{1 + \frac{1}{2}h\lambda}{1 - \frac{1}{2}h\lambda}x_i^h = \Psi(h\lambda)x_i^h$$

folgt. Die Mittelpunktsregel ist wiederum A-stabil, da sie die gleiche Stabilitätsfunktion wie die Trapezregel besitzt.

Dieses Ergebnis impliziert die Frage, ob nicht alle impliziten RKVn A-stabil sind. Bei deren Beantwortung spielt der Begriff der Padé-Approximation einer Funktion eine tragende Rolle.

Definition 5.12. Es sei $f(z)$ eine in der Umgebung von $z = 0$ analytische Funktion. Dann heißt die rationale Funktion

$$R_{jk}(z) = \frac{P_{jk}(z)}{Q_{jk}(z)} = \frac{\sum_{l=0}^{k} a_l z^l}{\sum_{l=0}^{j} b_l z^l}, \quad b_0 = 1,$$

eine *Padé-Approximation* von $f(z)$ mit dem *Index* (j, k), falls die Beziehung

$$R_{jk}^{(l)}(0) = f^{(l)}(0), \quad \text{für } l = 0, \ldots, j+k \tag{5.91}$$

gilt. □

Für die im Abschnitt 5.6 betrachteten impliziten RKVn lässt sich folgendes feststellen.

Satz 5.12. *Die Stabilitätsfunktion $\Psi(z)$ der nachfolgend genannten m-stufigen impliziten RKVn ist eine Padé-Approximation von e^z und zwar für*
- *das Gauß-Verfahren mit dem Index (m, m),*
- *das Radau-IA-Verfahren mit dem Index $(m, m-1)$,*
- *das Radau-IIA-Verfahren mit dem Index $(m, m-1)$,*
- *das Lobatto-IIIA-Verfahren mit dem Index $(m-1, m-1)$,*
- *das Lobatto-IIIB-Verfahren mit dem Index $(m-1, m-1)$,*
- *das Lobatto-IIIC-Verfahren mit dem Index $(m, m-2)$.*

Beweis. Siehe zum Beispiel [77]. □

Somit erfordert der Nachweis der A-Stabilität eines impliziten RKVs den Nachweis der A-Verträglichkeit (siehe die Definition 5.11) der zugehörigen Padé-Approximation. Dieser Zusammenhang wird im Satz 5.13 hergestellt.

Satz 5.13. *Alle Padé-Approximationen mit dem Index (j, k), für den die Beziehung $j - 2 \leq k \leq j$ gilt, sind A-verträglich.*

Beweis. Siehe zum Beispiel [77]. $\qquad\square$

Folglich sind alle im Satz 5.12 genannten impliziten RKVn A-stabil.

In den Anwendungen treten häufig DGLn auf, die sich mit den expliziten RKVn nicht lösen lassen. Die Ursache ist oftmals das Vorhandensein sehr unterschiedlicher Zeitskalen im Modell. Solche DGLn werden *steif* genannt. Aus mathematischer Sicht gibt es verschiedene Definitionen des Steifheitsbegriffs, die auf sehr hohem theoretischem Niveau den Sachverhalt mehr oder weniger gut beschreiben (siehe [44]). Eine sehr pragmatische Definition der Steifheit ist an das Verhalten des Euler(vorwärts)-Verfahrens, das stellvertretend für alle *expliziten* RKVn steht, gekoppelt (siehe auch [2]).

Definition 5.13. Das AWP (5.5) wird auf einem Intervall $[t_0, t_N]$ als steif bezeichnet, falls die für die Gewährleistung der Stabilität des Euler(vorwärts)-Verfahrens erforderliche Schrittweite viel kleiner als diejenige Schrittweite ist, die zur Berechnung einer hinreichend genauen Lösung benötigt wird. $\qquad\square$

Wird somit bei Verwendung eines expliziten RKVs mit der im Abschnitt 5.8 beschriebenen automatischen Schrittweitensteuerung die Schrittweite gegen Null gesteuert (d. h., das Verfahren kommt nicht von der Stelle), dann liegt im Allgemeinen ein steifes AWP vor. In einem solchen Fall muss man auf die A-stabilen impliziten RKVn zurückgreifen, deren Gebiet der absoluten Stabilität die gesamte linke Halbebene ist. Bei der numerischen Behandlung eines AWPs sollte man aber immer zuerst versuchen, die Lösung mit einem expliziten Verfahren zu approximieren, da hier keine nichtlinearen algebraischen Gleichungssysteme zu lösen sind.

5.10 Randwertprobleme

Gegeben sei wieder ein System von n gewöhnlichen DGLn 1. Ordnung, das wir wie in (5.2) in der Vektornotation

$$\dot{x}(t) = f(t, x(t)), \quad t \in J \equiv [a, b] \subset \mathbb{R}, \quad x(t) \in \Omega \subset \mathbb{R}^n, \tag{5.92}$$

aufschreiben wollen. Die Funktion $f: J \times \Omega \to \mathbb{R}^n$ werde dabei als hinreichend glatt vorausgesetzt. Anstelle einer Anfangsbedingung $x(t_0) = x_0$ fügen wir jetzt die Zweipunkt-Randbedingung

$$g(x(a), x(b)) = 0 \tag{5.93}$$

zum System (5.92) hinzu. Die Funktion $g: \Omega_1 \times \Omega_2 \to \mathbb{R}^n, \Omega_1 \subset \mathbb{R}^n$ und $\Omega_2 \subset \mathbb{R}^n$ werde ebenfalls als hinreichend glatt vorausgesetzt. Die komponentenweise Darstellung von (5.93) lautet dann

$$g_1(x_1(a), \ldots, x_n(a), x_1(b), \ldots, x_n(b)) = 0,$$
$$g_2(x_1(a), \ldots, x_n(a), x_1(b), \ldots, x_n(b)) = 0,$$
$$\vdots$$
$$g_n(x_1(a), \ldots, x_n(a), x_1(b), \ldots, x_n(b)) = 0.$$

Die Kombination von (5.92) und (5.93) wird *Zweipunkt-Randwertproblem* (RWP) genannt:

$$\dot{x}(t) = f(t, x(t)), \quad a \le t \le b,$$
$$g(x(a), x(b)) = 0. \tag{5.94}$$

Von ihrem Charakter her gesehen, unterscheiden sich AWPe und RWPe signifikant. Bei AWPn ist die Variable t im Allgemeinen als physikalische Zeit interpretierbar. AWPe stellen dann reine Evolutionsprobleme dar, d. h., zu einem späteren Zeitpunkten $t > t_0$ hängt die Lösung $x(t)$ nur vom Zustand des Systems zum Startpunkt t_0 ab. Dem gegenüber hängt die Lösung eines RWPs zu einem Zeitpunkt t, mit $a < t < b$, sowohl von der Vergangenheit $t = a$ als auch der Zukunft $t = b$ ab, d. h., es handelt sich nicht mehr um ein Evolutionsproblem. Die Variable t beschreibt im Allgemeinen auch nicht mehr die Zeit, so dass dem Problem jede Dynamik fehlt. Vielmehr lassen sich mit RWPn statische Zusammenhänge, wie sie unter anderem in der Elastomechanik auftreten, modellieren.

In den Anwendungen ist die Funktion g oftmals linear. Die Randbedingung (5.93) kann dann in der Form

$$B_a x(a) + B_b x(b) = \beta \tag{5.95}$$

geschrieben werden, mit konstanten Randmatrizen $B_a, B_b \in \mathbb{R}^{n \times n}$ und einem Vektor der rechten Seite $\beta \in \mathbb{R}^n$.

Ein lineares RWP liegt vor, wenn sowohl die DGLn als auch die Randbedingungen linear sind, d. h.

$$\dot{x}(t) = A(t)x(t) + r(t), \quad a \le t \le b,$$
$$B_a x(a) + B_b x(b) = \beta, \tag{5.96}$$

mit $A(t), B_a, B_b \in \mathbb{R}^{n \times n}, r(t), \beta \in \mathbb{R}^n$.

Ist der Nachweis der Existenz und Eindeutigkeit von Lösungen linearer RWPe (theoretisch) noch möglich (siehe [44]), dann gelingt dies für nichtlineare RWPe nur in den seltensten Fällen. Wir wollen deshalb stets voraussetzen, dass eine lokal eindeutige (isolierte) Lösung $x(t)$ des RWPs (5.96) existiert, die dann mit numerischen Techniken approximiert werden soll.

Die wichtigsten numerischen Verfahren zur Lösung von (5.94) lassen sich in drei Klassen einteilen:

- Schießverfahren,
- Differenzenverfahren, und
- Kollokationsverfahren.

In diesem Text wollen wir nur die Schießverfahren betrachten, da diese die in den Abschnitten 5.1–5.9 dargestellten AWP-Löser als wichtigen Baustein enthalten.

5.11 Einfach-Schießverfahren

Die Idee des Einfach-Schießverfahrens für nichtlineare RWPe (5.94) besteht darin, dem RWP ein AWP der Form

$$\dot{u}(t) = f(t, u(t)), \quad u(a) = s \in \mathbb{R}^n, \tag{5.97}$$

zuzuordnen. Der Anfangsvektor s ist noch frei wählbar und besitzt die Funktion eines Parameters. Deshalb bezeichnen wir die Lösung dieses AWPs mit $u \equiv u(t; s)$.

Da das RWP (5.94) und das AWP (5.97) die gleiche DGL besitzen, ist der Vektor s in (5.97) so zu bestimmen, dass die zugehörige Trajektorie $u(t; s)$ auch die Randbedingungen (5.93) erfüllt. Daraus ergibt sich ein n-dimensionales System nichtlinearer algebraischer Gleichungen für den unbekannten n-dimensionalen Vektor s:

$$F(s) \equiv g(s, u(b; s)) = 0. \tag{5.98}$$

Zwischen den Lösungen des algebraischen Systems (5.98) und denen des RWPs (5.94) besteht folgender Zusammenhang:

- ist $s = s^*$ eine Nullstelle von (5.98), dann ist auch $x(t) \equiv u(t; s^*)$ eine Lösung des RWPs (5.94),
- zu jeder Lösung $x(t)$ des RWPs (5.94) stellt der Vektor $s = x(a)$ eine Nullstelle von (5.98) dar,
- zu jeder isolierten Lösung von (5.94) gehört eine einfache Nullstelle von (5.98).

Somit hat man das in geeigneten (unendlich-dimensionalen) Funktionenräumen definierte nichtlineare RWP (5.94) auf das endlich-dimensionale nichtlineare algebraische Problem (5.98) reduziert – und dies auf exakte Weise, d. h., ohne einen Approximationsfehler. Dies ist ein wichtiger Vorteil der Schießverfahren gegenüber den oben genannten anderen Verfahrensklassen.

Wie bei allen anderen nichtlinearen Problemen auch, benötigt man für die numerische Behandlung von (5.98) Informationen über die ungefähre Lage der isolierten Nullstelle s^* sowie eine zugehörige Umgebung U^*, in der sich keine weitere Lösung mehr befindet. Für ein konkretes RWP lassen sich diese Informationen nur sehr selten mathematisch exakt bestimmen. Man ist dann auf ein mehr experimentelles Vorgehen angewiesen. Dabei spielen Erfahrungen und Ergebnisse in Bezug auf die durch (5.94) modellierte praktische Problemstellung eine wesentliche Rolle.

Das gebräuchlichste numerische Verfahren zur Lösung von (5.98) ist das mehrdimensionale Newton-Verfahren (siehe das Kapitel 5 im ersten Band dieses Textes), da es die Konvergenzordnung 2 besitzt und deshalb relativ schnell konvergiert. Ausgehend von einem hinreichend nahe bei der Lösung s^* gelegenen Startvektor

$$s_0 \in S(s^*) \equiv \{s \in \mathbb{R}^n : \|s - s^*\| \le \varepsilon\}$$

erzeugt man mit dem Newton-Verfahren eine Folge $\{s_k\}_{k=0}^{\infty}$ nach der Iterationsvorschrift

$$s_{k+1} = s_k - c_k, \quad k = 0, 1, \ldots, \tag{5.99}$$

wobei der Inkrementvektor c_k durch das n-dimensionale lineare algebraische Gleichungssystem

$$M_k c_k = q_k \tag{5.100}$$

bestimmt ist. Für die rechte Seite von (5.100) gilt $q_k \equiv F(s_k)$. Die Systemmatrix $M_k \equiv M(s_k)$ ist die Jacobi-Matrix $M(s)$ von $F(s)$ an der Stelle $s = s_k$, d. h., $M_k = \frac{\partial}{\partial s} F(s_k)$.

Um die Darstellung etwas zu vereinfachen, werde die Randbedingung abkürzend in der Form $g(v, w) = 0$ geschrieben. Die Jacobi-Matrix $M(s)$ berechnet sich dann nach der Kettenregel zu

$$M(s) = \frac{\partial}{\partial s} g(s, u(b; s)) = \left[\frac{\partial}{\partial v} g(v, w) + \frac{\partial}{\partial w} g(v, w) \frac{\partial}{\partial s} u(b; s) \right] \bigg|_{\substack{v=s \\ w=u(b;s)}}.$$

Die in diesem Ausdruck auftretende Funktion $\frac{\partial}{\partial s} u(b; s)$ lässt sich unter Beachtung von (5.97) als Lösung des AWPs

$$\frac{d}{dt} \frac{\partial}{\partial s} u(t; s) = \frac{\partial}{\partial u} f(t, u) \bigg|_{u=u(t;s)} \cdot \frac{\partial}{\partial s} u(t; s), \quad \frac{\partial}{\partial s} u(a; s) = I \tag{5.101}$$

berechnen.

Definiert man schließlich

$$B_{a,k} \equiv B_a(s_k) \equiv \frac{\partial}{\partial v} g(v, w) \bigg|_{\substack{s=s_k \\ v=s \\ w=u(b;s)}}, \quad B_{b,k} \equiv B_b(s_k) \equiv \frac{\partial}{\partial w} g(v, w) \bigg|_{\substack{s=s_k \\ v=s \\ w=u(b;s)}},$$

$$X(t; s_k) \equiv \frac{\partial}{\partial s} u(t; s) \bigg|_{s=s_k}, \quad A(t; s_k) \equiv \frac{\partial}{\partial u} f(t, u) \bigg|_{\substack{s=s_k \\ u=u(t;s)}}, \quad X_k^e \equiv X(b; s_k),$$

dann nehmen M_k und q_k in (5.100) die folgende Gestalt an:

$$M_k = B_{a,k} + B_{b,k} X_k^e, \quad q_k = F(s_k). \tag{5.102}$$

Mit diesen Bezeichnungen und $X(t) \equiv X(t; s_k)$ geht (5.101) über in das Matrix-AWP

$$\dot{X}(t) = A(t; s_k) X(t), \quad a \leq t \leq b,$$
$$X(a) = I, \tag{5.103}$$

das man auch als *Variationsproblem* bezeichnet.

Die für die Verwendung von (5.103) erforderliche analytische Berechnung der Matrizen $A(t; s)$ ist oftmals viel zu aufwendig. In den entsprechenden Implementierungen des Einfach-Schießverfahrens werden die Matrizen $X(t; s_k)$ deshalb direkt mittels Differenzenquotienten approximiert. Man bestimmt dazu $u(t; s_k)$ für $s = s_k$ aus dem AWP (5.97) und berechnet weitere n Funktionen $u^{(j)} \equiv u^{(j)}(t; s_k), j = 1, \ldots, n$, aus den gestörten AWPn

$$\dot{u}^{(j)}(t) = f(t, u^{(j)}(t)), \quad a \le t \le b,$$
$$u^{(j)}(a) = s_k + \delta e^{(j)}, \quad j = 1, \ldots, n. \tag{5.104}$$

In (5.104) bezeichnet $e^{(j)} \equiv (0, \ldots, 0, 1, 0, \ldots, 0)^T$ den j-ten Einheitsvektor im $\mathbb{R}^n$ und $\delta \ne 0$ ist eine sehr kleine positive Zahl, mit $\delta \approx \sqrt{\nu}$. Die Zahl ν steht für die jeweils verwendete relative Maschinengenauigkeit (siehe die Formel (1.55) im ersten Band). Definiert man

$$\hat{u}^{(j)}(t; s_k) \equiv \frac{u^{(j)}(t; s_k) - u(t; s_k)}{\delta},$$

dann ist

$$\hat{X}(t; s_k) \equiv [\hat{u}^{(1)}(t; s_k), \hat{u}^{(2)}(t; s_k), \ldots, \hat{u}^{(n)}(t; s_k)] \tag{5.105}$$

eine hinreichend genaue Differenzenapproximation von $X(t; s_k)$.

Der bekannte Satz von Newton-Kantorovich (siehe [23]) gibt Bedingungen an, unter denen das Newton-Verfahren konvergiert. Da sich diese für ein praktisches Problem im Allgemeinen nicht überprüfen lassen, stellen sie nur gewisse „Tröstungen" dar. Der lokalen Konvergenz des Newton-Verfahrens entsprechend wird man versuchen, einen Startvektor s_0 in der Nähe der Lösung zu finden, für den das Verfahren dann auch konvergiert. Ist dies nicht der Fall, dann bleibt einem nichts anderes übrig, als durch trial-and-error den Startvektor solange abzuändern, bis das Newton-Verfahren konvergiert.

In [44] wird gezeigt, dass die gute Kondition eines linearen RWPs (5.96) mit einer sogenannten *Dichotomie* des zugehörigen Raumes der Fundamentallösungen einhergeht. Dieser Raum wird dichotomisch genannt, wenn es sowohl wachsende als auch fallende Komponenten gibt. Wachsen nun einige dieser Komponenten stark an, dann haben die AWP-Löser große Schwierigkeiten, diese über ein größeres Intervall genau zu berechnen. Die Konsequenz ist, dass die numerisch bestimmten Fundamentallösungen ihre lineare Unabhängigkeit verlieren und die Lösung des RWPs falsch berechnet wird. Diese Eigenschaft linearer RWPe überträgt sich natürlich auch auf nichtlineare RWPe, d. h., ist das Intervall $[a, b]$ nicht sehr klein, dann kann es aus den genannten Gründen zu beträchtlichen Schwierigkeiten bei der numerischen Lösung mittels des Einfach-Schießverfahrens kommen. Insbesondere wird die Kondition des linearen Gleichungssystems (5.100) sehr schlecht. Des Weiteren kann gezeigt werden (siehe [45]), dass der Konvergenzradius des Einfach-Schießverfahrens in vielen Fällen sehr klein ist. Schließlich kann der Fall eintreten, dass für eine Iterierte s_k das zugehörige AWP (5.97) mit $s = s_k$ eine Lösungstrajektorie $u(t; s_k)$ besitzt, die gar nicht das rechte Intervallende $t = b$ erreicht, obwohl für die exakte Lösung $s = s^*$ der Wert von $u(t; s^*)$ wohldefiniert ist. Ein Beispiel hierfür ist das bekannte Testproblem von Troesch (siehe u. a. [43, 45, 76, 79]). Diese Schwierigkeiten lassen sich mit dem im nächsten Abschnitt dargestellten Mehrfach-Schießverfahren zum großen Teil beseitigen.

5.12 Mehrfach-Schießverfahren

Die Grundidee des Mehrfach-Schießverfahrens besteht darin, das Intervall $[a, b]$ in m Segmente

$$a = \tau_0 < \tau_1 < \cdots < \tau_{m-1} < \tau_m = b \tag{5.106}$$

zu unterteilen. Die Segmentierungspunkte τ_j werden auch *Schießpunkte* genannt. Auf jedem Segment $[\tau_j, \tau_{j+1}]$, $0 \le j \le m - 1$, wird nun ein AWP

$$
\begin{aligned}
\dot{u}_j(t) &= f(t, u_j(t)), \quad \tau_j \le t \le \tau_{j+1}, \\
u_j(\tau_j) &= s_j \in \mathbb{R}^n
\end{aligned}
\tag{5.107}
$$

definiert, dessen DGL mit der des gegebenen RWPs (5.94) übereinstimmt. Die Lösung von (5.107) sei $u_j \equiv u_j(t; s_j)$. Durch eine geeignete Wahl der Vektoren s_j werden nun die Lösungen $u_j(t; s_j)$ der AWPe (5.107) auf den Segmenten $[\tau_j, \tau_{j+1}]$, $j = 0, \ldots, m - 1$, so zusammengesetzt, dass eine stetige Lösung von (5.94)(a) resultiert, die auch die Randbedingungen (5.94)(b) erfüllt. In der Abbildung 5.4 ist beispielhaft eine Startsituation des Mehrfach-Schießverfahrens dargestellt, in der bei zufällig gewählten Anfangsvektoren s_j die Lösungskurven der AWPe (5.107) über die einzelnen Segmente von (5.106) noch nicht „zusammenpassen".

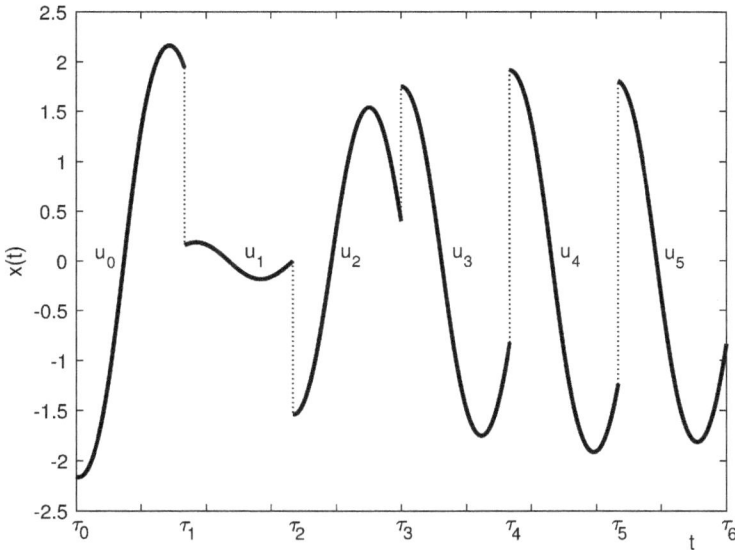

Abb. 5.4: Mehrfach-Schießverfahren: die Trajektorien u_j der AWPe (5.107) müssen noch stetig miteinander verbunden werden

Die Forderung nach einem stetigen Übergang in den inneren Punkten des Gitters (5.106) lässt sich mathematisch durch die Beziehungen

$$u_j(\tau_{j+1}; s_j) - s_{j+1} = 0, \quad j = 0, \dots, m-2, \tag{5.108}$$

ausdrücken. Schreibt man die Randbedingungen (5.94) (b),

$$g(s_0, u_{m-1}(b; s_{m-1})) = 0, \tag{5.109}$$

zuerst auf und fügt die Stetigkeitsbedingungen (5.108) hinzu, dann ergibt sich das folgende nichtlineare algebraische Gleichungssystem der Dimension mn für den Vektor $s^{(m)} \equiv (s_0, \dots, s_{m-1})^T \in \mathbb{R}^{mn}$ der noch in (5.107) unbestimmten Anfangsvektoren $s_j \in \mathbb{R}^n$:

$$F(s^{(m)}) \equiv \begin{pmatrix} g(s_0, u_{m-1}(b; s_{m-1})) \\ u_0(\tau_1; s_0) - s_1 \\ u_1(\tau_2; s_1) - s_2 \\ \vdots \\ u_{m-2}(\tau_{m-1}; s_{m-2}) - s_{m-1} \end{pmatrix} = 0. \tag{5.110}$$

Der durch die Formeln (5.106)–(5.110) definierte numerische Algorithmus wird *Mehrfach-Schießverfahren* genannt. In [76] wird hierfür auch der Begriff *Mehrzielmethode* verwendet. Die englische Bezeichnung ist *multiple shooting* oder aber auch *parallel shooting*. Letzterer Begriff orientiert sich an der Tatsache, dass die AWPe (5.107) parallel, d. h. unabhängig voneinander, auf den einzelnen Segmenten des Gitters (5.106) gelöst werden können. Mit dem Mehrfach-Schießverfahren liegt damit der Prototyp eines parallelen numerischen Algorithmus vor.

Bezeichnet $x^*(t)$ die exakte (isolierte) Lösung des RWPs (5.94), deren Existenz wir hier vorausgesetzt haben, dann lässt sich zeigen: es gibt zu jedem $s_j^* \equiv x^*(\tau_j)$ eine n-dimensionale Umgebung U_j^*, so dass für jedes $s_j \in U_j^*$ das AWP (5.107) eine auf dem gesamten Intervall $[\tau_j, \tau_{j+1}]$ existierende Lösung $u_j(t; s_j)$ besitzt. Somit existiert auch eine mn-dimensionale Umgebung

$$\hat{U}^* \equiv U_0^* \times U_1^* \times \cdots \times U_{m-1}^*$$

des Vektors $s^{*(m)} \equiv (s_0^*, \dots, s_{m-1}^*)^T \in \mathbb{R}^{mn}$, in der $F: \hat{U}^* \to \mathbb{R}^{mn}$ definiert und stetig differenzierbar ist.

Zur Lösung des nichtlinearen algebraischen Gleichungssystems (5.110) wird üblicherweise eine Variante des mehrdimensionalen Newton-Verfahrens verwendet. Der k-te Schritt des Newton-Verfahrens besteht in der Lösung des linearen Gleichungssystems

$$M_k^{(m)} c_k^{(m)} = q_k^{(m)} \tag{5.111}$$

sowie der Bestimmung einer neuen Iterierten nach der Vorschrift

$$s_{k+1}^{(m)} = s_k^{(m)} - c_k^{(m)}.$$

Dabei sind die Jacobi-Matrix $M_k^{(m)} \equiv M^{(m)}(s_k^{(m)}) \in \mathbb{R}^{mn \times mn}$ und der Vektor der rechten Seite $q_k^{(m)} \equiv q^{(m)}(s_k^{(m)}) \in \mathbb{R}^{mn}$ wie folgt definiert:

$$M_k^{(m)} \equiv \begin{bmatrix} B_{a,k} & & & & & B_{b,k}X_{m-1,k}^e \\ X_{0,k}^e & -I \\ & X_{1,k}^e & -I \\ & & \ddots & \ddots \\ & & & X_{m-2,k}^e & -I \end{bmatrix}, \qquad q_k^{(m)} \equiv F(s_k^{(m)}),$$

mit

$$X_{j,k}^e \equiv \frac{\partial u_j(\tau_{j+1}; s_{j,k})}{\partial s_j} \in \mathbb{R}^{n \times n}, \quad j = 0, \dots, m-1,$$

sowie

$$B_{i,k} \equiv B_i(s_k^{(m)}) \equiv \frac{\partial g(s_{0,k}, u_{m-1}(b; s_{m-1,k}))}{\partial x(i)} \in \mathbb{R}^{n \times n}, \quad i = a, b.$$

In [45] wird gezeigt, dass die Systemmatrix $M_k^{(m)}$ genau dann nichtsingulär ist, wenn dies auch auf die Matrix

$$M(s_{0,k}, s_{m-1,k}) \equiv B_{a,k} + B_{b,k}X_{m-1,k}^e$$

zutrifft.

Für $s_{0,k} = s_k$, $s_{m-1,k} = u(\tau_{m-1}; s_k)$ stimmt $M(s_{0,k}, s_{m-1,k})$ mit der durch (5.102) definierten Matrix M_k überein. Im Falle einer isolierten Lösung $x^*(t) = u(t; s^*)$ von (5.94) ist daher $M(s^*, u(\tau_{m-1}; s^*))$ nichtsingulär, was dann auch für $M_k^{(m)}(s^{*(m)})$ mit

$$s^{*(m)} = (s^*, u(\tau_1; s^*), \dots, u(\tau_{m-1}; s^*))^T$$

zutrifft.

Setzt man

$$A_j(t; s_{j,k}) \equiv \frac{\partial f}{\partial u_j}(t, u_j(t; s_{j,k})), \quad j = 0, \dots, m-1,$$

und bezeichnet die Lösung des linearen AWPs

$$\dot{Z}_j(t) = A_j(t; s_{j,k})Z_j(t), \quad \tau_j \le t \le \tau_{j+1}, \quad Z_j(\tau_j) = I \tag{5.112}$$

mit $Z_j(t; s_{j,k})$, dann ist $X_{j,k}^e$ durch $X_{j,k}^e = Z_j(\tau_{j+1}; s_{j,k})$ gegeben und könnte mittels numerischer Integration von (5.112) berechnet werden. Wie beim Einfach-Schießverfahren ist es im Allgemeinen sehr aufwendig, die Matrizen $A_j(t; s_{j,k})$ analytisch zu berechnen. Deshalb ist es ökonomischer, die in der Jacobi-Matrix $M_k^{(m)}$ auftretenden Matrizen $X_{j,k}^e, j = 0, \dots, m-1$, in Analogie zum Vorgehen beim Einfach-Schießverfahren (siehe die Formeln (5.104), (5.105)), durch Differenzenquotienten zu approximieren. Hierzu sind in jedem Iterationsschritt zusätzlich mn AWPe zu integrieren, so dass dann pro Iterationsschritt insgesamt $m(n + 1)$ AWPe zu lösen sind. Die Matrizen $B_{a,k}$ und $B_{b,k}$

werden im Allgemeinen vom Anwender durch analytische Differentiation erzeugt. Dies macht insofern einen Sinn, als dass in der Praxis häufig nur lineare Randbedingungen auftreten und damit diese Ableitungen entfallen.

Zur Lösung des linearen algebraischen Gleichungssystems (5.111) gibt es im Wesentlichen zwei Strategien. Die erste Strategie basiert auf der sogenannten *Kompaktifikation* (siehe z. B. [24, 25, 76]). Die Idee besteht in der Transformation des Systems (5.111) in ein äquivalentes lineares System

$$\bar{M}_k^{(m)} c_k^{(m)} = \bar{q}_k^{(m)}, \tag{5.113}$$

dessen Systemmatrix $\bar{M}_k^{(m)}$ eine untere Block-Diagonalstruktur besitzt. Die geränderte Matrix des ursprünglichen Systems sei

$$[M_k^{(m)} \mid q_k^{(m)}] \equiv \begin{bmatrix} B_{a,k} & & & & B_{b,k} X_{m-1,k}^e & q_{0,k}^{(m)} \\ X_{0,k}^e & -I & & & & q_{1,k}^{(m)} \\ & X_{1,k}^e & -I & & & q_{2,k}^{(m)} \\ & & \ddots & \ddots & & \vdots \\ & & & X_{m-2,k}^e & -I & q_{m-1,k}^{(m)} \end{bmatrix}. \tag{5.114}$$

In einem ersten Schritt wird die blockweise Gauß-Elimination angewendet, um in der ersten Zeile von $M_k^{(m)}$ die letzte Block-Komponente zu eliminieren. Hierzu multipliziert man in $[M_k^{(m)} \mid q_k^{(m)}]$ die m-te Zeile von links mit $B_{b,k} X_{m-1,k}^e$ und addiert das Ergebnis zur ersten Zeile. Im zweiten Eliminationsschritt wird die $(m-1)$-te Zeile von links mit $B_{b,k} X_{m-1,k}^e X_{m-2,k}^e$ multipliziert und das Resultat wiederum zur ersten Zeile addiert. Für $i = m-3, \ldots, 2$ wendet man jeweils einen entsprechenden Eliminationsschritt auf die i-te Zeile an. Am Ende dieses blockweisen Eliminationsprozesses erhält man die äquivalente geränderte Matrix

$$[\bar{M}_k^{(m)} \mid \bar{q}_k^{(m)}] \equiv \begin{bmatrix} S_k & & & & & \bar{q}_{0,k}^{(m)} \\ X_{0,k}^e & -I & & & & q_{1,k}^{(m)} \\ & X_{1,k}^e & -I & & & q_{2,k}^{(m)} \\ & & \ddots & \ddots & & \vdots \\ & & & X_{m-2,k}^e & -I & q_{m-1,k}^{(m)} \end{bmatrix}, \tag{5.115}$$

mit

$$S_k \equiv B_{a,k} + B_{b,k} X_{m-1,k}^e X_{m-2,k}^e X_{m-3,k}^e \cdots X_{1,k}^e X_{0,k}^e,$$

$$\bar{q}_{0,k}^{(m)} \equiv q_{0,k}^{(m)} + B_{b,k} X_{m-1,k}^e (q_{m-1,k}^{(m)} + X_{m-2,k}^e q_{m-2,k}^{(m)} + X_{m-2,k}^e X_{m-3,k}^e q_{m-3,k}^{(m)}$$

$$+ \cdots + X_{m-2,k}^e X_{m-3,k}^e \cdots X_{2,k}^e X_{1,k}^e q_{1,k}^{(m)}).$$

Die Auflösung des zugehörigen Gleichungssystems wird nun wie folgt realisiert:

1. Lösung des linearen Gleichungssystems mit der Systemmatrix $S_k \in \mathbb{R}^{n \times n}$

$$S_k c_{0,k}^{(m)} = \bar{q}_{0,k}^{(m)}, \tag{5.116}$$

2. Ausführung der Rekursion

$$c_{j+1,k}^{(m)} = X_{j,k}^e c_{j,k}^{(m)} - q_{j+1,k}^{(m)}, \quad j = 0, 1, \ldots, m - 2. \tag{5.117}$$

Nachdem der Vektor $c_k^{(m)} = (c_{0,k}^{(m)}, \ldots, c_{m-1,k}^{(m)})^T$ bestimmt ist, kann die neue Iterierte des Newton-Verfahrens entsprechend der Vorschrift $s_{k+1}^{(m)} = s_k^{(m)} - c_k^{(m)}$ bestimmt werden.

In [42] wurde gezeigt, dass die Rekursion (5.117) ein numerisch instabiler Prozess ist. Die Akkumulation der Rundungsfehler bei dieser Auflösungsvariante kann jedoch durch eine anschließende Nachiteration abgemildert werden (siehe [25]).

Der numerisch sachgemäßere Zugang zur Lösung des linearen Gleichungssystems (5.111) besteht in einer *LU*-Faktorisierung der Systemmatrix $M_k^{(m)}$ mit partieller Pivotisierung und Skalierung sowie einer Nachiteration. In [73] wurde für allgemeine lineare Gleichungssysteme gezeigt, dass diese Strategie zu einem numerisch stabilen Algorithmus führt. Ohne Berücksichtigung einer Kompaktspeicherung der *LU*-Faktorisierung von $M_k^{(m)}$ würde ein Speicherplatz von $m \times [n^2 m]$ Zahlen benötigt. Die FORTRAN-Implementierung RWPM des Mehrfach-Schießverfahrens (siehe [46–48]) basiert auf dieser Auflösungsvariante. Sie verwendet jedoch eine Kompaktspeicherung bei der *LU*-Faktorisierung, für die nur noch maximal $4 \times [n^2(m-1)]$ Zahlen abgespeichert werden müssen.

Es ist aber auch möglich, allgemeine Techniken für schwach besetzte Matrizen (engl.: sparse matrices) zur Lösung der linearen Schießgleichungen heranzuziehen, wie sie zum Beispiel in der MATLAB zur Verfügung stehen. Wie numerische Tests mit der MATLAB zeigten, bleibt der für die *LU*-Faktorisierung benötigte Speicherplatz auch hier unter der oben angegebenen Schranke $4 \times [n^2(m-1)]$.

In den MATLAB-Implementierungen des Mehrfach-Schießverfahrens msv.m für lineare RWPe (siehe [44, m-File 8.6]) sowie msvnl.m für nichtlineare RWPe (siehe [45, m-File 3.6]) ist diese Lösungsvariante realisiert.

Die Konvergenzeigenschaften der Folge der Iterierten $\{s_k^{(m)}\}_{k=0}^{\infty}$ ergeben sich unmittelbar aus der Anwendung des Satzes von Newton-Kantorovich (siehe [23]) auf das System (5.110). Des Weiteren wird in [45] gezeigt, dass sich durch den Übergang vom Einfach- zum Mehrfach-Schießverfahren der Konvergenzradius vergrößert.

In der Praxis wird man das Newton-Verfahren bzw. eine Variante mit diskretisierter Jacobi-Matrix (Quasi-Newton-Verfahren) nicht in der oben angegebenen Standardform, sondern unter Verwendung sogenannter *Dämpfungs- und Regularisierungsstrategien* (zu diesen Begriffen siehe den Abschnitt 4.9 im ersten Band) implementieren. Des Weiteren ist es sinnvoll, die aufwendige Differenzenapproximation der Jacobi-Matrix nicht in jedem Iterationsschritt zu berechnen. Dies wird möglich, wenn man auf die Rang-1-Modifikationsformel von Sherman und Morrison zurückgreift. Das daraus resultierende Verfahren zur Lösung der nichtlinearen algebraischen Gleichungen wird *Broyden-Verfahren* genannt (siehe den Abschnitt 5.3 im ersten Band).

Im ersten Band ist auch ein gedämpftes Quasi-Newton-Verfahren dargestellt, das bei unzureichendem Abstiegsverhalten oder singulärer Jacobi-Matrix in ein regularisiertes Quasi-Newton-Verfahren übergeht. Dieses Verfahren eignet sich sehr gut für die

Lösung des nichtlinearen algebraischen Gleichungssystems (5.110). Einzelheiten zu diesem Verfahren findet man auch in [5, 62, 72]. Der k-te Iterationsschritt ist von der Form

$$s_{k+1}^{(m)} = s_k^{(m)} - \gamma_k[(1 - \lambda_k)D^k + \lambda_k(M_k^{(m)})^{-1}]F(s_k^{(m)}). \qquad (5.118)$$

In der Formel (5.118) bezeichnen λ_k, $0 < \lambda_k \leq 1$, einen Regularisierungsparameter und γ_k, $0 < \gamma_k \leq 1$, einen Dämpfungsparameter. Für $\lambda_k = 1$ ergibt sich somit ein gedämpftes Newton-Verfahren. Die Matrix $D^k \in \mathbb{R}^{nm \times nm}$ ist eine Diagonalmatrix mit $D^k = \mathrm{diag}(\|M_k^{(m)}e^{(i)}\|_2 + 10^{-3})$, wobei $e^{(i)}$ den i-ten Einheitsvektor bezeichnet. Die bei diesem Verfahren verwendete Abstiegsbedingung lautet

$$\|F^{(m)}(s_{k+1}^{(m)})\|_2^2 \leq (1 - 2\delta\gamma_k)\|F^{(m)}(s_k^{(m)})\|_2^2, \quad \delta \in (0, \tfrac{1}{2}). \qquad (5.119)$$

Bisher wurde stets davon ausgegangen, dass im Gitter (5.106) die Schießpunkte τ_j, $j = 0, \ldots, m$, vom Anwender vorgegeben sind und sich während der Abarbeitung des Verfahrens nicht mehr ändern. Das ist aber nicht immer günstig. Das Mehrfach-Schießverfahren basiert auf zwei qualitativ unterschiedlichen Gittertypen:

- einem feinen inneren Gitter, das durch die Knoten des verwendeten AWP-Lösers in den einzelnen Segmenten $[\tau_j, \tau_{j+1}]$ festgelegt ist, und
- einem groben äußeren Gitter, das aus den verwendeten Schießpunkten τ_j besteht.

Das innere Gitter wird im Allgemeinen automatisch erzeugt. Die an diesen Stellen erhaltenen Zwischenergebnisse müssen nicht während der gesamten Rechnung im Speicher bleiben. Um den numerischen Aufwand des Verfahrens gering zu halten, wird man neben den Intervallgrenzen a und b weitere Schießpunkte nur dort festlegen, wo es auch zwingend notwendig ist. Da der Verlauf der Lösungskurve im Allgemeinen nicht a priori bekannt ist, sollte deshalb das Gitter (5.106) ebenfalls automatisch angepasst, d. h., vom Mehrfach-Schießverfahren selbst erzeugt bzw. verändert werden. In der Praxis hat sich die Strategie bewährt, dass der Anwender ein Start-Gitter auf dem Intervall $[a, b]$ vorgibt, das dann vom Algorithmus eventuell verfeinert wird. Im ersten Iterationsschritt muss es prinzipiell auch möglich sein, die vom Anwender vorgeschlagenen Schießpunkte durch geeignetere zu ersetzen. Zusätzliche Schießpunkte sollten während der Lösung des nichtlinearen Gleichungssystems (5.110) in zwei Abschnitten automatisch erzeugt werden, und zwar während der Auswertung des Funktionenvektors $F(s_0^{(m)})$, wobei $s_0^{(m)}$ der vorgegebene Startvektor ist, und während der Berechnung einer Differenzenapproximation $\hat{M}(s_k^{(m)}, h_k)$, $k = 0, 1, \ldots$, der Jacobi-Matrix $M_k^{(m)}$. Für die Auswahl eines weiteren Schießpunktes sind mindestens drei Kriterien maßgebend, die wir im Folgenden darstellen wollen. Die beiden Konstanten

$$c_1 \equiv 1/\sqrt{\text{KPMACH}}, \quad \text{KPMACH kleinste positive Maschinenzahl,}$$

$$c_2 \equiv 1/\sqrt{\text{EPMACH}}, \quad \text{EPMACH relative Maschinengenauigkeit } \nu$$

werden hierbei benötigt. Die Kriterien sind:

1. Das Wachstums der Lösung $u(t)$ des AWPs $\dot{u}(t) = f(t, u(t))$, $u(t_0) = u_0$ wird überwacht: τ^* wird neuer Schießpunkt, wenn $\|u(\tau^*)\| \geq \max(c_1, (\|u_0\| + 1)c_2)$.

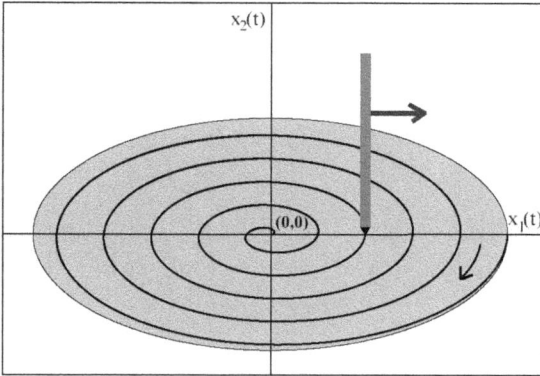

Abb. 5.5: Rotierende Scheibe

2. Das Wachstum der partiellen Ableitungen $X_{j,k}^e$ ($j = 0, \ldots, m-1$) wird überwacht: im Segment $[\tau_j, \tau_{j+1}]$ wird ein neuer Schießpunkt τ^* eingefügt, wenn

$$\frac{\max_{i=1,\ldots,n} \|X_{j,k}^e e^{(i)}\|}{\min_{i=1,\ldots,n} \|X_{j,k}^e e^{(i)}\|} \geq c_2, \quad e^{(i)} \; i\text{-ter Einheitsvektor.}$$

3. Ein neuer Schießpunkt $\tau^* = \bar{t}$ wird hinzugefügt, wenn an der Stelle $\bar{t}$ ein irregulärer Abbruch des AWP-Lösers auftritt und zwar wegen:

   3.1. die geforderte Integrationsgenauigkeit wird nicht erreicht,

   3.2. $f(\bar{t}, u)$ ist nicht berechenbar, oder

   3.3. eine obere Schranke für die Anzahl der Integrationsschritte wird überschritten.

Beispiel 5.2 (Modifizierte Archimedische Spirale). Die Arbeitsweise des Mehrfach-Schießverfahrens lässt sich sehr instruktiv anhand des folgenden Problems veranschaulichen. Auf einer rotierenden kreisrunden Scheibe bewegt sich ein Stift vom Mittelpunkt nach außen (siehe die Abbildung 5.5).

Dieser Vorgang wird durch das folgende RWP mathematisch modelliert:

$$
\begin{aligned}
\dot{x}_1(t) &= \cos x_3(t) - t^2 x_4(t) \sin x_3(t), \quad x_1(0) = x_2(0) = x_3(0) = 0, \\
\dot{x}_2(t) &= \sin x_3(t) + t^2 x_4(t) \cos x_3(t), \quad x_3(1) = 2\omega\pi, \\
\dot{x}_3(t) &= t x_4(t), \\
\dot{x}_4(t) &= 0.
\end{aligned}
\tag{5.120}
$$

Der Parameter ω gibt dabei an, nach wieviel Umdrehungen der Stift am äußeren Rand ankommen soll. Bei der hier dokumentierten Rechnung wurde $\omega = 10$ gesetzt. Insgesamt waren 35 Iterationen erforderlich, um die geforderte Genauigkeit von 10^{-8} zu erreichen.

In der Abbildung 5.6 sind für die Starttrajektorie sowie die Iterierten 7, 11, 25, 31 und 35 die Komponenten $x_2(t)$ gegenüber $x_1(t)$ aufgetragen. Um eine optisch ansprechende Grafik zu erhalten, wurden 100 äquidistant verteilte Schießpunkte im

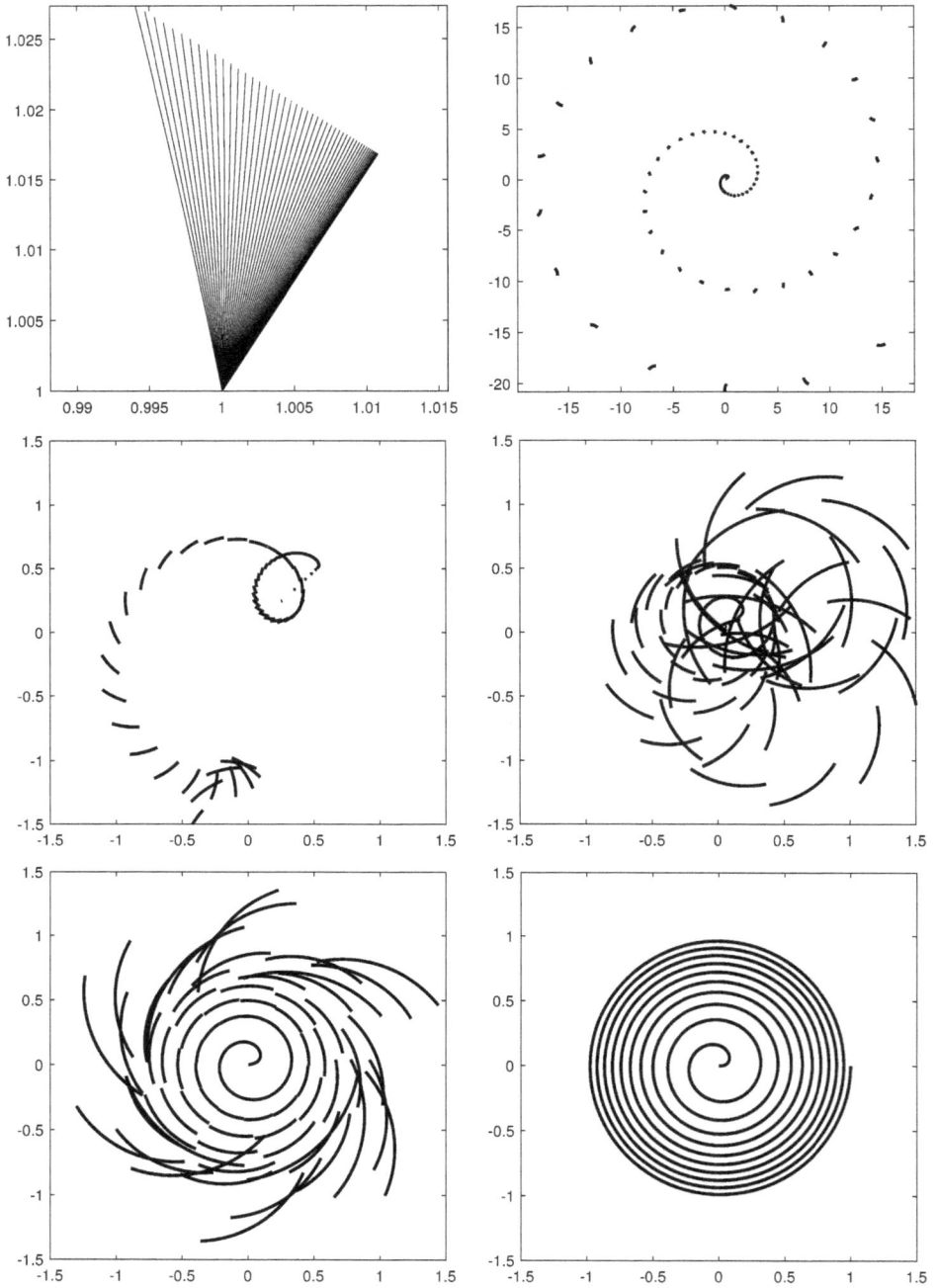

Abb. 5.6: Die Iterierten nähern sich der Spirale an

Intervall $[0, 1]$ festgelegt, d. h., es wurde $m = 101$ gesetzt. Die Iteration wurde mit der Anfangstrajektorie $x_i(t_j) \equiv 1$, $j = 0, \ldots, m$, $i = 1, \ldots, 4$, gestartet. Es ist an den einzelnen Grafiken sehr gut zu erkennen, wie sich während des Iterationsprozesses die Spirale (d. h., die exakte Lösung) herausbildet. $\qquad\qquad\square$

5.13 Aufgaben

Aufgabe 5.1. Man überführe die folgenden Systeme von Differentialgleichungen höherer Ordnung in äquivalente Systeme von Differentialgleichungen 1. Ordnung:
1. $z^{(4)}(t) - a(t)\dot{y}(t) = f(t)$, $\ddot{y}(t) + b(t)z(t) = g(t)$;
2. $z^{(4)}(t) - a(t)\ddot{u}(t) = f(t)$, $\ddot{u}(t) + b(t)z(t) = g(t)$.

Aufgabe 5.2. Gegeben sei das AWP

$$\dot{x}(t) = \alpha t^{\alpha-1}, \quad x(0) = 0, \qquad\qquad (5.121)$$

mit $\alpha > 0$. Man zeige, dass $x(t) = t^{\alpha}$ die zugehörige exakte Lösung darstellt. Im Falle, dass α keine ganze Zahl ist, erweist sich die exakte Lösung als nicht unendlich oft differenzierbar. So muss für die zweimal stetige Differenzierbarkeit von x die Bedingung $\alpha \geq 2$ vorausgesetzt werden. Man verwende das Euler(vorwärts)-Verfahren, um das AWP (5.121) für $\alpha = 2.5, 1.5, 1.1$ jeweils mit der Schrittweite $h = 0.2, 0.1, 0.05$ zu lösen. Anschließend berechne man für diese Probleme die Fehler der numerischen Lösung in den Gitterpunkten und ermittle numerisch die Konvergenzordnung des Euler(vorwärts)-Verfahrens.

Aufgabe 5.3. Gegeben sei die gleiche Problemstellung wie in der Aufgabe 5.2. Zur Lösung verwende man aber jetzt anstelle des Euler(vorwärts)-Verfahrens das Euler-(rückwärts)-Verfahren. Anschließend vergleiche man die mit den beiden Verfahren erhaltenen Resultate und interpretiere diese.

Aufgabe 5.4. Für das Runge-Kutta-Verfahren

$$x_{i+\frac{2}{3}} = x_i + \frac{h}{3}\left[f(t_i, x_i) + f\left(t_i + \frac{2}{3}h, x_i + \frac{2}{3}hf(t_i, x_i)\right)\right],$$

$$x_{i+1} = x_i + \frac{h}{4}\left[f(t_i, x_i) + 3f\left(t_i + \frac{2}{3}h, x_{i+\frac{2}{3}}\right)\right]$$

erstelle man das zugehörige Butcher-Diagramm und zeige, dass dieses RKV mindestens die Konsistenzordnung $p = 3$ besitzt.

Aufgabe 5.5. Gegeben sei das AWP

$$\dot{x}(t) = \lambda x(t) + \frac{1}{1+t^2} - \lambda \tan^{-1}(t), \quad x(0) = 0. \qquad\qquad (5.122)$$

Man zeige, dass dieses AWP die exakte Lösung $x(t) = \tan^{-1}(t)$ besitzt. Zur numerischen Lösung von (5.122) mit jeweils $\lambda = -1, -10, -50$ verwende man das Euler(vorwärts)-Verfahren, das Euler(rückwärts)-Verfahren sowie die Trapezregel. Die Schrittweiten seien dabei $h = 0.5, 0.1, 0.001$. Anschließend diskutiere man die erhaltenen Resultate. Bei der Implementierung der beiden impliziten RKVn beachte man, dass die Bestimmung von x_{i+1} explizit, d. h. ohne Iterationen, erfolgen kann.

Aufgabe 5.6. Ein mit der Anfangsgeschwindigkeit $v(0) = 8\,\text{m/s}$ nach oben abgeschossenes Projektil der Masse $m = 0.11\,\text{kg}$ wird durch die Gravitationskraft $F_g = mg$ und den Luftwiderstand $F_r = -kv|v|$ verlangsamt. Dabei sind $g = -9.8\,\text{m/s}^2$ und $k = 0.002\,\text{kg/m}$. Die Geschwindigkeit $v(t)$ ist die Lösung der Differentialgleichung

$$m\dot{v}(t) = mg - kv(t)|v(t)|.$$

1. Man ermittle die Geschwindigkeit des Geschosses nach $0.1, 0.2, \ldots, 1.0\,\text{s}$.
2. Man bestimme bis auf ein Zehntel Sekunden den Zeitpunkt, wann das Projektil die maximale Höhe erreicht und zu fallen beginnt.

Aufgabe 5.7. Das Anfangswertproblem

$$\ddot{\varphi}(t) = \sin(\varphi(t)), \quad \varphi(t_0) = \varphi_0, \quad \dot{\varphi}(t_0) = \dot{\varphi}_0, \quad t_0 \le t \le T,$$

soll mit dem Euler(rückwärts)-Verfahren gelöst werden.
1. Man überführe dieses AWP in ein System von zwei Gleichungen erster Ordnung. Welches nichtlineare algebraische Gleichungssystem muss in jedem Schritt des Euler(rückwärts)-Verfahrens gelöst werden?
2. Man schreibe ein MATLAB-Programm für diese Aufgabe, wobei die Intervall-Endpunkte x_0, T, die Anfangswerte φ_0, $\dot{\varphi}_0$ sowie die Schrittweite h vorzugeben sind. Um das zugehörige nichtlineare algebraische Gleichungssystem zu lösen, verwende man die MATLAB-Funktion fsolve.

Aufgabe 5.8. Gegeben sei das Anfangswertproblem

$$\dot{x}(t) = \frac{1}{t^2} - \frac{x(t)}{t} - x(t)^2, \quad 1 \le t \le 2, \quad x(1) = -1$$

mit der exakten Lösung $x(t) = -\frac{1}{t}$.
1. Man verwende das Euler(vorwärts)-Verfahren mit $h = 0.05$, um dieses AWP zu lösen. Man vergleiche die numerische Ergebnisse mit den exakten Funktionswerten.
2. Unter Verwendung der linearen Interpolation berechne man aus den numerisch bestimmten Werten Approximationen für $x(1.052)$, $x(1.555)$, $x(1.978)$ und vergleiche diese mit den exakten Funktionswerten.

Aufgabe 5.9. Es bezeichne $\theta \in [0, 1]$ eine Konstante. Des Weiteren sei

$$t_{i+\theta} \equiv (1 - \theta)t_i + \theta t_{i+1}.$$

Untersucht werden sollen nun die verallgemeinerte Mittelpunktsregel

$$x_{i+1} = x_i + hf(t_{i+\theta}, (1 - \theta)x_i + \theta x_{i+1}) \tag{5.123}$$

und die verallgemeinerte Trapezregel

$$x_{i+1} = x_i + h[(1 - \theta)f(t_i, x_i) + \theta f(t_{i+1}, x_{i+1})]. \tag{5.124}$$

Man zeige, dass beide Verfahren absolut stabil sind, falls $\theta \in [\frac{1}{2}, 1]$. Für $0 \le \theta < \frac{1}{2}$ gebe man für diese Verfahren den Bereich der absoluten Stabilität an.

Aufgabe 5.10. Es soll die Schrittweitensteuerung auf der Basis des Runge-Prinzips getestet und studiert werden.

1. Man entwickle ein MATLAB-Programm für die 3/8-Regel (siehe das Butcher-Diagramm (5.57)) mit obiger Schrittweitensteuerung.
2. Als Testproblem verwende man die van-der-Pol-Gleichung

$$\ddot{x}(t) - (1 - x(t)^2)\dot{x}(t) + x(t) = 0. \tag{5.125}$$

3. Vergleichen Sie Ihren Code mit der MATLAB-Funktion ode45 unter folgenden Gesichtspunkten: wieviele Integrationsschritte und Funktionsaufrufe werden zur Lösung des Testproblems benötigt sowie wieviele abgelehnte Schrittweiten treten auf.

Aufgabe 5.11. Die Anfangswertprobleme

$$\dot{x}(t) = 2t, \qquad x(1) = 1,$$
$$\dot{x}(t) = 2\frac{x(t)}{t}, \quad x(1) = 1$$

besitzen beide die exakte Lösung $x(t) = t^2$. Diese AWPe sollen mit einem zweistufigen Runge-Kutta-Verfahren der Ordnung 2 und einer konstanten Schrittweite gelöst werden. Beim Vergleich der numerischen Lösungen mit der exakten Lösung kann man beobachten, dass ein Problem genauer gelöst wird als das andere. Welches ist das? Hierzu setze man $h = \frac{1}{N}$, mit $N = 10, 10^2, 10^3, 10^4$, berechne $x_N \approx x(2)$ und vergleiche die Fehler $|x(2) - x_N|$.

Des Weiteren soll über die Berechnung des Bruchs

$$\frac{x(2) - x_N}{h^m},$$

für $m = 1, 2, 3$, die Ordnung des Verfahrens ermittelt werden. Wenn z. B. das Verfahren die Ordnung 2 besitzt, dann wird für $h \to 0$ der obige Bruch für $m = 1$ gegen Null, für $m = 2$ gegen einen Wert ungleich Null sowie für $m = 3$ unbeschränkt konvergieren. Ist das bei Ihren Berechnungen der Fall?

Aufgabe 5.12. Man bestimme alle Runge-Kutta-Verfahren der Ordnung 2, die sich aus dem folgenden Butcher-Diagramm ergeben:

$$
\begin{array}{c|ccc}
0 & & & \\
\rho_2 & \rho_2 & & \\
\rho_3 & 0 & \rho_3 & \\
\hline
 & 0 & 0 & 1
\end{array}
$$

Diese Verfahren zeichnen sich dadurch aus, dass sie nur relativ wenig Speicherplatz benötigen.

Aufgabe 5.13. Das lineare Randwertproblem

$$\ddot{x}(t) = 100x(t), \quad 0 \le t \le 3,$$
$$x(0) = 1, \quad x(3) = e^{-30}.$$

soll mit dem Einfach-Schießverfahren gelöst werden. Hierzu berechne man die Lösung $u(t; s)$ des zugehörigen AWPs

$$\ddot{u}(t) = 100u(t), \quad 0 \le t \le 3,$$
$$u(0) = 1, \quad \dot{u}(0) = s$$

und bestimme $s = s^*$ so, dass es die Gleichung

$$u(3; s) = e^{-30}$$

erfüllt. Wie groß ist der relative Fehler von $u(3; \bar{s})$, wenn die numerische Approximation $\bar{s}$ von s^* den relativen Fehler ε besitzt?

Aufgabe 5.14. Gegeben sei das Randwertproblem

$$\dot{x}_1(t) = x_2(t), \quad \dot{x}_2(t) = 50\sin(x_1(t)),$$
$$x_1(0) = 0, \quad x_1(1) = 0.$$

Dieses RWP besitzt genau 5 isolierte Lösungen. Man versuche, alle Lösungen mit dem Einfach-Schießverfahren und dem Mehrfach-Schießverfahren zu bestimmen.

Aufgabe 5.15. Gegeben sei das folgende Randwertproblem für ein System von zwei Differentialgleichungen zweiter Ordnung

$$\ddot{y}_1(t) = y_1(t) + 3\exp(y_2(t)),$$
$$\ddot{y}_2(t) = y_1(t) - \exp(y_2(t)) + \exp(-t),$$
$$y_1(0) = 0, \quad y_1(1) = \exp(-2) - \exp(-1),$$
$$y_2(0) = 0, \quad y_2(1) = -2,$$

welches die exakte Lösung

$$y_1(t) = \exp(-2t) - \exp(-t), \quad y_2(t) = -2t$$

besitzt. Man überführe das obige Problem in ein Randwertproblem für ein System von vier Differentialgleichungen 1. Ordnung und löse dieses mit dem Mehrfach-Schießverfahren.

Aufgabe 5.16. Ein in der Literatur häufig betrachtetes nichtlineares Randwertproblem ist das sogenannte *Bratu-Problem* (siehe z. B. [41, 57, 65, 69]):

$$\ddot{x}(t) = -\lambda \exp(x(t)),$$
$$x(0) = x(1) = 0, \tag{5.126}$$

wobei $\lambda > 0$ einen reellen Parameter bezeichnet. Die analytische Lösung kann wie folgt angegeben werden:

$$x(t) = -2 \log\left\{ \frac{\cosh(0.5(t - 0.5)\theta)}{\cosh(0.25\theta)} \right\}.$$

Dabei ist der Parameter θ die Lösung der nichtlinearen algebraischen Gleichung

$$f(\theta) \equiv \theta - \sqrt{2\lambda}\cosh(0.25\theta) = 0.$$

Das RWP (5.126) besitzt keine, eine oder zwei Lösungen, je nachdem ob $\lambda > \lambda^*$, $\lambda = \lambda^*$ oder $\lambda < \lambda^*$ gilt.

Für die Parameterwerte $\lambda = 1$ und $\lambda = 2$ approximiere man die Lösungen des Bratu-Problems mit dem Einfach-Schießverfahren und stelle diese grafisch dar.

Aufgabe 5.17. Gegeben sei das Dreipunkt-Randwertproblem für eine nichtlineare Differentialgleichung dritter Ordnung

$$\begin{aligned} x^{(3)}(t) &= 1 + t\sinh(x(t)), \\ x(0) &= 0, \quad x(0.25) = 1, \quad x(1) = 0. \end{aligned} \tag{5.127}$$

Die exakte Lösung ist nicht bekannt. Man modifiziere das Einfach-Schießverfahren so, dass der resultierende Algorithmus zur Lösung des RWPs (5.127) verwendet werden kann und bestimme damit die Lösung.

Literatur

[1] M. Abramowitz und I. A. Stegun, *Handbook of Mathematical Functions*, Dover, New York, 1972.

[2] U. M. Ascher und L. R. Petzold, *Computer Methods for Ordinary Differential Equations and Differential-Algebraic Equations*, SIAM, Philadelphia, 1998.

[3] H.-J. Bartsch, *Taschenbuch mathematischer Formeln*, Carl Hanser, Leipzig, 2007.

[4] I. S. Beresin und N. P. Shidkow, *Numerische Methoden. 1*, VEB Deutscher Verlag der Wissenschaften, Berlin, 1970.

[5] H. Berndt und D. Kaiser, RWPM und LRWPSM: Zwei Programmpakete zur Berechnung von nichtlinearen bzw. linearen Zweipunktrandwertaufgaben, in: *Numerische Behandlung von Differentialgleichungen. III* (Winterstein 1984), Friedrich-Schiller-Universität, Jena (1985), 1–49.

[6] A. Bjerhammar, Rectangular reciprocal matrices, with special reference to geodetic calculations, *Bull. Géodésique* **1951** (1951), 188–220.

[7] Å. Björck, Iterative refinement of linear least squares solutions. I, *BIT* **7** (1967), 257–278.

[8] Å. Björck, *Numerical Methods for Least Squares Problems*, SIAM, Philadelphia, 1996.

[9] Å. Björck und C. C. Paige, Loss and recapture of orthogonality in the modified Gram–Schmidt algorithm, *SIAM J. Matrix Anal. Appl.* **13** (1992), no. 1, 176–190.

[10] W. L. Briggs und V. E. Henson, *The DFT. An Owner's Manual for the Discrete Fourier Transform*, SIAM, Philadelphia, 1995.

[11] R. Bulirsch, Bemerkungen zur Romberg-Integration, *Numer. Math.* **6** (1964), 6–16.

[12] R. L. Burden und J. D. Faires, *Numerical Analysis*, Brooks/Cole, Pacific Grove, 1997.

[13] W. Busch, *Dideldum!*, Fr. Bassermann, München, 1908.

[14] J. C. Butcher, Coefficients for the study of Runge–Kutta integration processes, *J. Aust. Math. Soc.* **3** (1963), 185–201.

[15] J. C. Butcher, On Runge–Kutta processes of high order, *J. Aust. Math. Soc.* **4** (1964), 179–194.

[16] J. C. Butcher, On the attainable order of Runge–Kutta methods, *Math. Comp.* **19** (1965), 408–417.

[17] F. H. Chipman, A-stable Runge–Kutta processes, *BIT* **11** (1971), 384–388.

[18] J. W. Cooley und J. W. Tukey, An algorithm for the machine calculation of complex Fourier series, *Math. Comp.* **19** (1965), 297–301.

[19] G. G. Dahlquist, A special stability problem for linear multistep methods, *BIT* **3** (1963), 27–43.

[20] K. Dekker und J. G. Verwer, *Stability of Runge–Kutta Methods for Stiff Nonlinear Differential Equations*, North-Holland, Amsterdam, 1984.

[21] B. P. Demidowitsch, I. A. Maron und E. S. Schuwalowa, *Numerische Methoden der Analysis*, VEB Deutscher Verlag der Wissenschaften, Berlin, 1968.

[22] J. W. Demmel, *Applied Numerical Linear Algebra*, SIAM, Philadelphia, 1997.

[23] J. E. Dennis, Jr. und R. B. Schnabel, *Numerical Methods for Unconstrained Optimization and Nonlinear Equations*, Prentice Hall, Englewood Cliffs, 1983.

[24] P. Deuflhard, Recent advances in multiple shooting techniques, in: *Computational Techniques for Ordinary Differential Equations*, Academic Press, London (1980), 217–272.

[25] P. Deuflhard und G. Bader, Multiple shooting techniques revisited, in: *Numerical Treatment of Inverse Problems in Differential and Integral Equations*, Birkhäuser, Boston (1983), 74–94.

[26] J. R. Dormand und P. J. Prince, A family of embedded Runge–Kutta formulae, *J. Comput. Appl. Math.* **6** (1980), no. 1, 19–26.

[27] B. L. Ehle, High order A-stable methods for the numerical solution of systems of D.E.'s, *BIT* **8** (1968), 276–278.

https://doi.org/10.1515/9783110690378-006

[28] L. Eulerus, *Opera omnia. Series secunda (Opera mechanica et astronomica), Vol. XXV: Commentationes astronomicae ad theoriam perturbationum pertinentes, Vol. primum*, Auctoritate et impensis Societatis Scientiarum Naturalium Helveticae. Orell Füssli, Zürich, 1960.

[29] E. Fehlberg, Classical fifth-, sixth-, seventh-, and eighth order Runge–Kutta formulas with step size control, Technical Report 287, NASA, 1968.

[30] E. Fehlberg, Low-order classical Runge–Kutta formulas with step size control and their application to some heat transfer problems, Technical Report 315, NASA, 1969.

[31] G. M. Fichtenholz, *Differential- und Integralrechnung. II*, VEB Deutscher Verlag der Wissenschaften, Berlin, 1964.

[32] C.-E. Fröberg, *Numerical Mathematics. Theory and Computer Applications*, The Benjamin/ Cummings, Menlo Park, 1985.

[33] W. Gautschi, *Numerical Analysis. An Introduction*, Birkhäuser, Boston, 1997.

[34] C. F. Gerald und P. O. Wheatley, *Applied Numerical Analysis*, Addison-Wesley, Reading, 1999.

[35] G. H. Golub und C. F. Van Loan, *Matrix Computations*, Johns Hopkins University, Baltimore, 1996.

[36] A. Griewank, *Evaluating Derivatives. Principles and Techniques of Algorithmic Differentiation*, Front. Appl. Math. 19, SIAM, Philadelphia, 2000.

[37] E. Hairer, A Runge–Kutta method of order 10, *J. Inst. Math. Appl.* **21** (1978), no. 1, 47–59.

[38] E. Hairer, S. P. Nørsett und G. Wanner, *Solving Ordinary Differential Equations. I*, 2. Aufl., Springer, Berlin, 1993.

[39] E. Hairer und G. Wanner, On the Butcher group and general multi-value methods, *Computing* **13** (1974), no. 1, 1–15.

[40] E. Hairer und G. Wanner, *Solving Ordinary Differential Equations. II*, Springer, Berlin, 1991.

[41] H. N. Hassan und M. S. Semary, Analytic approximate solution for the Bratu's problem by optimal homotopy analysis method, *Commun. Numer. Anal.* **2013** (2013), Article ID cna–00139.

[42] M. Hermann, Ein ALGOL-60-Programm zur Diagnose numerischer Instabilität bei Verfahren der linearen Algebra, *Wiss. Z. HAB Weimar* **20** (1975), 325–330.

[43] M. Hermann, Shooting methods for two-point boundary value problems—a survey, in: *Numerical Treatment of Differential Equations* (Jena 1982), Wissensch. Beitr., Friedrich-Schiller-Universität, Jena (1983), 23–52.

[44] M. Hermann, *Numerik gewöhnlicher Differentialgleichungen. Anfangswertprobleme und lineare Randwertprobleme*, Oldenbourg, Munich, 2004.

[45] M. Hermann, *Numerik gewöhnlicher Differentialgleichungen. Nichtlineare Randwertprobleme. Band 2*, De Gruyter, Berlin, 2018.

[46] M. Hermann und D. Kaiser, RWPM: A software package of shooting methods for nonlinear two-point boundary value problems, *Appl. Numer. Math.* **13** (1993), 103–108.

[47] M. Hermann und D. Kaiser, Shooting methods for two-point BVPs with partially separated endconditions, *Z. Angew. Math. Mech.* **75** (1995), no. 9, 651–668.

[48] M. Hermann und D. Kaiser, Numerical methods for parametrized two-point boundary value problems—a survey, in: *Berichte des IZWR. Band 1*, Ber. IZWR Interdiszip. Zent. Wiss. Rechn. 1, Friedrich-Schiller-Universität, Jena (2003), 23–38.

[49] N. Herrmann, *Höhere Mathematik für Ingenieure 1 und 2*, Oldenbourg, München, 1995.

[50] K. Heun, Neue Methode zur approximativen Integration der Differentialgleichungen einer unabhängigen Veränderlichen, *Z. Math. Phys.* **45** (1900), 23–38.

[51] N. J. Higham, *Accuracy and Stability of Numerical Algorithms*, SIAM, Philadelphia, 1996.

[52] D. Himmelblau, *Applied Nonlinear Programming*, McGraw-Hill, New York, 1972.

[53] E. Isaacson und H. B. Keller, *Analyse numerischer Verfahren*, Edition Leipzig, Leipzig, 1972.

[54] D. Kincaid und W. Cheney, *Numerical Analysis. Mathematics of Scientific Computing*, Brooks/Cole, Pacific Grove, 1991.

[55] W. Kutta, Beitrag zur näherungsweisen Integration totaler Differentialgleichungen, *Z. Math. Phys.* **46** (1901), 435–453.

[56] K. Meyberg und P. Vachenauer, *Höhere Mathematik 2*, Springer, Berlin, 2001.

[57] A. Mohsen, A simple solution of the Bratu problem, *Comput. Math. Appl.* **67** (2014), no. 1, 26–33.

[58] E. H. Moore, On the reciprocal of the general algebraic matrix, *Bull. Amer. Math. Soc.* **26** (1920), 394–395.

[59] M. Z. Nashed, *Generalized Inverses and Applications*, Academic Press, New York, 1976.

[60] H. Ono, A Runge–Kutta method of order 10 which minimizes truncation error, *Trans. Japan Soc. Indust. Appl. Math.* **1** (2003), 35–44.

[61] H. Ono, On the 25 stage 12th order explicit Runge–Kutta method, *Trans. Japan Soc. Indust. Appl. Math.* **16** (2006), no. 3, 177–186.

[62] J. M. Ortega und W. C. Rheinboldt, *Iterative Solution of Nonlinear Equations in Several Variables*, Academic Press, New York, 1970.

[63] R. Penrose, A generalized inverse for matrices, *Proc. Cambridge Philos. Soc.* **51** (1955), 406–413.

[64] A. Ralston und P. Rabinowitz, *A First Course in Numerical Analysis*, McGraw-Hill, New York, 1960.

[65] J. Rashidinia, K. Maleknejad und N. Taheri, Sinc–Galerkin method for numerical solution of the Bratu's problems, *Numer. Algorithms* **62** (2013), no. 1, 1–11.

[66] W. C. Rheinboldt, *Methods for Solving Systems of Nonlinear Equations*, SIAM, Philadelphia, 1998.

[67] C. Runge, Ueber die numerische Auflösung von Differentialgleichungen, *Math. Ann.* **46** (1895), no. 2, 167–178.

[68] C. Runge, Über empirische Funktionen und die Interpolation zwischen äquidistanten Ordinaten, *Z. Math. Phys.* **48** (1901), 224–243.

[69] M. Saravi, M. Hermann und D. Kaiser, Solution of Bratu's equation by He's variational iteration method, *Amer. J. Comput. Appl. Math.* **3** (2013), no. 1, 4–48.

[70] H. Schichl, Numerik 2, Skriptum zur Vorlesung SS 1998, Universität Wien, Fakultät für Mathematik, 1998.

[71] M. H. Schultz, *Spline Analysis*, Prentice-Hall, Englewood Cliffs, 1973.

[72] H. Schwetlick, *Numerische Lösung nichtlinearer Gleichungen*, VEB Deutscher Verlag der Wissenschaften, Berlin, 1979.

[73] R. D. Skeel, Iterative refinement implies numerical stability for Gaussian elimination, *Math. Comp.* **35** (1980), no. 151, 817–832.

[74] G. W. Stewart, *Matrix Algorithms. Vol. I: Basic Decompositions*, SIAM, Philadelphia, 1998.

[75] H. Stöcker, *Taschenbuch mathematischer Formeln und moderner Verfahren*, Harri Deutsch, Frankfurt am Main, 1999.

[76] J. Stoer und R. Bulirsch, *Introduction to Numerical Analysis*, Springer, New York, 2002.

[77] K. Strehmel und R. Weiner, *Numerik gewöhnlicher Differentialgleichungen*, B. G. Teubner, Stuttgart, 1995.

[78] F. Stummel und K. Hainer, *Praktische Mathematik. Teubner Studienbücher*, B. G. Teubner, Stuttgart, 1982.

[79] B. A. Troesch, A simple approach to a sensitive two-point boundary value problem, *J. Comput. Phys.* **21** (1976), no. 3, 279–290.

[80] H. v. Mangoldt und K. Knopp, *Einführung in die höhere Mathematik. Band 2*, S. Hirzel, Leipzig, 1962.

[81] C. Van Loan, *Computational Frameworks for the Fast Fourier Transform*, SIAM, Philadelphia, 1992.

[82] J. H. Wilkinson, *The Algebraic Eigenvalue Problem*, Clarendon Press, Oxford, 1965.

[83] A. Zygmund, *Trigonometric series. Vol. I, II*, Cambridge University, Cambridge, 1993.

Liste der verwendeten Symbole

$\forall x$	für alle x
$\exists y$	es gibt ein y
$\{x : \ldots\}$	Menge aller x mit ...
$\tilde{x}$	Näherung für die exakte Größe x
$\delta(\tilde{x})$	absoluter Fehler von $\tilde{x}$
$\varepsilon(\tilde{x})$	relativer Fehler von $\tilde{x}$
$a \equiv$ Ausdruck	a ist durch Ausdruck definiert
$a \doteq$ Ausdruck	a ergibt sich in linearer Näherung aus Ausdruck, d. h. alle quadratischen und in höheren Potenzen stehenden kleinen Größen werden in Ausdruck vernachlässigt
$a \approx$ Ausdruck	a wird durch Ausdruck angenähert
$\|x\|$	Betrag von x
$\text{sign}(a)$	Vorzeichen von a bzw. Signumfunktion
$\mathbb{R}, \mathbb{C}$	Menge der reellen bzw. komplexen Zahlen
$\mathbb{R}^n, \mathbb{C}^n$	Menge der reellen bzw. komplexen n-dimensionalen Vektoren
$\mathbb{R}^{n \times m}$	Menge der reellen $(n \times m)$-dimensionalen Matrizen
$\mathcal{R}(\beta, t, L, U)$	Menge der Maschinenzahlen zur Basis β mit der Mantissenlänge t und dem Exponentenbereich $[-L, U]$
$\text{rd}(x)$	gerundeter Wert von x
$\text{fl}(x \square y)$	maschinenintern realisierte Gleitpunktoperation $\square \in \{+, -, \times, /\}$
v	relative Maschinengenauigkeit
$\varepsilon_{\text{mach}}$	Maschinenepsilon
Δ-Matrix	Dreiecksmatrix
1-Δ-Matrix	Dreiecksmatrix, deren Hauptdiagonale nur aus Einsen besteht
$\text{diag}(d_1, \ldots, d_n)$	Diagonalmatrix mit den Diagonalelementen $d_i, i = 1, \ldots, n$
A^T	Transponierte der Matrix A
A^{-1}	Inverse der Matrix A
A^+	(Moore-Penrose) Pseudo-Inverse der Matrix A
$e^{(k)}$	k-ter Einheitsvektor
I, I_n	Einheitsmatrix ohne und mit Dimensionsangabe
$\|x\|, \|A\|$	beliebige Norm eines Vektors x oder einer Matrix A
$\|x\|_\alpha, \|A\|_\alpha$	spezielle Norm eines Vektors x oder einer Matrix A
$\det(A)$	Determinante der Matrix A
$\rho(A)$	Spektralradius der Matrix A
$\text{cond}(A), \text{cond}_\alpha(A)$	Konditionszahl der Matrix A ohne und mit Kennzeichnung der verwendeten Norm $\|A\|_\alpha$
$\mathcal{B}$	Iterationsmatrix des Gesamtschrittverfahrens
$\mathcal{L}$	Iterationsmatrix des Einzelschrittverfahrens
$\mathcal{L}_\omega$	Iterationsmatrix des SOR-Verfahrens
$\mathbb{C}[a, b]$	Raum der auf dem Intervall $[a, b]$ stetigen reellwertigen Funktionen
$\mathbb{C}^m[a, b]$	Raum der auf dem Intervall $[a, b]$ m-fach stetig differenzierbaren reellwertigen Funktionen
$f'(x)$ bzw. $\dot{f}(x)$	erste Ableitung der Funktion $f(x)$
$f^{(m)}(x)$	m-te Ableitung der Funktion $f(x)$
$\text{grad}\, f$	Gradient von $f(x_1, \ldots, x_n)$
$\Delta^n x_k$	n-te vorwärtsgenommene Differenz

https://doi.org/10.1515/9783110690378-007

$\nabla^n x_k$	n-te rückwärtsgenommene Differenz
$\delta^n x_k$	n-te zentrale Differenz
$f[x_i, x_{i+1}, \ldots, x_{i+k}]$	n-te dividierte Differenz von $f(x)$ bezüglich der Stützstellen $x_i, \ldots, x_{i+k}$
$P_n(x)$	Polynom vom maximalen Grad n
$\deg(P)$	Grad des Polynoms $P(x)$
T. h. O.	Abkürzung für *Terme höherer Ordnung*

Stichwortverzeichnis

https://doi.org/10.1515/9783110690378-008

www.ingramcontent.com/pod-product-compliance
Lightning Source LLC
Chambersburg PA
CBHW061342210326
41598CB00035B/5865